KB125168

코딩 인터뷰
완전분석

코딩 인터뷰 완전분석

150가지 프로그래밍 문제와 해법

게일 라크만 맥도웰 지음 | 이병준 옮김

인사이트 insight

코딩 인터뷰 완전 분석

초판 1쇄 발행 2012년 8월 20일 **6쇄 발행** 2019년 1월 12일 **지은이** 게일 맥도웰 **옮긴이** 이병준 **펴낸이** 한기성 **펴낸곳** 인사이트 **표지디자인** 오필민 **본문디자인** 윤영준 **출력** 소다미디어 **용지** 에이페이퍼 **인쇄** 현문인쇄 **후가공** 이레금박 **제본** 자현제책 **등록번호** 제10-2313호 **등록일자** 2002년 2월 19일 **주소** 서울시 마포구 잔다리로 119 석우빌딩 3층 **전화** 02-322-5143 **팩스** 02-3143-5579 **블로그** http://blog.insightbook.co.kr **이메일** insight@insightbook.co.kr **ISBN** 978-89-6626-048-5 책값은 뒤표지에 있습니다. 잘못 만들어진 책은 바꾸어 드립니다. 이 책의 정오표는 http://www.insightbook.co.kr에서 확인하실 수 있습니다. 이 도서의 국립중앙도서관 출판예정도서목록(CIP)은 서지정보유통지원시스템 홈페이지(http://seoji.nl.go.kr)와 국가자료공동목록시스템(http://www.nl.go.kr/kolisnet)에서 이용하실 수 있습니다.(CIP제어번호: CIP2012003569)

Pauline "Oma" Venti에게 이 책을 바친다.

그녀의 영원한 헌신에 감사하며.

차례

면접 문제 87

해법 217

번역을 마치며

이 책은 면접을 어떻게 볼 것이냐 하는 것에 관한 책입니다. 스스로 회사를 꾸리지 않는 한, 개발자로서 경력을 시작하려면 면접을 보아야만 합니다. 어떤 회사에 지원하느냐에 따라 난이도나 질문 유형에는 차이가 있겠지만, 대부분의 면접은 '좋은 직원을 뽑는다'는 공통의 목적을 갖고 있습니다. 그리고 좋은 직원을 뽑으려면, 직원의 개발 능력과 인성을 아우르는 많은 부분을 점검할 필요가 있습니다.

좋은 직원, 그 중에서도 좋은 개발자를 뽑는 방법에는 여러 가지가 있을 수 있겠습니다만, 대개 큰 회사는 '어떻게 하면 좋은 개발자를 뽑을 수 있을까'에 대한 나름의 암묵적 룰을 가지고 있습니다. 깊이 생각해 보지 않더라도 그런 암묵적 룰이 어떤 형태일지 추측하는 것은 그다지 어렵지 않겠습니다만, 그렇더라도 구체적으로 어떤 질문이 던져질지는 알기 어렵습니다. 그런 이유로 구글, 마이크로소프트, 애플, 아마존과 같은 대형 IT 업체에 지원하는 사람들은 전략적으로 면접을 준비합니다. 엇비슷한 목적을 가진 사람들이 모이는 온라인 커뮤니티를 통해서 정보를 교환하고, 뜻이 맞는 사람들끼리는 함께 모여 가상 면접을 치러 보기도 합니다. 예상 문제를 풀어보고, 더 나은 답을 내 놓는 방법을 고민합니다.

한편으로는 그런 준비과정이 꼭 '시험공부'하는 것과 비슷해서 거부감이 느껴지실 수도 있겠습니다만, 의외로 그런 고단한 준비과정을 통해서 내가 알고 있는 것과 알아야 할 것의 외연이 넓혀지는 드문 경험을 하게 되기도 합니다. 마치 어떻게 TOEIC 시험을 준비하느냐에 따라, 실제 영어 실력이 향상되기도 하는 것과 마찬가지입니다.

이 책은 대형 IT 업체에서 면접이 어떻게 이루어지는지 살피고, 면접 시에 반드시 알아야 하는 지식들을 설명합니다. 이 책에 실린 내용대로 문제가 나온다는 보장은 없습니다만, 적어도 이 책은 성공적으로 면접을 보기 위해 가져야 하는 최소한의 지식이 어떤 것인지 가르쳐 줍니다. 그리고 단순히 몇 점을 따야 합격 안정권에 들 것인지를 가르치는 대신, 도전적이고 진취적인 자세로 문제를 대하는 것이 가장 중요하다는 것을 거듭 강조합니다. 그 부분이 아마도 이 책의 가장 중요한 덕목이 아닐까 싶습니다. 결국 좋은 회사가 원하는 직원은 바로 그러한 직원이니까요.

이 책 한 권으로 여러분의 면접이 지극히 편안해지리라는 장담은 하지 않겠습니다. 하지만 이 책을 번역하면서 제가 그러했던 것처럼, 여러분도 한동안 잊고 있었던 열정과 도전 정신을 다시 일깨우는 좋은 경험을 하게 되기를 바랍니다. 프로그래밍 언어를 한 줄 더 배우는 것을 지향하는 대신, 좋은 알고리즘을 알아볼 수 있는 눈을 갖게 되기를 바랍니다. 그리고 아울러 인생은 결국 '준비 과정의 연속' 임을 깨닫는 행운을 누리게 되기를 소망합니다.

고맙습니다.

대전에서, 이병준 드림.

서문

이 책을 읽는 독자 여러분께.

서문 같은 것은 잠시 잊어버립시다.

저는 구인 담당자가 아닙니다. 소프트웨어 엔지니어죠. 멋진 알고리즘을 앉은 자리에서 순식간에 만들어 내고, 화이트보드에 오류라고는 없는 코드를 작성하라는 요구를 받을 법 한, 그런 일을 하는 사람입니다. 구글이나 마이크로소프트, 애플, 그리고 아마존 등의 회사 면접장에서 그런 주문을 받은 적 있기에 잘 압니다.

또한 면접장에서 지원자들에게 그런 질문을 해본 적도 있기에 잘 압니다. 실제로 면접을 통과할 만한 사람들을 가려내기 위해 이력서 무더기를 추려낸 적도 있습니다. 어떤 지원자에게 채용 제안할 것인지를 두고 구글의 채용 위원회Hiring Committee와 논쟁한 적도 있습니다. 저는 인력 채용이 어떻게 이루어지는지, 그 전반적인 과정을 경험해 보았고 이해하고 있습니다.

그리고 독자 여러분은 아마도 내일, 다음 주, 아니면 내년에 면접을 보려고 계획하고 있는 분들일 겁니다. 컴퓨터 과학이나 관련 분야 학위를 취득하셨거나, 아니면 취득하려고 계획 중인 분들이시겠지요. 저는 여기서 여러분에게 이진 탐색 트리의 기본기나, 연결 리스트 탐색 기법에 대해 설파할 생각은 없습니다. 아마 이미 아실 겁니다. 모르시더라도, 배울 수 있는 방법은 많습니다.

제가 이 책을 쓴 이유는, 여러분이 지닌 기본적인 컴퓨터 과학에 관한 이해도를 향상시키기 위한 것입니다. 그런 기본 지식을 면접 문제 공략에 적용하는 방법을 가르쳐드리기 위한 것이죠.

이 책의 다섯 번째 개정판을 내면서, 200페이지 정도의 새로운 연습문제와 개선된 해법, 새로운 장을 추가했고, 내용도 보강했습니다. 다른 지원자들과 소통하고 새로운 자료들을 찾아보시려면, 저희 웹사이트 www.careercup.com을 방문해 주세요.

여러분이 이 책을 통해 여러분의 기술을 개선시켜 나가리라는 생각을 하면 가슴이 뜁니다. 준비하는 동안 여러분은 기술과 소통에 대한 광범위한 지식을 배우게 될 겁니다. 결과가 어찌 되었든, 그런 노력은 해볼 만한 가치가 있습니다.

이 책의 서론에 해당하는 각 장들을 주의 깊게 읽으세요. '채용'과 '탈락' 간의 차이를 분간할 수 있는 통찰력을 갖게 해 줄 중요한 정보들이 많습니다.

그리고 기억하세요. 면접은 어렵습니다! 구글에서 면접관으로 일하는 동안, 어떤 면접관들은 쉬운 문제를 내는 반면 어떤 면접관들은 어려운 문제를 출제하는 것을 보았습니다. 하지만 이거 아세요? 쉬운 문제를 받는다고 취업이 쉬워지지는 않습니다. 채용 여부는, 문제를 흠결 없이 풀어냈느냐에 좌우되는 것이 아닙니다. (그럴 수 있는 지원자도 별로 없습니다.) 중요한 것은 '다른 지원자보다 나은 답변을 했느냐'입니다. 그러니 어려운 문제를 받았다 하더라도 낙담하지 마세요. 다른 사람들에게도 까다롭기는 마찬가지입니다.

열심히 공부하시고, 연습하세요. 행운을 빕니다!

게일 맥도웰

CareerCup.com 창업자이자 『The Google Resume』[1]의 저자

1 (옮긴이) 번역서로 『구글러가 전하는 IT 취업 가이드』(2012, 인사이트)가 있다.

서론

무언가 잘못됐다.

면접장을 나서는 우리의 마음은 다시금 참담했다. 오늘 면접을 진행한 열 명의 합격권 지원자 가운데 아무도 채용 제안을 받지 못한다. 우리는 궁금했다. 우리가 너무 까다로웠던 것은 아니었는지.

특히 나는 심히 낙담했다. 내가 면접을 본 사람 가운데 한 명을 탈락시켜야 했다. 이 지원자는 갓 대학을 졸업했다. University of Washington에서 3.73 GPA의 우수한 성적을 받았는데, 이 대학은 컴퓨터 과학 분야의 톱클래스 대학 가운데 하나다. 다양한 오픈 소스 프로젝트에서 광범위한 경험을 쌓았고, 열정적이었다. 또한 창의적이었다. 열심히 일했다. 명민했고, 어떤 면에서 보더라도 진정한 기술자였다.

하지만 결국에는 다른 면접관에게 동의할 수밖에 없었다. 결과를 내지 못했기 때문이었다. 재검토를 해달라 아무리 청원하더라도 결국 마지막 단계에서 탈락될 것이 분명했다. 레드카드를 너무 많이 받았다.

그가 꽤 출중한 지적 능력을 가지고 있다는 데는 모두 대체로 동의했지만, 문제를 푸는 내내 그는 악전고투했다. 대부분의 합격 지원자가 쉽게 넘어가는 첫 문제, 잘 알려진 문제를 살짝 비튼 그 문제에서도 그는 알고리즘을 고안하는 데 애를 먹었다. 간신히 고안한 알고리즘에서도 다른 시나리오를 고려해 최적화된 해답을 내놓지는 못했다. 결국 코딩을 시작해서는 초기에 생각한 해법대로 코드를 갈겨썼지만, 미처 깨닫지 못한 버그들이 뒤섞여 있었다. 여태까지 면접 보았던 지원자들 가운데 최악은 아니었지만, '문턱'을 넘기에는 모자랐다. 탈락이다.

동기가 분명한 다른 면접자들이나 다름없이, 그도 열심히 준비했다. K&R의 고전적 C 책을 숙독했고, CLRS의 유명한 알고리즘 교과서도 다시 훑었다. 트리의 균형을 잡는 다양한 방법의 세부사항을 설명할 수 있었고, 어떤 프로그래머도 하려고 하지 않을 방식으로 C를 다룰 수 있었다.

결국 나는 한 가지 불편한 진실을 그에게 말해 줄 수밖에 없었다. 그런 책들로는 충분치 않았던 것이다. 학술적 서적들은 연구를 하는 데 도움이 될는지 몰라도, 면접에는 그다지 도움이 되질 못한다. 왜인가? 면접관들은 학교를 졸업한 이래로 Red-Black 트리 같은 것은 본 적이 없기 때문.

코딩 관련 면접 문제들을 공략하려면, '실제' 문제에 대비해야 한다. '실제' 문제를 놓고 연습하고, 그 패턴을 배워야 한다.

이 책은 최고 IT 업체에서 면접관으로 일한 경험을 망라한 결과물이다. 수백 명의 지원자와 대화를 나눈 결과물이다. 지원자와 면접관들에 의해 만들어진 수천 개의 문제를 검토한 결과다. 그리고 수많은 회사들의 면접 문제를 살펴본 결과이기도 하다. 이 책에는 수천 개의 출제 가능 문제들 가운데, 가장 좋은 150개의 문제를 엄선했다.

필자의 접근법

이 책은 알고리즘과 코딩, 그리고 설계 문제에 초점을 맞춘다. 왜? 여러분의 행위 패턴에 관한 문제를 받을 수도 있겠지만, 그에 대한 답은 이력서마다 제각각이다. 마찬가지로, 많은 회사에서 "가상 함수란 무엇인가요?"와 같은 사소한 문제들을 출제하곤 하지만, 이런 질문에 대비하면서 얻을 수 있는 지식은 많지 않다. 그런 질문들도 몇 가지 다루기는 할 것이다. 하지만 배울 것이 많은 분야에 더 많은 지면을 할애할 것이다.

열정

필자는 가르치는 일에 열심인 사람이다. 사람들이 새로운 개념을 이해하도록 돕고, 그들이 열정적으로 일하는 분야에서 더 뛰어난 업적을 낼 수 있도록 하는 도구를 제공하는 일을 사랑한다.

내가 처음으로 누군가를 '공식적으로' 가르쳤던 것은 펜실베이니아 대학에서였다. 대학원에서 조교로 일하면서 컴퓨터 과학 학부 학생들을 가르쳤다. 다른 강의에서도 강의 조교teaching assistant로 계속 일하게 되었는데, 결국에는 실질적 기술에 초점을 맞춘 내 강의를 개설할 기회도 누리게 되었다.

구글의 엔지니어로 일하면서 내가 가장 즐겼던 일은 신입 직원(Noogler라고 부른다)들을 교육하고 그들의 멘토가 되어주는 것이었다. 그리고 '20%'의 시간은 워싱턴 대학에서 컴퓨터 과학 과목들을 가르치는 데 썼다.

이 책과 The Google Resume, 그리고 CareerCup.com은 가르치는 일에 쏟았던 내 열정의 부산물이다. 필자는 요즘도 가끔, 도움의 손길을 기다리는 사람들을 지원하고자 CareerCup.com을 어슬렁거린다.

우리와 함께 하셨으면 좋겠다.

게일 맥도웰(Gayle L. McDowell)

I
면접 과정

1. 개요

대부분의 회사들이 면접을 보는 방식은 아주 비슷하다. 업체들이 어떻게 면접을 보고, 무엇을 찾는지 지금부터 살펴보도록 하겠다. 면접을 준비하거나, 면접 도중 혹은 그 이후에 어떻게 대처하면 되는지 살펴볼 수 있을 것이다.

면접 대상자로 선정되고 나면, 보통 사전 면접을 하게 된다. 사전 면접 screening interview은 실제로 면접에 참여할 사람을 걸러내기 위한 것으로, 보통 전화로 이루어진다. 좋은 대학 졸업 예정자들은 이 인터뷰도 담당자와 대면하여 치르기도 한다.

하지만 사전 면접이라고 간단하게 생각하면 곤란하다. 사전 면접 중에도 코딩이나 알고리즘 관련 질문들이 나오는 경우가 많고, 그 관문을 통과하기는 실제 대인 면접만큼이나 어렵다. 사전 면접에 기술적인 질문들도 나올지 잘 모르겠다면, 면접을 조율한 담당자recruiting coordinator에게 면접관 직위를 물어보도록 하자. 엔지니어라면 보통 기술적인 내용도 묻는다.

많은 업체들이 온라인으로 동기화되는 문서 편집기를 활용하지만, 어떤 업체는 종이에 코드를 작성한 다음 전화기로 읽어보라 시키기도 한다. 어떤 면접관은 전화를 끊은 다음 '숙제'로 코딩을 하여 그 결과물을 이메일로 보내라 하기도 한다.

회사를 직접 방문하여 면접을 보기 전에, 이런 사전 면접을 한두 번은 하게 되는 것이 보통이다.

회사에서 치러지는 면접에는 보통 네 번에서 여섯 번 정도의 대인 면접을 보게 되는데, 이 가운데 한 번은 점심식사를 하면서 치러지기도 한다. 점심 인터뷰는 보통 기술적인 문제는 다루지 않으며, 면접관은 그 결과에 대해 회사에 통보하지 않을 때도 있다. 점심 면접에 나오는 면접관과는 여러분의 관심사를 토론하고 회사 문화에 대한 질문을 나누는 것이 좋다. 다른 면접에서는 보통 기술적인 질문들을 던지며, 코딩과 알고리즘에 대해 물어볼 것이다. 이력서에 적은 내용에 대한 질문들도 나올 수 있다.

그런 다음에는 면접관들끼리 모여 여러분의 성적을 토론하고 그 결과를 서면으로 회사에 제출하게 된다. 대부분의 경우 한 주 안에 구인 담당자가 여러분에게 결과를 연락하게 된다.

한 주 이상 걸린다면 구인 담당자에게 연락을 해 봐야 한다. 답이 없다고 해서 떨어진 것은 아니다. (큰 회사인 경우에는 그렇다. 그리고 대부분의 다른 회사들도 마찬가지다.) 다시 한번 이야기하지만, 연락이 없다고 부정적으로 생각할 필요는 없다. 모든 구인 담당자는 최종 결과가 나오면 후보자들에게 그 결과를 알려주게 되어 있다.

늦어지는 일은 생기게 마련이다. 궁금하다면 구인 담당자에게 물어봐도 좋겠지만, 가급적 공손하게 하라. 구인 담당자들도 여러분과 같은 사람이다. 바쁘기도 하고, 때로 잊기도 한다.

2. 문제 선정

면접자들은 종종 특정 회사의 최근 출제 경향을 묻곤 한다. 시간이 지나면 출제 경향도 바뀌리라 믿어서이다. 하지만 실제로는 회사와 면접 문제 사이에는 상관성이 별로 없다. 무슨 질문이 나오느냐는 전적으로 누가 면접관이 되느냐에 달려 있다. 왜 그런지 설명하겠다.

큰 회사에서 면접관들은 보통 면접 훈련 과정interviewer training course을 이수한다. 구글에서 내가 들었던 수업은 다른 회사에 위탁한 것이었는데, 면접 과정에서 발생할 수 있는 법적 문제들을 살피는 데 반나절을 썼다. 결혼했는지 묻지 말 것이며, 윤리관에 대해 묻지 말 것이며, 등등. 나머지 반나절은 '골치 아픈' 면접자들에 관한 것이었다. 자기보다 하수인 것 같은 사람이 코딩을 비롯한 기타 등등의 질문을 했을 때 화를 내거나 무례해지는 면접자들이 이에 해당한다. 과정을 이수한 다음, 나는 두 건의 실제 면접에 배석하여 실제로 면접장에서 무슨 일이 벌어지는지 살펴야 했다. 아무것도 모르는 사람인 것 마냥! 그런 다음에야 나는 진짜 면접관 노릇을 할 수 있었다.

그게 내가 받은 트레이닝의 전부다. 실제로 많은 업체가 그런 식으로 하고 있다.

그러니 '공식 구글 면접 문제' 리스트 같은 것은 없다. 아무도 나에게 무슨 질문을 하라고 가르치지 않았고, 아무도 내게 이러저런 주제는 피하라 말하지 않았다.

그럼 나는 어디서 질문 거리를 찾았나? 다른 사람들과 같다.

면접관들은 자기가 면접을 보러 다니던 시절에 들었던 문제들을 써먹는다. 문제 목록을 교환하는 사람들도 있고, CareerCup.com 같은 곳에서 문제들을 찾는 사람도 있다. 어떤 사람들은 이렇게 구한 문제들을 조금 아니면 많이 손봐서 써먹기도 한다.

회사가 문제 리스트를 주는 일은 별로 없다. 면접관들은 스스로 질문 거리를 고르고, 자주 써먹는 문제를 대여섯 개 정도 가지고 있는 것이 보통이다.

그러니 '최근에' 구글 면접에서 무슨 문제가 나왔는지 알아보기 이전에 생각을 좀 달리해 보기 바란다. 구글 면접에서 출제되는 문제들은 아마존 면접에서 출제되는 문제들과 사실 별 차이가 없다. 전사적인 차원에서 문제가 선정되는 것이 아니기 때문이다. '최근에' 무슨 문제가 나왔는지도 별로 중요하지 않다. 시간이 지나도 질문들은 잘 바뀌지 않기 때문이다. 아무도 뭘 어떻게 하라 지시하지 않으니 그럴 밖에.

좀 크게 본다면 회사마다 차이가 있을 수도 있다. 웹 기반 기술을 다루는 회사들은 시스템 설계에 관한 질문들을 주로 물을 것이고, 데이터베이스를 많이 사용하는 업체라면 데이터베이스에 관계된 질문들을 하게 될 것이다. 하지만 대다수 문제들은 '자료구조와 알고리즘'이라는 큰 범주에 속하는 것들로, 어떤 회사든 물을 수 있는 것들이다.

3. 준비 절차

면접에서 승리하기 위해서는 면접 한참 전부터 준비해야 한다. 수년 전부터 말이다. 올바른 기술적 경험을 쌓고, 업체에 지원하고, 실제로 문제를 풀 준비를 시작해야 한다. '언제' '무엇을' 시작해야 할지는 다음의 시간축에 따라 생각해 보기 바란다.

늦게 시작했다 판단되더라도, 걱정하지 마라. 할 수 있는 만큼 따라잡는 노력을 하라. 그리고 준비하는 데 집중하라. 행운을 빈다!

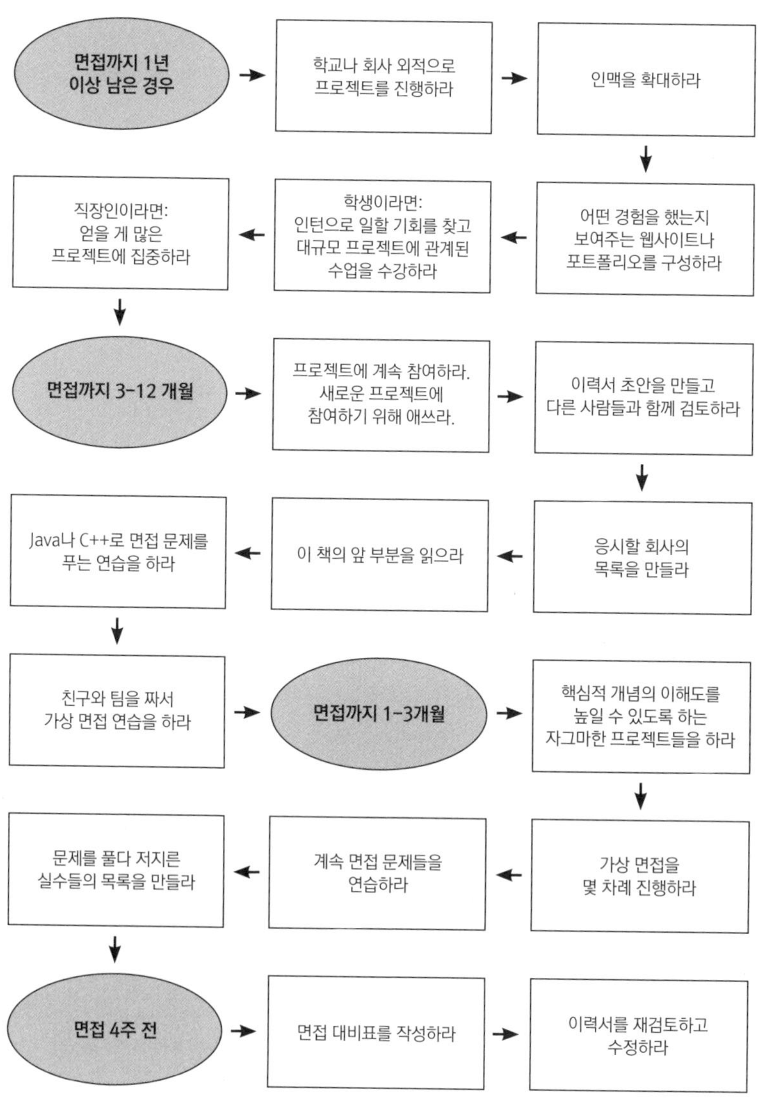

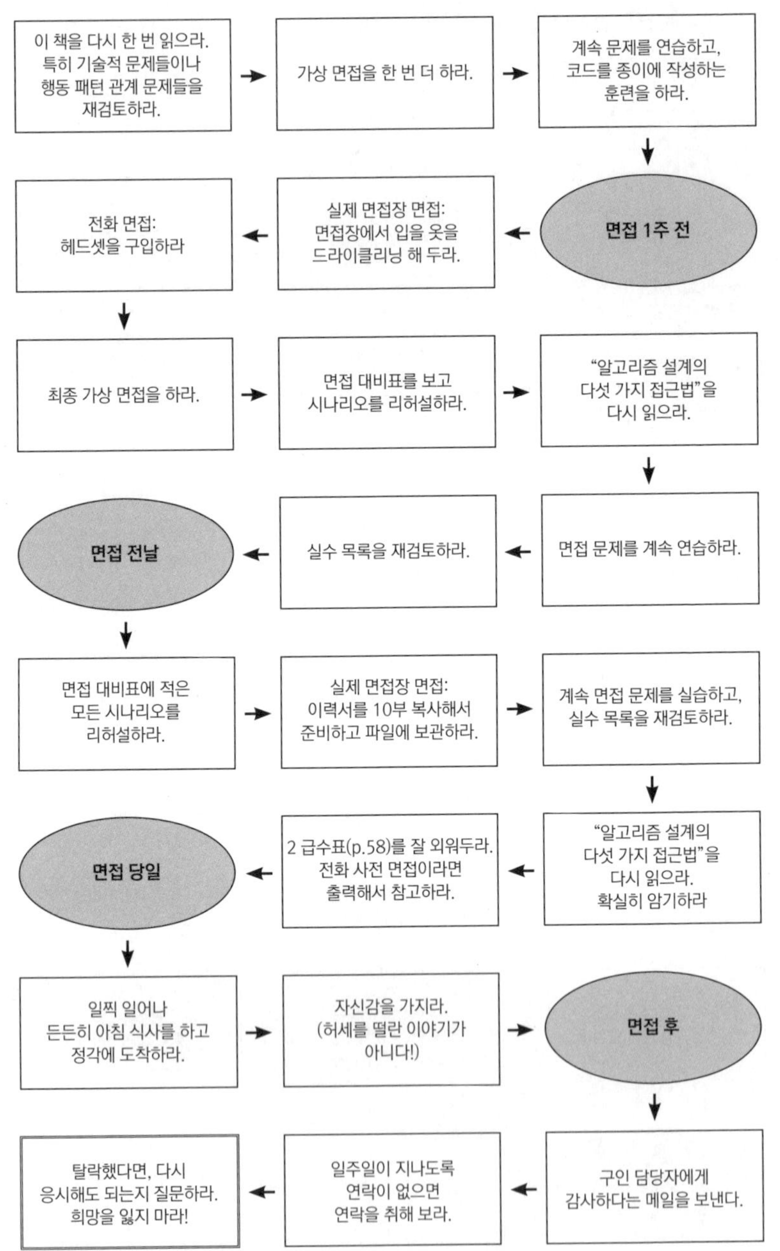

이 책을 다시 한 번 읽으라. 특히 기술적 문제들이나 행동 패턴 관계 문제들을 재검토하라.
가상 면접을 한 번 더 하라.
계속 문제를 연습하고, 코드를 종이에 작성하는 훈련을 하라.
면접 1주 전
실제 면접장 면접: 면접장에서 입을 옷을 드라이클리닝 해 두라.
전화 면접: 헤드셋을 구입하라
최종 가상 면접을 하라.
면접 대비표를 보고 시나리오를 리허설하라.
"알고리즘 설계의 다섯 가지 접근법"을 다시 읽으라.
면접 문제를 계속 연습하라.
실수 목록을 재검토하라.
면접 전날
면접 대비표에 적은 모든 시나리오를 리허설하라.
실제 면접장 면접: 이력서를 10부 복사해서 준비하고 파일에 보관하라.
계속 면접 문제를 실습하고, 실수 목록을 재검토하라.
"알고리즘 설계의 다섯 가지 접근법"을 다시 읽으라. 확실히 암기하라
2 급수표(p.58)를 잘 외워두라. 전화 사전 면접이라면 출력해서 참고하라.
면접 당일
일찍 일어나 든든히 아침 식사를 하고 정각에 도착하라.
자신감을 가지라. (허세를 떨란 이야기가 아니다!)
면접 후
구인 담당자에게 감사하다는 메일을 보낸다.
일주일이 지나도록 연락이 없으면 연락을 취해 보라.
탈락했다면, 다시 응시해도 되는지 질문하라. 희망을 잃지 마라!

4. 평가 절차

대부분의 구인 담당자들은 아마 면접자들에게 '우리는 다음의 네 가지 기준에 맞춰 평가를 진행합니다'라고 할 것이다. 경험이 풍부한가, 회사 문화에 맞는가, 코딩 능력을 갖추었나, 그리고 분석적인 능력이 있나. 물론 이 네 가지 자질을 모두 평가하게 될 것이나, 보통은 코딩 및 분석적 능력(또는 지적 능력)에 따라 당락이 갈린다. 이 책이 코딩과 알고리즘 능력 배양에 초점을 맞추고 있는 것은 그래서이다.

하지만 그렇다고 다른 두 요소를 간과해도 된다는 이야기는 아니다.

대형 기술 업체들의 경우 경력자라고 특별히 우대하는 법은 없지만, 좋은 경험이나 경력을 갖고 있다면 면접관에게 긍정적인 인상을 줄 수 있다. 예를 들어, 예전에 작성했던 까다로운 프로그램에 대해 이야기하는 와중에 자신의 강점을 빛낼 수 있었다면, 아마 면접관은 이렇게 생각할 것이다. '오. 대단한데?' 그렇게 한 번 '나는 똑똑하다'는 인상을 전하고 나면, 면접관은 무의식중에 사소한 실수는 무시하게 될 것이다. 면접이라는 게 어차피 아주 과학적인 절차는 아닌 것이다. 좀 '부드러운' 질문들에 대해 미리 대비해두는 것도 시간을 투자할 가치가 있다.

회사 문화에 잘 어울릴 것인가 하는 측면(그러니까 특히 회사와의 관계를 유지하는 것에 관계된 인격적 측면)은 큰 회사보다는 작은 회사에서 더 중요한 경우가 많다. 회사는 직원들이 자주적으로 의사결정을 내릴 수 있도록 장려하는 분위기인데, 여러분은 지시를 받기를 원한다든가 하는 것이 그에 해당한다.

너무 오만하거나 논쟁적이거나 방어적인 사람이 탈락하는 것은 흔한 일이다. 내가 문제를 잘못 기술한 탓에 대답하는 데 애를 먹었다고 비난하는 사람을 만난 적이 있다. 나중에 그가 문제를 풀어나갈 수 있도록 코치를 해 주긴 했지만, 나는 그가 가진 방어적 성향을 주의해야 한다고 평가했다. 나중에 보니 다른 면접관들도 비슷한 평가를 내렸다. 결국 그는 탈락했다. 누가 그런 동료와 함께 일하고 싶겠는가?

지금까지 말한 내용을 정리하자면 이러하다.

- 만일 사람들이 여러분을 오만하거나 논쟁적인 사람, 또는 다른 좋지 않은 측면을 가진 사람으로 본다면, 면접 내내 그에 대해 주시하게 될 것이다. 그렇지 않다면 각광받을 만한 면접자라도, 사람들이 함께 일하고 싶어 하지 않는다면 탈락하게 될 수 있다.
- 여러분의 이력에 대한 질문이 나올 것에 대비하라. 가장 중요한 요소는 아닐지라도, 중요하긴 하다. 시간을 조금만 투자해도 아주 많이 도움이 될 것이다. 시쳇말로 하자면, 가성비(가격대 성능비)가 아주 높다.
- 코딩과 알고리즘 관련 문제에 주로 집중하라.

마지막으로, 면접이 완벽히 과학적인 절차가 아님은 기억해 둘 가치가 있다. 여러분이 내는 성적에만 무작위적인 측면이 존재하는 것은 아니다. 구인 담당자들의 결정 과정에도 그런 측면이 있다. 다른 집단들과 마찬가지로, 구인 담당자들도 개중에 가장 말을 많이 하는 사람 의견에 쉽게 휘둘린다. 옳지 않다고 느낄 수 있겠지만, 어차피 그런 것이 세상이다.

기억하라. 탈락 통지는 사형선고가 아니다. 1년 안에 언제든 다시 응시할 수 있고, 많은 사람이 이전에는 거부당했던 회사로부터 채용 제의를 받는다.

낙담하지 말라. 끈기를 갖고 노력하라.

5. 오답

면접 절차에 관한 가장 흔하고 위험한 오해 가운데 하나는, 모든 문제를 맞춰야 한다는 생각이다. 사실과는 아주 동떨어진 오해다.

우선, 면접 문제들의 답을 평가할 때 '맞냐' 아니면 '틀렸냐'로 보지 않는다. 내가 면접을 할 때는, 한 번도 '저 사람이 몇 문제나 맞췄지?'를 따지지 않았다. 중요한 것은 여러분이 낸 최종 해답이 얼마나 옳은 답에 근접해 있는가, 거기까지 가는 데 얼마나 걸렸나, 그리고 코드가 얼마나 깔끔한가다. 이진법식으로 맞다 아니면 틀렸다를 따지지 않는다. 따져야 할 요소들이 많다.

그리고 면접관들은 후보들을 상대적으로 평가한다. 예를 들어, 여러분이

15분 만에 최적의 해답을 찾아냈는데, 다른 사람은 좀 더 쉬운 문제를 오 분 만에 풀었다고 하자. 그 사람이 여러분보다 낫다고 할 수 있는가? 그럴 수도 있고, 아닐 수도 있다. 여러분이 푼 문제가 정말 쉬운 문제라면 최적의 답을 굉장히 빨리 찾아야 할 것이다. 하지만 어려운 문제였다면, 실수를 몇 군데 하더라도 대개는 받아들여진다.

구글에서 수천 명을 심사하면서, 흠 없이 인터뷰를 마친 사람을 딱 한 명 보았다. 최종적으로 채용 제안을 받은 수백 명을 포함한 나머지 사람들은 전부 답안에 실수가 있었다.

6. 차림새

소프트웨어 엔지니어와 같은 사람들은 보통 캐주얼하게 입는 편이다. 적절한 인터뷰 의상을 고르는 문제에 있어서도 그런 경향이 도드라진다. 하지만 면접장에 갈 때에는 여러분과 비슷한 부류의 사람들이 평소에 입는 옷들보다는 한 수준 올려 고를 필요가 있다.

좀 더 구체적으로 이야기하자면, 나는 소프트웨어 엔지니어 (또는 테스터) 면접에 아래와 같은 차림으로 나갈 것을 추천한다. 이 규칙을 따르면 최소한 '안전지대safe zone'에 위치하게 된다. 너무 차려 입은 것 같지도 않고, 그렇다고 너무 캐주얼 하지도 않은. 많은 사람들이 스타트업 회사 면접에 가든 큰 회사 면접에 가든 청바지에 티셔츠를 고수하면서도 큰 문제를 겪지 않는 이유는, 결국 중요한 것은 패션 센스가 아니라 코딩 실력이기 때문이다.

	스타트업	마이크로소프트, 구글, 아마존, 페이스북 등등	은행 포함 비-IT 업체들
남자	면바지, 정장바지 또는 괜찮은 청바지. 폴로 셔츠나 드레스 셔츠.	면바지, 정장바지 또는 괜찮은 청바지. 폴로 셔츠나 드레스 셔츠.	정장. 넥타이는 빼고. (만일을 위해 하나 지참할 것.)
여자	면바지, 여성용 바지 또는 괜찮은 청바지. 깔끔한 상의나 스웨터.	면바지, 여성용 바지 또는 괜찮은 청바지. 깔끔한 상의나 스웨터.	정장. 또는 괜찮은 상하의.

위의 표는 그저 참고하면 좋은 내용일 뿐이고, 실제로는 면접을 볼 회사의 분위기를 따져 봐야 한다. 프로그램 관리자나 개발 책임자처럼 관리나 영업에 좀 더 가까운 직책에 응시하는 경우라면, 좀 더 격식을 갖춰 입어야 한다.

7. 가장 흔한 열 가지 실수

#1 컴퓨터로 연습하기

바다 수영 경기에 대비해 훈련하고 있다면, 수영장에서만 연습하는 것으로 충분하겠는가? 아마 아닐 것이다. 파도의 느낌과 같은, '지형적' 차이를 느껴보고 싶을 것이다. 나는 여러분이 바다에서도 연습하길 원할 것이라 단언한다.

면접에 대비해 컴파일러로 연습하는 것은 마치 수영장에서 훈련하는 것과 같다. 컴파일러는 치워놓고 종이와 연필을 꺼내라. 수기로 코딩하고 테스트한 '후에' 답을 확인할 때만 컴파일러를 사용하라.

#2 행동 성향에 관한 질문을 잊으셨군요

많은 면접자가 기술적 질문에만 대비하고 행동 성향에 관한 질문은 간과한다. 하지만 면접관들은 그런 질문들도 묻고 평가한다.

그것 뿐만이 아니다. 행동 성향에 관한 질문에 어떻게 대답하느냐에 따라, 면접관들이 여러분의 기술적 능력을 바라보는 시각이 달라지게 될 수도 있다. 행동 성향에 관한 질문을 준비하는 것은 상대적으로 쉬우며 시간을 들일 가치가 있다. 여러분이 참여했던 프로젝트와 맡았던 직위들을 되돌아보고 그중 핵심적인 것을 간추려 연습하자.

#3 가상 면접은 하셨나요

굉장히 중요한 연설을 준비하고 있다고 해보자. 그 자리에 여러분과 관계된 모든 사람이 참석한다고 해보자. 당신의 미래를 좌우할 연설이다. 조용히 머릿속으로만 연습해야 한다면 미쳐버리고 말 것이다.

면접 예행연습을 하지 않는 것도 이와 같다. 엔지니어라면, 다른 엔지니어들에 대해서도 알아야 한다. 동료나 친구에게 가상 면접을 함께 해 달라고 부탁하자. 같은 호의를 베풀어 줄 날도 있을 것이다!

#4 해답을 암기한다고?

특정한 문제에 대한 답을 암기해 두면 같은 문제가 면접에 나왔을 때 풀기 좋을 것이다. 하지만 새로운 문제를 푸는 데는 도움을 주지 못한다. 이 책에 나온 문제들과 실제 면접 문제가 전부, 또는 대다수 일치하게 되는 일도 거의 없다.

이 책에 나온 문제들을 답을 보지 않고 혼자 애써 풀어보면 효과적이다. 새로운 문제들에 접근하는 전략을 발전시키는 데 도움이 될 것이다. 몇 문제 못 풀게 되더라도, 이런 식으로 준비하면 많은 진전을 보게 된다. 질이 양을 압도하는 법이다.

#5 조용히 문제풀기

쉿. 비밀을 하나 알려 드리겠다. 나는 여러분 머릿속을 들여다 볼 재주까지는 없다. 그러니 여러분이 입을 열지 않으면, 여러분이 무슨 생각을 하는지 알 도리가 없다. 한참 동안 아무 말도 하지 않고 있으면, 문제 풀이에 진전이 없다는 결론을 내려야 한다. 그러니 자주 입을 열어 해답을 어떻게 찾아 나가고 있는지 알려라. 그러면 면접관은 여러분이 문제를 공략 중이라는 사실을, 그리고 해답을 찾지 못해 난감해 하고 있지 않음을 알게 될 것이다. 또한 그렇게 하면 여러분이 삼천포로 빠지는 순간 면접관이 도와줄 것이며, 종국에는 해답을 좀 더 빨리 찾게 될 것이다. 이런 전략은 여러분이 어떤 소통 능력을 가지고 있는지 보여준다는 점에서 백미라 할 수 있다. 그러니 따르지 않을 이유가 무엇이겠는가?

#6 허겁지겁

코딩은 경주가 아니다. 면접도 마찬가지다. 코딩 문제를 풀 때는 시간을 충분히 들여라. 서두르다보면 실수하게 되고 부주의한 사람이라는 인상을 주게 된다. 천천히, 정연하게 풀어나가라. 자주 테스트하고, 문제를 완전하게 이해하라. 그러다 보면 실수를 줄이고, 시간도 줄일 수 있게 될 것이다.

#7 엉성한 코딩

버그 없는 코드를 짜고서도 코딩 문제에 좋은 성적을 받지 못할 수 있다는 걸 아는가? 사실이다! 중복이 많은 코드, 지저분한 자료구조(객체 지향 설계가 결여된 자료구조가 이에 해당) 등등, 이유는 많다. 대략, 좋지 않다! 코드를 작성할 때에는, 실제로 벌어지는 유지 보수 문제를 푼다고 가정하기 바란다. 서브루틴 단위로 코드를 나누고, 자료구조는 적절한 데이터에 연결되도록 설계하라.

#8 테스트 결여

실생활에서는 테스트를 하지 않고서는 코딩을 할 수 없다고 생각하는 여러분. 그렇다면 면접에서도 테스트를 하는 것이 옳지 않을까? 면접 문제로 코드를 작성했다면, 그 코드를 테스트할 코드를 '실행'(아니면 리허설이라도)하라. 좀 더 까다로운 문제라면, 코드를 작성하는 동안에 테스트를 병행하라.

#9 부주의한 실수 교정

버그란 것은 어쩔 수 없이 생기는 것이다. 코딩을 하는 한 피할 수 없는 것이 버그다. 주의 깊게 코드를 테스트하다 보면, 아마 버그를 발견하게 될 것이다. 거기까지는 OK.

중요한 것은 버그를 발견했을 때, 왜 그 버그가 생겨났는지를 먼저 생각해 보는 것이다. 실제로 버그를 고치려 하기 전에 말이다. 어떤 면접자는 자신이 작성한 함수가 false를 반환하는 경우, 그냥 그 반환값을 뒤집어서 문제가 해결되는지를 보려 한다. 물론, 그런 방법이 먹히는 경우는 거의 없다. 오히려 더 많은 버그가 발생하게 되고, 결국 부주의하다는 인상만 면접관들에게 심어주게 된다.

버그가 생기는 것은 어쩔 수 없지만, 버그를 해결하기 위해 코드를 무작위로 고치는 것은 용인될 수 있는 일이 아니다.

#10 포기

면접장에서 출제되는 문제가 벅차 보일 수 있음을 잘 알고 있다. 하지만 그것조차도 면접관이 테스트하려는 것 중 하나다. 여러분은 도전에 기꺼이 맞서는 유형인가, 아니면 공포에 떨며 뒤로 물러서는 유형인가? 앞으로 나아가 까다로운 문제에 당당히 맞서는 자세가 중요하다. 결국, 면접이라는 것은 까다로울 수밖에 없다. 어려운 문제를 만나는 상황이 놀랄 일은 아니라는 것.

8. FAQ

아는 문제가 나온 경우 면접관에게 이야기를 해야 하나요?

그렇다. 예전에 들어본 문제가 나왔다면, 면접관에게 반드시 이야기하라. 어떤 사람에게는 이런 행동이 멍청하게 보일 것이다. 문제도 알고 답도 아는데, 그렇다면 좋은 점수를 받을 게 뻔한데. 아닌가? 꼭 그렇진 않다.

우리가 '알면 안다고 이야기할 것'을 권하는 이유는 다음과 같다.

1. 진실성에서 높은 점수를 받기 때문이다. 정직하다는 것은 대단한 것이다! 면접관들이 여러분을 '같은 팀원'이 될지도 모른다고 생각하며 심사한다는 것을 기억하자. 여러분에 대해서 잘은 모르지만, 나 같으면 진실한 사람과 일하는 쪽이 더 낫다.
2. 질문이 살짝 바뀌었을 수도 있다. 예전과 똑같은 답을 적어내면 틀린 답이 된다.
3. 문제를 안다면, 답을 쉽게 찾게 될 것이다. 면접관도 그 사실을 눈치챌 것이다. 그 사람들은 문제 난이도를 안다. 만일 낑낑대는 시늉을 해서 눈속임하고 싶다면, 연극을 지나치게 한 나머지 기대한 것보다 시간을 더 많이 써서 탈락할 가능성도 있다는 것을 염두에 두자.

어떤 프로그래밍 언어를 써야 하나요?

많은 사람들은 아무 언어나 편한 대로 써도 된다고 이야기할 것이다. 하지만 이상적이기로는 면접관에게 편한 프로그래밍 언어를 쓰는 것이 좋을 것이다. 나는 보통 C나 C++, Java로 코딩할 것을 권하는 편이다. 대다수의 면접관들이 그중 한 언어는 편하게 사용할 줄 알아서이다. 나는 개인적으로 Java를 선호하는 편이다(문제가 C/C++을 대놓고 요구하지 않는다면). 빨리 작성할 수 있고, 설사 C++을 주로 쓰는 사람이라도 대부분은 Java 프로그램을 읽고 이해할 수 있기 때문이다. 이런 연유로, 이 책에 실린 해법 대부분은 Java로 작성되어 있다.

인터뷰 뒤에 연락을 바로 못 받았는데, 탈락한 건가요?

아니다. 거의 모든 회사는 탈락했으면 탈락했다고 연락을 준다. 바로 연락을 받지 못했다는 것은 면접 결과와는 아무 상관이 없는 일이다. 면접을 아주 잘 봤더라도, 인사 담당자가 휴가 중이라 연락을 못 했을 수도 있다. 회사가 조직 개편 중이라 인원 배분 상태가 모호한 탓일 수도 있다. 면접을 망친 경우라면, 게으르거나 업무에 지친 담당자가 탈락 사실을 알리는 것을 깜빡했을 수도 있다. 만일 “이봐. 이 사람은 탈락시키자구. 그러니 연락하지 마.” 이렇게 구는 회사가 있다면, 이상한 회사일 것이다. 면접 결과를 알려주는 것은 회사에서 가장 신경 쓰는 부분 중 하나다. 기다려라.

한 번 물먹은 회사에 다시 지원해도 되나요?

대체로 그렇다. 하지만 육 개월이나 일년 뒤에 다시 지원하는 것이 보통이다. 면접을 다시 볼 때, 이전 면접 결과가 크게 영향을 주지는 않는다. 다시 면접을 본 끝에 구글이나 마이크로소프트에 입사하게 되는 사람들도 많다.

II
장막 너머

많은 사람이 면접은 블랙 박스와 같다고 느낀다. 일단 들어서면, 면접관들로부터 질문 세례를 받는다. 그리고 이러저런 과정을 거쳐 합격 통보를 받는다. 물론, 떨어질 수도 있다.

이런 것들이 궁금했던 적은 없나?

· 당락 결정은 어떻게 이루어지나?
· 면접관들이 서로 토론은 하나?
· 회사가 정말로 신경쓰는 부분은 무엇인가?

그렇다면, 더 이상 궁금해 하지 말라!

이 책을 위해, 우리는 최고의 IT 기업 여섯 군데(마이크로소프트, 구글, 아마존, 페이스북, 야후! 그리고 애플)의 면접 전문가들과 만나, 대체 '장막 너머'에서 무슨 일이 벌어지는지 보여주고자 했다.

이 전문가들은 우리에게 면접 당일 일정이 어떻게 되는지, 면접장 바깥에서 그리고 여러분이 집으로 돌아간 뒤에 무슨 일이 벌어지는지 알려줄 것이다.

우리가 모신 면접 전문가들은 또한 회사별로 면접 절차가 어떻게 다른지도 알려 주었다. 아마존의 'Bar Raiser'부터 구글의 'Hiring Committee'까지, 각 회사는 자신만의 기이한 제도를 갖고 있다. 이런 특이성에 대해서 알게 되면 터프하기 짝이 없는 면접관에도 잘 대처할 수 있게 될 것이고(아마존의 경우), 두 명의 면접관이 문으로 동시에 들어오는 바람에 움찔하게 되는 일도 피할 수 있게 될 것이다(애플의 경우).

그리고 한 가지 더. 우리의 전문가들은 각 회사가 면접을 통해 강조하는 바에 대한 귀중한 통찰을 여러분에게 제공할 것이다. 대부분의 소프트웨어 회사들이 코딩과 알고리즘에 대해 신경쓰긴 하지만, 어떤 회사들은 인터뷰의 다른 특정한 측면들에 더 초점을 맞춘다. 이것이 회사의 기술 탓이건 아니면 역사 탓이건 간에, 이제 여러분은 무엇을 그리고 어떻게 준비해야 하는지 알게 될 것이다.

그러니, 우리와 함께 마이크로소프트, 구글, 아마존, 페이스북, 야후! 그리고 애플의 면접장 장막 너머로 들어가 보자.

1. 마이크로소프트 면접

마이크로소프트는 똑똑한 사람을 원한다. 소위 괴짜Geek라 불리는 사람들. 기술에 열정적인 사람들. C++ API를 속속들이 알고 있는지를 테스트하지 않을 것이다. 아마 코드를 흑판에 직접 써보라는 주문을 받을 것이다.

보통은 마이크로소프트에 면접을 보러 가면 오전에 회사에 나가 서류 작업부터 해야 한다. 그런 다음 구인 담당자recruiter와 짧은 면접을 보는데, 샘플 문제를 하나 준다. 구인 담당자가 하는 일은 여러분을 사전 준비시키는 것이며, 기술적인 문제로 볶아대는 것은 아니다. 기본적인 기술적 질문들을 던진다면, 그것은 여러분을 편안하게 하여 실제 면접이 시작될 때 긴장하지 않도록 하기 위해서이다.

구인 담당자에게 친절하게 굴라. 그 사람은 여러분을 가장 많이 응원하는 사람일 것이다. 첫 면접에서 미역국을 먹으면 다시 응시하라고 재촉하기까지 한다. 취업에 성공하건 그렇지 않건 간에, 그는 여러분을 위해 싸워 줄 것이다!

면접 당일에, 여러분은 보통 서로 다른 두 팀과 함께 네 번에서 다섯 번 정도의 면접을 본다. 별도의 방에서 면접을 보는 다른 많은 회사들과는 달리, 여러분은 마이크로소프트 면접관들이 일하는 바로 그곳에서 면접을 보게 될 것이다. 팀 문화를 접하고, 일터를 둘러볼 수 있는 좋은 기회다.

팀에 따라서 면접관이 여러분에게 인터뷰 과정 동안 피드백을 해 주기도 하고, 그렇지 않을 수도 있다.

한 팀과 면접을 마치면, 채용 관리자hiring manager와 이야기하게 될 수도 있다. 그렇다면, 그것은 굉장히 긍정적인 신호이다. 특정한 팀과의 인터뷰를 성공적으로 통과했다는 의미로 받아들일 수 있기 때문이다. 이제 결정은 채용 관리자에게 달려 있다.

면접 당일에 결과 통보를 받게 될 수도 있고, 일주일이 걸릴 수도 있다. 한 주가 지나도 HR로부터 아무런 응답을 받지 못한 경우에는, 부드러운 어조로 진행 상황을 묻는 이메일을 보내도록 하라.

만일 구인 담당자가 바로 답을 못한다면, 그것은 그가 바빠서이지 여러분이 면접에서 탈락했기 때문이 아니다.

반드시 대비할 질문

"마이크로소프트에서 일하고 싶은 이유는?"

이 질문을 통해 마이크로소프트는 여러분이 기술에 열정적인 사람인지 알고자 한다. 이렇게 대답하면 훌륭할 듯. "저는 컴퓨터를 처음 만졌던 그때부터 마이크로소프트의 소프트웨어를 사용해 왔습니다. 저는 이 회사가 범용적으로 훌륭한 제품을 생산하는 과정을 관리하는 방식에 정말로 감동했습니다. 예를 들어, 저는 최근에 게임 프로그래밍을 배우기 위해 비주얼 스튜디오를 사용하기 시작했는데, 그 API들은 정말로 훌륭합니다." 이런 대답이 기술에 대한 열정을 드러낸다는 점에 유의하자!

특이사항

면접을 잘 봐야만 채용 관리자를 만날 수 있다. 만났다면 청신호!

2. 아마존 면접

아마존의 채용 절차는 두 번의 전화 사전 면접phone screen부터 시작한다. 이는 실제 면접할 응시자를 걸러내기 위한 것으로, 특정한 팀과 통화를 하도록 한다. 그 짧은 시간 동안 면접자는 세 번 이상 면접을 하게 될 수 있는데, 이는 면접관 중 한 명이 확신이 없거나, 다른 팀이나 업무에 배정하는 것이 낫겠다는 생각을 하고 있는 경우일 수 있다. 드물게는, 지원자가 같은 지역에 있거나 아니면 다른 자리에 지원한 경력이 있는 경우, 한 번만 전화 사전 면접을 보기도 한다.

여러분을 평가할 엔지니어는 보통 CollabEdit 같은 공유 문서 편집기로 간단한 코드를 작성해 보라고 시킨다. 여러분이 어떤 기술 영역에 친숙한지 파악하기 위한 포괄적인 질문들도 던질 것이다.

그런 다음에는 시애틀로 날아가 이력서와 전화 면접 결과를 토대로 여러분을 선택한 한두 팀과 네다섯 차례의 면접을 보게 된다. 화이트보드에 코드를 작성하게 되며, 어떤 면접관은 다른 기술을 요구하기도 할 것이다. 면접관들은 서로 다른 영역을 심사하도록 할당되어 있어서 서로 좀 달라 보이기도 할 것이다. 면접관들은 자기 의견을 제출하기 전에는 다른 사람 의견을 볼 수 없으며, 채용 미팅을 갖기 전까지는 면접 결과에 대한 토론을 하지 말라는 권고를 받는다.

난이도 조정권자Bar raiser 역할을 맡은 면접관은, 면접 문턱, 그러니까 interview bar를 높이 올리는 역할을 맡은 사람이다. 특별한 훈련을 받으며, 면접관 그룹과 균형을 유지하기 위해 면접관 그룹과는 따로 응시자를 심사한다. 만일 어떤 면접이 다른 면접과 다르고 어렵다면, 그 면접을 진행하는 면접관은 아마도 'bar raiser'일 것이다. 이 사람은 면접에 관한 한 아주 경험이 풍부하고, 채용 여부를 결정하는 데 강한 영향력을 행사한다. 하지만 기억하라. 이 면접에서 더 고전하게 된다고 해서 바로 망해버리는 것은 아니다. 여러분의 성적은 다른 응시자들과 상대적으로 평가된다. 몇 퍼센트나 맞췄나를 따져 평가하는 게 아니라는 뜻이다.

면접관들이 의견을 전부 제출하면, 한 자리에 모여 토론을 하게 된다. 이 자리에서 채용 여부가 결정된다.

아마존의 구인 담당자들은 응시자들을 관리하는 데 탁월한 사람들이지만, 때로 면접 결과 통보가 늦어지는 경우도 있다. 한 주 안에 답을 듣지 못한다면, 친근한 어조로 이메일을 보내 볼 것을 권한다.

반드시 대비할 질문

아마존은 웹 기반 회사이다. 따라서 규모확장성에 신경을 많이 쓴다. 관련된 문제에 반드시 대비하도록 하라. 분산 시스템 경험이 있어야만 이런 질문에 답할 수 있는 것은 아니다. 이 책의 11장, '규모확장성과 메모리 제한'을 읽어보기 바란다.

또한, 아마존은 객체 지향 설계에 대해 질문을 많이 하는 경향이 있다. 이 책의 8장, '객체 지향 설계'에 실린 질문과 대답 들을 살펴보기 바란다.

특이사항

난이도 조정권자는 면접 수준을 높이기 위해 다른 팀에서 데려온다. 이 사람과 채용 관리자에게 깊은 인상을 심어 주는 것이 좋다.

3. 구글 면접

구글 면접에 대한 흉흉한 소문들이 돌고 있는 것을 알고 있지만, 그것들은 그저 소문일 뿐이다. 구글 면접은 마이크로소프트나 아마존 면접과 크게 다르지 않다.

처음에는 전화 사전 면접을 보게 되는데, 구글 엔지니어가 진행한다. 그러니 까다로운 기술적 문제가 나올 것에 대비해야 한다. 때로 공유 문서 편집기 같은 것을 써서 코딩을 해보라는 주문을 받을 수도 있다. 전화 면접이나 실제 면접이나 응시자를 보는 기준은 같으며, 질문도 유사하다.

실제 면접장에서는 네 명에서 여섯 명의 면접관과 면접을 진행하는 데, 그 중 한 명과는 점심을 같이 먹게 된다. 면접관 개개인의 의견은 다른 면접관에게는 비밀로 부쳐진다. 따라서 각각의 면접은 연관성 없이 백지 상태에서 시작하는 것으로 믿어도 된다. 점심을 먹으며 진행하는 면접의 경우 평가 대상이 아니기 때문에 솔직한 이야기를 주고받을 수 있는 좋은 기회가 된다.

면접관에게 개별적으로 할당된 역할이 없으므로 질문들은 구조화되어 있지도 않고 시스템적이지도 않다. 언제 무슨 질문이 나올지 알 수 없다는 뜻. 면접관들은 각기 하고 싶은 대로 면접을 진행한다.

면접관의 의견은 서면으로 채용 위원회Hiring Committee, HC에 제출된다. 채용 위원회는 엔지니어와 관리자로 구성되며, 채용 가부에 대한 추천권을 갖고 있다. 면접관의 의견은 네 가지 범주로 나뉘어지는데(분석적 능력, 코딩, 경험, 소통) 이에 따라 1.0에서 4.0까지의 점수가 매겨진다. 통상적으로 면접관은 HC에서 제외되며, 만일 포함되었다면 정말 우연히 그렇게 된 것일 뿐이다.

채용 제의를 하기 위해 HC에서는 응시자를 굉장히 적극적으로 옹호한 면접관이 있는지를 본다. 다시 말해, 3.6, 3.1, 3.1, 2.6점씩을 받는 편이 전부 3.1점을 받는 것보다 낫다는 뜻이다.

모든 면접을 다 잘 치를 필요는 없다. 그리고 전화 사전 면접 성적은 최종 결정에 큰 영향을 미치지 않는다.

만일 HC가 채용하는 것이 좋겠다는 의견을 내면, 여러분 점수가 보상 위원회compensation committee로 넘어가게 되고, 최종적으로 행정 관리 위원회executive management committee로 넘어가게 된다. 가부 통지를 받는 데는 몇 주까지 걸릴 수 있는데, 거쳐야 할 단계와 위원회들이 많기 때문이다.

반드시 대비할 질문

웹 기반 회사인 구글은 규모 확장이 가능한 시스템을 어떻게 설계하느냐의 문제에 관심이 많다. 그러니 11장, '규모확장성과 메모리 제한'에 나온 질문들에 대비하기 바란다. 또한, 많은 구글 면접관들은 비트 조작에 관한 문제들을 낸다. 그러니 11장, '비트 조작'에 실린 내용도 훑어봐 두는 게 좋다.

특이사항

면접관들은 채용 결정을 하지 않는다. 대신 의견을 HC에 제출한다. HC 또한 채용 가부에 대한 권고안을 제출하는데, 이 의견도 관리부서가 거부할 수 있다(물론 HC의 의견에 관리부서가 거부권을 행사하는 일은 드물다).

4. 애플 면접

애플이라는 회사도 그렇지만, 애플의 면접 절차에는 관료적인 면이 별로 없다. 면접관들은 응시자들이 뛰어난 기술적 능력을 갖고 있는지를 보려 할 것이지만, 응시하는 자리나 회사에 대한 열정이 있는지 또한 중요하게 살필 것이다. Mac 사용자일 필요는 없지만, Mac 시스템에 친숙하긴 해야 한다.

면접은 전화를 통한 사전 인터뷰로 시작하는데, 이는 여러분이 가지고 있는 기술이 무엇인지 감을 잡기 위한 것이다. 그런 다음에 실제 팀원들이 역시 차례로 전화를 걸어 올 것이다.

실제 면접장에 초청되면 인사 담당자가 여러분을 맞이하고 면접 절차를 안내할 것이다. 면접 대상 팀의 팀원들 및 그 팀이 함께 일하는 핵심적 직원들과 함께 6~8회의 면접을 보게 된다.

1회의 면접은 1대 1로 진행될 수도 있고 2대 1로 진행될 수도 있다. 화이트보드에 코딩하게 될 것에 대비하고, 생각을 명료하게 전달할 수 있도록 하라. 점심은 앞으로 당신의 관리자가 될지도 모르는 사람과 함께 하게 되는데, 격식은 좀 덜 갖춰도 되는 자리지만 역시 면접의 일부분이라는 것을 명심하기 바란다. 각 면접관은 서로 다른 영역을 질문하는데, 다른 면접관들과 평가 결과를 공유하지는 않는다. 뒤에 면접을 진행할 면접관이 좀 더 심도 있게 물어봐 주었으면 하는 주제가 있는 경우는 예외다.

면접 당일 막바지에 면접관들은 평가 결과를 비교한다. 모두가 여러분을 좋게 보았다면 여러분은 여러분이 지원하는 조직의 임원 및 부사장과 면접을 보게 될 것이다. 공식적인 결정은 아니지만, 이 단계까지 왔다는 것은 긍정적인 신호이다. 아무튼 이 결정도 은밀하게 내려지고, 통과 못한 경우에는 그냥 건물 밖으로 안내된다.

임원 및 부사장과 면접을 보았다면, 모든 면접관이 회의실에 한데 모여 여러분을 '살릴지' 아니면 '죽일지' 공식적인 가부 결정을 하게 된다. 이 자리에 부사장은 참석하지 않을 것이지만, 응시자가 마음에 들지 않는 경우 거부권을 행사할 수 있다. 결과 통보는 며칠 뒤에 올 것이지만, 궁금하다면 구인 담당자에게 연락을 취해 봐도 좋다.

반드시 대비할 질문

어떤 팀과 면접을 보게 될지 알고 있다면, 그 팀에서 만든 제품들에 대해 공부하기 바란다. 어떤 점이 좋았나? 개선해야 될 점은 무엇인가? 그에 관한 좋은 제안을 하면 여러분의 열정을 그들에게 어필할 수 있다.

특이사항

애플에서는 2대 1 면접을 자주 하는데, 이에 대해서 스트레스 받지 말라. 1대 1 면접이랑 다를 것이 없으니.

애플에서 일하는 사람들은 애플 제품의 열성적 사용자들이기도 하다. 여러분도 그러하다는 것을 잘 보여주기 바란다.

5. 페이스북 면접

페이스북에 온라인으로 올라오는 엔지니어링 퀴즈가 페이스북 취업을 원하는 사람들에게 인기를 끌고 있긴 하지만, 다른 방법도 있다. 이런 퀴즈를 풀지 않고도, 지원서를 온라인으로 작성해 제출하거나 대학 직업 박람회에 참석한다든가 하는 전통적인 방식으로 지원이 가능하다.

면접 대상자로 뽑히게 되면 지원자는 최소 두 번의 전화 사전 면접을 거치게 된다. 하지만 같은 지역에 거주하는 사람은 한 번의 사전 면접만 거친 후 실제 면접을 보게 되기도 한다. 전화 면접 중에는 보통 기술적인 질문을 받게 될 것이며, Etherpad와 같은 온라인 문서 편집기 등을 사용해 코딩을 해보라는 주문도 받게 될 것이다.

현재 대학에 있고 캠퍼스 내에서 면접을 보는 경우에도 코딩은 하게 될 것이다. 보통 화이트보드나 종이를 사용하게 된다.

실제 면접 시에는 기본적으로 다른 소프트웨어 엔지니어들과 면접을 보게 되는데, 가능한 경우에는 채용 관리자도 배석하게 된다. 모든 면접관은 포괄적인 면접 훈련을 거쳤으며, 누구와 면접을 보더라도 그것이 채용 확률에 영향을 미치지는 않는다.

각 면접관에게는 특정한 역할이 부여되는데, 같은 질문을 반복하지 않도록 하고 지원자의 능력을 종합적으로 평가하기 위함이다. 출제되는 문제들은 알고리즘, 코딩 능력, 구조 및 설계 기술, 그리고 페이스북의 빠른 템포에 적응할 수 있는 능력을 갖추고 있는지를 알아보기 위한 것들이다.

면접이 끝나면 면접관들은 여러분의 능력을 함께 토론하기 전에 서면으로 평가 결과를 제출한다. 한 면접 결과가 다른 면접관의 평가 결과에 영향을 미치는 일을 막기 위한 것이다.

모든 면접관이 평가 결과를 제출하고 나면 면접관들과 채용 관리자가 모여 최종 결과를 논의한다. 합의에 이르면 그 결과를 채용 위원회에 제출한다.

페이스북이 찾는 것은 '닌자와도 같은 기술', 그러니까 어떤 언어를 사용하더라도 팀원들과 함께 우아하고도 규모확장성이 높은 솔루션을 만들어 내는 능력이다. PHP를 안다고 점수를 더 잘 받을 가능성은 없는데, 페이스북에서는 C++, 파이썬Python, 얼랭Erlang 등의 다양한 언어를 백엔드에서 사용하고 있기 때문이다.

반드시 대비할 질문

잘나가는 IT 기업 중 가장 어린 기업인만큼, 페이스북은 개발자가 사업가적인 정신도 갖기를 원한다. 그러니 면접을 볼 때는 무엇이든 빨리 만들기를 좋아한다는 점을 강조하여야 한다.

특이사항

페이스북에서는 개발자와 면접을 진행할 때 전사적인 관점에서 진행하며, 특정한 팀을 염두에 두고 진행하지 않는다. 채용되고 나면 '부트캠프bootcamp'라고 불리는 6주간의 훈련과정을 통해 페이스북의 거대한 코딩 결과물들의 구조를 일별하게 된다. 선배 개발자들을 멘토로 삼아 지도를 받게 될 것이며, 최선의 개발 지침들을 배우게 될 것이고, 궁극적으로는 자유롭게 프로젝트를 선택할 수 있게끔 될 것이다.

6. 야후 면접

야후가 최상위 20개 학교에서만 사람을 뽑는 경향이 있긴 하지만, 다른 지원자들도 야후의 채용 담당 기구를 통해(또는 이보다는 더 가능성이 높은 내부 추천을 통해) 면접을 볼 수 있다. 면접 대상으로 선택되고 나면 전화 사전 면접으로 면접을 시작하게 되는데, 전화 사전 면접의 경우 면접관은 보통 기술 책임자Tech Lead나 관리자와 같은 상급자가 맡는다.

실제 면접장에서는 동일한 팀의 팀원 6~7명과 면접을 보게 되는데, 한 사람당 45분 정도가 소요된다. 각각의 면접관은 서로 초점을 맞추는 부분이 다르다. 가령 어떤 면접관은 데이터베이스에 관한 질문을 주로 하고, 다른 사람은 컴퓨터 구조에 관한 이해도를 측정하는 질문을 주로 한다든지 하는 식이다. 각 면접은 보통 다음과 같이 구성된다.

- 5분: 일반적 대화. 지원자 자신에 대한 질문, 지원자가 맡았던 프로젝트에 대한 질문 등이 오고간다.
- 20분: 코딩 관련 질문. 예를 들어, 병합 정렬merge sort을 구현하라는 등의 질문이 오고간다.
- 20분: 시스템 설계 관련 질문. 예를 들어, 대규모의 분산 캐시를 설계하라는 등의 질문이 주어진다. 이런 질문은 종종 지원자가 예전에 경험한 프로젝트나 현재 면접관이 일하고 있는 분야에 초점을 맞춘다.

면접 당일 마지막으로는 보통 프로그램 관리자Program Manager와 같은 직원과 일반적 대화를 나누게 된다. 이 자리에서는 제품 데모를 보게 되거나, 야후가 향후 고민하게 될 문제에 대한 토론을 하게 되며, 여러분이 받은 다른 채용 제안에 대한 이야기를 나누게 되기도 한다. 이 절차는 보통 채용 가부 결정에는 영향을 미치지 않는다.

그동안 여러분의 면접관들은 한자리에 모여 여러분의 성적에 대한 의견을 나누고 결정을 내리려 시도하게 된다. 최종적 가부 결정의 권한은 채용 관리자가 가지고 있으며, 부정적 의견보다는 긍정적 의견에 좀 더 무게를 두어 평가하게 된다.

면접을 잘 마쳤다면, 종종 그날 바로 결정이 나기도 하지만 항상 그런 것은 아니다. 며칠씩 걸려 가부 결정이 나는 경우도 많다. 가령, 해당 팀에서 다른 사람들도 면접을 보는 것이 좋겠다 느끼는 경우에는 며칠씩 걸리기도 한다.

반드시 대비할 질문

야후는 거의 항상 시스템 설계에 관한 질문을 던진다. 그러니 반드시 대비하도록 하자. 여러분이 코딩뿐 아니라 시스템 설계도 할 수 있는 사람인지 알기를 원하는 것이다. 그쪽에 경험이 별로 없더라도 걱정하지 말자. 논리에 맞게 문제를 따져 풀어 나가면 되니까.

특이사항

전화 인터뷰는 보통 채용 관리자와 같은, 영향력이 좀 있는 사람이 맡아 진행한다.

면접 당일에 채용 가부를 (채용된 경우) 알려주기도 한다는 점에서 좀 특이하다. 면접관들은 여러분이 마지막 면접관을 만나는 동안 여러분의 성적을 토론한다.

III
특별한 상황

1. 경력자 면접

앞 절을 주의 깊게 살핀 사람이라면, 경력자에게도 다른 사람들과 별 차이 없는 질문들이 주어지며, 채용 기준이 크게 달라지지 않는다는 점에 크게 놀라지는 않을 것이다.

알고 있을 수도 있겠지만, 대부분의 경우 자료구조와 알고리즘에 관한 일반적 문제들이 출제된다. 큰 회사들은 이것이 개인의 능력을 측정하는 좋은 방법이라고 생각한다. 그래서 모든 사람이 그 테스트를 거치도록 한다.

어떤 면접관들은 경력자에게는 조금 더 높은 기준을 적용하기도 한다. 결국, 경력자는 이 바닥에서 좀 더 오래 일한 사람이고, 더 좋은 성적을 보여야 하니까. 맞나?

그런데 어떤 면접관들은 정반대로 생각하기도 한다. 경력자들은 졸업한 지 오래된 경우가 대부분이고, 그때 이후로는 문제에 등장하는 개념 가운데 몇몇은 신경도 쓰지 않았을 가능성이 높다. 그러니 경력자일수록 그런 부분을 잊었을 가능성이 높으므로 좀 낮은 기준을 적용해야 한다고 생각한다는 것.

그러니 평균적으로 보면 별반 차이가 없다고 보아야 한다. 당신이 경력자라고 해도, 거의 같은 질문을 받을 것이고 거의 같은 기준으로 평가될 것이다.

하지만 예외도 있으니, 설계와 구조에 관한 질문들과 이력에 관한 질문이 그것이다.

보통 학생들은 시스템 구조에 대해서는 그다지 공부를 많이 하지 않는다. 그러니 그쪽 방면의 경험은 직업적으로만 얻어지게 마련이다. 그런 면접에 있어서의 성적은 여러분의 경력 수준에 비추어 매겨진다. 하지만 학생이나 졸업한 지 얼마 안 된 지원자에게도 그런 질문은 주어지게 되어 있으니 가능한 한 풀 수 있도록 대비해야 한다.

또한, 경력자에게 "당신을 괴롭힌 최악의 버그는 무엇이었습니까?" 같은 질문을 하는 경우, 깊이 있고 인상적인 답을 기대하고 있다는 점에 유의하기 바란다. 경력자라면 자신의 풍부한 경험을 내세울만한 답변을 해야 한다.

2. 테스터와 SDET[1]

SDET는 까다로운 직책이다. 훌륭한 코더가 되어야 하는 것은 물론이고, 훌륭한 테스터도 되어야 하기 때문이다.

다음 절차에 따라 준비할 것을 추천한다.

- 테스트에 관련된 핵심적 질문들에 대비하라: 가령, 전구light bulb는 어떻게 테스트할 것인가? 펜은? 금전 등록기cache register는? 마이크로소프트 워드는? 이 책에 실린 테스트 관련 장을 읽어보면 이런 문제들을 푸는 데 필요한 지식을 쌓을 수 있을 것이다.
- 코딩 관련 질문에 대비하라: SDET에 지원했다 미역국을 먹는 첫 번째 이유는 바로 코딩 기술 부족이다. SDET에 지원하는 사람들에게 요구하는 능력 기대치가 SDE에 지원하는 사람보다 낮긴 하지만, 그래도 코딩과 알고리즘 설계는 아주 잘 해야 한다. 일반 개발자들과 같은 문제들로 코딩과 알고리즘 훈련을 하기 바란다.
- 코딩 결과를 테스트하는 훈련을 하라: SDET 지원자에게 흔한 질문 유형 가운데 하나는 "X를 하는 코드를 작성하라"고 한 다음에 바로 "자. 그럼 이제 그 코드를 테스트하라"고 주문하는 것이다. 질문이 명시적으로 테스트를 요구하지 않는다 하더라도, 자문해 보아야 한다. "이건 대체 어떻게 테스트하지?" 기억하라. 어떤 문제라도 SDET 문제로 변형될 수 있음을.

테스터에게는 소통 능력communication skill도 중요하다. 직책상 많은 다른 사람들과 함께 일해야 하기 때문이다. 그러니 '행동 문제'와 관련된 절의 내용을 꼭 살펴보기 바란다.

---

1 (옮긴이) SDET는 Software Design Engineer in Test의 약자.

바람직한 경력을 위한 조언

여러분의 경력을 위해 한마디만 하고 넘어가겠다. 많은 지원자가 그렇듯, 입사를 위한 '쉬운' 방편 중 하나로 SDET에 지원하고 있다면, SDET에서 개발직으로 전환하는 게 아주 어렵다는 것에 유의하기 바란다. 직무 전환을 염두에 두고 있다면 코딩과 알고리즘 설계 능력을 높은 수준으로 가다듬어야 하고, 입사 후 일이 년 내에 직무 전환을 해야 한다. 그렇지 않으면 개발자 면접을 보더라도 진지하게 받아들여지기 힘들 것이다.

코딩 기술은 항상 갈고 닦으라.

3. 프로그램program과 제품 관리자product manager

이들 'PM'이 하는 역할은 회사마다 다르고, 심지어는 한 회사 안에서도 크게 변한다. 가령 마이크로소프트에서 어떤 PM들은 마케팅 전선에서 고객과 마주하는 고객 에반젤리스트customer evangelist로 일한다. 하지만 어떤 PM은 코딩에 관계된 일을 주로 하기도 한다. 이런 PM들을 뽑을 때는 코딩 능력을 따지게 될 터인데, 코딩이 그들에게는 중요한 일이기 때문이다.

일반적으로 보자면 PM 응시자를 면접 볼 때에는 다음과 같은 능력이 갖추어져 있는지를 본다.

- 모호성ambiguity에 잘 대응하는가: PM 면접 시 가장 중요한 부분은 아니지만, 면접관들이 이런 능력이 있는지 살핀다는 것은 알고 있어야 한다. 면접관들은 여러분이 모호한 상황에 처했을 때, 당황하여 아무것도 하지 못하지는 않는지 보고자 한다. 여러분이 자신감 있게 문제를 공략해 나가는 것을 보고 싶어 하는 것이다. 새로운 정보를 찾고, 무엇이 중요한지 우선순위를 매기며, 문제를 구조적으로 풀어나가는지 보길 원한다. 직접적으로 테스트가 가능할 수도 있겠지만 보통은 그렇게 하지 않으며, 문제를 풀어 나가는 과정에서 그런 능력이 보이는지 살피게 된다.
- 고객에 초점을 맞추는가(태도): 면접관들은 여러분들이 고객 중심적인 태

도를 갖고 있는지를 보고자 한다. 여러분은 모든 고객이 당신처럼 제품을 사용하리라 가정하고 있는가? 아니면 여러분은 고객 입장에서 생각하고 고객이 제품을 어떻게 사용하고자 하는지 이해하고자 하는 사람인가? "시각 장애인을 위한 자명종 시계를 설계하라"와 같은 문제는 그런 측면을 평가하기 위한 것이다. 이런 질문을 받으면, 고객이 누구who인지, 그리고 그들이 제품을 어떻게how 사용하고 있는지를 이해하기 위한 많은 질문을 던지도록 하라. '테스팅' 절에서 설명하는 기술들이 이와 밀접한 관련이 있다.

- 고객에 초점을 맞추는가(기술적 능력): 보다 복잡한 제품을 취급하는 팀 중에는, PM은 반드시 제품을 충분히 이해하고 일해야 한다고 요구하는 팀이 있다. 일하면서 그런 지식을 얻기는 힘들기 때문이다. MSN 메신저 팀에서 일하기 위해 메신저에 대해 잘 알아야 할 필요는 없을지도 모르지만, Windows 보안 팀에서 일하려면 보안에 대한 이해가 필요할 것이다. 하지만 필수 기술을 보유하고 있다고 적지 않았다면, 그런 기술을 요구하는 팀과 인터뷰 할 일은 적을 것이다.
- 다층적 의사소통multi-level communication: PM은 같은 회사에서 일하는, 서로 다른 직위와 기술적 능력을 갖는 모든 계층의 직원과 의사소통할 수 있어야 한다. 면접관은 여러분이 이에 대응할 수 있는 유연한 의사소통 능력을 갖추고 있는지 평가하려 한다. 그래서 대놓고 이런 질문을 하기도 한다. "TCP/IP를 당신 할머니에게 설명한다면?" 여러분이 예전에 수행한 프로젝트를 토론하면서 소통 능력을 평가하기도 한다.
- 기술에 대한 열정Passion for Technology: 행복한 직원들은 생산적이다. 그래서 회사는 여러분이 자신의 일을 열정적으로 즐길 사람인지 확실히 해 두고 싶어 한다. 그래서 여러분 답변에는 기술에 대한 열정(이상적이기로는 회사와 팀에 대한 열정도)이 묻어나야 한다. 이런 직설적인 질문을 받게 되는 일도 있을 것이다. "왜 마이크로소프트에 관심이 있습니까?" 또한 면접관은 여러분이 예전에 수행했던 프로젝트와, 함께 일한 팀이 직면했던 도전들을 얼마나 열띤 어조로 이야기하는지 보고 싶어 한다. 여러분이 기꺼이 도전에 맞설 준비가 되어 있음을 확인하고 싶어 하기 때문이다.

· 팀워크/리더십: 면접을 통해 평가하는 가장 중요한 덕목이 (놀랄 일도 아니겠지만) 바로 이것이며, PM이라는 자리는 본질적으로 이 두 가지 덕목에 관한 것이다. 모든 면접관은 여러분이 다른 사람들과 협력할 능력이 있는지 살핀다. 그래서 보통 이런 질문들을 던진다. "팀원이 자기소임을 다하지 못하고 있었을 때 어땠는지 이야기해 보세요." 면접관은 여러분이 갈등을 잘 봉합하고, 주도적으로 일하며, 사람들을 잘 이해하고, 같이 일하고픈 사람인지 알기 원한다. 그러니 행동 양태에 대한 질문들(행동 문제)에 잘 대비해두면 아주 많이 도움이 된다.

위에 열거한 영역들은 PM이 마스터해야 할 중요한 기술들로서, 면접의 핵심적 영역이기도 하다. 이들 각각의 영역이 갖는 중요도는 실제 업무에 있어서도 대체로 일치한다.

4. 개발 책임자Dev Lead와 관리자Manager

개발 책임자가 되려면 코딩을 잘 해야 하며, 개발 관리직의 경우에도 종종 그러하다. 채용된 이후 실제 코딩을 해야 하는 자리라면, 개발자와 마찬가지로 코딩과 알고리즘에 대해 능통하도록 하라. 특히 구글은 코딩에 관한 한 개발 관리자에게도 높은 기준을 적용한다.

또한 다음 영역의 질문들에 대해서도 대비하라.

· 팀워크/리더십: 관리자 냄새가 나는 역할을 맡는 사람은 리더십도 있어야 하고, 팀워크도 좋아야 한다. 여러분도 이 기준에 따라 평가될 것이다. 명시적으로는 "관리자와 의견이 맞지 않은 상황에서 어떻게 처신했나?"와 같은 형태의 질문들을 할 것이다. 우회적으로는 여러분이 면접관과 어떻게 상호작용하는지 지켜봄으로써 평가하기도 할 것이다. 여러분이 너무 오만하거나 지나치게 수동적이라는 인상을 줄 경우, 면접관은 여러분이 관리자로는 썩 훌륭하지 않을 거라 평가할 것이다.

· 우선순위: 관리자들은 때로 '빡빡한 데드라인을 확실히 맞추는 방법'과 같은 까다로운 이슈들과 마주한다. 면접관들은 여러분이 좀 덜 중요한 일들은 쳐내면서, 우선순위에 따라 프로젝트를 진행할 능력이 있는지 살핀다. 우선순위를 따질 수 있는 능력이라 함은, 무엇이 중요하고 무엇을 성취해야 하는지 질문을 던져 알아낼 수 있는 능력을 말한다.

· 소통: 관리자들은 윗사람, 아랫사람, 고객 그리고 기술적 배경지식이 적은 사람들과 소통할 필요가 있다. 면접관들은 여러분이 다양한 수준의 사람들과 소통할 수 있는지, 그것도 친근하면서도 따뜻하게 할 수 있는지 살핀다. 어떻게 보면 여러분의 인성personality을 평가하는 절차이기도 하다.

· 주어진 일을 완수한다: 관리자가 해야 할 가장 중요한 일은 아마도, '주어진 일은 끝내는 사람'이 되는 것일 터이다. 이것은 '프로젝트를 준비하는 것'과 '실제로 수행하는 것' 사이의 균형을 맞추는 능력을 의미한다. 그러므로 여러분은 프로젝트의 구조를 잡는 방법, 그리고 팀의 목표를 성취할 수 있도록 팀원에게 동기를 부여할 수 있는 방법을 알아야 한다.

궁극적으로, 이들 영역 대부분은 여러분의 예전 경험과 인성에 관한 것이다. 면접 준비 가이드라인을 따라 아주, 아주 철저히 준비하도록 하라.

5. 특별한 상황 – 스타트업

스타트업Start-Ups의 경우, 지원 절차와 면접 과정이 회사마다 크게 다르다. 모든 회사를 다 살펴볼 수는 없으니, 일반적인 사항만 다루도록 하겠다. 하지만 회사에 따라서는 이 일반적인 기준과도 맞지 않는 경우가 있다는 것을 염두에 두기 바란다.

지원 절차

많은 스타트업들은 구인 직종 리스트job listing를 공개한다. 하지만 아주 인기 좋은 회사라면 개인적으로 추천을 받는 것이 가장 좋은 방법이다. 반드시 가까운 친구이거나 옛 동료일 필요는 없다. 그냥 연락을 취해 관심을 표하는 것만으로, 여러분의 이력서를 읽어줄 누군가를 찾을 수 있는 경우도 많다.

비자와 취업 승인Work Authorization

불행히도, 미국의 소규모 스타트업 대부분은 취업 비자를 제공하지 못한다. 여러분만큼이나 그들도 그 시스템을 싫어하지만, 어쨌든 여러분이 미국인이 아니라면 그런 회사에 취업할 수는 없다. 비자를 받아 스타트업에서 일하고 싶다면, 여러 스타트업들의 의뢰를 받아 일하는 직업적 구인 대행자professional recruiter를 찾아보거나, 아니면 좀 더 규모가 큰 회사로 눈을 돌려야 한다.

이력서 선정에 영향을 주는 요소

스타트업에서 일하는 사람들은 코딩에 능숙한 똑똑한 엔지니어일 뿐 아니라, 사업가적 자질이 요구되는 환경에서도 능력을 발휘할 수 있는 사람들이다. 이력서를 제출할 때에는 여러분에게도 그런 자질이 있음을 보여야 한다.

바로 실전에 투입될 수 있는 자질hit the ground running도 굉장히 중요하다. 그래서 스타트업에서는 회사에서 쓰는 프로그래밍 언어를 이미 알고 있는 사람을 원한다.

면접 과정

소프트웨어 개발에 관계된 여러분의 일반적 적성을 평가하려 하는 큰 회사와 달리 스타트업은 여러분의 인성이나 기술, 그리고 경력이 회사에 잘 맞는지 세심하게 평가한다.

· 적합한 인성: 이 측면은 면접관과 상호작용하는 과정을 통해 평가된다. 친근하면서도 호감가는 톤으로 대화를 진행하는 것은 아주 중요하다.
· 기술: 스타트업은 바로 실전에 투입될 수 있는 사람들을 원하기 때문에, 보

통 특정한 프로그래밍 언어와 관계된 능력을 평가하게 된다. 해당 회사에서 사용하고 있는 언어를 알고 있다면, 세부사항도 확실히 훑어봐 두기 바란다.

· 경험: 스타트업에서는 예전 경력에 관계된 사항을 시시콜콜 묻는다. 행동 문제에 관한 절을 특별히 주의 깊게 읽어두기 바란다.

위에 열거한 영역 이외에도, 이 책에 실린 코딩과 알고리즘에 관련된 질문들은 아주 빈번히 출제된다.

IV
면접 전에

1. 적절한 경험 쌓기

채용 가부에 결정적인 영향을 끼치는 것은 보통 면접이지만, 사실 면접장까지 여러분을 인도하는 것은 여러분의 이력서, 그러니까 여러분의 경력이라고 봐야 한다. 그러니 여러분은 어떻게 하면 보다 나은 기술적 경험(비기술적인 경험도)을 쌓을 수 있을지 적극적으로 생각해 봐야 한다. 학생이건 경력자건 코딩 경험을 쌓아두면 도움이 된다.

지금 학생이라면, 다음과 같은 방법들이 있다.

· 큰 규모의 프로젝트 수업을 들으라: 아직 학생이라면, 큰 규모의 프로젝트를 진행하도록 하는 과목을 수강해 보길 권한다. 이런 프로젝트 경험은 이력서에 적을 만하며, 최고 수준의 회사에 면접을 볼 수 있는 가능성을 높인다. 프로젝트가 실제 세상에서 벌어지는 문제들에 관련성이 높을수록 더 좋다.

· 인턴 자리를 알아보라: 입학한 지 그다지 오래되지 않았어도 직업적 경험을 쌓을 수 있다. 1~2학년생들은 Microsoft Explorer나 Google Summer of Code와 같은 프로그램에 참여할 수 있다. 이런 자리에 참여할 성적이 안 된다면 스타트업에서 인턴으로 일해보는 것도 좋은 선택이다.

· 뭔가를 시작하라: 사업적 냄새가 나는 뭔가를 다뤄본 경험이 있다면 거의 모든 회사가 좋아할 것이다. 그런 일을 진행해보면 여러분의 기술적 경험치가 상승할 뿐 아니라, 여러분이 주도적으로 일하며 '일을 마무리 짓는' 자질을 가지고 있음을 보일 수 있다. 주말과 여가 시간을 쪼개어 여러분 자신만의 소프트웨어를 만들어 보라. 교수와 친분이 생기면, 그 교수가 여러분의 작업을 독립적인 연구과제로 '스폰서' 해주는 일이 생길 수도 있다.

지금 직장인인 분들은, 이미 여러분을 '꿈의 회사'로 인도할 적절한 경험을 쌓고 있을 수 있다. 가령 구글 개발자라면, 이미 페이스북 입사에 충분한 경험을 쌓았다고 봐도 될 것이다. 하지만 지명도가 떨어지는 회사에서 더 크고 좋은 회사로 옮기려 한다거나, 테스터로 일하다 개발자로 전직하고자 한다거나 할 경우에는 아래와 같이 하면 도움이 될 것이다.

· 업무 역할을 좀 더 코딩에 가깝게 옮기라: 관리자에게 회사를 옮길 거라는 소리를 하지 않고서도, 코딩 기회를 좀 더 많이 갖고 싶다는 이야기는 할 수 있다. 가능한 이런 프로젝트들을 고를 때는 대형 프로젝트를 고르고, 관련된 기술을 많이 사용해 볼 수 있도록 할 것이며, 최종적으로는 이력서의 한두 꼭지로 넣을 수 있도록 하라. 이런 프로젝트들이 여러분 이력서의 큰 부분을 차지하도록 하면 이상적이다.
· 밤 시간, 주말을 활용하라: 남는 시간이 있다면 모바일 앱을 만들든, 웹 앱을 만들든, 아니면 데스크톱 소프트웨어를 만들어 보든 하라. 이런 프로젝트를 진행해 보면 새 기술에 대한 경험을 쌓을 수 있을 뿐 아니라, 기술적으로 앞선 회사들과의 관련성을 높일 수 있다. 이런 프로젝트 경험은 반드시 이력서에 적어야 한다. 이력서에 '재미삼아 만들어 본' 소프트웨어 이름을 적는 개발자만큼 면접관에게 깊은 인상을 심어주는 사람도 없다.

지금까지 한 이야기는 크게 두 가지로 요약할 수 있다. 회사는 여러분에게서 명민함과 프로그래머로서의 자질을 읽을 수 있기를 바란다. 그런 자질을 보일 수 있으면 면접장에 입장할 수 있다.

또한, 여러분은 여러분 경력의 지향점이 어디인지를 미리 고민해 봐야 한다. 지금은 개발자 자리를 찾고 있지만 장차 관리직으로 옮길 수 있기를 희망한다면, 리더로서의 경험을 쌓고 개발할 수 있는 방법을 지금부터 찾아봐야 한다.

2. 인맥 쌓기

많은 사람이 친구 덕에 입사하기도 한다는 것을 아마 여러분도 잘 알고 있으리라. 하지만 여러분이 잘 모르는 것 하나는, 사실 더 많은 사람이 '친구의 친구'를 통해 일자리를 구하기도 한다는 점이다. 정말로 말이 되는 이야기이다. 잠깐 컴퓨터에 미친 사람 톤으로 이야기해보자. 여러분에게 N명의 친구가 있다고 한다면, 친구의 친구 수는 대략 N^2가 될 것이다.

이것이 직업을 구할 가능성과 무슨 관련이 있나? 여러분의 친구뿐 아니라 거기서 파생되는 인적 네트워크 전체가 채용에 중요하다는 뜻이다.

여러분의 인맥을 '좋은 인맥'으로 만들려면

좋은 인맥이라 함은, 넓고도 가까운 인맥이다. 다소 모순된 말처럼 들린다면, 어느 정도는 모순이 존재하기 때문일 것이다.

· 넓은broad 인맥: 여러분의 인맥은 여러분이 지원하고자 하는 업계(또는 기술)에 어느 정도 초점이 맞춰져 있어야 한다. 하지만 한편으로는 다른 분야를 포괄할 정도로 넓어야 한다. 회계사를 예로 들어보자. 회계사를 친구로 두는 것은 여러분 경력 견지에서 봐도 가치가 있는데, 그 친구가 회계 이외의 영역에도 많은 친구를 가지고 있을 가능성이 높기 때문이다. 이런 친구들(여러분의 친구일 수도 있고, 한 다리 건너 친구일 수도 있는) 가운데 일부는 어떤 시점에는 여러분과 같은 사람을 찾고 있을 수도 있다. 만나는 누구와도 관계를 맺는 데 열린 자세를 갖도록 하라.

· 가까운close 인맥: 한 다리 건너 친구를 만드는 것은 여러분의 가까운 친구를 통해야 쉽다. 또한, '직업적인 인맥 전문가'나 '명함 수집가'로 찍히면 너무 가식적이어서 외면당하기 쉽다. 여러분의 인맥을 깊고도 의미 있게 만들라.

이 두 상반된 가치 사이에서 균형을 잡는 묘책은, 할 수 있는 한 많은 사람을 만나되 열린 마음과 진실한 태도를 유지하는 것이다. 그냥 '명함을 수집'하려 애쓰다 보면, 결국 아무것도 얻지 못할 것이다.

강한 인맥을 구축하려면

어떤 사람은 여러분이 그저 밖으로 나가 사람을 만나기만 하면 된다고 주장할 것인데, 대체로 사실이긴 하다. 그런데 대관절 어디서? 그리고 어떻게 '자기소개' 수준에서 벗어나 진정한 인맥을 구축할 것인가?

다음의 기본적 절차를 따르면 도움이 될 것이다.

1. Meetup.com과 같은 웹 사이트를 이용하거나, 졸업 동문들이 모이는 행사 중 여러분의 관심사와 목적에 부합하는 것을 골라 참석하라. 명함을 챙겨라. 명함이 없거나, 어떤 회사에도 속해 있지 않거나 학생이라면, 만들어 두라.
2. 사람들에게 다가가 "안녕하세요?"라고 말하라. 두렵게 느껴질 수도 있겠지만, 인사하는 것을 저지할 사람은 없다. 대부분은 여러분의 자기표현력을 흡족히 여길 것이다. 최악의 상황에는 어떤 일이 벌어지나? 그 사람들이 여러분을 싫어하게 되거나, 여러분과 인맥을 맺으려 하지 않게 되거나, 그 사람들을 다시 보게 되지 못하는, 뭐 그 정도?
3. 여러분의 관심사를 열어두고, 다른 사람들의 관심사에 대해서 이야기하라. 만일 그들이 스타트업을 시작했거나 여러분이 관심을 두고 있는 어떤 일에 관계되어 있다면, 커피를 한 잔 하면서 더 이야기를 나눌 수 있는지 물어보라.
4. 행사가 끝난 뒤에는 그 사람을 LinkedIn에서 인맥connection으로 등록하거나 이메일을 보내거나 해서 계속 연락이 닿을 수 있도록 하라. 만나서 커피를 나누며 그들의 일터와 서로 관심 있는 일감에 대해 이야기를 나눌 수 있다면 더 좋을 것이다.
5. 그리고 가장 중요한 하나는, 여러분의 인맥에 속한 사람들에게 도움이 될 수 있는 사람이 되는 것이다. 다른 사람을 도우면, 너그럽고 친절한 사람이라는 인상을 줄 수 있다. 여러분이 먼저 도우면, 그 사람도 기꺼이 여러분을 도우려 한다.

그리고 기억하라. 여러분의 인맥이라는 것은 단순히 매일 얼굴을 보는 사람들 그 이상이다. 지금 우리가 살고 있는 시대에서 인맥은 블로그나 트위터, 페이스북 그리고 이메일로 맺을 수 있는 관계들에까지 확장될 수 있다.

하지만 사람들과 온라인으로만 상호작용하는 경우에는 실제 고착관계를 형성하기까지 더 많은 노력을 해야 한다.

3. 멋진 이력서

이력서를 보고 실제 면접 대상자를 추리는 사람들resume screener도 면접관과 같은 것을 찾으려 한다. 똑똑한 사람인가. 그리고 코딩을 할 줄 아는 사람인가.

그러니 이력서를 쓸 때는 이 두 부분을 강조해야 한다. 테니스를 좋아한다거나, 여행을 즐긴다거나, 카드 마술을 할 줄 안다거나 하는 사항들은 별다른 관련성이 없다. 비기술적인 취미 관련 사항들을 적을 공간을 만들려고 기술적인 부분을 덜어내고 싶다면, 다시 한 번 생각해 보라.

적절한 이력서 길이

미국에서는 경력이 십년 미만인 경우 이력서는 한 페이지로 만들고, 길어도 두 페이지가 넘지 않도록 할 것을 적극 권장한다. 왜 그러한가? 두 가지 정도의 좋은 이유가 있다.

- 구인 담당자는 이력서를 볼 때 지정된 시간 이상은 쓰지 않는다(기껏해야 20초). 인상적인 항목들로만 이력서를 구성하면 반드시 볼 것이지만, 그 이외의 항목들을 추가하면 보는 사람 주의만 산만하게 만들 뿐이다.
- 어떤 사람은 긴 이력서는 아예 무시해 버리기도 한다. 이런 이유로 여러분의 이력서가 버려지기를 바라는가?

만일 경험이 너무 많아 도저히 한 페이지에는 담을 수 없다 생각하는 분이 계신다면, 필자를 믿으라. 줄일 수 있다. 모든 사람이 처음에는 여러분처럼 이야기한다. 긴 이력서가 여러분의 많은 경험을 웅변하지는 않는다. 그저 여러분이 그 경험들 사이에 우선순위를 매기는 법을 모른다는 점을 웅변할 뿐이다.

고용 이력

이력서에 여러분이 가졌던 직함들을 전부 나열할 필요는 없다. 아이스크림 가게에서 일했던 이력은 여러분이 똑똑하다는 것도, 그리고 코딩할 줄 안다는 것도 보여주지 못한다. 관련된 고용 이력들만 나열해야 한다.

인상적으로 보이도록 쓰려면

직위별로, 여러분이 무엇을 성취했는지를 이런 식으로 기술해 보도록 하라. "Y를 구현해서 X를 성취했고, 그 결과 Z가 이루어졌습니다." 사례를 보자.

- 분산 캐시를 구현하여 오브젝트 렌더링 시간을 75% 줄였고, 그 결과 로그인 시간을 10% 경감할 수 있었음

다른 식으로 작성한 사례도 보자.

- windiff에 기반하여 새로운 비교 알고리즘을 구현한 결과, 평균 비교 정확도를 1.2에서 1.5로 개선

여러분이 했던 모든 일을 이런 식으로 쓰지는 못하겠지만, 원칙은 같다. 무엇을 했는지, 어떻게 했는지, 그리고 결과는 어떠하였는지를 적으라. 이상적이기로는, 결과를 가급적 '측정 가능한' 형태로 제시하는 것이 좋다.

프로젝트

이력서에 프로젝트 난을 두면 여러분의 경험을 가장 잘 전달할 수 있을 때가 많다. 재학생이거나, 졸업한 지 얼마 안 된 경우에 특히 그러하다.

프로젝트 난에는 가장 중요했던 프로젝트를 2-4개 적어야 한다. 무슨 프로젝트였고, 어떤 언어와 기술을 사용했는지 적어라. 개인 프로젝트였는지 아니면 팀을 꾸려 진행한 프로젝트였는지, 대학 교과목과 연계된 프로젝트였는지 아니면 독립적인 프로젝트였는지 등의 세부사항을 적고 싶을 수도 있을 것이다. 그런데 이런 세부사항이 필수는 아니므로, 세부사항을 더하여 좀 더 낫게 꾸밀 수 있는 경우에만 적어라.

프로젝트를 너무 많이 적는 것은 피하라. 많은 지원자가 이력서에 13개나 되는 프로젝트 이력을 적곤 하는데, 그렇게 하면 작고 인상적이지도 않은 프로젝트들이 이력서를 메우게 된다.

프로그래밍 언어와 소프트웨어

소프트웨어

이력서에 '마이크로소프트 오피스를 잘 다룹니다'라고 쓰는 건 추천하지 않는다. '정말로' 중요한 정보를 가릴 뿐이기 때문이다. 굉장히 기술적인 소프트웨어(Linux나 Visual Studio)를 적는다면 도움이 될 수도 있겠지만, 솔직히 이야기해서 큰 차이는 없다.

프로그래밍 언어

이력서에 어떤 언어를 안다고 적을 것인가? 까다로운 문제다. 경험한 모든 언어를 적을 것인가, 아니면 가장 능숙하게 다루는 몇 개만 남길 것인가? 다음과 같이 해 보기를 추천한다. 사용했던 대부분의 언어를 적고, 얼마나 잘 다루는지 병기하는 것이다. 그러니까 이렇게.

· 프로그래밍 언어: Java(전문가), C++(능숙), JavaScript(경험 있음)

비 영어권 거주 지원자에 대한 제언

어떤 회사는 오타가 발견된 이력서는 그냥 쓰레기통으로 던져버리기도 한다. 이력서를 영어권 거주자에게 맡겨 검증하도록 하자.

또한, 미국 내 직업에 지원하는 경우에는, 나이나 결혼 여부, 국적 등의 정보를 포함시키지 말기 바란다. 이런 종류의 개인 정보는 평가하지 않는데, 법적 책임 문제를 낳기 때문이다.

V
행동 문제

1. 행동 문제 대비

행동 문제를 내는 이유는 여러 가지다. 여러분의 인성을 알기 위해 묻는 경우도 있고, 이력서에 적은 내용에 대해 좀 더 깊이 알고자 하는 경우도 있으며, 여러분을 좀 더 편안하게 해주고자 묻는 경우도 있다. 어느 쪽이건, 이런 질문도 중요하므로 대비하자.

대비 요령

행동 문제는 보통 "이런 상황에 처했을 때, 어떻게 행동했었나요?"와 같은 형식을 띤다. 특정한 프로젝트나 직위에서의 경험 사례를 요구하기도 한다. 다음의 대비표를 채워 볼 것을 추천한다.

흔히 나오는 문제	프로젝트 1	프로젝트 2	프로젝트 3	프로젝트 4
가장 도전적이었던 것?				
무엇을 배웠나?				
가장 재미있었던 것?				
최악의 버그는?				
가장 즐거웠던 것?				
팀원과의 갈등				

이 표의 맨 위쪽 행의 표제로는 프로젝트, 직업, 활동 등 여러분 이력서의 모든 중요한 측면들을 나열해야 한다. 각 행의 첫 칸에는 흔히 나오는 질문들을 둔다. 가장 즐기는 것이 무엇이고, 가장 싫어하는 것은 무엇이고, 가장 도전적이라 느끼는 주제는 무엇이며, 무엇을 배웠고, 어떤 버그가 가장 힘들었는지 등등. 그리고 나머지 칸들에는 관련된 이야기를 적으면 된다.

면접 도중에 프로젝트에 관한 질문을 받으면, 여기 적었던 내용들 가운데 하나를 편히 떠올리면 된다. 면접 전에, 이 표를 채우고 연구하라.

그리고 각 칸에 적는 이야기는 키워드 두어 개 정도로 간소화 할 것을 추천한다. 생각하고 기억하기 좋은 표로 만들어 줄 것이다.

전화 인터뷰를 하는 경우에는 이 표를 꺼내어 보이는 곳에 두어야 한다. 이야기를 적을 때 기억을 되살릴 키워드를 두어 개 정도로 압축해 적어 놓으면, 적어둔 것을 그냥 읽을 때보다 상황에 맞는 답변을 내놓기가 쉬워진다.

팀 내의 갈등이나 실패 경험, 혹은 누군가를 설득해야만 했던 때와 관계된 좀 더 '편안한' 질문들에 대한 답들도 추가해두면 좋다. 이런 질문은 개발 책임자나 PM, 또는 테스터 등의, 소프트웨어 개발만 하지는 않는 직위에 지원할 경우 흔히 받는 것들이다. 이런 직위에 지원한다면, 이런 '편안한' 질문들에 대한 표를 별도로 만들어 볼 것을 추천한다.

이런 질문에 대답할 때에는, 질문에 관련된 이야기를 찾아 내는데만 머무르지 말라. 여러분 자신에 대한 이야기를 해야 한다. 여러분이 털어놓는 이야기가 여러분 자신에 대해 무엇을 웅변하는지, 깊이 생각해보기 바란다.

여러분의 단점은 무엇?

면접관이 여러분의 단점을 물으면, 진짜 단점을 이야기하라! "제 가장 큰 단점은 너무 열심히 일한다는 거에요"와 같은 답변은, 여러분이 오만하고(오만하거나) 실수를 인정하지 않는 사람이라는 인상을 준다. 그런 사람과 함께 일하고 싶은 사람은 없다. 실존하면서도 인정할 수밖에 없는 단점을 이야기하되, 그 단점을 극복하기 위해 어떻게 하고 있는지 강조하라. "때로 세부사항들을 놓칠 때가 있습니다. 그 덕에 빨리 일을 진행하게 된다는 점은 좋지만, 때로는 실수를 저지르게 된다는 이야기이기도 하죠. 그래서 저는 언제나 제가 한 일을 다른 사람이 검토하도록 합니다." 이런 답이 좋다.

그 프로젝트에서 가장 도전적이었던 부분은?

이런 질문을 받으면 "새로운 프로그래밍 언어와 기술들을 많이 배웠어요"처럼 답하면 곤란하다. 다른 할 말이 없을 때 하는 도피적 답변이다. 면접관에게 그다지 어려울 것 없는 프로젝트였다는 인상을 준다.

면접관에게는 어떤 질문을 해야 하나?

대부분의 면접관은 지원자에게 질문할 기회를 준다. 여러분이 던지는 질문의 질quality은 무의식적이든 의식적이든 면접관의 결정에 영향을 끼친다.

면접을 보는 과정에서 질문할 것이 떠오르는 경우도 있겠지만, 미리 질문 거리를 준비해 둬야 한다. 회사나 팀에 관해 조사해 두면 질문 거리를 준비하는 데 도움이 될 것이다.

그들에게 던질 질문은, 다음의 세 부류로 나누어 볼 수 있다.

순수한 질문

이런 질문은 여러분이 실제로 답을 듣고자 하는 질문들이라 할 수 있다. 많은 지원자에게 유용한 질문 거리들을 나열해 보면.

1. 코딩하는 데 쓰는 시간이 하루에 얼마나 됩니까?
2. 한 주에 미팅은 몇 번이나 하나요?
3. 테스터/개발자/프로그램 관리자의 비율이 어떻게 되나요? 어떤 식으로 서로 협조합니까? 팀에서는 프로젝트 계획을 어떤 식으로 수립하나요?

이런 질문은 회사의 일상이 어떻게 굴러가는지 알 수 있도록 해 준다.

통찰력 과시용 질문

이런 질문들은 여러분이 가지고 있는 기술과 프로그래밍 지식의 깊이를 드러내기 위한 것이다. 회사와 제품에 대한 열정도 보여줄 것이다.

1. X라는 기술을 쓰시는 걸 봤는데요. Y 문제는 어떻게 해결하시나요?
2. 제품에서 Y 대신 X 프로토콜을 쓰시는 이유는 무엇인지요? A, B, C 등의 장점이 있다는 것은 알고 있지만, D라는 이슈가 있어 사용하지 않는 회사들도 많은데요.

이런 질문을 던지려면 보통 회사에 대한 사전 조사가 필요하다.

열정 과시용 질문

이런 질문은 기술에 대한 여러분의 열정을 드러내기 위한 것이다. 여러분이 배움을 좋아하고, 회사에 많은 기여를 할 수 있는 사람임을 보인다.

1. 저는 규모확장성 문제에 관심이 많습니다. 입사 전에 사전 지식이 있으셨나요, 아니면 회사 내에서 그에 관해 배울 기회가 있었나요?
2. 저는 X 기술에 대해서는 잘 모릅니다. 그런데 재미있는 솔루션이 될 것처럼 들리는군요. 어떻게 동작하는지 잠시 설명해주실 수 있으신가요?

2. 행동 문제 대처 요령

앞서 말한 대로, 면접은 사소한 잡담이나 감성적 능력soft skill과 관계된 질문들로 시작하고 끝나는 것이 보통이다. 이때 면접관은 이력서에 관한 질문이나 일반적 질문들을 던지며, 여러분은 회사에 관한 질문들을 할 수 있다. 이 단계는 여러분을 이해하는 동시에, 여러분을 편안하게 하는 데 초점을 맞춘다.

질문에 답할 때에는 다음 사항들에 유의하기 바란다.

구체적으로 답하고, 오만한 태도를 보이지 말라

오만하면 좋은 평가를 받기 어렵다. 하지만 여러분은 여러분의 능력을 과시하고도 싶을 것이다. 오만하게 보이지 않으면서도 여러분의 능력을 과시하려면 어떻게 해야 하는가? 구체적이어야 한다!

구체적이라 함은, 사실만을 전달하고 그 사실을 해석하는 것은 면접관에게 맡기는 것이다. 다음 사례를 보자.

· 지원자 #1: “제가 기본적으로 힘든 일은 다 했습니다.”

· 지원자 #2: "저는 파일 시스템을 구현했는데, 가장 도전적인 부분이었죠. 그 이유는…"

지원자 #2는 보다 좋은 인상을 줄 뿐 아니라, 그다지 오만해 보이지도 않는다.

세부사항은 제한하라

문제에 대해 너무 많은 말을 하게 되면 그 주제나 프로젝트에 정통하지 않은 면접관은 이해하기가 어렵다. 세부사항은 줄이고 핵심적인 부분만 언급하도록 하라. 그러니까, 이렇게 하라는 것이다. "가장 보편적인 사용자 행위 패턴을 검사하고 Rabin-Karp 알고리즘을 적용하여, 저는 90% 정도의 입력에 대해 그 검색 시간을 O(n)에서 O(log n)으로 줄이는 알고리즘을 설계할 수 있었습니다. 궁금하시다면 좀 더 자세히 말씀 드리도록 하겠습니다." 이렇게 하면 핵심적 부분을 전달하는 한편, 면접관이 필요하다 느끼는 경우에만 세부사항을 질문하도록 만들 수 있다.

구조적인 답변을 내놓으라

행위 문제에 구조적으로 답하려 할 때 널리 쓰이는 두 가지 방법은 (1) '유용한 정보 우선nugget first'과 (2) S.A.R이다. 이 두 기술은 개별적으로 사용할 수도 있고, 같이 사용할 수도 있다.

유용한 정보 우선

유용한 정보nugget를 우선적으로 전달한다는 것은, 답변 서두에 답변의 내용을 간결히 요약하는 'nugget'을 둔다는 것이다. 다음의 예를 보자.

· 면접관: "큰 변화를 이끌어 내기 위해 사람들을 설득해야 했던 상황에 대해서 이야기해 보세요."
· 응시자: "네. 학부생들이 자기 과목을 직접 가르치도록 학교 당국을 설득

했던 상황에 대해 이야기해 드리죠. 제가 다니던 학교는 처음에는….”

이 기술은 면접관의 주의를 끌 뿐 아니라 여러분이 하는 이야기가 무엇에 관한 것일지 명확하게 만드는 효과가 있다. 여러분이 두서없이 말하는 경향이 있는 사람이라면, 집중하도록 도와주기도 할 것이다. 스스로에게 자기 답변의 골자가 무엇인지 명확하게 알려줄 것이기 때문이다.

S.A.R. – 상황Situation, 행위Action 그리고 결과Result

S.A.R 접근법은 상황을 요약하는 것으로부터 출발하여, 여러분이 어떤 행동을 했는지를 설명하고, 마지막으로 그 결과를 기술하는 접근법이다.

사례: "팀원들과 소통하는 과정에서 만난 도전적 문제에 대해 설명해 보세요."

- 상황: 제가 수행하고 있던 운영체제 프로젝트에서 다른 세 명과 함께 일하라는 지시를 받았습니다. 두 명은 아주 잘 해나갔는데, 한 명은 그다지 성과가 좋지 않았습니다. 회의 시간에는 조용했고, 이메일로 의견을 나눌 때도 끼어드는 일이 드물었으며, 다른 팀원에 대해서는 경쟁심이 강했죠.
- 행위: 하루는 수업이 끝난 뒤에 그 친구를 불러 세워 수업에 대해 이야기하고는 프로젝트로 화제를 돌렸죠. 그에게 프로젝트가 어떻게 굴러가고 있다 느끼는지, 그리고 어떤 부분을 공략할 때 가장 재미있는지, 열린 질문을 던졌습니다. 가장 쉬운 컴포넌트들을 이야기하긴 했습니다만, 그러면서도 재평가를 해달라 요청하더군요. 그때 깨달았습니다. 이 친구가 게으른 게 아니라, 그저 프로젝트에 대해 혼란스러워하고 자신감을 잃었을 뿐이라는 사실을요. 나중에 그와 함께 컴포넌트를 더 잘게 쪼개는 작업을 했고, 자신감을 회복하도록 칭찬을 많이 하려고 했죠.
- 결과: 여전히 그의 성과는 다른 팀원에 비해 좋지 못했습니다만, 그래도 좋아졌습니다. 할당된 일은 제때 마쳤고, 토론에도 좀 더 활발히 참여했죠. 다음에도 그와 함께 일할 기회가 주어진다면 기쁠 겁니다.

상황과 결과는 간결해야 한다. 면접관은 무슨 일이 일어났는지 이해하기 위해 시시콜콜한 부분까지 보지 않는다. 사실, 너무 상세하면 혼란스러울 수 있다.

S.A.R. 접근법을 사용해 상황과 행위, 그리고 결과를 명료하게 표현하면 면접관은 여러분이 어떻게 공헌했고 왜 그것이 중요했는지 쉽게 알아차릴 수 있을 것이다.

VI
기술적 문제

1. 기술 문제 대비

이 책을 샀으니, 필시 여러분은 기술적인 준비를 위해 많은 시간을 투자해 온 사람일 것이다. 그 노고에 경하의 뜻을 표한다.

하지만 준비 방법에도 급이 있다. 어떤 지원자는 그냥 문제와 답을 읽기만 한다. 이건 마치 문제와 답을 읽기만 하면서 대수학 공부를 하는 것과 같다. 문제를 푸는 훈련을 해야 한다. 답을 외우는 건 도움이 되질 않는다.

문제 대비 훈련법

이 책에 실린 각 문제에 대해(그리고 여러분이 만나게 되는 모든 문제에 대해) 다음과 같이 하라.

1. 직접 풀도록 노력하라. 진실로 노력하라. 많은 문제들은 까다롭게 만들어졌다. 그건 OK. 문제를 풀 때는, 공간과 시간 효율에 대해서 반드시 생각하라. 공간 효율을 희생해서 시간 효율을 높일 수 있는지, 아니면 반대로 할 수 있는지 자문해 보라.
2. 알고리즘 코드를 종이에 적으라. 여러분은 아마 지금껏 컴퓨터 앞에서 코딩을 해 왔을 것이고, 컴퓨터가 주는 편리함에 익숙해져 있을 것이다. 하지만 면접을 보는 동안에는 문법 강조 기능이나 코드 완성, 컴파일링 기능이 갖추어진 도구의 도움을 받을 수 없다. 종이에 코딩하면서 같은 상황에 대비하라.
3. 코드를 테스트하라. 역시 종이 위에. 일반적인 경우뿐 아니라, 기본 조건 그리고 오류 발생 조건 등을 전부 테스트하라는 뜻이다. 면접을 보는 동안에도 그렇게 해야 하므로, 미리 연습하는 것이 최선이다.
4. 종이에 적은 코드를 그대로 컴퓨터로 옮겨라. 아마 종이에 적는 과정에서 꽤 많은 실수를 저질렀을 것이다. 실수 목록들을 만들고, 실제 면접장에서는 그런 실수를 저지르지 않도록 유의하라.

그리고, 가상 면접을 해 보면 정말로 좋다. CareerCup.com에 가 보면 마이크로소프트, 구글, 아마존에 대한 가상 인터뷰가 있다. 하지만 친구와 연습을 할 수도 있다. 서로 가상 인터뷰의 면접관이 되어줄 수 있을 것이다. 친구가 전문적인 면접관은 아닐 테지만, 코딩과 알고리즘 문제 면접을 함께 도울 정도는 될 것이다.

알아야 할 것들

대부분의 면접관은 이진 트리 균형을 맞추는 방법 중 특정한 것을 묻거나, 기타 복잡한 알고리즘에 대해 묻지 않는다. 사실, 졸업한 지 몇 년 지났으니 그들도 이런 알고리즘에 대해 기억하지 못할 것이다.

여러분에게 기대하는 것은 기본기다. 아래에 반드시 알아야 할 것들을 나열해 보았다.

자료구조	알고리즘	개념
연결 리스트	너비 우선 탐색	비트 조작
이진 트리	깊이 우선 탐색	싱글톤 디자인 패턴
트라이	이진 탐색	팩토리 디자인 패턴
스택	병합 정렬	메모리 (스택 vs. 힙)
큐	퀵 정렬	재귀
Vector/ArrayList	트리에 대한 삽입/탐색 등등	O 표기법
해시 테이블		

이 주제 각각에 대해 사용법과 구현법, 그리고 가능하다면 공간과 시간 복잡도에 대해서 알아두기 바란다.

자료구조와 알고리즘의 경우, 아무것도 없는 상태에서 밑바닥부터 구현이 가능하도록 연습하라. 구현해 보라는 문제가 나올 수도 있고, 주어진 코드를 변형하라는 문제가 나올 수도 있다. 어느 쪽이건 간에, 능숙하면 할수록 좋다.

특히, 해시 테이블은 매우 중요한 주제다. 면접 문제를 풀 때 자주 사용해야 됨을 알게 될 것이다.

2 급수표power of 2

어떤 사람은 암기하고 있겠지만, 그렇지 못하다면 면접 전에 외워두기 바란다. 규모확장성에 관계된 문제를 풀 때, 데이터 저장에 필요한 공간을 계산할 때 편리하게 쓰인다.

x	2^x	근사 값	메모리 요구량(바이트)
7	128		
8	256		
10	1024	1,000(천)	1K
16	65,536		64K
20	1,048,576	1,000,000(백만)	1MB
30	1,073,741,824	1,000,000,000(십억)	1GB
32	4,294,967,296		4GB
40	1,099,511,627,776	1,000,000,000,000(조)	1TB

이 테이블이 있으면 32비트 정수를 불린 값에 대응시키는 해시 테이블이 한 대 컴퓨터 메모리를 얼마나 잡아먹을지 쉽게 계산할 수 있을 것이다.

웹 기반 사업을 하는 회사와 전화 면접을 하는 경우에는, 보이는 곳에 붙여 놓으면 도움이 될 것이다.

C++, Java 아니면 다른 프로그래밍 언어의 세부사항을 알고 있어야 하나?

나는 개인적으로 이런 질문을 던지는 걸 좋아하지 않는다(가령 “vtable이 뭔지 아세요?” 같은 질문). 하지만 이런 질문을 던지는 면접관도 많다.

마이크로소프트나 구글, 아마존과 같은 큰 회사의 경우, 나라면 이런 질문들을 강조하듯 내세우지는 않을 것이다. 알고 있다 말한 언어의 주된 개념은 기억하고 있어야 하지만, 정작 공을 들어야 하는 부분은 자료구조와 알고리즘이다.

작은 회사, 또는 비-소프트웨어 회사에서는 이런 질문이 좀 더 중요할 수도 있다. 지원하려는 회사가 어느 쪽인지는 CareerCup.com에서 찾아보고 스스로 결정하라. 지원하려는 회사가 목록에 없다면, 비슷한 회사를 참고하라. 일반적으로 스타트업은 '그들이' 사용하는 프로그래밍 언어 관련 기술을 갖고 있는지 알려는 경향이 있다.

2. 기술 문제 대처 요령

면접은 원래 어려운 것이다. 그러니 모든 문제를 바로 풀지 못해도 괜찮다. 필자의 경험에 따르면, 120명 이상의 지원자 가운데 내가 좋아하는 문제에 바로 답을 내놓은 사람은 10명에 불과했다.

그러니 어려운 문제를 만나도 당황하지 말라. 어떻게 풀 것인지 이야기하는 것으로 시작하라. 어떻게 문제를 공략해 나갈 것인지 면접관에게 보여주어, 막혀 쩔쩔매고 있다는 인상을 주지 않도록 하라.

그리고 하나 더. 면접관이 '끝'이라고 하기 전까지는 끝난 것이 아니다. 무슨 말인고 하니, 알고리즘을 생각해 낼 때는, 그에 수반되는 문제에 대해서도 생각해 보라는 것이다. 코드를 작성할 때에는, 버그를 찾아내도록 애써라. 여러분이 필자가 대면했던 나머지 110명의 지원자와 같은 수준이라면, 필시 실수가 있을 것이다.

기술 문제를 푸는 다섯 단계

기술 문제는 다음의 다섯 단계를 따라 풀면 좋다.

1. 면접관에게 문제의 모호한 부분에 대해 묻는다.
2. 알고리즘을 설계한다.

3. 가상 코드pseudo code를 먼저 작성하라. 면접관에게는 실제 코드는 마지막에 작성할 거라고 말해 두라.
4. 적당한 속도로 코드를 작성하라.
5. 코드를 테스트하고, 주의 깊게 오류를 교정하라.

지금부터 이 각 단계에 대해 자세히 알아보겠다.

1단계: 질문 던지기

기술적인 질문들에는 생각보다 모호한 구석이 많다. 그러니 명확하지 않은 부분에 대해서는 반드시 질문하도록 하라. 그러다 보면 처음에 생각했던 것과는 아주 다른, 그러나 때로 좀 더 쉬운 문제를 풀어야 한다는 결론에 마주하게 될 수 있다. 사실, 많은 면접관(특히 마이크로소프트)은 여러분이 좋은 질문을 던질 능력이 있는지도 특별히 테스트한다.

좋은 질문들은 이런 것들이다. "자료형data type은 무엇인가요?" "데이터가 얼마나 많은가요?" "어떤 가정을 해야 하나요?" "사용자는 누구인가요?"

사례: 리스트를 정렬하는 알고리즘을 설계하라.

· 질문: 어떤 리스트인가요? 배열인가요? 아니면 연결 리스트인가요?
  답: 배열입니다.
· 질문: 배열에는 어떤 데이터가 들어가나요? 수? 문자? 문자열?
  답: 수입니다.
· 질문: 정수들인가요?
  답: 그렇습니다.
· 질문: 이 수들은 어떤 수인가요? 식별자인가요? 아니면 어떤 값인가요?
  답: 고객의 나이입니다.
· 질문: 고객의 수는 얼마나 되죠?
  답: 백만 명 정도입니다.

이제 처음과는 다른 문제가 되었다. 0에서 130까지의 (아무리 나이가 많더라도 이보다 많지는 않을 거라 가정하고) 범위에 속하는 정수 백만 개를 정렬하는 문제가 된 것. 어떻게 풀어야 하겠는가? 길이가 130인 정수 배열을 생성한 다음에 각각의 수가 나올 때마다 그에 해당하는 배열 원소의 값을 하나씩 증가시키면 될 것이다.

2단계: 알고리즘 설계

알고리즘 설계는 까다롭게 느껴질 수 있는 작업이다. 하지만 다음 절의 '알고리즘 설계의 다섯 가지 접근법'을 읽으면 도움이 될 것이다. 알고리즘 설계를 하는 동안, 아래와 같은 질문들을 던져보기 바란다.

- 시간과 공간 복잡도는?
- 데이터가 많아지면 어떻게 되나?
- 내 설계가 다른 이슈들을 파생시키지는 않는가? 일례로, 변형된 이진 탐색 트리를 만들었다면, 여러분의 설계가 기존의 삽입, 탐색, 삭제 시간에 영향을 미치지는 않는가?
- 다른 이슈나 한계점이 있다면, 적절한 타협안trade-off을 만들었나? 그 타협안이 최적으로 동작하지 않는 시나리오로는 무엇이 있나?
- 면접관이 데이터의 특징을 명시했다면(가령 데이터가 나이age라거나, 아니면 정렬된 상태라거나) 그 특징을 활용하였는가? 면접관이 그런 정보를 줄 때에는 이유가 있게 마련이다.

처음에는 brute-force 알고리즘을 내놓아도 된다. 그런 다음에 최적화시켜 나갈 수 있다. 가능한 한 가장 최적인 답안을 내놓아야 한다고 가정해도 되지만, 그렇다고 처음에 내놓은 답안부터 완벽할 필요는 없다.

3단계: 가상 코드

처음에 가상 코드pseudo code로 적으면 생각을 정리하고 실수를 줄이는 데 도움이 된다. 하지만 면접관에게 지금은 가상 코드를 적지만 곧 실제 코드로 바꿀 거라는 점을 알려야 한다. 많은 지원자가 실제 코드를 적어야 하는 부담을 피하고자 가상 코드를 활용한다. 하지만 아마도 여러분은 그런 사람들 가운데 한 명으로 취급되고 싶지는 않을 것이다.

4단계: 코드

코드를 급히 작성할 필요는 없다. 그러다 보면 체한다. 정연함을 유지하면서 적절한 속도로 진행하라. 그리고 다음을 기억하라.

· 자료구조를 풍부히 활용하라: 관련성이 있다면, 좋은 자료구조를 선택해 활용하거나 스스로 정의하여 사용하라. 가령 여러분이 일군의 사람들 가운데 나이가 가장 어린 사람을 찾으라는 문제를 받았다면, '사람'을 나타내는 자료구조를 정의할 수 있는지 고려해 보라. 이렇게 하면 면접관들은 여러분이 올바른 객체 지향 설계에 신경을 쓴다는 인상을 받을 것이다.
· 코드를 복잡하게 보이도록 하지 마라: 사소한 문제이긴 한데, 알아두면 도움이 된다. 화이트보드에 코드를 작성하고 있다면, 가운데서부터 작성하지 말고 왼쪽 상단부터 작성하라. 답을 적을 넉넉한 공간을 마련할 수 있을 것이다.

5단계: 테스트

그렇다. 작성한 코드를 테스트 해 봐야 한다! 다음과 같은 사항을 테스트하도록 신경 써라.

· 극단적인 경우: 0, 음수, null, 최댓값, 최솟값.
· 사용자 실수: 만일 사용자가 null이나 음수 값을 주면 어떻게 되나?
· 일반적인 경우들: 일반적인 경우에 대해서도 테스트하라.

알고리즘이 복잡하거나 복잡한 수치 연산을 포함한다면(비트 시프트, 계산 등등) 코딩이 끝난 다음에 하는 대신, 코딩 도중에 테스트를 하기 바란다.

실수를 발견했다면(아마도 그럴 것인데) 교정 작업에 들어가기 전에 '왜' 그 버그가 발생했는지 깊이 생각하도록 하라. 되는대로 고치고 보는 사람이라는 인상을 주면 안 된다. 가령 여러분이 만든 함수가 어떤 값에 대해서는 true 대신 false를 반환하는 것을 발견했다고 하자. 반환값을 무작정 뒤집으면, 그 특정한 경우에 대해서는 오류가 사라지겠지만 결국 다른 새로운 문제 발생을 피할 수 없게 된다.

그러니 문제점을 발견했다면, 고치기 전에 깊이 생각하라. 그러면 아름답고 깔끔한 코드를 보다 빨리, 정말로 빨리 만들어 낼 수 있을 것이다.

3. 알고리즘 설계의 다섯 가지 접근법

까다로운 알고리즘 문제를 푸는 확실한 전가의 보도는 없다. 하지만 지금부터 이야기하는 접근법을 따르면 도움이 될 것이다. 더 많은 문제로 훈련하면 할수록, 어떤 접근법이 유용할지 판단하기도 더 쉬워진다는 것을 명심하자.

아래의 다섯 접근법은 뒤섞어 사용할 수 있다. 다시 말해, '단순화 & 일반화'를 적용한 다음에, '패턴 매칭'을 시도해 볼 수도 있다는 것.

접근법 I: 예증Examplify

이름이 붙은 걸 본 적은 없겠지만 아마도 꽤나 친근할 접근법 하나를 지금부터 소개하겠다. 바로 예증법이다. 우선 문제를 구성하는 특정한 사례들을 나열한다. 그런 다음 일반적 규칙을 유도해 낼 수 있는지 살펴본다.

예제: 시간이 주어졌을 때, 시침과 분침 사이의 각도를 구하라.

3:27과 같은 사례부터 시작해 보자. 시침과 분침을 적정한 위치에 두고, 그림을 그릴 수 있을 것이다.

아래의 답안에서 h는 시간이고 m은 분이다. 시는 0부터 23까

지의 정숫값이다.

몇 가지 사례를 살펴보면, 아래와 같은 규칙을 이끌어 낼 수 있다.

· 분침과 12 사이의 각도는 360 * m / 60이다.
· 시침과 12 사이의 각도는 360 * (h % 12) / 12 + 360 * (m / 60) * (1 / 12)이다.
· 시침과 분침 사이의 각도는 (시침과 12 사이의 각도 - 분침과 12 사이의 각도) % 360이다.

간단한 계산을 통해, 답이 (30h - 5.5m)%360이 됨을 구할 수 있다.

접근법 II: 패턴 매칭pattern matching

패턴 매칭 접근법을 쓰는 경우, 우선 풀어야 할 알고리즘이 어떤 문제와 유사했는지 살핀다. 그리고 그 문제의 답을 수정하여, 지금 풀어야 하는 문제에 적용할 알고리즘을 개발한다.

예제: 정렬된 배열을 회전시켜 3 4 5 6 7 1 2와 같은 배열을 얻었다. 배열 안에 중복된 값은 없다. 이 배열 내에서 최솟값은 어떻게 구할 수 있겠는가?

머릿속에 아마 다음의 두 문제가 떠오를 것이다.

· 배열 내의 최솟값 원소를 찾아라.
· 배열 내의 특정 원소를 찾아라(가령, 이진 탐색).

접근법

배열 내에서 최솟값 원소를 찾는 것은 특별히 흥미로울 게 없는 알고리즘이다(그냥 순서대로 검색해봐도 된다). 물론, 배열이 정렬되어 있다는 정보를 이용해 봐도 그렇다. 여기서는 특별히 유용할 것 같지 않아 보인다.

하지만 이진 탐색 기법은 유용하다. 여러분은 배열이 정렬되어 있다는 것, 하지만 회전된 상태라는 것을 알고 있다. 그러니 오름차순으로 전진하다 초기화하고, 다시 전진시켜야 한다. 최솟값 원소는 '초기화된' 지점에 있다.

배열의 중간 원소(MID)와 마지막 원소(RIGHT)를 비교해 보면 (6과 2) 초기화 지점이 우측이라는 것을 알 수 있다. MID > RIGHT이기 때문. 초기화 지점이 그들 사이에 있지 않으면, 이 조건은 만족되지 않았을 것이다.

MID 값이 RIGHT보다 작았다면, 초기화 지점은 왼쪽 반 어딘가에 있거나, 아니면 존재하지 않을 것이다(배열이 완전히 정렬된 상태라면 그렇다). 어느 쪽이건 간에, 최솟값 원소는 거기서 찾을 수 있을 것이다.

따라서 이 접근법을, 마치 이진 탐색과 같이 배열을 반씩 나누어 가며 계속 적용해 나갈 수 있다. 종국에는 최솟값 원소(즉 초기화 지점)를 찾을 수 있을 것이다.

접근법 III: 단순화와 일반화

이 접근법을 따르면, 다단계 접근법으로 구현하게 된다. 우선, 자료형이나 데이터 양과 같은 제약 조건을 변경한다. 그렇게 하면 문제를 단순화하는 데 도움이 된다. 그런 다음, 단순화된 버전의 문제를 푼다. 알고리즘이 구해지면 최종적으로 문제를 일반화하여, 구해진 알고리즘을 보다 복잡한 형태로 다듬어 간다.

예제: 인질범이 즐겨 사용하는 몸값 쪽지ransom note는 잡지에서 단어를 오려 새로운 문장으로 조합해 내는 것이다. 잡지가 주어졌을 때, 그 잡지에서 특정한 몸값 쪽지(문자열로 표현된)를 만들어 낼 수 있는지는 어떻게 알아낼 수 있겠는가?

문제를 단순화하기 위해, 잡지에서 단어를 오려내는 대신 글자 하나씩 오려내는 것으로 바꾸어 보자.

이런 형태의 문제는 배열을 하나 만들어 글자의 출현 빈도를 세기만 하면 풀 수 있다. 배열의 각 원소는 글자 하나에 대응된다. 우선, 몸값 쪽지 문자열 내의 각 문자 출현 횟수를 센 다음, 잡지를 훑어가며 그 모든 글자가 나오는지 보면 되는 것이다.

이 알고리즘을 일반화해 보아도 하는 일은 비슷하다. 글자의 출현 횟수를 세는 배열 대신, 단어와 그 출현 횟수를 대응시켜 저장하는 해시 테이블hash table을 만들면 된다.

접근법 IV: 초기 사례Base Case로부터의 확장Build

이 접근법은 특정한 종류의 문제에 적용하면 멋지다. 이 접근법을 사용할 경우, 우선 초기 사례에 대해 문제를 푼다(가령 n=1과 같은). 초기 사례에 대해서는, 단순히 올바른 결과만 기록해 두면 끝나는 경우가 많다. 그런 다음, n=1에 대한 답은 이미 안다고 가정하고 n=2에 대해서 문제를 푼다. 그런 다음에는 n=1과 n =2에 대한 답은 안다고 가정하고 n=3의 경우를 푼다.

결과적으로, N-1에 대한 답을 안다고 가정하면 N에 대한 답을 언제나 구할 수 있는 해법을 얻게 된다. N이 3이나 4가 될 때까지는, 이전 조건에 기초하여 답을 계산할 수 있을만한 '눈길을 끄는' 규칙이 발견되지 않을 수도 있다.

예제: 문자열의 모든 순열을 계산하는 알고리즘을 설계하라. 모든 문자는 문자열 내에서 고유하다고 가정할 것.

입력 문자열로 abcdefg가 주어졌다고 해 보자.

```
Case "a" --> {"a"}
Case "ab" --> {"ab", "ba"}
Case "abc" --> ?
```

이것이 최초로 만나게 되는 '눈길을 끄는' 경우다. P("ab")에 대한 답을 안다면, 어떻게 P("abc")를 구할 수 있겠는가? 음 그러니까, 추가로 고려해야 할 문자가 "c" 이므로, 그냥 가능한 모든 지점에 "c"를 우겨넣기만 하면 된다. 다시 말해서,

```
P("abc") = "c"를 P("ab") 결과로 얻은 문자열의 가능한 모든 지점에 삽입
P("abc") = "c"를 {"ab", "ba"}의 가능한 모든 지점에 삽입
P("abc") = merge({"cab", "acb", "abc"}, {"cba", "bca", "bac"})
P("abc") = {"cab", "acb", "abc", "cba", "bca", "bac"}
```

이제 이 패턴을 이용하여 일반적인 재귀 알고리즘을 만들어 낼 수 있다. 문자열 $s_1 \cdots s_n$의 순열을 구하는 경우, 마지막 문자열은 잠시 제쳐놓고 우선 $s_1 \cdots s_{n-1}$의 순열을 만든다. $s_1 \cdots s_{n-1}$의 순열을 얻고 나면, 그 리스트에 있는 문자열 각각의 모든 지점에 s_n을 삽입한다.

초기 사례 확장 알고리즘은 자연스럽게 재귀 알고리즘으로 구현되는 경우가 많다.

접근법 V: 자료구조 브레인스토밍

이 접근법은 분명 너저분한 것이지만, 통할 때도 자주 있다. 일련의 자료구조를 차례차례 적용해 보고 해결되는지 보는 것이다. 가령 '트리를 쓰자'와 같은 결정이 내려지고 나면 자연스럽게 풀리는 문제들이 있기 때문에 유용한 접근법이다.

예제: 난수 발생기로 만든 수들이 크기가 저절로 늘어나는 배열에 차례로 저장된다. 중간값median을 추적하려면 어떻게 해야 하는가?

이 문제를 풀기 위한 자료구조 브레인스토밍 과정은 이런 식으로 이루어질 것이다.

- 연결 리스트? 아마 아닐 것이다. 연결 리스트는 수를 정렬하거나 정렬된 수에 접근하는 데에는 취약하다.
- 배열? 그럴 수도 있다. 하지만 문제에서는 이미 '배열'이라 언급했다. 배열에 저장된 수들을 정렬된 상태로 유지할 수 있나? 할 수 있더라도 비용이 만만치 않을 것이다. 일단은 제쳐두고 필요할 때 다시 생각해 보자.
- 이진 트리? 가능하다. 이진 트리는 순서를 유지하는 데 강점이 있기 때문이다. 사실 이진 트리가 완벽히 균형 잡힌 상태인 경우, 트리의 제일 위에 위치한 원소가 중간값이다. 하지만 조심하자. 원소가 짝수 개인 경우, 바로 그 중간값은 사실 가운데 위치한 두 원소의 평균값이다. 그런데 가운데 위치한 그 두 원소는 동시에 트리 꼭대기에 위치할 수 없다. 쓸만한 알고리즘

이긴 하지만, 일단은 제쳐두자.

· 힙? 힙은 기본적인 순서 관계, 그리고 최댓값과 최솟값을 유지하기 정말 좋은 자료구조다. 정말 재미있는 특성은 바로 이것인데, 힙을 두 개 사용할 경우, 큰 수 무더기와 작은 수 무더기를 분리하여 추적할 수 있다는 것이다. 큰 수 무더기는 최소 힙min heap에 두어, 큰 수 무더기 가운데 가장 작은 수가 루트root에 오도록 한다. 작은 수 무더기는 최대 힙max heap에 두어, 그중 가장 큰 수가 루트에 오도록 한다. 이렇게 하면 중간값 후보 원소들이 루트 자리들에 오게 된다. 두 힙의 크기가 달라지게 되면, 원소가 더 많은 힙에서 원소 하나를 덜어내 다른 힙에 넣어서 재빨리 균형을 맞출 수 있다.

문제를 많이 풀어볼수록, 어떤 자료구조가 적합할지 눈치채는 감이 좋아질 것이다. 또한, 지금까지 언급한 접근법들 가운데 어떤 것이 가장 좋을지 골라 내는 본능적 감각도 좀 더 향상될 것이다.

4. 어떤 코드가 좋아 보이나

고용주가 여러분이 '좋고, 깔끔한' 코드를 썼는지 확인하고 싶어한다는 사실을 지금쯤이면 여러분도 알고 계시리라. 하지만 이 말이 진정으로 의미하는 것은 무엇인가? 그리고 면접 시에는 어떤 과정을 통해 확인하게 되는가?

크게 본다면, 좋은 코드는 다음과 같은 속성을 갖고 있다.

· 정확함: 예상한 입력이든 혹은 예상하지 못했던 입력에 대해서든, 여러분의 코드는 정확히 동작해야 한다.
· 효율성: 시간과 공간 효율성이 좋은 코드여야 한다. 이 '효율성' 개념은 O 표기법과 같은 점근적 효율성asymptotic efficienty과, 실생활에서 만나게 되는 실용적 효율성의 개념을 포괄한다. 가령 O 표기법을 사용해 시간 효율성을 계산하면 상수 수분이 탈락되어 무시되겠지만, 실제적으로는 그 부분도 굉장히 중요할 수 있다.

- 단순성: 100줄 대신 10줄로 뭔가를 할 수 있다면, 그래야 한다. 개발자가 빠른 시간에 작성할 수 있는 코드여야 한다.
- 가독성: 여러분의 코드를 많은 프로그래머가 읽고 이해할 수 있어야 한다. 필요한 곳에는 주석이 달려 있어야 하며, 쉽게 이해할 수 있는 방식으로 구현되어야 한다. 비트 시프트 연산을 많이 사용해 작성한 코드는 그럴듯해 보일지는 몰라도 가독성이 좋은 코드는 아닐 수 있다.
- 관리가능성: 제품 개발 사이클 동안에 적절히 변경 가능해야 하고, 최초로 작성한 개발자뿐 아니라 다른 개발자도 쉽게 관리 가능한 코드여야 한다.

이런 측면들을 추구하다 보면 균형을 잡을 필요가 있다. 가령, 관리 가능한 코드를 만들려면 어느 정도의 효율성은 희생해야 한다. 효율성이 우선이 되면 관리 가능성은 희생된다.

면접 중에 코딩할 때에는 이런 요소들을 생각해 봐야 한다. 지금부터 이야기할 내용은 앞서 이야기한 다섯 속성을 좀 더 구체적으로 보여준다.

자료구조를 일반적으로 사용하라

두 개의 단순 다항식을 더하는 함수를 작성하라는 문제를 받았다 해 보자. 이 다항식은 $Ax^a + Bx^b + \cdots$ 와 같은 형태이다. 즉, 다항식은 일련의 항term이 연결된 것으로서, 각 항은 지수exponent에 상수를 곱한 것이다. 면접관은 문자열 파싱parsing은 필요 없으며, 다항식 저장에 필요한 자료구조는 어떤 것을 사용해도 좋다고 이야기한다.

구현하는 방법에는 여러 가지가 있다.

나쁜 구현 형태

다항식을 하나의 double 형 배열에 저장한다고 해 보자. 이때 k번째 원소는 다항식의 x^k 항의 계수coefficient에 해당한다. 이런 형태의 자료구조는 음수 또는 정수가 아닌 지수를 항으로 가질 수 없으므로 좋지 않다. X^{1000} 하나의 항을 갖는 다항식을 위해서도 1000개의 원소를 갖는 배열을 정의해야 하므로 비효율적이다.

```
int[] sum(double[] poly1, double[] poly2) {
  …
}
```

좀 덜 나쁜 구현 형태

이것보다는 조금 나은 방법은, 하나의 다항식을 coefficients와 exponents라는 두 개의 배열로 나누어 저장하는 것이다. 이 접근법을 사용하면 다항식의 각 항을 임의 순서로 저장할 수 있다. 다만 i번째 항은 coefficients[i] * $X^{exponents[i]}$ 에 의해 표현될 수 있도록, 배열 원소의 짝을 잘 맞춰야 한다.

그러므로 coefficients[p] = k이고 exponents[p] = m이면 p번째 항은 kx^m이다. 앞서 살펴본 방법과 같은 제약은 없지만, 여전히 지저분하다. 하나의 다항식을 표현하기 위해서 배열을 두 개나 추적해야 한다. 두 배열의 길이가 다르면 다항식은 '정의되지 않은' 값을 갖게 된다. 다항식을 반환하는 것도 성가시기 짝이 없는데, 배열을 두 개 반환해야 하기 때문이다.

```
??? sum(double[] coeffs1, double[] expon1,
  double[] coeffs2, double[] expon2) {
  ...
}
```

좋은 구현

이 문제를 푸는 좋은 방법은, 다항식을 표현하기 위한 자신만의 자료구조를 설계하는 것이다.

```
class PolyTerm {
  double coefficient;
  double exponent;
}

PolyTerm[] sum(PolyTerm[] poly1, PolyTerm[] poly) {
  ...
}
```

누군가는 이것이 '지나친 최적화'라고 주장할 것이다. 그럴 수도 있고 아닐 수도 있다. 이에 대한 여러분 의견과는 관계 없이, 위의 코드는 여러분이 코드를 어떻게 설계해야 하는지 생각했다는 점, 허겁지겁 코드를 쓸어 담으려 하지 않았다는 점을 보여준다.

적절한 코드 재사용

여러분이 문자열로 전달된 이진수의 값이, 역시 문자열로 전달된 16진수 값과 일치하는지를 검사하는 함수를 작성하라는 주문을 받았다고 해 보자.

이 문제에 대한 우아한 해답 중 하나는, 코드 재사용을 장려한다. 아래를 보자.

```
public boolean compareBinToHex(String binary, String hex) {
  int n1 = convertToBase(binary, 2);
  int n2 = convertToBase(hex, 16);
  if (n1 < 0 || n2 < 0) {
    return false;
  } else {
    return n1 == n2;
  }
}

public int digitToValue(char c) {
  if (c >= '0' && c <= '9') return c - '0';
  else if (c >= 'A' && c <= 'F') return 10 + c - 'A';
  else if (c >= 'a' && c <= 'f') return 10 + c - 'a';
  return -1;
}

public int convertToBase(String number, int base) {
  if (base < 2 || (base > 10 && base != 16)) return -1;
  int value = 0;
  for (int i = number.length() - 1; i >= 0; i--) {
    int digit = digitToValue(number.charAt(i));
    if (digit < 0 || digit >= base) {
      return -1;
    }
    int exp = number.length() - 1 - i;
```

```
    value += digit * Math.pow(base, exp);
  }
  return value;
}
```

이진수를 변환하는 함수와 16진수를 변환하는 함수를 별도 분리해서 작성할 수도 있었겠지만, 그렇게 하면 코딩하기 어려워질 뿐 아니라 유지보수하기도 힘든 코드가 만들어진다. 대신, 우리는 convertToBase라는 함수와 digitToValue라는 함수를 작성한 다음 재사용했다.

모듈화

모듈화된 코드를 작성한다는 것은, 관계 없는 코드들을 별도 메서드로 나눈다는 것을 의미한다. 그렇게 하면 코드를 좀 더 쉽게 유지보수할 수 있게 되고, 가독성이 좋아지며, 테스트하기도 쉬워진다.

정수 배열의 최솟값과 최댓값 원소를 바꾸는 코드를 작성해야 한다고 하자. 메서드 하나로 작성하면 이렇게 된다.

```
public void swapMinMax(int[] array) {
  int minIndex = 0;
  for (int i = 1; i < array.length; i++) {
    if (array[i] < array[minIndex]) {
      minIndex = i;
    }
  }

  int maxIndex = 0;
  for (int i = 1; i < array.length; i++) {
    if (array[i] > array[maxIndex]) {
      maxIndex = i;
    }
  }

  int temp = array[minIndex];
  array[minIndex] = array[maxIndex];
  array[maxIndex] = temp;
}
```

아니면, 상대적으로 관련성이 적은 코드를 서로 다른 메서드로 분리하여, 모듈화 할 수도 있을 것이다.

```
public static int getMinIndex(int[] array) {
  int minIndex = 0;
  for (int i = 1; i < array.length; i++) {
    if (array[i] < array[minIndex]) {
      minIndex = i;
    }
  }
  return minIndex;
}

public static int getMaxIndex(int[] array) {
  int maxIndex = 0;
  for (int i = 1; i < array.length; i++) {
    if (array[i] > array[maxIndex]) {
      maxIndex = i;
    }
  }
  return maxIndex;
}

public static void swap(int[] array, int m, int n) {
  int temp = array[m];
  array[m] = array[n];
  array[n] = temp;
}

public static void swapMinMaxBetter(int[] array) {
  int minIndex = getMinIndex(array);
  int maxIndex = getMaxIndex(array);
  swap(array, minIndex, maxIndex);
}
```

모듈화하지 않는다고 꼭 끔찍한 코드가 되는 것은 아니다. 하지만 모듈화하면 각 부분을 독립적으로 확인할 수 있어 테스트를 한층 쉽게 할 수 있다. 코드가 복잡해질수록, 모듈화 원칙을 지키는 것이 중요하다. 가독성도 높아지고, 유지보수하기 쉬워질 것이다. 여러분의 면접관은 여러분이 이런 기술을 갖고 있는지 확인하길 원한다.

유연하고 튼튼한 코드

틱-택-토tic-tac-toe 게임 결과를 판정하는 코드를 작성하라는 문제를 받았다고 해서, 게임판이 3×3이라는 가정을 하고 문제를 풀어야 하는 것은 아니다. $N \times N$ 크기 게임판에 적용할 수 있는, 보다 범용적인 코드를 작성하면 안 될 것이 무엇인가?

유연하고 범용적인 코드를 작성하려면, 상수 대신 변수를 쓰거나, 또는 템플릿/제네릭을 써야 할 수도 있다. 좀 더 일반적인 문제를 풀 수 있는 코드를 작성할 수 있다면, 그래야 한다.

물론, 그러지 말아야 하는 경우도 있다. 일반적인 경우를 풀려면 해답이 너무 복잡해진다거나, 지금으로서는 그럴 필요가 없어 보인다거나 하면, 그냥 간단한, 풀어야 하는 경우에 대해서만 집중하는 것이 좋다.

오류 검사

신중한 코더는 입력에 대해 아무런 가정도 하지 않는다. 대신, ASSERT나 if-문을 통해서 입력이 기대하던 대로인지 아닌지를 검사한다.

일례로, 앞서 살펴보았던 특정 진수로 표현된 정수를 int 값으로 변환하는 코드를 살펴보자.

```
public int convertToBase(String number, int base) {
  if (base < 2 || (base > 10 && base != 16)) return -1;
  int value = 0;
  for (int i = number.length() - 1; i >= 0; i--) {
    int digit = digitToValue(number.charAt(i));
    if (digit < 0 || digit >= base) {
      return -1;
    }
    int exp = number.length() - 1 - i;
    value += digit * Math.pow(base, exp);
```

```
11     }
12     return value;
13  }
```

2번째 줄에서, 우리는 base에 올바른 값이 주어졌는지 검사한다(10보다 큰 base 값의 경우에는 16을 제외하고는 표준적인 문자열 표현방법이 존재하지 않는다고 가정한다). 6번째 줄에서는, 각 숫자를 검사하여 허용된 범위 내에 있는지 확인한다.

이러한 테스트는 상용 수준 제품에 포함되는 코드를 작성할 때 아주 중요하며, 면접을 볼 때에도 마찬가지다.

물론, 이런 코드를 작성하는 게 어리석어 보이고, 제한된 면접 시간을 낭비하는 것처럼 느껴질 수도 있다. 중요한 것은 여러분이 '결국에는 오류 검사를 위한 코드를 추가할 것'이라는 사실을 보이는 것이다. 만일 간단한 if-문으로 검사 코드를 추가할 수 없다면, 코드가 들어갈 공간을 남겨두고 면접관에게 '나머지 코드를 완성한 다음에 채우겠습니다'라고 말하는 것이 최선이다.

VII
합격한 뒤엔

1. 합격 또는 거절 통지에 대처하는 요령

면접을 썩 잘 치렀다 생각하고, 이젠 좀 긴장을 풀어도 되겠다 생각할 즈음 또 다른 스트레스와 마주하게 되니, 바로 '면접 후 스트레스'다. 입사 요청에 응해야 하나? 이 자리가 나한테 딱 맞는 자리이긴 한 건가? 거절해야 한다면 어떻게 거절하나? 데드라인이 있나? 지금부터 이런 몇 가지 이슈에 대해서 살펴보고, 입사 제안offer을 받으면 그 제안을 어떻게 평가해야 할 것인지, 그리고 협상은 어떻게 해야 하는지 조금 더 상세히 살펴보겠다.

입사 제안 승낙 데드라인과 기한 연장

회사가 입사 제안을 하는 경우 보통은 기한deadline이 있다. 그 안에 회신을 주어야 하는데, 보통은 1~4주 정도이다. 다른 회사 면접 결과도 살펴보고 싶다면, 기한 연장을 요청할 수 있다. 회사에서는 가능한 한 이런 요청을 들어주려고 한다.

입사 제안 거절

입사 제안 거절 방법은 중요하다. 지금은 그 회사에서 일하고 싶지 않더라도, 몇 년 지나면 생각이 바뀔 수 있기 때문이다(또한, 여러분에게 연락했던 그 사람이 좀 더 멋진 회사로 옮겨가는 경우도 있음을 염두에 두어야 한다). 그러니 여러분은 좋은 말로 입사 제안을 거절하고, 계속 연락을 주고받을 수 있는 채널을 열어두는 게 좋다.

입사 제안을 거절할 때에는 공격적이지 않고 명백한 이유를 대라. 가령 스타트업에 가고자 좀 더 큰 회사의 제안을 거절하는 경우에는, 지금으로선 작은 회사에 가는 것이 최선이라 생각한다는 사실을 설명해야 한다. 당신을 채용하기 위해 갑자기 큰 회사가 덩치를 줄일 수는 없는 노릇이므로, 여러분의 선택에 반박하기 어려울 것이다.

탈락 통보 대처

큰 IT 회사는 지원자 가운데 80%를 탈락시키며, 면접을 통해 지원자의 기술을 100% 올바르게 평가할 수 없다는 사실을 인지하고 있다. 그래서 이런 회사들은 탈락한 지원자를 다시 면접 보는데 적극적인 경우가 많다. 어떤 회사들은 오래 전에 지원했던 사람들에게 연락하기도 하고, 그들의 경력 때문에 그들의 지원서를 보다 빨리 처리하기도 한다.

탈락 통지를 받으면, 이를 사형선고로 받아들이는 대신 단순한 실패로 받아들이기 바란다. 구인 담당자에게, 시간을 내준 데 감사하며 실망하긴 했으나 당신의 입장을 이해한다는 것을 설명하고, 언제 다시 지원할 수 있는지 물어보라.

왜 탈락되었는지 알아내는 것은 정말 어렵다. 구인 담당자는 그 이유를 설명해주려 하지 않을 것이다. 다음 번에 준비할 때에는 어디에 초점을 맞추어야 하는지 묻는다면 좀 더 친절한 설명을 들을 수 있을지도 모르지만 말이다. 면접에서 어땠는지, 스스로 되돌아볼 수도 있을 것이다. 하지만 내 경험에 비추어보면 지원자들은 거의 대부분 자신의 능력을 적절히 평가하지 못한다. 애먹은 문제가 있어서였을 거라 생각할 수도 있겠지만, 그런 건 전부 상대적이다. 다른 지원자들은 그 문제를 어떻게 풀었을까? 더 쉽게 풀었을까 아니면 더 어려워했을까? 그런 고민을 하는 대신, 이것을 기억하라. 지원자들을 탈락시키는 이유는 보통 알고리즘과 코딩 기술이 부족해서이다. 그러니 그 기술을 배양하는 데 초점을 맞추어야 한다.

2. 입사 제안 평가

축하한다! 입사 제안을 받았다! 그리고 운이 좋았다면 여러 군데에서 제안을 받았을 것이다. 여러분을 관리하는 구인 담당자는 이제 여러분이 제안을 승낙하려는 마음을 갖도록 모든 수단을 아끼지 않을 것이다. 그런데 입사 제안을 한 회사가 여러분에게 꼭 맞는 회사인지 어떻게 알 수 있을까? 지금부터 입사 제안을 평가할 때 고려해야 할 것들을 살펴보도록 하겠다.

재정 관련 사항

아마 지원자들이 저지르는 가장 큰 실수는, 월급에만 지나치게 연연하는 것이리라. 지원자들은 종종 월급이라는 숫자에만 연연하여 '재정적으로는 더 나쁜' 제안을 받아들이곤 한다. 월급은 재정적으로 고려해야 할 것들 가운데 하나일 뿐이다. 이런 것들도 봐야 한다.

- 계약 보너스signing bonus[1], 이직 보너스relocation 그리고 기타 딱 한 번 주는 급여(많은 회사들은 계약 보너스나 이직 보너스를 지급한다). 그럴 경우, 해당 보너스를 3년간(또는 그 회사에 머무르리라 생각되는 기간) 지급받을 급여에 합산하여 입사 제안을 평가하는 것이 현명하다.
- 생활 비용 차이: 여러 지역의 회사로부터 입사 제안을 받은 경우, 생활 비용상의 차이를 간과하면 곤란하다. 실리콘밸리의 경우, 시애틀에 거주하는 것에 비해 20%에서 30%가량 비용이 더 든다(부분적으로는 캘리포니아 주 정부가 부과하는 10% 정도의 소득세 때문이다). 온라인으로 알아보면 생활 비용 차이를 평가하는 데 필요한 여러 자료를 찾을 수 있다.
- 매년 지급하는 정례 보너스: IT 회사에서 매년 주는 보너스는 3%에서 30%까지 다양하다. 구인 담당자가 평균 보너스를 알려주면 그것을 참고하고, 그렇지 않다면 회사 내의 지인에게 물어 알아보자.
- 스톡 옵션과 증여grants: 지분 보상equity compensation은 매해 받는 금전적 보상의 큰 부분이다. 계약 보너스와 마찬가지로, 주식 형태의 보상은 3년 정도로 봉급에 합산하여 비교 평가하는 것이 바람직하다.

하지만 기억하라. 여러분이 입사 후 배우는 것이나, 회사가 여러분의 경력을 발전시키는 방식이 월급보다 훨씬 더 큰 차이를 만들어 낼 수 있다. 지금 당장 금전적 문제를 얼마나 강조할 것인가는 신중하게 생각해 봐야 한다.

---

1 (옮긴이) 입사를 환영한다는 의미로 주는 보너스. sign-on bonus라고도 한다.

경력 개발

입사 제안을 받은 당신, 아마 들뜨시리라. 근데 신기한 것은, 몇 년 지나면 여러분은 다른 데 면접을 볼까 궁리하게 된다는 점이다. 그러므로 지금 받은 입사 제안이 여러분의 경력에 어떤 영향을 미칠지 생각해 보는 것이 좋다. 이런 질문들을 던져보자.

- 이 회사의 이름이 이력서를 얼마나 보기 좋게 만들어 줄 것인가?
- 얼마나 많이 배우게 될 것인가? 관련된 다른 것들도 배우게 될 것인가?
- 승진 계획은 어떤가? 개발자의 경력을 어떻게 발전시키는 회사인가?
- 관리직으로 옮기고자 할 경우, 회사가 현실적 계획을 마련해 주는가?
- 회사나 팀 규모가 확대되고 있는 중인가?
- 회사를 떠나고 싶을 경우, 옮길만한 회사가 가까이 있는가? 아니면 이사를 해야 하나?

제일 마지막 질문은 흔히 간과되지만, 굉장히 중요하다. 실리콘밸리의 마이크로소프트에서 일하는 경우, 이직하게 되면 아마 이사하지 않고도 거의 모든 회사로 옮길 수 있을 것이다. 하지만 시애틀의 마이크로소프트 캠퍼스에서 일하는 경우, 옮길 수 있는 큰 회사는 아마존이나 구글 정도이고, 그밖에 작은 회사가 몇 군데 있다. 버지니아 덜레스Dulles의 AOL에 가는 경우에는 같은 지역에서 옮길 수 있는 회사가 더 적다. 여러분 삶을 뿌리째 뒤흔들지 않고서는 옮길 수 있는 회사가 없다는 이유로, 그냥 한군데 머물러 있게 될 수도 있다.

회사의 안정성

상황은 사람마다 다 다르지만, 나는 보통 지원자들에게 회사 안정성에는 크게 신경 쓰지 말라고 한다. 회사가 여러분을 내보내면, 여러분은 보통 비슷한 회사에 쉽게 취업할 수 있다. 여러분이 스스로 해 봐야 하는 질문은 이것이

다. '회사에서 짤리면 무슨 일이 생기나? 새로운 직업을 찾는데 큰 무리가 없는 능력을 갖추고 있나?'

행복 척도

마지막으로 살펴보지만 그렇다고 덜 중요하지는 않은 문제는, 바로 여러분이 얼마나 행복할 것이냐 하는 것이다. 여러분의 행복에 영향을 끼칠 요소들로는 다음과 같은 것들이 있다.

· 제품: 많은 사람들이 '어떤 제품을 만들게 될지'를 중요하게 따진다. 물론 그것도 중요하긴 하다. 하지만 대부분의 엔지니어들에게는 더 중요한 것들이 있다. 가령 누구와 일하게 되느냐와 같은.
· 관리자와 동료: 사람들이 '난 내 일이 싫어' 아니면 '난 내 일이 좋아'라고 할 때, 보통 팀 동료나 관리자 때문인 경우가 많다. 만나 보았는가? 그들과 이야기하는 것이 즐거웠는가?
· 회사 문화: 문화는 회사 내의 의사결정 과정부터 직원 사이의 분위기 그리고 회사의 조직 구성까지, 모든 부문에 영향을 미친다. 앞으로 같이 일하게 될 팀 동료에게 회사 문화는 어떠한지 설명해 달라고 부탁해 보자.
· 근무 시간: 앞으로 같이 일하게 될 팀 동료에게 보통 하루에 몇 시간이나 일하는지, 그리고 일상적 근무 시간이 여러분의 생활 패턴을 바꿀 것인지 알아보자. 보통 중요한 데드라인 전에는 근무 시간이 더 늘어난다는 것에 유의하도록 하자.

또한, 다른 팀으로 옮길 기회가 쉽게 주어진다면(구글의 경우에는 그렇다) 여러분과 잘 맞는 팀과 제품을 찾을 또 다른 기회가 주어진다는 것에도 유의하도록 하자.

3. 협상

2010년 후반에, 나는 협상negotiation 강좌에 등록했다. 첫날, 강사는 우리에게 차량 구매 시나리오를 머릿속에 그려볼 것을 주문했다. 딜러 A는 차를 $20,000에 네고 없이 팔고 있다. 딜러 B와는 협상의 여지가 있다. 협상을 거쳐 B에게서 차를 산다면, 얼마면 사겠는가? (여러분도 스스로 이 질문에 빨리 답해보라.)

평균적으로 수강생들은 $750 정도 저렴하면 B에게서 차를 사겠다고 답했다. 뒤집어 말하면 한두 시간 정도 협상하는 수고를 피할 수 있다면, $750 정도 비싼 가격에라도 차를 살 수 있다는 뜻이다. 수강생들을 대상으로 한 설문에서 대부분의 학생들은 입사 제안을 두고 협상하지 않겠다고 답했다. 놀랄 것 없는 결과였다. 회사가 어떤 제안을 하건 수락하겠다는 뜻이었다.

하지만 여러분. 협상하도록 하라. 이렇게 시작해 보라.

1. 그냥 해 보라. 그렇다. 아마 두려울 것이다. 아무도 (대부분 그렇다) 협상을 좋아하지 않는다. 하지만 그렇기에 해 볼 만한 가치가 있다. 여러분이 협상한다고 채용 제안을 철회하는 구인 담당자는 없다. 그러니 잃을 것이 없다.
2. 실질적인 대안을 가져라. 기본적으로 구인 담당자는 여러분이 회사에 입사하지 않을 수도 있다고 염려하므로 협상한다. 여러분에게 대안이 있으면, 그들이 염려하는 바가 좀 더 현실적인 문제가 된다.
3. 구체적인 질문거리를 만들라. 그냥 "더 주세요"라고 하는 것보다, 월급이 $7,000 정도 더 많았으면 한다고 요구하는 것이 효과적이다. 결국, 그냥 '더 달라'고 하면 구인 담당자는 $1,000 정도를 더 불러 기술적으로 여러분의 소망을 만족시키려 할 것이다.
4. 많이 부를 것. 협상을 하게 되면 상대방은 여러분이 무슨 요구를 하든 동의하지 않는다. 협상이라는 것은 주고받는 대화 과정이다. 정말로 받고자

하는 것보다 좀 더 많이 불러라. 회사측은 아마도 여러분의 요구를 사측 요구와 중간 정도로 타협하고자 할 것이다.

5. 봉급 이외의 것도 고려하라. 회사는 종종 비-급여 항목을 통해 협상하고자 할 것이다. 월급을 너무 많이 올려주면 동료와 형평성 문제가 발생하기 때문이다. 지분을 더 달라고 하거나, 계약 보너스를 더 많이 달라고 해 볼 것. 이사 비용을 회사가 직접 지불하는 대신, 이직 급여를 현찰로 달라고 요구하는 것도 한 가지 방법이다. 대학생들에게 좋은 방법인데, 실제 이사 비용이 이직 급여액보다 덜 들기 때문이다.
6. 가장 좋은 협상 매체를 고를 것. 대부분 전화로 협상하도록 추천할 것이다. 어느 정도는 맞는 말이다. 전화로 협상하는 것이 낫다. 하지만 전화로 협상하는 게 불편하다면, 이메일로 하도록 하라. 협상하려 시도한다는 것이, 무슨 매체를 사용해 협상할 것이냐 하는 문제보다는 훨씬 중요하다.

또한, 큰 회사와 협상할 때에는 급여 '수준'이 있다는 것을 알아두어야 한다. 특정한 수준의 직원은 거의 같은 급여를 받는다. 마이크로소프트는 특히 잘 정의된 급여 체계를 갖고 있다. 여러분의 수준에 해당하는 급여 범위 내에서 협상하면 되는데, 그 이상을 요구하면 당신이 속한 수준을 넘어서게 된다. 더 높은 수준을 원한다면, 당신이 앞으로 같이 일하게 될 팀과 구인 담당자에게 당신이 더 높은 수준의 대우를 받을 가치가 있는 경험자임을 납득시켜야 한다. 어려운 일이다. 하지만 가능한 일이기도 하다.

4. 입사 후

여러분의 경력은 면접장에서 끝나는 것이 아니다. 오히려 시작된다고 봐야 한다. 정말로 회사에 입사하고 나면, 여러분의 경력에 대해 고민하기 시작해야 한다. 지금 여러분이 있는 곳으로부터 어디로 가야 하는지, 그리고 어떻게 가야 하는지.

일정 수립

흔한 결론은 이런 것이다. 회사 입사 후, 들뜬 마음에 모든 것이 멋져 보이는 시간도 지나고 5년이 흘렀다. 당신은 아직도 그곳에 근무하고 있다. 그리고 당신은 불현듯 깨닫는다. 지난 3년간, 당신이 갖고 있는 기술이나 당신의 이력서는 그다지 풍부해지지 못했다는 것을. 왜 2년 뒤에 바로 그만두고 다른 곳으로 옮기지 못했을까?

하는 일을 즐기다 보면, 거기 빠진 나머지 여러분의 경력이 발전하지 않고 있다는 것을 깨닫지 못한다. 이것이 바로 새로운 직업을 시작하기 전에 여러분이 나아갈 길을 스케치해 두어야 하는 이유다. 십 년 뒤에는 어디에 있고 싶은가? 그리고 거기 도달하기 위해서는 어떤 단계를 거쳐야 하는가? 그리고 매년, 내년에 하게 될 경험으로 어떤 소득을 얻게 될 것인지, 그리고 작년에 여러분의 경력과 기술은 어떻게 발전했는지 살펴보라.

여러분의 진로를 미리 설계하고 정기적으로 점검함으로써, 현실에 안주해 버리는 일을 피할 수 있게 된다.

튼튼한 관계 수립

새로운 무언가를 시작한다면, 네트워크를 형성하는 것이 중요하다. 온라인으로 지원하는 것은 한 방편일 뿐이고, 개인적인 추천을 받는 편이 훨씬 낫다. 그리고 그럴 수 있는 능력이 여러분의 인맥을 결정짓는다.

일터에서는 관리자나 팀원들과 끈끈한 관계를 수립하라. 다른 직원이 퇴사하게 되면, 그들과 계속 연락을 유지하라. 떠나고 몇 주 지난 뒤에, 따뜻한 편지라도 건네도록 하라. 그러면 관계는 업무적으로 아는 사이에서 개인적인 친분으로 발전한다.

이런 접근법을 여러분의 사생활에도 적용하라. 친구 그리고 친구의 친구는 가치 있는 인맥이다. 다른 사람을 돕는 일에 마음을 열어 놓으면, 그들도 기꺼이 여러분을 돕게 될 것이다.

원하는 것을 요구하라

어떤 관리자는 여러분의 경력을 성장시키려 애쓰지만, 어떤 사람은 방관한다. 여러분 경력에 도움되는 도전을 찾아 나서는 것은 전적으로 여러분에게 달렸다.

여러분의 목표를 관리자에게 (적절한 수준으로) 솔직하게 표현하라. 백엔드 코딩 프로젝트에 좀 더 시간을 쏟고 싶다면, 그렇게 말하라. 리더십과 관련된 기회를 더 많이 갖기 원한다면, 어떻게 하면 그렇게 할 수 있는지 토론하라.

여러분 자신이 여러분의 가장 좋은 후원자가 되어야 한다. 그래야 여러분이 정한 계획에 따라 목표를 달성해 나갈 수 있다.

VIII
면접 문제

www.CrackingTheCodingInterview.com에 가입하면 이 책에 실린 문제에 대한 Java / Eclipse 해법의 완전한 소스코드를 다운받을 수 있고, 다른 독자들과 토론하고, 문제점을 알리며, 이 책의 정오표를 볼 수 있다. 여러분의 이력서를 올릴 수도 있고, 다른 여러 가지 조언도 구할 수 있다.

자료구조

01 배열과 문자열

02 연결 리스트(Linked Lists)

03 스택과 큐

04 트리와 그래프

01 배열과 문자열

이 책을 보는 분들은 배열과 문자열에 익숙하셨으면 한다. 배열과 문자열에 대한 자질구레한 이야기들을 지루하게 풀어놓을 생각은 없다. 대신, 이 자료구조에 널리 사용되는 한결 보편적인 기법들에 집중할 것이다.

배열에 대한 질문이나 문자열에 대한 질문들은 서로 바꿀 수 있다. 다시 말해 이 책에 실린 문제들 가운데 배열에 관한 것들은 문자열에 대한 문제로 바꿔 출제할 수도 있으며, 그 반대도 가능하다.

해시 테이블

해시 테이블hash table은 효율적인 탐색을 위한 자료구조로서 키key를 값value에 대응시킨다. 해시 테이블을 아주 간단히 구현하는 경우, 배열과 해시 함수hash function만 있으면 된다. 객체와 키를 해시 테이블에 넣게 되면 우선 해시 함수가 키를 정수값integer으로 대응시키는데, 이 정수값이 배열의 첨자index로 쓰인다. 객체는 배열의 해당 첨자 위치에 저장된다.

하지만 이렇게 구현해서는 제대로 동작하지 않을 것이다. 모든 가능한 키에 대해서 해시 함수가 계산해 내는 정수값이 유일unique해야 하기 때문이다. 유일성이 보장되지 않을 경우 데이터가 덮어쓰기 되는 일이 생길 것이다. 그런 충돌collision을 피하려면 가능한 모든 키 값을 전부 고려해서 배열을 극도로 크게 만들어야 한다.

그렇게 큰 배열을 할당하고 객체를 hash(key) 위치에 저장하는 대신, 배열은 더 작게 만들고 객체는 hash(key)%array_length 위치에 연결 리스트linked list 형태로 저장하는 방법을 쓸 수도 있다. 그 경우, 특정한 키 값을 갖는 객체를 찾아내려면, 해당 키에 대한 연결 리스트를 탐색해야 한다.

대신, 이진 탐색 트리binary search tree를 사용해 해시 테이블을 구현할 수도 있다. 그렇게 하면 O(log n) 시간 안에 탐색이 완료되도록 보장할 수 있다. 트리의 균형balance을 유지할 수 있기 때문이다. 처음에 배열을 크게 잡아둘 필요도 없기 때문에 저장 공간도 절약된다.

면접 전에, 해시 테이블 구현과 사용에 익숙해지도록 연습할 것을 권한다. 면접 때 가장 보편적으로 물어보는 자료구조이므로, 실제 면접 때에도 관련된 질문을 받을 확률이 높다.

아래는 해시 테이블을 구성하는 간단한 Java 예제다.

```
public HashMap<Integer, Student> buildMap(Student[] students) {
  HashMap<Integer, Student> map = new HashMap<Integer, Student>();
  for (Student s : students) map.put(s.getId(), s);
  return map;
}
```

때로 해시 테이블을 사용하라고 명시하는 경우도 있긴 하지만, 대체적으로는 주어진 문제를 풀기 위해 해시 테이블이 필요할지를 알아내는 것은 여러분이 할 일이라는 점에 주의하기 바란다.

ArrayList (동적으로 크기가 조정되는 배열)

ArrayList는 동적으로 크기가 조정되는 배열로서, 그러면서도 O(1)의 접근시간access time을 유지한다. 통상적으로는 배열이 가득 차는 경우, 그 크기가 두 배 늘어나도록 구현된다. 크기를 두 배 늘리는 시간은 O(n)이지만 자주 일어나는 일이 아니라서 대체적으로 O(1) 시간이 유지된다고 보는 것이 옳다.

```
public ArrayList<String> merge(String[] words, String[] more) {
  ArrayList<String> sentence = new ArrayList<String>();
  for (String w : words) sentence.add(w);
  for (String w : more) sentence.add(w);
  return sentence;
}
```

StringBuffer

아래의 코드와 같이 문자열 배열을 하나로 합치려 한다고 생각해 보자. 이 코드의 실행 시간은 어떨 것 같은가? 간단하게 그냥 문자열 길이는 전부 x로 똑같고, 문자열 개수는 n이라고 하자.

```java
public String joinWords(String[] words) {
  String sentence = "";
  for (String w : words) {
    sentence = sentence + w;
  }
  return sentence;
}
```

문자열을 연결할 때마다 새로운 문자열 객체가 만들어지고, 연결할 문자열의 값이 문자 단위로 복사된다. 그러므로 첫 루프에서는 x개의 문자가 복사될 것이고, 두 번째 루프에서는 2x, 세 번째 루프에서는 3x개의 문자열이 복사된다. 이런 식으로 하다 보면 결국 소요되는 시간은 $O(x+2x+\cdots+nx)$가 될 것이니, 최종적으로는 $O(xn^2)$ 만큼의 시간이 걸리리라는 결론을 내릴 수 있다.

StringBuffer는 이런 문제를 피할 수 있도록 해 준다. 간단히 말하자면 StringBuffer는 모든 문자열의 배열을 만들어 두고, 문자열 객체로의 복사는 필요할 때만 수행한다.

```java
public String joinWords(String[] words) {
  StringBuffer sentence = new StringBuffer();
  for (String w : words) {
    sentence.append(w);
  }
  return sentence.toString();
}
```

문자열과 배열 그리고 일반적인 자료구조를 연습해보는 좋은 방법은, 여러분 스스로 StringBuffer 클래스를 한 번 구현해 보는 것이다.

면접 대비 문제

1.1 문자열에 포함된 문자들이 전부 유일한지를 검사하는 알고리즘을 구현하라. 다른 자료구조를 사용할 수 없는 상황이라면 어떻게 하겠는가?

219쪽

1.2 널 문자로 끝나는 문자열을 뒤집는 reverse(char* str) 함수를 C나 C++로 구현하라.

221쪽

1.3 문자열 두 개를 입력으로 받아 그중 하나가 다른 하나의 순열인지 판별하는 메서드를 작성하라.

222쪽

1.4 주어진 문자열 내의 모든 공백을 '%20'으로 바꾸는 메서드를 작성하라. 문자열 끝에 추가로 필요한 문자들을 더할 수 있는 충분한 공간이 있다고 가정하라. 그리고 공백을 포함하는 문자열의 길이도 함께 주어진다고 가정하라. (주의: Java로 구현한다면, 문자 배열을 사용하여 필요한 연산을 각 문자에 바로 적용할 수 있도록 하라.)

– 예

입력: `"Mr John Smith    ", 13`

출력: `"Mr%20John%20Smith"`

224쪽

1.5 같은 문자가 연속으로 반복될 경우, 그 횟수를 사용해 문자열을 압축하는 메서드를 구현하라. 가령 압축해야 할 문자열이 aabccccccccaaa라면 a2b1c8a3과 같이 압축되어야 한다. 압축 결과로 만들어지는 문자열이 원래 문자열보다 짧아지지 않는 경우, 이 메서드는 원래 문자열을 그대로 반환해야 한다.

225쪽

1.6 이미지를 표현하는 N×N 행렬이 있다. 이미지의 각 픽셀은 4바이트로 표현된다. 이때, 이미지를 90도 회전시키는 메서드를 작성하라. 부가적

인 행렬을 사용하지 않고서도 할 수 있겠는가?

229쪽

1.7 M × N 행렬을 순회하면서 0인 원소를 발견하면, 해당 원소가 속한 행과 열의 모든 원소를 0으로 설정하는 알고리즘을 작성하라.

231쪽

1.8 한 단어가 다른 단어에 포함된 문자열인지 판별하는 isSubstring이라는 메서드가 있다고 하자. s1과 s2의 두 문자열이 주어졌을 때, s2가 s1을 회전시킨 결과인지 판별하는 코드를 isSubstring을 한 번만 호출하도록 하여 작성하라. (가령 'waterbottle'은 'erbottlewat'을 회전시켜 얻을 수 있는 문자열이다)

233쪽

연관된 다른 문제들

비트 조작(#5.7), 객체 지향 설계(#7.10), 재귀(#9.3), 정렬과 탐색(#9.6), C++(#13.10), 중간 난이도 연습문제(#17.7, #17.8, #17.14)

02
연결 리스트(Linked Lists)

보관된 원소를 상수 시간constant time에 접근할 수 있는 방법이 없고 재귀 호출recursion이 빈번하다는 점 때문에, 연결 리스트에 관한 질문들은 많은 지원자를 당황하게 한다. 하지만 다행스럽게도 연결 리스트에 관한 질문들은 대개 엇비슷하며, 상당수는 기출문제들의 단순한 변형에 불과하다.

연결 리스트 관련 문제들은 기본 개념에 아주 충실하므로, 연결 리스트를 바닥부터 만들 수 있는 능력을 갖추는 것이 중요하다. 아래에 연결 리스트의 코드를 실었다.

연결 리스트 생성

아래의 코드는 아주 기본적인 단방향 연결 리스트를 구현한 것이다.

```
class Node {
  Node next = null;
  int data;

  public Node(int d) {
    data = d;
  }

  void appendToTail(int d) {
    Node end = new Node(d);
    Node n = this;
    while (n.next != null) {
      n = n.next;
    }
    n.next = end;
  }
}
```

면접 시에 연결 리스트에 대한 질문을 받을 때에는, 단방향 연결 리스트인지 양방향 연결 리스트인지를 확실히 해야 한다.

단방향 연결 리스트에서의 노드 삭제

연결 리스트에서 노드를 삭제하는 연산은 직관적이다. 노드 n이 주어지면, 그 이전 노드 prev를 찾아 prev.next를 n.next와 같도록 설정한다. 리스트가 양방향doubly 연결 리스트인 경우에는 n.next가 가리키는 노드를 갱신하여 n.next.prev가 n.prev와 같도록 설정해야 한다. 유의해야 할 것은 (1) 널 포인터 검사는 반드시 해야 하며 (2) 필요하다면 head와 tail 포인터도 갱신해야 한다는 점이다.

또한, C나 C++처럼 메모리 관리가 필요한 언어를 사용해 구현하는 경우에는 삭제한 노드에 할당되었던 메모리가 반환되는지 주의해야 한다.

```
Node deleteNode(Node head, int d) {
  Node n = head;

  if (n.data == d) {
    return head.next; /* head가 변경된다 */
  }

  while (n.next != null) {
    if (n.next.data == d) {
      n.next = n.next.next;
      return head; /* head는 바뀌지 않는다*/
    }
    n = n.next;
  }
  return head;
}
```

"Runner" 기법

"Runner"(부가 포인터라고도 한다) 기법은 연결 리스트 문제에서 많이 활용된다. 연결 리스트를 순회할 때 두 개의 포인터를 동시에 사용하는 것이다.

이때 한 포인터가 다른 포인터보다 앞서도록 한다. 앞선 포인터가 따라오는 포인터보다 항상 지정된 개수만큼을 앞서도록 할 수도 있고, 아니면 여러 노드를 한 번에 뛰어넘도록 할 수도 있다.

예를 들어, 연결 리스트 $a_1 \rightarrow a_2 \rightarrow \cdots \rightarrow a_n \rightarrow b_1 \rightarrow b_2 \rightarrow \cdots \rightarrow b_n$이 있다고 하자. 그리고 이 리스트를 $a_1 \rightarrow b_1 \rightarrow a_2 \rightarrow b_2 \rightarrow \cdots \rightarrow a_n \rightarrow b_n$과 같이 재정렬하고 싶다고 하자. 이 연결 리스트의 길이는 모르지만, 길이가 짝수라는 정보는 알고 있다고 하자.

이때 포인터 p1(앞선 포인터)을 두고, 따라오는 포인터 p2가 한 번 움직일 때마다 두 번 움직이도록 하는 방법을 사용할 수 있다. p1이 연결 리스트 끝에 도달하면 p2는 가운데 지점에 있게 될 것이다. 그 상태에서 p1을 다시 맨 앞으로 옮긴 다음 p2로 하여금 원소를 재배열하도록 만들 수 있다. 즉, 매번 루프가 실행될 때마다 p2가 가리키는 원소를 p1 뒤로 옮기는 것이다.

재귀 문제

연결 리스트 관련 문제 가운데 상당수는 재귀 호출에 의존한다. 연결 리스트 문제를 푸는 데 어려움을 겪는다면, 재귀적 접근법이 통할지 살펴봐야 한다. 여기서 재귀적 접근법에 대해 깊게 다루지는 않을 것인데, 나중에 따로 한 장을 할애해 다룰 것이기 때문이다.

하지만 재귀 호출 깊이가 n이 될 경우, 해당 재귀 알고리즘이 적어도 O(n) 만큼의 공간을 필요로 할 것임은 기억하자. 모든 재귀 알고리즘은 반복적iterative 형태로도 구현될 수 있긴 하지만, 한층 복잡해진다.

연습문제

2.1 비정렬unsorted 연결 리스트에서 중복 문자를 제거하는 코드를 작성하라.

▶ **연관문제**

임시 버퍼가 허용되지 않는 상황에서 이 문제를 어떻게 해결할 수 있겠는가?

234쪽

2.2 단방향 연결 리스트에서, 뒤에서 k번째 원소를 찾는 알고리즘을 구현하라.

235쪽

2.3 단방향 연결 리스트의 중간에 있는 노드 하나를 삭제하는 알고리즘을 구현하라. 삭제할 노드에 대한 접근만 가능하다는 것에 유의하라.

– 예

입력: 연결 리스트 a→b→c→d→e의 노드 c

결과: 아무것도 반환할 필요 없고, 결과로 연결리스트가 a→b→d→e가 되어 있으면 OK

239쪽

2.4 x 값을 갖는 노드를 기준으로 연결 리스트를 나누는 코드를 작성하라. x보다 작은 값을 갖는 노드가 x와 같거나 더 큰 값을 갖는 노드들보다 앞쪽에 오도록 하면 된다.

240쪽

2.5 연결 리스트로 표현된 두 개의 수가 있다고 하자. 리스트의 각 노드는 해당 수의 각 자릿수를 표현한다. 이때 자릿수들은 역순으로 배열되는데, 1의 자릿수가 리스트의 맨 앞에 오도록 배열된다는 뜻이다. 이 두 수를 더하여 그 합을 연결 리스트로 반환하는 함수를 작성하라.

– 예

입력: (7→1→6) + (5→9→2). 즉, 617+295.

출력: 2→1→9. 즉 912.

▶ **연관문제**

각 자릿수가 정상적으로 배열된다고 가정하고 구현해 보자.

– 예

입력: (6→1→7) + (2→9→5). 즉, 617+295.

출력: 9→1→2. 즉, 912.

243쪽

2.6 순환 연결 리스트circular linked list가 주어졌을 때, 순환되는 부분의 첫 노드를 반환하는 알고리즘을 작성하라.

– 정의

순환 연결 리스트: 순환 연결 리스트는 노드의 next 포인터가 앞선 노드들 가운데 어느 하나를 가리키도록 설정되어 있는 연결 리스트다(망가진 연결 리스트라고 볼 수 있다).

– 예

입력: A→B→C→D→E→C (E의 next 노드가 D 앞에 있는 C로 설정되어 있다)

출력: C

247쪽

2.7 주어진 연결 리스트가 회문palindrome인지 검사하는 함수를 작성하라.

252쪽

연관된 다른 문제들

트리와 그래프 (#4.4), 객체 지향 설계 (#8.10), 규모확장성과 메모리 제한 (#11.7), 중간 난이도 연습문제 (#17.13)

03
스택과 큐

연결 리스트에 관한 문제들과 마찬가지로, 스택과 큐에 관한 질문들도 자료구조를 속속들이 알고 있다면 풀어내기 쉬울 것이다. 그렇더라도 면접에서 마주치는 문제들은 꽤 까다로울 수 있다. 어떤 문제들은 기존 자료구조를 간단히 수정하는 것 만으로도 해결 가능하지만, 어떤 문제들은 그보다 훨씬 더 도전적이다.

스택의 구현

스택이 LIFO[Last-In-First-Out]에 따라 자료들을 배열한다는 사실을 기억하자. 다시 말해 접시를 쌓아둘 때와 마찬가지로, 가장 최근에 스택에 추가한 항목이 가장 먼저 제거할 항목이 된다는 것이다.

아래에 간단한 스택 예제 코드를 실었다. 스택은 연결 리스트로도 구현될 수 있다는 점에 유의하기 바란다. 사실, 그 둘은 본질적으로는 같다. 스택의 경우 사용자가 맨 위 노드 아래쪽을 보지 못하도록 제한한다는 점이 다를 뿐이다.

```
class Stack {
  Node top;

  Object pop() {
    if (top != null) {
      Object item = top.data;
      top = top.next;
      return item;
    }
    return null;
  }

```

```
  void push(Object item) {
    Node t = new Node(item);
    t.next = top;
    top = t;
  }

  Object peek() {
    return top.data;
  }
}
```

큐의 구현

큐는 FIFOFirst-In-First-Out 순서를 따른다. 매표소 앞에 서 있는 사람들이 움직이는 형태와 같이, 큐에 저장되는 항목들은 큐에 추가되는 순서대로 제거된다.

큐는 연결 리스트로 구현될 수도 있다. 이때 새 항목들은 연결 리스트 꼬리에 추가된다.

```
class Queue {
  Node first, last;

  void enqueue(Object item) {
    if (first == null) {
      last = new Node(item);
      first = last;
    } else {
      last.next = new Node(item);
      last = last.next;
    }
  }

  Object dequeue(Node n) {
    if (first != null) {
      Object item = first.data;
      first = first.next;
      return item;
    }
    return null;
  }
}
```

연습 문제

3.1 하나의 배열을 사용해 세 개의 스택을 구현하는 방법을 설명하라.

258쪽

3.2 push와 pop의 두 가지 연산뿐 아니라, 최솟값을 갖는 원소를 반환하는 min 연산을 갖춘 스택은 어떻게 구현할 수 있겠는가? push, pop, 그리고 min은 공히 O(1) 시간에 처리되어야 한다.

263쪽

3.3 접시 무더기를 떠올려 보자. 접시를 너무 높이 쌓으면, 넘어질 것이다. 그러므로 현실에서는 무더기 높이가 특정한 수준 이상으로 높아지면 새로운 무더기를 만든다. 이것을 흉내 내는 자료구조 SetOfStacks를 구현해 보라. SetOfStacks는 여러 스택으로 구성되어야 하며, 이전 스택이 지정된 용량을 초과하는 경우 새로운 스택을 생성해야 한다. SetOfStacks.push()와 SetOfStacks.pop()은 스택이 하나인 경우와 동일하게 동작해야 한다(다시 말해, pop()은 정확히 하나의 스택이 있을 때와 동일한 값을 반환해야 한다).

▶ **연관문제**

특정한 하위 스택에 대해서 pop을 수행하는 popAt int index 함수를 구현하라.

266쪽

3.4 유명한 하노이 탑Towers of Hanoi 문제에는 3개의 탑과 N개의 원판이 등장하는데, 각 원판은 어느 탑으로도 옮길 수 있다. 하노이 탑 퍼즐은 세 개의 탑 가운데 하나에 이 N개의 원판을 쌓아두고 시작한다. 이때 원판들은 지름이 작은 원판이 위쪽에 오도록 배열된다. 하노이 탑 퍼즐에는 다음과 같은 제약조건들이 있다.

(1) 한 번에 하나의 원판만 옮길 수 있다.

(2) 탑의 맨 꼭대기에 있는 원판은 옆에 있는 탑으로 옮길 수 있다.

(3) 원판은 자기보다 지름이 큰 원판 위로만 옮길 수 있다.

스택을 사용하여, 첫 번째 탑에 있는 모든 원판을 마지막 탑으로 옮기는 프로그램을 작성하라.

270쪽

3.5 두 개의 스택을 사용하여 큐를 구현하는 MyQueue 클래스를 작성해 보라.

273쪽

3.6 큰 값이 위에 오도록 스택을 오름차순 정렬하는 프로그램을 작성하라. 여벌 스택은 하나까지만 사용할 수 있고, 스택에 보관된 요소를 배열 등의 다른 자료구조로는 복사할 수 없다. 스택은 push, pop, peek, isEmpty의 네 가지 연산을 제공한다.

275쪽

3.7 먼저 들어온 동물이 먼저 나가는 동물 쉼터animal shelter가 있다고 하자. 이 쉼터는 개와 고양이만 수용할 수 있다. 사람들은 쉼터의 동물들 가운데 들어온 지 가장 오래된 동물부터 입양할 수 있는데, 개와 고양이 중 어떤 동물을 데려갈지 선택할 수도 있다. 특정한 동물을 지정해 데려가는 것은 금지되어 있다. 이 시스템을 자료구조로 구현하라. 해당 자료구조는 enqueue, dequeueAny, dequeueDog, dequeueCat의 연산들을 제공해야 한다. 언어에 기본 탑재되어 있는 LinkedList (Java) 자료구조를 이용해도 좋다.

278쪽

연관된 다른 문제들

연결 리스트 (#2.7), 수학과 확률 (#7.7).

04
트리와 그래프

면접에 임하는 많은 프로그래머들이 트리와 그래프에 관한 문제들이 가장 까다로운 것들 중 하나라고 느낀다. 트리와 그래프상에서 탐색search을 수행하는 것은 배열이나 연결 리스트처럼 선형적으로 구성된 자료구조에서보다 훨씬 까다롭다. 또한, 최악의 수행 시간과 평균적 수행 시간이 매우 크게 바뀔 수 있어서, 이런 자료구조에 대한 알고리즘을 살펴볼 때에는 그 두 가지 측면을 반드시 따져봐야 한다. 트리와 그래프를 밑바닥부터 능숙하게 구현할 수 있는 능력을 갖추면 분명 도움이 될 것이다.

유의해야 할 이슈들

트리와 그래프에 관한 질문들은 그 세부사항이 모호하거나 가정이 틀린 경우 잘못 풀기 쉽다. 그러니 아래의 이슈들에 대해 유의하고, 필요하면 명확하게 해 줄 것을 요구하자.

이진 트리 vs. 이진 탐색 트리

이진 트리에 대한 질문을 받으면, 많은 사람들은 면접관이 이진 '탐색' 트리binary search tree에 대한 질문을 했다고 믿어 버린다. 이진 탐색 트리인지 아닌지 확실히 묻도록 하자. 이진 탐색 트리는 모든 노드에 대해서 그 왼쪽 자식들의 값이 현재 노드 값보다 작거나 같도록 하고, 그리고 오른쪽 자신들의 값은 현재 노드의 값보다 크도록 강제한다.

균형 vs. 비균형

많은 트리가 균형 트리balanced tree이긴 하지만, 전부 그런 것은 아니다. 면접관에게 어느 쪽인지 묻도록 하자. 비균형 트리라면 여러분의 알고리즘을 평균 수행 시간과 최악 수행 시간 관점에서 설명할 필요가 있다. 트리의 균형을 맞추는 데는 여러 가지 방법이 있으며, 트리의 균형을 맞춘다는 것은 하위 트리의 깊이가 지정된 값 이상으로 달라지지 않는다는 것을 의미한다는 점에 유의하도록 하자. 왼쪽 하위 트리와 오른쪽 하위 트리의 깊이가 정확하게 일치함을 의미하지는 않는다는 것이다.

포화 이진 트리와 완전 이진 트리

포화 이진 트리full binary tree와 완전 이진 트리complete binary tree의 경우 모든 말단 노드leaf node가 트리 바닥에 위치하고, 모든 비말단 노드들은 정확히 두 개의 자식을 갖는다. 포화 이진 트리와 완전 이진트리는 굉장히 드문데, 그 조건을 만족하려면 트리에 정확히 $2^n - 1$개의 노드가 존재해야 하기 때문이다.

이진 트리 순회

면접 전에, 정순회in-order traversal, 후순회post-order traversal, 전순회pre-order traversal 등의 개념을 편안하게 구현할 수 있도록 해야 한다. 이 가운데 가장 보편적으로 사용되는 정순회 기법은 왼쪽 자식 트리를 먼저 방문하고, 현재 노드, 그 다음에 오른쪽 자식 트리를 방문하는 순회 방법이다.

트리의 균형: 적-흑 트리와 AVL 트리

균형 트리를 어떻게 만드는지 배워두면 보다 나은 소프트웨어 엔지니어가 되긴 하겠지만, 면접 시에 그와 관계된 질문이 나오는 일은 드물다. 어쨌든, 균형 트리에 관해서라면 균형 트리에 대한 연산 시간에 대해서도 잘 알고 있어야 하고, 트리를 균형 잡는 방법에 대해서도 어렴풋이나마 알고 있어야 한다. 면접 시에는 구체적인 내용까지 알고 있을 필요는 아마 없을 것이다.

트라이

트라이trie는 n-차 트리n-ary tree의 변종으로, 각 노드에 문자가 저장된다. 따라서 트리를 아래쪽으로 순회하면 단어 하나가 나오게 된다. 간단한 트라이

하나를 살펴보면, 다음 그림과 같다.

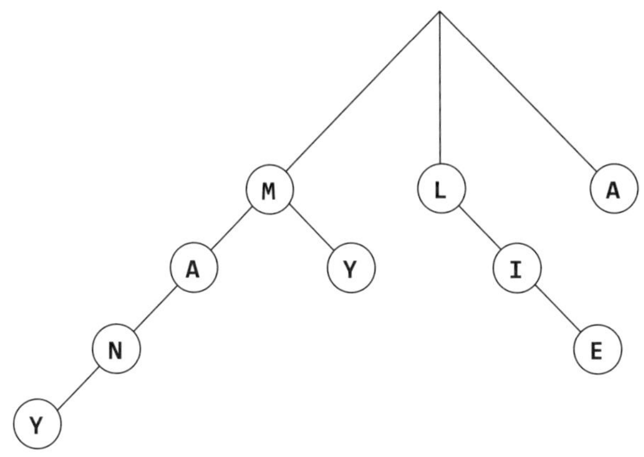

그래프의 순회

대부분의 면접자들이 이진 트리 순회에 대해서라면 무리 없을 수준으로 알고 있지만, 그래프 순회는 그보다는 좀 더 도전적인 문제이다. 너비 우선 탐색Breadth First Search, BFS은 특히 어렵다.

너비 우선 탐색과 깊이 우선 탐색Depth First Search, DFS은 보통 다른 상황에 적용된다. DFS는 그래프 내의 모든 노드를 방문하고 싶다거나, 찾는 것을 발견할 때까지 모든 노드를 적어도 한 번은 방문하도록 하고 싶을 때 보통 사용된다. 하지만 그래프가 매우 크고 탐색을 시작한 노드에서 너무 멀어지게 되면 즉시 그만두고 싶은 경우에는 DFS를 사용하면 곤란해질 수 있다. 다른 이웃 노드들 쪽을 뒤져보느라 정작 시도도 못해본 이웃 노드들이 생길 수 있기 때문이다. 그런 경우에는 BFS 쪽이 보통 바람직하다.

깊이 우선 탐색DFS

깊이 우선 탐색을 하는 경우, 노드 r을 방문한 다음 r의 이웃 노드들을 순회해 나간다. r의 이웃 노드 n을 방문하게 되면, r의 다른 이웃 노드를 방문하기 전에 우선 n의 모든 이웃 노드들을 방문하게 된다. 즉, n에 연결된 모든 이웃 노드들을 r의 이웃 노드 방문 이전에 전부 탐색하게 되는 것이다.

전순회를 비롯한 트리 순회 기법은 전부 DFS라는 점에 유의하자. 중요한 차이점은, 그래프 탐색의 경우 어떤 노드를 방문했었는지 여부를 반드시 검사해야 한다는 것이다. 검사하지 않을 경우 무한 루프 문제를 겪을 위험이 발생하게 된다.

아래는 DFS를 구현한 가상 코드pseudo code다.

```
void search(Node root) {
  if (root == null) return;
  visit(root);
  root.visited = true;
  foreach (Node n in root.adjacent) {
    if (n.visited == false) {
      search(n);
    }
  }
}
```

너비 우선 탐색BFS

BFS는 DFS보다는 덜 직관적이다. BFS 구현 방법에 이미 익숙하지 않은 면접자들은 대부분 BFS 문제를 어려워한다.

BFS의 경우, r의 모든 이웃 노드를 먼저 방문한다. 그 이웃 노드들의 또 다른 이웃 노드들을 방문하는 것은 그 다음이다. 큐를 사용해 순환적 형태로 구현하는 것이 보통은 가장 잘 동작한다.

```
void search(Node root) {
  Queue queue = new Queue();
  root.visited = true;
  visit(root);
  queue.enqueue(root); // 큐의 끝에 추가한다.

  while (!queue.isEmpty()) {
    Node r = queue.dequeue(); // 큐의 앞에서 뽑아낸다.
    foreach (Node n in r.adjacent) {
      if (n.visited == false) {
```

```
                visit(n);
                n.visited = true;
                queue.enqueue(n);
            }
        }
    }
}
```

BFS를 구현하라는 문제를 받게 되면, 큐를 사용하는 것이 열쇠라는 점을 기억하도록 하자. 알고리즘의 나머지 부분은 자연스럽게 풀려나간다.

연습문제

4.1 주어진 이진 트리가 균형 이진 트리인지 판별하는 함수를 구현하라. 이 문제에서 이진 트리는 어떤 노드의 두 자식 트리 깊이가 하나 이상 차이 나지 않는 트리다.

281쪽

4.2 주어진 유향 그래프directed graph에서 특정한 두 노드 간에 경로route가 존재하는지를 판별하는 알고리즘을 구현하라.

283쪽

4.3 오름차순으로 정렬된 배열로부터 그 높이가 가장 낮은 이진 탐색 트리를 생성하는 알고리즘을 작성하라. 배열 내 모든 원소는 배열 내에서 유일한 값을 갖는다.

284쪽

4.4 주어진 이진 트리에서 깊이별로 연결 리스트를 만들어 내는 알고리즘을 작성하라. (트리의 깊이가 D라면, 알고리즘 수행 결과로 D개의 연결 리스트가 만들어져야 한다.)

286쪽

4.5 어떤 이진 트리가 이진 탐색 트리인지 판별하는 함수를 구현하라.

289쪽

4.6 정순회 기준으로, 이진 탐색 트리 내의 한 노드가 주어지면 그 노드의

'다음' 노드를 찾아내는 알고리즘을 작성하라. 각 노드에는 부모 노드를 가리키는 링크가 존재한다고 가정한다.

293쪽

4.7 이진 트리 내의 두 노드의 공통 선조ancestor 노드를 찾는 알고리즘을 설계하고 구현하라. 자료구조 내에 부가적인 노드를 저장해 두는 일은 금한다. 주의: 이진 탐색 트리가 아닐 수도 있다.

295쪽

4.8 두 개의 큰 이진 트리 T1, T2가 있다고 하자. T1에는 수백만 개의 노드가 있고, T2에는 수백 개 정도의 노드가 있다. T2가 T1의 하위 트리인지 판별하는 알고리즘을 만들라.

T1 안에 노드 n이 있어 그 노드의 하위 트리가 T2와 동일하면, T2는 T1의 하위트리다. 다시 말해, T1에서 n부터 시작하여 그 아래쪽을 끊어내면, 그 결과가 T2와 동일해야 한다.

301쪽

4.9 각 노드에 어떤 값이 저장되어 있는 이진 트리 하나와 값 n이 주어졌을 때, n과 같은 값을 갖는 모든 경로를 찾아라. 어떤 경로의 값은 그 경로에 포함된 모든 노드의 값의 합이며, 경로는 트리 내의 아무 위치에서나 시작하고 끝날 수 있다.

305쪽

연관된 다른 문제들

재귀와 동적프로그래밍 (#9.7), 정렬과 탐색 (#10.8), 규모확장성과 메모리 제한 (#11.2 #11.5), 중간 난이도 연습문제 (#17.13 #17.14), 고난이도 연습문제 (#18.6 #18.8 #18.9 #18.10 #18.13).

개념과 알고리즘

05
비트 조작

비트 조작 기법은 다양한 문제에서 활용된다. 명시적으로 비트 조작을 요구하는 문제들도 있는 한편, 코드를 최적화하는 유용한 기법으로만 활용할 수도 있다. 비트 조작을 하는 코드를 작성하는 능력뿐 아니라 손으로도 비트 조작 과정을 그릴 수 있도록 익숙해지는 것이 좋다. 하지만 비트 조작 문제를 풀다 보면 실수하기 쉬우므로 조심해야 한다. 답안 작성을 마치고 난 다음 코드를 꼼꼼히 점검하도록 하자. 코드를 작성하는 동안에도 주의를 기울인다면 더 좋다.

손으로 비트 조작 해보기

많은 사람이 비트 조작을 겁낸다. 그런 사람들에게는 지금부터 다룰 내용이 좋은 연습문제가 되어 줄 것이다. 막히거나 헛갈린다면, 10진법으로 풀어보기 바란다. 그런 다음에 풀이를 이진법에 똑같이 적용해도 된다.

^는 XOR 연산자이고, ~는 NOT(부정) 연산자다. 설명을 간단히 하기 위해, 네 비트 길이의 수들을 사용하겠다. 아래의 표에서 세 번째 열을 풀 때는 꼼수(?)를 쓸 수 있는데, 이에 대해서는 아래에 설명하겠다.

0110 + 0010	0011 * 0101	0110 + 0110
0011 + 0010	0011 * 0011	0100 * 0011
0110 - 0011	1101 >> 2	1101 ^ (~1101)
1000 - 0110	1101 ^ 0101	1011 & (~0 << 2)

답: 첫 줄 - 1000, 1111, 1100, 두 번째 줄 - 0101, 1011, 1100, 세 번째 줄 - 0011, 0011, 1111, 네 번째 줄 - 0010, 1000, 1000

세 번째 행을 계산할 때 쓸 수 있는 꼼수를 살펴보면:

1. 0110 + 0110은 0110 * 2와 같다. 그러니 0110을 왼쪽으로 1비트만큼 시프트하면 된다.
2. 0100은 4와 같으므로, 0011에 4를 곱하면 답을 얻을 수 있다. 2^n으로 곱하는 것은 n비트만큼 시프트하는 것과 같으므로, 0011을 두 비트 왼쪽으로 시프트하면 답 1100을 얻는다.
3. 이 문제는 비트 단위로 생각해 보면 쉽게 풀린다. 어떤 비트를 그 비트를 NOT한 값과 XOR하면 항상 1이다. 그러므로, a^(~a)는 모든 비트가 1이다.
4. x & (~0 ≪ n)는 x의 우측 n개 비트를 0으로 만든다. ~0은 모든 비트가 1이다. 그 값을 왼쪽으로 n번 시프트하면 1이 빠져나간 자리에 n개의 0이 남게 된다. 따라서 그 결과를 x와 AND하게 되면, x의 우측 n개 비트가 0이 되는 것이다.

이런 문제를 좀 더 많이 풀어 보고 싶다면, Windows의 계산기 프로그램을 열어서 보기 〉 프로그래머를 선택하자. 그러면 AND, XOR, 시프트와 같은 이진수와 관계된 많은 연산을 실제로 해 볼 수 있다.

비트 조작을 할 때 알아야 할 사실들과 꼼수들

비트 조작 문제를 풀 때는 아래의 사실들을 알아두면 좋다. 다만, 암기하려고는 하지 말 것. 왜 이것들이 참인지를 깊이 생각해보기 바란다. 0s는 모든 비트가 0인 값이고, 1s는 모든 비트가 1인 값을 나타낸다.

```
x ^ 0s = x        x & 0s = 0      x | 0s = x
x ^ 1s = ~x       x & 1s = x      x | 1s = 1s
x ^ x = 0         x & x = x       x | x = x
```

위의 표현식expression들이 왜 참인지를 이해하기 위해서는 연산들이 비트 단위로 이루어진다는 사실을 명심해야 한다. 한 비트에서 일어나는 일이 다른 비트에 영향을 미치지 않는다. 그러므로 위의 표현식이 한 비트에 대해서 참이라면, 일련의 비트들에 대해서도 참이다.

일반적 비트 작업들: Get, Set, Clear 그리고 Update

지금부터 설명할 연산들은 아주 중요하다. 역시, 무작정 암기하려고 드는 것은 금물이다. 암기하려고 하면 고치기 불가능한 실수들을 저지르게 된다. 대신, 이 메서드들을 '어떻게' 구현할 것인지 이해하기 바란다. 그래야 이 메서드를 비롯한 다른 문제들을 구현하여 풀어나갈 수 있다.

Get: 특정 비트 값 얻어내기

getBit 메서드는 1을 i만큼 시프트하여 00010000과 같은 값을 만든다. 그 값을 num과 AND하여, i번째 비트를 제외한 다른 모든 비트는 지워버린다. 그런 다음 그 값을 0과 비교한다. 0이 아니라면, i번째 비트의 값은 1일 것이다. 0이라면, i번째 비트의 값은 0이다.

```
boolean getBit(int num,int i){
  return ((num & (1 << i)) != 0);
}
```

Set: 특정 비트의 값 1로 만들기

setBit 메서드는 1을 i만큼 시프트하여 00010000과 같은 값을 만들어 낸다. 그 값을 num과 OR하여, i번째 값만 1로 바꾼다. 다른 비트들은 0과 OR 되므로 원래 값을 유지할 것이다.

```
int setBit(int num,int i){
  return num | (1 << i);
}
```

Clear: 특정 비트 값 지우기

이 메서드는 setBit와 거의 똑같이 동작한다. 우선, 시프트 연산을 통해 00010000과 같은 값을 만든 다음 NOT 연산자를 사용해 모든 비트의 값을 뒤집어 11101111과 같은 값을 만들어 낸다. 그런 다음에 num과 AND한다. 그렇게 하면 i번째 비트만 지워지고 다른 비트들은 그대로 남을 것이다.

```
int clearBit(int num,int i){
  int mask = ~(1 << i);
  return num & mask;
}
```

MSB[Most Significant Bit]부터 i번째 비트까지를 전부 지우고 싶다면 다음과 같이 하면 된다.

```
int clearBitsMSBthroughI(int num,int i){
  int mask = (1 << i) - 1;
  return num & mask;
}
```

i번째 비트부터 0번 비트까지를 전부 지우고 싶다면, 다음과 같이 하면 된다.

```
int clearBitsIthrough0(int num, int i) {
  int mask = ~(-1 >>> (31 - i));
  return num & mask;
}
```

Update: 특정 비트의 값 갱신하기

이 메서드는 setBit와 clearBit에서 써먹은 기법들을 뒤섞어 구현한다. 우선, i번째 비트의 값을 11101111와 같은 값을 마스크[mask]로 사용해 지운다. 그런 다음, v를 왼쪽으로 i번 시프트한다. 그러면 i번째 비트는 v이고 나머지는 0인 값이 만들어진다. 그리고 이 값을 앞서 만들어 둔 마스크와 OR한다. 그러면

i번째 비트만 v가 되고 나머지는 전부 그대로인 값이 만들어진다.

```
int updateBit(int num,int i,int v){
  int mask = ~(1 << i);
  return (num & mask) | (v << i);
}
```

연습문제

5.1 두 개의 32비트 수 N과 M이 주어지고, 비트 위치 i와 j가 주어졌을 때, M을 N에 삽입하는 메서드를 구현하라. M은 N의 j번째 비트에서 시작하여 i번째 비트에서 끝나야 한다. j번째 비트에서 i번째 비트까지에는 M을 담기 충분한 공간이 있다고 가정한다. 다시 말해, M = 10011라면, j와 i 사이에 적어도 다섯 비트가 있다고 가정해도 된다는 것이다. j = 3이고 i = 2이어서 M을 삽입할 수 없는 상황은 생기지 않는다고 봐도 좋다는 것.

– 예

입력: N = 10000000000, M = 10011, i = 2, j = 6

출력: N = 10001001100

310쪽

5.2 0과 1 사이의 실수가 double 타입의 입력으로 주어졌을 때, 그 값을 이진수 형태로 출력하는 코드를 작성하라. 길이가 32 이하의 문자열로 출력될 수 없는 경우에는, ERROR를 대신 출력하라.

311쪽

5.3 양의 정수 x가 입력으로 주어진다고 하자. 이 정수를 이진수로 표현했을 때 1인 비트의 개수가 n이라고 하자. 이진수로 표현했을 때 1인 비트 개수가 n인 다른 정수 중에서 x보다 작은 것 중 가장 큰 정수와, x보다 큰 것 중 가장 작은 정수를 찾아라.

314쪽

5.4 다음 코드가 하는 일을 설명하라.

```
(( n & (n-1)) == 0 )
```

322쪽

5.5 정수 A를 B로 변환하기 위해 바꿔야 하는 비트 개수를 계산하는 함수를 작성하라.

– 예

입력: 29 (즉, 11101), 15 (즉, 01111)

출력: 2

323쪽

5.6 주어진 정수의 짝수 번째 비트의 값과 홀수 번째 비트의 값을 바꾸는 프로그램을 작성하라. 가능한 한 적은 수의 명령어instruction가 실행되도록 해야 한다. (예: 0번째 비트와 1번째 비트를 바꾸고, 2번째 비트와 3번째 비트를 바꾸고… 이런 식으로.)

324쪽

5.7 배열 A에 0부터 n까지의 정수가 저장되어 있는데, 빠진 정수가 하나 있다. 한 번의 연산으로 A의 모든 정수에 접근할 수는 없도록 제한되어 있다. A의 모든 원소는 이진수 형태로 표현되며, 여러분이 할 수 있는 연산이라고는 "A[i]의 j번째 비트를 가져온다"는 것이 전부다. 이 연산 수행에는 상수 시간constant time이 소요된다. 배열에 저장되지 않은 빠진 정수 하나를 찾는 코드를 작성하라. O(n) 시간 안에 실행되도록 작성할 수 있겠는가?

325쪽

5.8 모노크롬monochrome 모니터 화면을 하나의 바이트 배열에 저장한다고 하자. 이때 인접한 픽셀 여덟 개를 한 바이트로 저장한다. 화면 폭은 w이며, 8로 나누어 떨어진다. (따라서 어떤 바이트도 두 행에 걸치지 않는다.) 물론, 화면 높이는 배열 길이와 화면 폭 w를 통해 유도해 낼 수 있다. 함수 drawHorizontalLine(byte[] screen, int width, int x1, int x2, int y)를 구현하라. 이 함수는 (x1, y)에서 (x2, y)로 수평선을 긋는다.

330쪽

연관된 다른 연습문제

배열과 문자열 (#1.1 #1.7), 재귀 (#9.4 #9.11), 규모확장성과 메모리 제한 (#11.3 #11.4), C++ (#13.9), 중간 난이도 연습문제 (#17.1 #17.4), 고난이도 연습문제 (#18.1).

06
수수께끼

이번 장에서 다룰 문제들은 논란이 아주 많이 되었던 문제들이고, 상당수 회사들은 이런 문제들을 출제하는 것을 금하고 있다. 그럼에도 이런 질문들에 맞닥뜨리게 되는 불행한 일이 생길 수 있다. 왜? 아무도 어떤 문제들이 '수수께끼'에 해당하는지를 정의하고 합의하지 않았으니까.

다행스러운 것은, 수수께끼로 보이는 문제가 출제되더라도 당황하지 않아도 된다는 것. 출제될 정도면 어느 정도 정당성은 갖고 있다고 봐도 좋다. 말장난에 의존한다거나 하지 않을 것이고, 논리적으로 유도될 수 있는 형태일 것이다. 많은 '프로그래밍 수수께끼'들은 수학이나 컴퓨터 과학에 근거를 두고 있다.

이러한 수수께끼들을 공략할 때 쓰이는 보편적 방법들을 지금부터 살펴보겠다.

입을 열라

수수께끼를 만나면 당황하지 말라. 알고리즘 문제와 마찬가지로, 면접관들이 원하는 것은 여러분이 문제를 어떻게 공략해 나가는지 보는 것이다. 바로 답이 튀어나오리라 기대하지 않는다는 것. 입을 열라. 그리고 여러분이 문제를 어떻게 공략하는지, 면접관들에게 보여라.

규칙과 패턴을 찾아라

문제를 풀다가 만나게 되는 규칙이나 패턴을 적어두면 도움 되는 경우가 많다. 그리고 단언하건대, 반드시 적어 둬야 한다. 쉽게 기억해 낼 수 있도록 해주기 때문이다. 예를 들어 살펴보자.

끈이 두 개 있다. 각 끈은 태우는데 정확히 한 시간이 걸린다. 이 두 끈을 사용해 15분을 재려면 어떻게 하면 되겠는가? 이 끈의 밀도는 균일하지 않아서, 반을 태우는 데 드는 시간이 정확히 30분이라는 보장은 없다.

팁: 자. 다음으로 넘어가기 전에 시간을 들여 직접 문제를 풀어보자. 꼭 그래야 한다면, 이번 장을 쭉 읽어 나가면서 힌트를 찾자. 하지만 천천히 하라. 매 단락을 읽어 나갈 때마다, 해답에 조금 더 가까이 가게 될 것이다.

문제를 읽는 순간, 어떻게 한 시간을 재는지는 알게 된다. 두 시간을 재는 것도 가능하다. 끈 하나를 다 태운 다음 다음 끈을 태우면 되니까. 이것을 규칙으로 일반화할 수 있다.

규칙 1: 태우는데 x분이 걸리는 끈과 y분이 걸리는 끈이 주어지면, x+y만큼의 시간을 잴 수 있다.

이 끈으로 뭘 또 할 수 있을까? 가운데부터(혹은, 끝이 아닌 어딘가에서부터) 태우는 것은 도움이 안 된다 볼 수 있을 것이다. 불을 붙인 부분부터 양쪽으로 타들어갈 터인데, 다 타는데 얼마나 걸릴지 알 수 없는 탓이다.

하지만 양쪽 끝에 동시에 불을 붙일 수는 있을 것이다. 그러면 정확히 삼십분 뒤에 끈은 다 타버린다.

규칙 2: 태우는데 x분 걸리는 끈이 주어지면, x/2분을 잴 수 있다.

이제 끈 하나로 30분을 잴 수 있다는 것은 알았다. 그러므로 두 번째 끈을 태우는 시간에서 30분을 끊어낼 수 있다. 첫 번째 끈은 양쪽에 불을 붙이고, 두 번째 끈은 한쪽에만 붙이면 된다.

규칙 3: 1번 끈을 태우는데 x분 걸리고 2번 끈을 태우는데 y분이 걸리면, 2번 끈을 태우는 시간을 (y-x)분이나 (y-x/2)분으로 바꿀 수 있다.

이제, 이 규칙들을 조합해 보자. 2번 끈을 태우는데 30분 걸리는 끈으로 바꿀 수 있다. 그런 다음 2번 끈의 양쪽에 불을 붙여 버리면 된다.

그러니, 다음 순서대로 하면 된다.

1. 1번 끈 양쪽에 불을 붙이고, 2번 끈은 한쪽에만 불을 붙인다.

2. 1번 끈이 다 타들어가면 30분이 지난 것이다. 2번 끈이 다 타기 위해 남은 시간도 30분이다.
3. 그 시점에, 2번 끈의 다른쪽에도 불을 붙인다.
4. 정확히 15분 만에, 2번 끈도 완전히 다 타버릴 것이다.

알아낸 규칙들을 나열하는 작업을 통해, 문제 풀이 과정이 훨씬 쉬워졌다.

최악의 경우는?

많은 수수께끼가 최악의 경우를 최소화하는 것에 관한 문제다. 어떤 행위action를 최소화라는 것일 수도 있고, 지정된 횟수 안에 처리하도록 하라는 문제일 수도 있다. 그럴 때는 최악의 경우에 '균형 맞추는' 기법을 쓰면 도움이 된다. 다시 말해, 어떤 결정을 초기에 내려 최악의 경우가 한 방향으로 왜곡된다면, 때로 우리는 그 결정을 바꿔 최악의 경우가 균형잡히도록 할 수 있다는 것이다. 무슨 소린지는 예를 보면 명확해질 것이다.

나인볼nine balls 문제는 아주 고전적인 면접 문제다. 공이 아홉 개 있다. 이 가운데 여덟 개는 무게가 같고, 하나는 좀 더 무겁다. 저울이 주어지는데, 이 저울로는 왼쪽에 둔 공들이 무거운지, 아니면 오른쪽에 둔 공들이 무거운지 밖에 알아낼 수가 없다. 이 저울을 딱 두 번만 사용해서 가장 무거운 공이 어떤 것인지 알아내 보자.

먼저 떠올릴 수 있는 접근법은, 공을 4-4의 두 무더기로 나누는 것이다. 공 하나는 제쳐 둔다. 이 두 무더기의 무게가 같다면, 제쳐뒀던 공이 가장 무거운 공이다. 그게 아니라면 무거운 무더기를 택해 반복한다. 그런데 이렇게 하면 최악의 경우 저울을 세 번 사용하게 된다. 한 번 더 쓰게 되니 낭패.

이것이 '최악의 경우'가 균형잡히지 않은 사례다. 제쳐둔 공이 무거운 놈인지 알아내는 데에는 한 번이면 족하지만, 남은 공들에서 무거운 공을 찾아내는 데에는 세 번이 걸리는 것이다. 만일 우리가 처음에 제쳐놓는 공의 개수를 늘려 잡아 일종의 페널티penalty를 주게 되면, 다른 공에 주어지는 부담을 좀 줄일 수 있다. 이것이 바로 '최악의 경우에 균형을 가져다 주는' 방법의 사례다.

공들을 3-3-3의 세 무더기로 나눠 보자. 저울을 한 번만 달아 보면 어떤 무더기에 가장 무거운 공이 있는지 알 수 있다. 이것을 규칙으로 정형화 해 보면 이렇다: N개의 공이 주어지고 N이 3으로 나눌 수 있는 값이면, 한 번 저울을 써서 무거운 공이 속한 무더기(N/3 크기)를 알아낼 수 있다.

자. 이제 남은 세 개의 공을 같은 방법으로 달아보면 된다. 공 하나는 제쳐놓고, 남은 두 개 공을 저울 양쪽에 하나씩 올려 놓는다. 저울이 기운다면, 기운 쪽의 공이 무거운 놈이다. 아니라면, 제쳐놓은 공이 무거운 놈이다.

알고리즘적 접근법

풀다가 막혔다면, 알고리즘 문제를 푸는 다섯 개 접근법 가운데 하나를 적용해 보자. 수수께끼처럼 보이는 문제들 중 상당수는 기술적인 측면을 제거해 버린 알고리즘 문제인 경우가 많다. 예증exemplify, 단순화와 일반화simplify and generalize, 패턴 매칭pattern matching, 그리고 초기 사례로부터의 확장base case and build법이 특히 유용하게 쓰일 수 있다.

연습문제

6.1 약병 20개가 있다. 이 중 19개는 1.0그램짜리 알약들이 들어 있고, 하나에는 1.1그램짜리 알약들이 들어있다. 정확한 저울 하나를 써서, 무거운 약병 하나를 찾으려면 어떻게 하면 되겠는가? 저울은 딱 한 번 쓸 수 있다.

.... 333쪽

6.2 8×8 체스판이 있다. 그런데 대각선상으로 반대편에 있는 두 개의 모서리가 떨어져 나갔다. 31개의 도미노가 주어지는데, 하나의 도미노는 정확히 2개의 정사각형을 덮을 만큼의 크기다. 이 31개의 도미노를 사용해 보드 전체를 덮을 수 있겠는가? 제출한 답이 옳다는 것을 증명하라. (예를 들거나, 왜 불가능한지를 보이면 된다.)

.... 334쪽

6.3 5리터 물병과 3리터 물병이 있다. 물은 무제한으로 주어지지만 계량컵 같은 것은 없다. 두 물병만 사용해서 4리터의 물을 계량하려면 어떻게

하면 되겠는가? 물병의 형태가 좀 괴상해서, 정확히 '절반만' 물을 담는 것 따위는 불가능하다.

335쪽

6.4 섬이 하나 있는데, 어떤 방문자가 이상한 명령서를 들고 찾아왔다. 눈동자가 푸른 사람들은 섬을 바로 떠나라는 것이다. 매일 저녁 8시에 비행기가 떠나는데, 사람들은 남의 눈 색은 볼 수 있지만 자기 눈 색은 볼 수 없다. 다른 사람 눈동자 색을 발설하는 것도 안된다. 적어도 한 명은 눈동자 색이 푸르다는 사실은 알지만, 정확히 몇 명이 그런지는 모른다. 명령을 이행하는 데 최소 며칠이 필요하겠는가?

336쪽

6.5 100층짜리 건물이 있다. N층, 혹은 그 위 어딘가에서 계란 하나가 떨어지면 그 계란은 부서진다. 그 아래쪽 어딘가에서 떨어지면 깨지지 않는다. 계란 두 개가 주어진다. 계란을 떨어뜨리는 횟수를 최소로 해서 N의 값을 구하라.

337쪽

6.6 복도에 100개의 라커가 있다. 어떤 남자가 100개의 라커 문을 전부 연다. 그러고 나서 짝수번 라커를 전부 닫는다. 그 다음에는 3의 배수번째 라커를 순서대로 찾아다니며 열려 있으면 닫고, 닫혀 있으면 연다. 이런 식으로 복도를 100번 지나가면 (마지막에는 100번째 라커의 문을 열거나 닫게 될 것) 몇 개 라커 문이 열린 상태가 되겠는가?

339쪽

07
수학과 확률

면접시 주어지는 많은 수학문제들은 수수께끼처럼 보이긴 하지만 대부분 논리적으로 정연한 방법으로 공략 가능하다. 보통 이런 문제들은 수학이나 컴퓨터 과학 규칙에 근거하고 있어서, 그에 대한 지식을 갖추고 있으면 문제를 풀거나 답을 확인하기 좋다. 이번 절에서는 가장 관련성이 높은 수학적 개념들을 살펴볼 것이다.

소수 Prime Number

아마 알고 있겠지만, 모든 양의 정수는 소수의 곱 형태로 쪼갤 수 있다. 예를 들어,

$$84 = 2^2 * 3^1 * 5^0 * 7^1 * 11^0 * 13^0 * 17^0 * \cdots$$

지수 부분이 0인 소수들이 많다는 것에 유의하자.

가분성 *Divisibility*

방금 언급한 소수 규칙은 어떤 수 x로 y를 나눌 수 있으려면 (x\y라고 쓰거나 또는 mod(y, x) = 0로 표현) x를 소수의 곱으로 분할하였을 때 나열되는 모든 소수가 y를 소수의 곱으로 분할하였을 때 나열되는 모든 소수들의 부분집합이어야 한다는 뜻이다. 즉,

$$x = 2^{j0} * 3^{j1} * 5^{j2} * 7^{j3} * 11^{j4} * \cdots$$
$$y = 2^{k0} * 3^{k1} * 5^{k2} * 7^{k3} * 11^{k4} * \cdots$$

일 때 x\y려면 모든 i에 대해서 ji <= ki이어야 한다.

x와 y의 최대공약수greatest common divisor는 다음과 같이 표현할 수 있다.

$$gcd(x, y) = 2^{min(j0, k0)} * 3^{min(j1, k1)} * 5^{min(j2, k2)} * \cdots$$

x와 y의 최소공배수least common multiple는 다음과 같이 표현할 수 있다.

$$lcm(x, y) = 2^{max(j0, k0)} * 3^{max(j1, k1)} * 5^{max(j2, k2)} * \cdots$$

재미삼아, gcd*lcm을 하면 결과가 어떻게 나올지 잠깐 생각해 보도록 하자.

$$\begin{aligned} gcd*lcm &= 2^{min(j0, k0)} * 2^{max(j0, k0)} * 3^{min(j1, k1)} * 3^{max(j1, k1)} * \cdots \\ &= 2^{j0+k0} * 3^{j1+k1} * \cdots \\ &= 2^{j0} * 2^{k0} * 3^{j1} * 3^{k1} * \cdots \\ &= xy \end{aligned}$$

소수 판별

이에 관한 질문은 너무 흔해서 다루고 넘어가야 할 필요가 있을 것 같다. 어떤 수 n이 소수인지 여부를 판별하는 가장 단순한 방법은 2에서 n-1까지 루프를 돌면서 나누어지는지 확인해보는 것이다.

```
boolean primeNaive(int n){
  if(n < 2){
    return false;
  }
  for(int i = 2; i < n; i++){
    if (n % i == 0) {
      return false;
    }
  }
  return true;
}
```

하지만 사실은 n의 제곱근까지만 루프를 돌면 충분하다. 작지만 중요한 개선이다.

```
boolean primeSlightlyBetter(int n){
  if(n < 2){
    return false;
  }
  int sqrt = (int) Math.sqrt(n);
  for(int i = 2; i <= sqrt; i++){
    if (n % i == 0) return false;
  }
  return true;
}
```

sqrt까지만 검사해보면 충분한데, n을 a로 나눌 수 있다면 n에 대한 a의 보수 b ($a*b=n$)가 반드시 존재하기 때문이다. 만일 $a > sqrt$이면 $b < sqrt$이다 ($sqrt*sqrt=n$이니까). 그러므로 n이 소수인지를 알아보기 위해 a까지 검사할 필요는 없다. b를 통해 이미 검사했기 때문이다.

물론 실제로는 n이 다른 소수로 나뉘는지만 검사하면 된다. 그래서 에라토스테네스의 체Sieve of Eratosthenes가 필요하다.

소수 목록 만들기: 에라토스테네스의 체

에라토스테네스의 체는 소수 목록을 만드는 굉장히 효율적인 방법이다. 이 알고리즘은 소수가 아닌 수들은 다른 소수로 나뉜다는 사실에 기반한다.

우선 어떤 상한값 max까지의 모든 수로 구성된 리스트를 두고 시작한다. 처음에는 2로 나뉘는 모든 수를 리스트에서 없앤다. 그런 다음, 다음 소수를 찾는다. (지워지지 않은 다음 수이다.) 그리고 그 수로 나뉘는 모든 수를 리스트에서 제거한다. 이런 식으로 2, 3, 5, 7, 11 등의 소수로 나뉘는 모든 수들을 리스트에서 삭제한다. 그러고 나면 2에서 max까지의 구간 내에 있는 모든 소수들의 리스트가 만들어질 것이다.

아래의 코드는 이 알고리즘을 구현한 것이다.

```
boolean[] sieveOfEratosthenes(int max) {
  boolean[] flags = new boolean[max + 1];
  int count = 0;

  init(flags); // 0번째와 1번째를 제외한 모든 원소의 값을 true로 초기화
  int prime = 2;

  while (prime <= max) {
    /* 소수의 정수배인 수들을 솎아냄 */
    crossOff(flags, prime);

    /* Find next value which is true */
    prime = getNextPrime(flags, prime);

    if (prime >= flags.length) {
      break;
    }
  }

  return flags;
}

void crossOff(boolean[] flags, int prime) {
  /* prime의 정수배인 수들을 솎아낸다.
  * k < prime인 k에 대한 k*prime은
  * 앞서 실행된 루프에서 솎아졌을 것이므로
  * prime * prime부터 시작한다 */
  for (int i = prime * prime; i < flags.length; i += prime) {
    flags[i] = false;
  }
}

int getNextPrime(boolean[] flags, int prime) {
  int next = prime + 1;
  while (next < flags.length && !flags[next]) {
    next++;
  }
  return next;
}
```

물론, 몇 가지 개선의 여지가 남아 있다. 한 가지 방법은 배열에 홀수만 저장하는 것이다. 그러면 메모리 요구량을 반으로 줄일 수 있다.

확률Probability

확률은 까다롭게 느껴질만한 주제긴 하나, 논리적으로 유도될 수 있는, 그다지 많지 않은 기본 법칙에 기반한다.

두 사건 A와 B를 나타내는 아래의 벤 다이어그램Venn Diagram을 보자. 두 원이 점유하고 있는 영역은 각각의 상대적 확률을 표현하는 것이고, 겹치는 부분은 {A and B}의 사건을 표현한다.

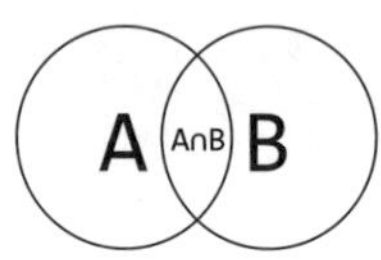

A and B의 확률

여러분이 위의 벤 다이어그램에 다트를 던진다고 생각해보자. A와 B의 두 원이 겹치는 부분에 다트가 떨어질 확률은 얼마나 되는가? A에 떨어질 확률은 알고 있고, A 가운데 B이기도 한 부분의 퍼센트를 알고 있다면(A에 있을 때 B에도 있을 확률) 그 확률은 다음과 같이 표현할 수 있을 것이다.

P(A and B) = P(B | A)[1]P(A)

예를 들어, 1부터 10까지의 수 중 하나를 뽑는다고 하자. 짝수이면서 5보다 같거나 작은 수를 뽑을 확률은? 1~5까지의 수를 뽑을 확률은 50%이고, 1~5 중에서 짝수를 뽑을 가능성은 40%다. 따라서 둘 다를 하게 될 확률은

P(x는 짝수 and x <=5)
= P(x는 짝수 | x<=5) P(X <= 5)
= (2/5) * (1/2)
= 1/5

1 (옮긴이) P(B | A)는 P(B given A)라고도 쓰며, A 사건이 발생한 상태에서 B가 발생할 확률을 지칭한다.

A or B의 확률

이제, 다트가 A나 B에 떨어질 확률을 알고싶다고 해 보자. 각 영역에 떨어질 가능성이 얼마나 되는지를 알고 있고, 겹쳐지는 부분에 떨어질 가능성도 알고 있다면, 그 확률은 다음과 같이 표현할 수 있을 것이다.

$$P(A \text{ or } B) = P(A) + P(B) - P(A \text{ and } B)$$

논리적으로 이치에 맞는다. 그저 더하기만 한다면, 겹치는 부분이 두 번 계산될 테니까. 그러니 한 번은 빼 주어야 한다. 다시 벤 다이어그램을 써서 표현한다면 다음과 같다.

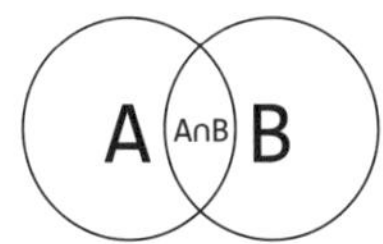

예를 들어, 우리가 1~10까지의 수 가운데 하나를 고른다고 생각해 보자. 짝수를 고르거나, 또는 1~5까지의 수 중 하나를 뽑을 확률은 얼마이겠는가? 짝수를 뽑을 확률은 50%이고, 1~5까지의 수를 뽑을 확률 또한 50%이다. 둘 다일 확률은 20%이다. 그러니 확률은 다음과 같다.

$$\begin{aligned} &P(x\text{가 짝수 or } x <= 5) \\ &\quad = P(x\text{가 짝수}) + P(x <= 5) - P(x\text{가 짝수 and } x <= 5) \\ &\quad = (1/2) + (1/2) - (1/5) \\ &\quad = 4/5 \end{aligned}$$

여기서, 독립사건independent event과 상호 배제적인 사건mutually exclusive event의 확률을 구하는 특수 규칙들을 쉽게 얻어낼 수 있다.

독립성independence

A와 B가 상호 독립적이라면(한 사건이 일어나는 것이 다른 사건 발생과는 무관한 경우) P(A and B) = P(A) P(B)이다. P(B | A) = P(B)이기 때문이다. A는 B에 대해서 아무것도 알려주지 않는다.

상호 배제성mutual exclusivity

A와 B가 상호 배제적이라면(한 사건이 일어난 경우 다른 사건은 발생할 수 없다) P(A or B) = P(A) + P(B)이다. P(A and B) = 0이기 때문이다. 따라서 P(A or B)를 계산할 때 P(A and B) 항은 제거해 버려도 된다.

이상한 일이지만 많은 사람이 독립성과 상호 배제성의 개념을 혼동한다. 완전히 다른 개념인데도. 사실, 어떤 두 사건이 독립적이면서 상호 배제적인 것(두 사건의 확률이 전부 0보다 크다고 하자)은 불가능하다. 왜 그런가? 상호 배제성은 한 사건이 발생할 경우 다른 사건이 발생할 수 없음을 의미하기 때문이다. 하지만 상호 독립성은 한 사건의 발생 여부가 다른 사건의 발생 가능성에 대해 아무것도 알려주지 않는다는 뜻이다. 그러므로, 두 사건의 확률이 전부 0보다 큰 값일 경우, 상호 배재성과 독립성을 동시에 만족시킬 수는 없다.

두 사건 중 하나의 확률이 0이라면(그러니까, 그런 사건이 일어나는 것이 불가능하다면) 두 사건은 독립적이면서 상호 배제적이다. 독립성과 상호 배제성의 정의(그러니까, 공식)를 간단히 적용해 보면 증명 가능하다.

주의해야 할 사항들

1. float와 double의 정밀도precision 차이에 유의하라.
2. 명시적으로 밝히지 않은 경우, 어떤 값(가령 직선의 기울기 같은)이 int라고 가정하는 것은 피하라.
3. 달리 명시되지 않았다면, 사건들이 독립적이거나 상호 배제적이라고 가

정하지 말라. 그러니 맹목적으로 확률들을 서로 곱해버리지 않도록 주의해야 한다.

연습문제

7.1 농구대 앞에 갔더니 누군가가 다음의 두 게임 중 하나를 할 수 있다고 알려준다.

Game 1: 슛 기회가 한 번 주어진다.

Game 2: 슛 기회가 세 번 주어지고, 두 번 성공시켜야 한다.

슛이 성공할 확률이 p라면, p가 얼마가 되어야 Game 1을 하는 것이 유리한가? 또한, p가 얼마가 되어야 Game 2를 하는 것이 유리하겠는가?

341쪽

7.2 삼각형의 세 꼭지점에 각각 한 마리의 개미가 놓여있다. 이 개미가 꼭지점에서 변 쪽으로 이동한다고 할 때, 충돌이 일어날 확률은 얼마인가(몇 마리가 충돌하든 상관없다)? 각 개미는 어느 방향으로 나아갈지를 무작위로, 똑같은 확률로 선택한다고 가정하자. 진행 속도는 동일하다.

같은 가정을 그대로 적용하여, n개의 꼭지점을 갖는 다각형에 n마리의 개미가 있는 경우에 대해서도 풀어보자.

343쪽

7.3 카르테시안 평면Cartesian plane상의 두 직선이 주어졌을 때, 이 두 선이 교차하는지를 판별하려면 어떻게 해야 하는지 설명하라.

344쪽

7.4 정수 곱셈, 뺄셈, 나눗셈을 구현하는 메서드들을 작성하라. 더하기 연산자만 사용하라.

345쪽

7.5 이차원 평면상에 두 개의 정사각형이 있다. 이 두 정사각형을 반으로 나누는 직선을 찾아라. 정사각형의 윗변과 아랫변은 x축에 평행하다고 가정한다.

349쪽

7.6 점들이 찍혀 있는 이차원 그래프가 있다. 가장 많은 수의 점을 관통하는 선 하나를 찾아라.

352쪽

7.7 3, 5, 7의 세 소수만을 약수로 갖는 k번째 수를 찾는 알고리즘을 설계하라.

355쪽

연관된 다른 연습문제

중간 난이도 연습문제 (#17.11), 고난이도 연습문제 (#18.2)

08
객체 지향 설계

객체 지향 설계에 관한 문제들은 지원자들로 하여금 기술적 문제, 또는 실제 생활에서 접하는 객체들을 구현하는 클래스와 메서드를 스케치하도록 한다. 이런 문제들은 응시자들이 어떤 코딩 스타일을 갖고 있는지 알아보기 위한 것이다. (적어도, 이런 문제들을 통해 그런 정보를 얻을 수 있다고들 믿는다.)

이런 질문들은 디자인 패턴들을 쏟아내도록 요구하는 것이 아니다. 여러분이 유지 보수가 가능한, 우아한 객체 지향적 코드를 만드는 방법을 이해하고 있는지 살펴보기 위한 것이다. 이런 문제들에 낮은 성적을 받으면, 합격 전선에 빨간 불이 켜질 수 있다.

객체 지향 설계 관련 질문의 공략법

객체가 나타내는 것이 물리적 개체이건 아니면 기술적 작업이건 간에, 객체 지향 설계에 관한 질문들은 거의 비슷한 방식으로 공략 가능하다. 아래와 같은 접근법을 사용하면 효과적이다.

단계 #1: 모호성의 해소

객체 지향 설계OOD 관련 문제들은 대개 고의적인 모호성을 띤다. 이를 해소하기 위해 여러분 스스로 가정을 도입하는지, 아니면 면접관에게 질문을 던지는지 살펴보기 위해서이다. 결국, 무엇을 개발해야 하는지 이해하지 못한 상태에서 코딩부터 시작하는 개발자는 회사의 시간과 돈을 낭비하며, 그보다 더 심각한 문제들을 만들어 내기도 한다.

객체 지향 설계에 관한 질문을 받으면, '누가' 그것을 사용할 것이며 '어떻게' 사용할 것인지에 대한 질문을 던져야 한다. 질문에 따라서는 육하원칙에 따른 질문을 던져야 할 때도 있다. 누가, 무엇을, 어디서, 언제, 어떻게, 왜.

가령 여러분이 커피 메이커에 대한 객체 지향적 설계를 내놓으라는 요구를 받았다 해 보자. 간단해 보인다. 그렇지 않은가? 하지만 겉보기만큼 간단하지는 않다.

여러분이 다룰 커피 메이커는 시간당 수백 명의 고객을 상대하며 열 가지 이상의 제품을 만들어 내야 하는, 대규모 식당에 설치되는 기계일 수도 있고, 나이 드신 분들이 사용하는, 블랙 커피만 만드는 간단한 기계일 수도 있다. 어떤 용도로 쓰이느냐가 여러분의 설계를 좌우한다.

단계 #2: 핵심 객체의 설계

이제 무엇을 설계하고 있는 것인지 파악했으니, 시스템에 넣을 '핵심 객체'가 무엇인지 고민해야 한다. 가령, 식당을 객체 지향적으로 설계하라는 문제를 받았다 해 보자. 핵심 객체로는 Table, Guest, Party, Order, Meal, Employee, Server, Host 등이 도출될 것이다.

단계 #3: 관계 분석

핵심 객체 식별이 어느 정도 끝났다면, 이제 객체 간 관계를 분석해야 한다. 어떤 객체가 어떤 객체의 멤버인가? 다른 객체로부터 계승을 받아야 하는 객체는 있나? 관계는 다-대-다many-to-many 관계인가 아니면 일-대-다one-to-many 관계인가?

가령, 식당 문제의 경우 우리는 다음과 같은 관계성을 도출하게 된다.

- Party는 Guest의 배열을 가져야 한다.
- Server와 Host는 Employee를 계승해야 한다.
- Table은 하나의 Party만 가질 수 있지만, 각 Party는 여러 개의 Table을 가질 수 있다.
- Restaurant에 Host는 하나뿐이다.

여기서 주의할 것은, 종종 잘못된 가정을 만들어 사용하는 경우가 있다는 것이다. 가령 하나의 Table에 여러 Party가 앉는 경우도 있을 수 있다(요즘 많이 사용되고 있는 대형 공동 테이블communal table의 경우 그러하다). 여러분의 설계가 얼마나 범용적이어야 하는지에 관해서는 면접관과 상의해 보기 바란다.

단계 #4: 행위 분석

여기까지 왔다면 여러분의 객체 지향 설계의 골격은 잡힌 상태일 것이다. 남은 일은 객체가 행해야 하는 일들을 생각하고, 어떻게 상호작용해야 하는지 따져보는 것이다. 그러다 보면 잊은 객체가 있음을 발견하게 될 수도 있고, 결국 설계를 변경해야 할 수도 있다.

가령, 한 Party가 Restaurant에 입장하고, 한 Guest가 Host에게 Table을 부탁한 경우를 생각해 보자. Host는 Reservation을 살펴본 다음 자리가 있으면 해당 Party에게 Table을 배정할 것이다. 자리가 없다면 Party는 Reservation 리스트 맨 마지막에 추가될 것이다. 한 Party가 식사를 마치고 떠나면 한 Table이 비게 될 것이고, 리스트의 맨 위 Party에 할당될 것이다.

디자인 패턴

면접관은 여러분의 지식이 아니라 능력을 테스트하므로 디자인 패턴은 보통 면접 범위 외로 친다. 하지만 Singleton이나 Factory Method와 같은 디자인 패턴을 알아두면 면접 볼 때 특히 유용하므로, 여기서 다루도록 하겠다.

디자인 패턴의 수는 이 책에서 논의할 수 있는 것 이상으로 엄청나게 많다. 여러분의 소프트웨어 엔지니어링 기술을 향상시키는 환상적인 방법 하나는, 디자인 패턴에 관한 책을 하나 골라 공부하는 것이다.

싱글톤 클래스Singleton Class

싱글톤 패턴은 어떤 클래스가 오직 하나의 객체만을 갖도록 하며, 프로그램 전반에 그 객체 하나만 사용되도록 보장한다. 정확히 하나만 생성되어야 하는 전역적 객체를 구현해야 하는 경우에 특히 유용하다. 가령, Restaurant와 같은 클래스는 정확히 하나의 객체만 갖도록 구현하면 좋을 것이다.

```
public class Restaurant {
  private static Restaurant _instance = null;
  protected Restaurant() {/* ... */}
  public static Restaurant getInstance() {
    if (_instance == null) {
      _instance = new Restaurant();
    }
    return _instance;
  }
}
```

*팩토리 메서드*Factory Method

팩토리 메서드 패턴은 어떤 클래스의 객체를 생성하기 위한 인터페이스를 제공하되, 하위 클래스에서 어떤 클래스를 생성할지 결정할 수 있도록 한다. 팩토리 메서드 패턴을 구현하는 한 가지 방법은 객체 생성을 처리하는 클래스를 abstract로 선언하여, 팩토리 메서드를 구현하지 않고 놔두는 것이다. 다른 한 가지 방법은, 객체 생성을 처리하는 클래스를 concrete 클래스로 만들어 팩토리 메서드를 구현하고, 생성해야 할 클래스를 나타내는 값을 팩토리 메서드의 인자로 받는 것이다.

```
public class CardGame {
  public static CardGame createCardGame(GameType type) {
   if (type == GameType.Poker) {
      return new PokerGame();
    } else if (type == GameType.BlackJack) {
      return new BlackJackGame();
    }
    return null;
  }
}
```

연습문제

8.1 카드 게임에 쓰이는 카드 한 벌을 표현하기 위한 자료구조를 설계하라. 블랙잭blackjack 게임을 구현하려면 이 자료구조의 하위 클래스를 어떻게

만들어야 하는지 설명하라.

362쪽

8.2 고객응대담당자, 관리자 그리고 감독관이라는 세 부류 직원들로 구성된 콜 센터call center가 있다고 하자. 콜 센터로 오는 전화는 처음에는 무조건 상담 가능 고객응대담당자로 연결된다. 고객응대담당자가 처리할 수 없는 전화는 관리자로 연결된다. 관리자가 처리할 수 없는 전화는 다시 감독관에게 연결된다. 이 문제를 풀기 위한 자료구조를 설계하라. 응대 가능한 첫 번째 직원에게 전화를 연결시키는 dispatchCall 메서드를 구현하라.

365쪽

8.3 객체 지향 원칙에 따라 주크박스jukebox를 설계하라.

370쪽

8.4 객체 지향 원칙에 따라 주차장parking lot을 설계하라.

374쪽

8.5 온라인 북 리더online book reader에 대한 자료구조를 설계하라.

378쪽

8.6 직소jigsaw 퍼즐을 구현하라. 자료구조를 설계하고, 퍼즐을 푸는 알고리즘을 설명하라. 주어진 두 개의 조각이 들어맞는지를 판별하는 fitsWith 메서드가 주어진다고 가정하도록 하라.

383쪽

8.7 채팅 서버를 어떻게 구현할 것인지 설명하라. 서버를 뒷받침할 다양한 컴포넌트, 클래스, 메서드에 대해 설명하도록 하라. 어떤 문제가 가장 풀기 어려울 것으로 예상되는가?

388쪽

8.8 오셀로 게임 규칙은 이러하다. 각각의 오셀로 말은 한쪽 면은 흰색으로, 다른 쪽 면은 검정색으로 칠해져 있다. 상대편 말에 왼쪽과 오른쪽, 또는 위 아래가 포위된 말은 색상을 뒤집어 상대편 말이 된 것으로 표시한

다. 여러분 차례가 오면 여러분은 적어도 하나의 상대편 말을 획득해야 한다. 더 이상 가능한 수가 없는 상태에 도달하면 게임은 종료된다. 승자는 가장 많은 말을 획득한 사람이다. 이 게임을 객체 지향적으로 설계해 보라.

395쪽

8.9 메모리 상주형 파일 시스템in-memory file system을 구현하기 위한 자료구조와 알고리즘에 대해 설명해 보라. 가능하다면 코드 예제를 들어 설명하도록 하라.

400쪽

8.10 체인(chain. 즉 연결 리스트)을 사용해 충돌을 해결하는 해시 테이블을 설계하고 구현하라.

403쪽

연관된 다른 연습문제

쓰레드와 락 (#16.3)

09
재귀와 동적 프로그래밍

재귀와 관련된 다양한 문제들이 있으나 상당수는 비슷한 패턴을 따른다. 문제가 재귀적으로 풀리는지를 가늠하는 방법 하나는, 작은 크기로 나눈 문제들로부터 큰 문제의 해법에 도달할 수 있는지를 보는 것이다.

다음과 같은 문장으로 시작하는 문제는 재귀로 풀기 적당한 문제일 가능성이 높다(항상 그런 것은 아니다). "n번째 … 를 계산하는 알고리즘을 설계하라", "첫 n개를 나열하는 코드를 작성하라", "모든 … 를 계산하는 메서드를 구현하라" 등등.

속담에 이르는 대로, 완벽함을 성취하는 방법은 오직 연습 뿐이다. 더 많은 문제를 접할수록, 재귀적으로 풀릴 문제인지 알아채기도 점차 쉬워질 것이다.

접근법

재귀라는 말의 정의가 말해주듯, 재귀적 해법은 부분 문제sub-problem에 대한 해법 위에 만들어진다. 따라서 많은 경우, 단순히 f(n-1)에 대한 해답에 무언가를 더하거나, 제거하거나, 아니면 그 해답을 변경하여 f(n)을 계산해 내게 된다. 그렇지 않은 경우에는 뭔가 더 복잡한 일들을 해야 할 수도 있다.

문제를 풀 때는 상향식bottom-up 재귀 해법과 하향식top-down 재귀 해법을 둘 다 고려해 봐야 한다. 초기 사례로부터의 확장base case and build법은 재귀적 문제에 적용하기 좋은 접근법이다.

상향식 재귀

상향식 재귀bottom-up recursion는 가장 직관적인 경우가 많다. 이 접근법은 우선 간단한 경우들에 대한 풀이법을 발견하는 것으로부터 시작한다. 리스트를 예로 들어보면, 처음에는 원소 하나를 갖는 리스트로부터 시작한다. 다음에는 원소 두 개가 들어 있는 리스트에 대한 풀이법을 찾고, 그 다음에는 세 개 원소를 갖는 리스트에 대한 풀이법을 찾는다. 이런 식으로 계속해 나간다. 핵심은, 이전에 풀었던 사례를 하나 만큼 확장하여 다음 풀이를 찾는 것이다.

하향식 재귀

하향식 재귀top-down recursion는 한층 복잡하지만 문제에 따라서는 필요한 경우가 있다. 이런 문제를 풀 때는 어떻게 하면 N에 대한 문제를 분할하여 부분 문제로 나눌 수 있을지 생각해 봐야 한다. 이때 나눈 부분 문제들이 서로 겹치지 않도록 주의할 것.

동적 프로그래밍

동적 프로그래밍dynamic programming, DP 문제가 출제되는 일은 거의 없는데, 왜냐하면 45분이라는 면접 시간 동안에 출제하기에는 너무 어렵기 때문이다. 훌륭한 지원자들도 동적 프로그래밍 관련 문제를 푸는데 쩔쩔매기 때문에, 평가에 사용하기에는 좋은 방법이 아니다.

그런데 운이 없어서 DP 문제를 받았다면, 재귀 문제를 풀 때와 같은 방식으로 접근해 나가야 한다. 차이는, 미래의 함수 호출을 처리하기 위해 중간 계산 결과를 캐시cache해 둔다는 것.

동적 프로그래밍의 간단한 예: 피보나치 수

동적 프로그래밍의 간단한 예를 들기 위해, 여러분이 n번째 피보나치 수를 생성하는 프로그램을 짜라는 주문을 받았다고 가정해 보겠다. 간단할 것 같다. 그렇지 않은가?

```
int fibonacci(int i) {
  if (i == 0) return 0;
  if (i == 1) return 1;
  return fibonacci(i - 1) + fibonacci(i - 2);
}
```

이 함수의 실행 시간은 얼마인가? n번째 피보나치 수는 이전 n-1개의 수 계산 결과를 토대로 계산해 내게 된다. 하지만 한 번의 함수 호출로 두 번의 재귀적 함수 호출이 발생하게 되는데, 그 덕에 실행 시간은 O(2n)이 된다. 아래의 그래프는 표준적 데스크톱 컴퓨터에서 계산하는 경우 이 실행 시간이 지수적으로 증가하게 됨을 보여준다.

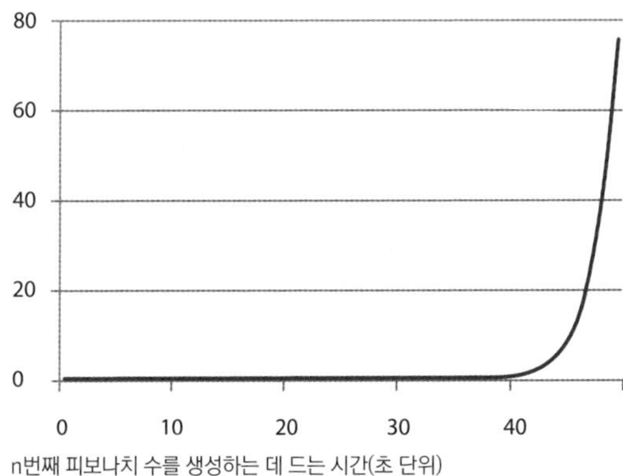

n번째 피보나치 수를 생성하는 데 드는 시간(초 단위)

이 함수를 조금만 고치면 실행 시간이 O(N)이 되도록 바꿀 수 있다. fibonacci(i)의 결과를 캐시해 두기만 하면 된다.

```
int[] fib = new int[max];
int fibonacci(int i) {
  if (i == 0) return 0;
  if (i == 1) return 1;
  if (fib[i] != 0) return fib[i]; // 캐시된 결과 반환
  fib[i] = fibonacci(i - 1) + fibonacci(i - 2); // 계산 결과 캐시
  return fib[i];
}
```

처음으로 고안했던 재귀 함수는 일반적 컴퓨터상에서 50번째 피보나치 수를 계산해 내는데 일 분 넘게 걸렸던 데 반해, 동적 프로그래밍 기법을 사용해 구현한 함수는 10,000번째 피보나치 수를 1밀리 초millisecond 안쪽에서 계산해 낼 수 있다. (물론, int 변수에 담을 수 있는 값에 한계가 있으므로 그 전

에 오버플로가 발생하긴 할 것이다.)

보신 대로 동적 프로그래밍은 두려워할 정도로 어렵지 않다. 결과를 캐시하는, 조금 더 나은 재귀 기법일 뿐이다. 이런 문제를 푸는 한 가지 좋은 방법은, 우선 통상적인 재귀 함수로 구현하고, 캐시하는 부분은 나중에 붙이는 것이다.

재귀적 해법 vs. 순환적 해법

재귀적 알고리즘을 사용하면 공간 효율성이 굉장히 나빠질 수 있다. 재귀 호출이 한 번 발생할 때마다 스택에 새로운 계층layer이 만들어지는데, 이는 재귀 호출이 O(n)번 발생할 경우 O(n) 만큼의 메모리를 사용하게 된다는 것을 의미한다. 통재라.

모든 재귀적 코드는 순환적으로도 구현될 수 있다. 하지만 순환적으로 구현된 코드는 때로 훨씬 더 복잡하다. 재귀적으로 코드를 작성하기 전에, 순환적으로 작성하면 얼마나 더 어려울지 자문해 보고, 두 방법 사이의 타협점에 대해서 면접관과 상의해 보기 바란다.

연습문제

9.1 n개의 계단을 아이가 오른다. 한 번에 1계단 오르기도 하고, 2계단이나 3계단씩 오르기도 한다. 계단을 오르는 데 몇 가지 방법이 있는지 계산하는 메서드를 구현하라.

407쪽

9.2 X×Y 그리드의 왼쪽 상단 꼭짓점에 로봇이 놓여 있다. 이 로봇은 오른쪽 아니면 아래쪽으로만 이동 가능하다. 로봇이 (0, 0)에서 (X, Y)로 이동하는 데 있어 가능한 경로는 모두 몇 개가 있겠는가?

▶ **변형된 문제**

그리드상의 어떤 지점으로는 로봇 운행이 불가능하다고 해 보자. 그런 그리드가 주어졌을 때, 왼쪽 상단 꼭짓점에서 우측 하단 꼭짓점으로 로봇을 이동시키는 가능한 경로 중 하나를 찾는 알고리즘을 설계하라.

408쪽

9.3 배열 A[0 … n-1]에서 A[i] = i인 인덱스 i를 마술 인덱스magic index라 정의하자. 정렬된 상태의 배열이 주어졌을 때, 마술 인덱스가 존재한다면 그 값을 찾는 메서드를 작성하라. 배열 안에 중복된 값은 없다.

▶ **변형된 문제**

배열에 저장되는 값에 중복이 있다면 어떻게 풀 수 있겠는가?

411쪽

9.4 주어진 집합의 모든 부분집합을 찾는 메서드를 작성하라.

415쪽

9.5 중복된 문자가 없는 문자열의 모든 순열permutation을 찾는 메서드를 작성하라.

419쪽

9.6 n이 주어졌을 때, n-쌍의 괄호로 만들 수 있는 모든 합당한 조합(괄호가 적절히 열리고 닫힌)을 출력하는 알고리즘을 구현하라.

– 예

입력: 3

출력: ((())), (()()), (())(), ()(()), ()()()

421쪽

9.7 이미지 편집 프로그램에서 흔히 쓰이는 '영역 칠하기paint fill' 함수를 구현하라. 즉, 색상이 칠해진 이차원 배열로 표현되는 스크린과 그 스크린 상의 한 지점, 그리고 새로운 색상이 주어졌을 때, 주어진 지점을 포함하는 영역의 색상을 원래 색상에서 새로운 색상으로 변경하는 함수를 작성하라.

424쪽

9.8 쿼터(25센트), 다임(10센트), 니켈(5센트), 페니(1센트)의 네 가지 동전이 무한히 주어진다고 했을 때, n센트를 표현하는 모든 방법의 수를 계산하는 코드를 작성하라.

426쪽

9.9 8×8 체스판상에 여덟 개의 퀸queen을 놓는 모든 가능한 방법을 출력하는 알고리즘을 작성하라. 퀸들 가운데 어떤 것도 같은 행이나 열, 혹은 같은 대각선상에 놓이면 안 된다. 여기서 '대각선'은 모든 대각선을 의미하는 것으로, 체스판을 양분하는 대각선 두 개로 한정하지 않는다.

430쪽

9.10 너비 w_i, 높이 h_i, 깊이 d_i의 박스 n개가 있다. 상자는 회전시킬 수 없으며, 다른 상자 위에 놓이기만 할 수 있는데, 그것도 아래 놓인 상자의 너비, 높이, 깊이가 위에 놓인 상자의 너비, 높이, 깊이보다 더 커야만 가능하다. 이 상자들로 쌓을 수 있는 가장 높은 탑을 구하는 메서드를 작성하라. 탑의 높이는 탑을 구성하는 모든 상자의 높이 합이다.

433쪽

9.11 0, 1, &, |, ^으로 구성된 불린 표현식과, 원하는 계산 결과 result(역시 불린 값)가 주어졌을 때, 표현식에 괄호를 추가하여 그 값이 result가 되도록 하는 가능한 모든 방법의 개수를 출력하는 함수를 구현하라.

– 예

표현식: 1^0|0|1

원하는 계산 결과: false(0)

출력: 2가지 방법. 1^((0|0)|1) 그리고 1^(0|(0|1)).

436쪽

연관된 다른 연습문제

연결 리스트 (#2.2, #2.5, #2.7), 스택과 큐 (#3.3), 트리와 그래프 (#4.1, #4.3, #4.4, #4.5, #4.7, #4.8, #4.9), 비트 조작 (#5.7), 수수께끼 (#6.4), 정렬과 탐색 (#10.5, #10.6, #10.7, #10.8), C++ (#13.7), 중간 난이도 연습 문제 (#17.13, #17.14), 고난이도 연습문제 (#18.4, #18.7, #18.12, #18.13)

10
정렬과 탐색

널리 사용되는 정렬 및 탐색 알고리즘에 대해 이해하는 것은 굉장히 가치 있는 일이다. 많은 정렬 및 탐색 문제는 잘 알려진 알고리즘들을 변용하여 출제되고 있다. 그러므로 정렬 알고리즘들을 일별하고, 어떤 상황에는 어떤 알고리즘이 어울릴지 살펴두는 것이 좋다.

가령, 여러분이 이런 질문을 받았다고 해 보자. "Person 객체를 담은 아주 큰 배열이 있다고 하자. 이 배열에 담긴 객체들을 나이순으로 정렬하라."

여기서 중요한 두 가지 힌트를 얻을 수 있다.

1. 큰 배열이므로, 효율성이 매우 중요하다.
2. 나이에 따라 정렬하는 것이므로, 그 값의 범위가 좁게 제한되어 있음을 이용할 수 있다.

정렬 알고리즘들을 살펴보면, 아마 버킷 정렬bucket sort 또는 기수 정렬radix sort이 가장 적합하리라는 것을 눈치챌 수 있을 것이다. 버킷을 작게 만들 수 있고(각 버킷에 1년) O(n)의 실행 시간을 달성할 수 있다.

널리 사용되는 정렬 알고리즘

자주 사용되는 정렬 알고리즘을 알아두면 여러분의 성적을 크게 향상시킬 수 있다. 아래에 정리한 다섯 알고리즘 가운데에서는 병합 정렬merge sort, 퀵 정렬quick sort, 그리고 버킷 정렬bucket sort 관련 문제가 가장 자주 출제된다.

버블 정렬**bubble sort **| 평균 실행 시간 $O(n^2)$ 최악 실행 시간 $O(n^2)$ 메모리 $O(1)$

버블 정렬은 배열의 첫 원소부터 순차적으로 진행하며, 현재 원소가 그 다음 원소의 값보다 크면 그 두 원소를 바꾸는 작업을 반복한다. 이런 식으로 배열을 계속 훑어가면서 배열이 완전히 정렬된 상태가 될 때까지 같은 작업을 계속한다.

선택 정렬**selection sort* **| *평균 실행 시간 $O(n^2)$ 최악 실행 시간 $O(n^2)$ 메모리 $O(1)$

선택 정렬은 아이들도 고안해 낼 수 있을만한 알고리즘이다. 고로 단순하지만 비효율적이다. 배열을 선형 탐색linear scan하며 최솟값 원소를 찾은 다음 그 원소를 배열 맨 앞으로 보낸다(맨 앞에 있던 원소와 자리바꿈한다). 그런 다음에 다시 배열을 선형 탐색하여 그 다음으로 작은 원소를 찾은 다음 배열 앞으로 보낸다(맨 앞 다음 자리). 이 작업을 모든 원소가 정렬될 때까지 반복한다.

병합 정렬**merge sort* ***: 평균 실행 시간, 최악 실행 시간 모두 $O(n \log n)$. 메모리 요구량은 상황에 따라 다를 수 있다.

병합 정렬은 배열을 절반씩 나누어 그 각각을 정렬한 다음 다시 합하여 정렬하는 방법이다. 나눈 절반을 정렬하는 데에도 같은 정렬 알고리즘이 사용된다. 결국 마지막에는 두 개의 1원소짜리 배열을 병합하게 된다. 이 알고리즘에서는 '병합'을 처리하는 것이 가장 복잡한 부분이다.

병합 작업을 수행하는 메서드는 병합 대상이 되는 배열의 두 부분을 임시 배열helper에 복사하고, 왼쪽 절반의 시작 지점helperLeft과 오른쪽 절반의 시작 지점helperRight을 추적한다. 그런 다음 helper를 순회하면서 두 부분 배열에서 더 작은 값의 원소를 꺼내어 원래 배열에 복사해 넣는다. 두 부분 배열 중 한 배열에 대한 순회가 끝난 경우에는 다른 배열의 남은 부분을 원래 배열에 남김없이 복사해 넣고 작업을 마친다.

```
void mergesort(int[] array, int low, int high) {
  if (low < high) {
    int middle = (low + high) / 2;
    mergesort(array, low, middle); // 왼쪽 절반을 정렬
```

```
    mergesort(array, middle + 1, high); // 오른쪽 절반을 정렬
    merge(array, low, middle, high); // 병합
  }
}

void merge(int[] array, int low, int middle, int high) {
  int[] helper = new int[array.length];

  /* 두 부분을 helper 배열에 복사*/
  for (int i = low; i <= high; i++) {
    helper[i] = array[i];
  }

  int helperLeft = low;
  int helperRight = middle + 1;
  int current = low;

  /* helper 배열 순회. 왼쪽 절반과 오른쪽 절반을 비교하여
  * 작은 원소를 추출하여 원래 배열에
  * 복사해 넣는다. */
  while (helperLeft <= middle && helperRight <= high) {
    if (helper[helperLeft] <= helper[helperRight]) {
      array[current] = helper[helperLeft];
      helperLeft++;
    } else { // 오른쪽 원소가 왼쪽 원소보다 작으면
      array[current] = helper[helperRight];
      helperRight++;
    }
    current++;
  }

  /* 왼쪽 절반 배열에 남은 원소들을 원래 배열에
  복사해 넣음 */
  int remaining = middle - helperLeft;
  for (int i = 0; i <= remaining; i++) {
    array[current + i] = helper[helperLeft + i];
  }
}
```

그런데 위의 코드를 보면 왼쪽 절반 배열에 남은 원소들을 원래 배열로 다시 옮겨놓는 코드는 있어도 오른쪽 절반 배열에 대한 코드는 없다는 것을 알

수 있다. 왜 오른쪽 절반에 대해서는 그 작업을 시행하지 않는 것일까? 해당 원소들은 이미 원래 배열의 그 자리에 있기 때문이다.

가령 [1, 4, 5 || 2, 8, 9]와 같은 배열이 있다고 하자(||는 분할 지점이다). 이 두 부분 배열을 병합하기도 전에, helper 배열과 원래 배열은 모두 [8, 9]로 끝나는 상태가 되어 있음을 눈여겨보자. 병합 작업이 진행되어 1, 4, 5 그리고 2가 원래 배열로 복사되고 나면 [8, 9]가 남는데, 이 두 원소는 원래 배열상에도 여전히 같은 위치에 있다. 그러므로 helper 배열로부터 복사해 넣을 필요가 없다.

퀵 정렬: 평균 실행 시간 O(n log n), 최악 실행 시간 O(n^2). 메모리 요구량 O(log n)

퀵 정렬은 무작위로 선정된 한 원소를 사용해 배열을 분할하는 데, 선정된 원소보다 작은 값을 갖는 원소들은 앞 파티션에, 큰 값을 갖는 원소들은 뒷 파티션에 속하게 된다. 배열을 분할하는 작업은 원소의 값을 바꾸는 연산을 통해 효율적으로 수행될 수 있다. (아래에 정리했다.)

배열과 그 부분 배열을 반복적으로 분할해 나가면 결국에 배열은 정렬된 상태에 도달한다. 하지만 배열 분할에 사용되는 원소가 중간값median이거나 적어도 그에 가까운 값이 되리라는 보장이 없기 때문에, 정렬하는 데 시간이 많이 걸릴 수도 있다. 최악 실행 시간이 O(n^2)이 되는 것은 그래서이다.

```
void quickSort(int arr[], int left, int right) {
  int index = partition(arr, left, right);
  if (left < index - 1) { // 왼쪽 파티션 정렬
    quickSort(arr, left, index - 1);
  }
  if (index < right) { // 오른쪽 파티션 정렬
    quickSort(arr, index, right);
  }
}

int partition(int arr[], int left, int right) {
  int pivot = arr[(left + right) / 2]; // 분할 기준 원소 선정
  while (left <= right) {
```

```
    // 왼쪽 파티션 원소 가운데 오른쪽 파티션으로 옮겨야 하는 원소 탐색
    while (arr[left] < pivot) left++;

    // 오른쪽 파티션 원소 가운데 왼쪽 파티션으로 옮겨야 하는 원소 탐색
    while (arr[right] > pivot) right--;

    // 원소들의 자리를 바꾸고 left와 right를 이동
    if (left <= right) {
      swap(arr, left, right); // 원소들을 자리바꿈
      left++;
      right--;
    }
  }
  return left;
}
```

기수 정렬radix sort | 실행 시간 O(kn)

정수 데이터에 대한 기수 정렬 알고리즘은(다른 형태의 데이터에 대해서도 마찬가지) 정수가 유한한 비트로 구성되어 있다는 사실을 이용한다. 수를 구성하는 각 자릿수를 순회해 나가면서 각 자릿수에 따라 수를 그룹으로 나눈다. 가령 정수 배열이 주어졌다고 하면 처음에는 첫 번째 자릿수를 기준으로 정렬한다. 따라서 첫 자릿수가 0인 수들은 같은 그룹에 속하게 된다. 그런 다음 그룹 각각에 대해 두 번째 자릿수에 대한 정렬을 시행한다. 이 작업을 배열 전체가 정렬된 상태가 될 때까지 모든 자릿수에 대해 반복한다.

비교 연산을 사용하는 정렬 알고리즘은 평균적으로 O(n log n)보다 나은 성능을 보일 수 없으나, 기수 정렬은 O(kn) 시간에 수행된다. 여기서 n은 정렬 대상 원소의 개수이고, k는 자릿수 개수이다.

탐색 알고리즘

탐색 알고리즘이라 하면 우리는 보통 이진 탐색을 떠올린다. 이진 탐색은 분명 아주 효율적인 알고리즘이다. 그 개념은 아주 단순하지만, 세부사항을 전부 습득하는 것은 생각보다 어려운 일이다. 아래의 코드를 살펴볼 때에, +1

과 -1이 어떻게 사용되었는지 눈여겨보기 바란다.

```
int binarySearch(int[] a, int x) {
  int low = 0;
  int high = a.length - 1;
  int mid;

  while (low <= high) {
    mid = (low + high) / 2;
    if (a[mid] < x) {
      low = mid + 1;
    } else if (a[mid] > x) {
      high = mid - 1;
    } else {
      return mid;
    }
  }
  return -1; // 오류
}

int binarySearchRecursive(int[] a, int x, int low, int high) {
  if (low > high) return -1; // 오류

  int mid = (low + high) / 2;
  if (a[mid] < x) {
    return binarySearchRecursive(a, x, mid + 1, high);
  } else if (a[mid] > x) {
    return binarySearchRecursive(a, x, low, mid - 1);
  } else {
    return mid;
  }
}
```

자료구조에 탐색을 시행하는 방법은 이진 탐색 말고도 많이 있다. 그러니 이 방법에만 집착하지 않도록 최선을 다해야 한다. 가령 어떤 노드를 찾는 탐색 작업에는 이진 트리를 사용할 수도 있고 해시 테이블을 사용할 수도 있다. 이진 탐색에만 얽매이지 않도록 하자!

연습문제

10.1 정렬된 배열 A와 B가 주어진다. A의 끝에는 B를 수용하기 충분한 여유 공간이 있다. B와 A를 정렬된 상태로 병합하는 메서드를 작성하라.

442쪽

10.2 철자 순서만 바꾼 문자열이 서로 인접하도록 문자열 배열을 정렬하는 메서드를 작성하라.

443쪽

10.3 n개의 정수로 구성된 정렬 상태의 배열을 임의 횟수만큼 회전시켜 rotation 얻은 배열이 입력으로 주어진다고 하자. 이 배열에서 특정한 원소를 찾는 알고리즘을 고안하라. 회전시키기 이전에, 원래 배열은 오름차순으로 정렬되어 있었다고 가정한다.

– 예

입력: {15, 16, 19, 20, 25, 1, 3, 4, 5, 7, 10, 14}에서 5를 찾을 것

출력: 8 (5의 배열 내 위치 첨잣값)

445쪽

10.4 줄당 하나의 문자열이 들어 있는 20GB짜리 파일이 있다고 하자. 이 파일을 정렬하려면 어떻게 해야 하겠는지 설명하라.

447쪽

10.5 빈 문자열이 섞여 있는 정렬 상태의 배열이 주어졌을 때, 특정한 문자열의 위치를 찾는 메서드를 작성하라.

– 예

입력: {“at”, “”, “”, “”, “ball”, “”, “”, “car”, “”, “”, “dad”, “”, “”} 배열에서 ball을 찾아라.

출력: 4

448쪽

10.6 각 행과 각 열이 오름차순으로 정렬된 상태인 M×N 행렬이 주어졌을 때, 특정한 원소를 찾는 메서드를 구현하라.

450쪽

10.7 한 서커스단이 다른 사람 어깨 위에 다른 사람이 올라서도록 하는 '인간 탑 쌓기' 순서를 고안하고 있다. 실질적이고도 미학적인 이유로, 어깨 위에 올라서는 사람은 아래 있는 사람보다 키도 작고 더 가벼워야 한다. 해당 순서에 참여하는 단원의 키와 몸무게가 주어졌을 때, 최대로 쌓을 수 있는 탑을 계산하는 메서드를 작성하라.

– 예:

입력 (키, 몸무게): (65, 100) (70, 150) (56, 90) (75, 190) (60, 95) (68, 110)

출력: 최대 탑 높이는 6이며, 다음과 같이 구성한다. (위에서 아래로)

(56, 90) (60,95) (65,100) (68,110) (70,150) (75,190)

457쪽

10.8 정수 스트림을 읽는다고 하자. 주기적으로 어떤 수 x의 랭킹(x보다 같거나 작은 수의 개수)을 확인하고 싶다. 해당 연산을 지원하는 자료구조와 알고리즘을 구현하라. 수 하나를 읽을 때마다 호출되는 메서드 track(int x)와, x보다 같거나 작은 수의 개수(x 자신은 포함하지 않는다)를 반환하는 메서드 getRankOfNumber(int x)를 구현하면 된다.

– 예

입력 스트림: 5, 1, 4, 4, 5, 9, 7, 13, 3

getRankOfNumber(1) = 0

getRankOfNumber(3) = 1

getRankOfNumber(4) = 3

461쪽

연된된 다른 연습문제

배열과 문자열 (#1.3), 재귀 (#9.3), 중간 난이도 연습 문제 (#17.6 #17.12), 고난이도 연습문제 (#18.5)

11
규모확장성과 메모리 제한

겁나 보이긴 하겠지만, 규모확장성에 관한 문제는 가장 쉬운 종류의 문제이다. “아하!” 할만한 구석도 없고, 쓸만한 꼼수도 없고, 예쁜 알고리즘도 없다. 적어도, 일반적으로는 그렇다. 분산 시스템 강의를 들을 필요도 없고, 시스템 설계 분야의 경험을 쌓을 필요도 없다. 적절한 수준의 연습만 하면, 소프트웨어 엔지니어라 자부하는 사람이라면 쉽게 풀 수 있는 문제들이다.

단계적 접근법

면접관들은 여러분이 시스템 설계에 관해 무엇을 알고 있는지 테스트하려 하지 않는다. 사실 면접관들은 가장 기본적인 컴퓨터 과학 개념들을 제외하고는, 여러분이 이러저런 지식을 가졌는지 테스트해 보려 하지 않는다. 대신, 여러분이 까다로운 문제를 쪼개어 아는 사실들을 바탕으로 풀어나갈 능력이 있는지 살핀다. 시스템 설계와 관련된 문제들에는 아래의 접근법들을 적용하면 좋다.

단계 #1: 간단하게 시작하라

모든 데이터가 한 기계에 보관될 수 있고, 메모리 제한도 없다고 가정하라. 그런 상황에서는 문제를 푼다면 어떻게 되겠는가? 이 질문에 대한 답이 여러분이 만들 해답의 일반적 골격이 되어 줄 것이다.

단계 #2: 현실로 돌아가라

이제 원래 문제로 돌아간다. 한 기계에 담을 수 있는 데이터의 양은? 데이터를 나누면 발생하는 문제들은? 데이터를 논리적으로 분할하는 방법이나, 여러 대의 기계에 퍼져 있는 데이터 가운데 특정한 데이터의 위치를 찾는 방법 등은 자주 출제되는 문제들이다.

단계 #3: 문제를 풀라

마지막으로, 단계 #2에서 찾은 문제들을 어떻게 풀 것인지 생각해 보라. 어떤 문제를 풀면 정말로 그 문제가 사라질 수도 있지만, 단순히 문제가 완화되는 것으로 그칠 수도 있음을 명심하라. 보통 단계 #1에서 구상한 접근법을 수정해 가면서 계속 사용할 수도 있지만, 근본적으로 뜯어고쳐야 하는 경우도 때로 발생한다.

통상적으로는 순환적인 접근법iterative approach을 사용하면 좋다. 단계 #2에서 등장한 문제를 풀면 또 다른 새로운 문제가 등장할 수 있는데, 그런 문제들도 공략해야 한다는 뜻이다.

여러분의 목표는 회사가 몇백만 달러를 들여 만든 복잡한 시스템을 재설계하는 것이 아니라, 여러분이 문제를 분석하고 풀 능력이 있다는 것을 보이는 것이다. 여러분 자신이 설계한 해법의 약점을 돌파해 나가는 것은, 그런 능력이 있음을 입증하는 환상적인 방법이다.

여러분이 알아야 할 것: 정보, 전략 그리고 문제

일반적인 시스템

슈퍼컴퓨터라는 물건이 아직도 사용되고 있긴 하지만, 대부분의 웹 기반 회사들은 서버들을 엮어 만든 대형 시스템을 사용한다. 따라서 거의 항상 여러분도 그런 시스템을 사용한다고 가정할 수 있다.

면접 전에 다음 표를 채워봐야 한다. 컴퓨터가 얼마나 많은 데이터를 보관할 수 있는지 어림잡을 수 있도록 도와줄 것이다.

구성요소	통상적 용량 / 가격
하드 디스크	
메모리	
인터넷 전송 지연	

대량 데이터 분할

때로 고용량 하드디스크를 사면 문제가 해결되기도 하지만, 결국에는 데이터를 여러 기계로 분할해야 하는 때가 온다. 그때는 이런 질문을 던져 봐야 한다. 어떤 기계에 어떤 데이터를 둘 것인가? 몇 가지 전략을 적용할 수 있다.

- 등장 순서에 따라: 데이터의 출현 순서에 따라 분할할 수 있다. 다시 말해, 새로운 데이터 접수 결과로 현재 사용 중인 기계가 꽉 찬 경우에 새로운 기계를 추가하는 것이다. 이렇게 하면 필요한 것 이상의 기계를 사용하지 않아도 되는 장점이 있다. 하지만 이렇게 하면 문제나 데이터 종류에 따라서는 데이터를 검색하기 위해 참조해야 하는 조회 테이블lookup table이 복잡해지고, 매우 커질 수도 있다.
- 해시 값에 따라: 또 다른 방법은, 데이터를 해시 함수에 통과시켜 얻은 결과 값에 따라 데이터를 저장할 기계를 결정하는 것이다. 좀 더 구체적으로 설명하자면 (1) 데이터에 관계된 키key를 고른 다음에, (2) 그 키에 해시 함수를 적용하여, (3) 결과로 얻은 값 v에 mod(v, N)을 적용하여 v'를 구하고(여기서 N은 기계의 수) (4) v'가 가리키는 기계에 그 값을 저장하는 것이다. 다시 말해, 데이터를 #[mod(hash(key), N)]번 기계에 저장한다는 것이다.

  이 접근법의 좋은 점은 조회 테이블 같은 별도 자료구조를 둘 필요가 없다는 것이다. 모든 기계가 데이터 위치를 자동적으로 파악할 수 있기 때문이다. 문제는 어떤 기계는 다른 기계보다 많은 데이터를 받아들여 결국에는 그 용량 한계를 넘어서게 될 수도 있다는 것이다. 그런 일이 발생하면 데이터를 다른 기계로 옮겨 부하를 균등화하는 전략을 취하거나(비용이 많이 든다) 해당 기계의 데이터를 두 기계에 분할하는 방법을 사용해야 할 것이다(기계들을 트리tree 형태로 조직해야만 한다).
- 실제 값에 따라: 해시 값에 따라 데이터를 나누는 것은 사실 임의적이다. 데이터가 표현하는 내용과 데이터의 위치 사이에 아무런 연관성이 없기 때문. 어떤 경우에는 데이터가 무엇을 표현하느냐를 이용해서 시스템 지

연system latency을 줄일 수 있다.

가령 여러분이 소셜 네트워크social network를 디자인한다고 하자. 전 세계의 많은 사람이 모이지만, 실제로는 멕시코에 사는 사람은 러시아 친구보다는 멕시코 친구가 더 많게 마련이다. 그러니 아마도 유사한 데이터를 같은 기계에 모아 두면 데이터를 찾기 위해 뒤져야 하는 기계의 수가 줄어들게 될 것이다.

· 임의로: 데이터가 그냥 임의로 쪼개지는 탓에, 데이터의 위치 정보를 저장하기 위한 조회 테이블을 별도로 구현해야 하는 경우도 자주 있다. 조회 테이블이 굉장히 커질 수 있긴 하지만, 시스템 설계상의 어떤 부분은 단순화시켜줄 것이고, 부하를 더 균등하게 배분할 수 있을 것이다.

예제: 특정한 단어 리스트를 포함하는 모든 문서를 찾아라

수백만 개의 문서가 있다고 하자. 어떤 단어 리스트를 포함하는 모든 문서를 찾으려면 어떻게 해야 하겠는가? 단어가 등장하는 순서는 고려할 필요가 없지만, 단어가 문자열의 일부로 등장하는 경우는 검색 대상에서 제외한다. 다시 말해, 'bookkeeper'라는 단어가 등장했다고 해서 'book'이 등장한 것으로 간주해 버리면 안 된다는 뜻.

문제를 풀기 전에, 이것이 단 한 번만 수행되면 되는 작업인지, 아니면 findWords와 같은 메서드로 구현되어 반복적으로 실행될 수 있어야 하는 작업인지 살펴야 한다. 여기서는 같은 문서들에 대해 findWords를 여러 번 호출할 수 있다고 가정하겠다. 그렇게 가정하면 전처리pre-processing에 드는 비용은 받아들일 수 있다.

단계 #1

첫 번째 단계에서는 수백만 개의 문서가 존재할 수 있다는 사실은 잊어버리고, 수십 개 정도의 문서만 있다고 가정하고 시작한다. 이런 경우에는 findWords를 어떻게 구현하겠는가? (아래를 보기 전에, 잠깐 스스로 생각하고 풀어보자.)

한 가지 방법은 모든 문서를 전처리하여 해시 테이블 인덱스(hash table index)를 만드는 것이다. 이 해시 테이블은 어떤 단어와 그 단어가 포함된 문서 간의 대응 관계를 저장한다.

```
"books" -> {doc2, doc3, doc6, doc8}
"many" -> {doc1, doc3, doc7, doc8, doc9}
```

many와 books가 포함된 문서를 찾으려면, books에 대응되는 문서 집합과 many에 대응되는 문서 집합의 교집합을 구하면 된다. 그리하면 {doc3, doc8}을 구할 수 있다.

단계 #2

이제 원래로 돌아가 보자. 문서가 백만 개 이상이 되면 무슨 문제가 발생하나? 아마도 문서를 여러 기계에 나눠 보관해야 할 것이다. 그리고 여러 가지 다른 요인들에 따라서는(단어의 수나 출현 빈도 등) 해시 테이블조차도 한 기계에 온전히 보관할 수 없을 수도 있다. 그런 일이 실제로 벌어진다고 가정해 보자.

데이터를 나누려면, 다음과 같은 사항들을 고민해야 한다.

1. 해시 테이블은 어떻게 분할할 것인가? 키워드에 따라 나눌 수도 있다. 어떤 단어에 대한 문서 목록은 한 기계 안에 온전히 보관되도록 하는 것이다. 문서에 따라 나눌 수도 있다. 전체 문서 집합 가운데 특정한 부분집합에 대한 해시 테이블만 한 기계에 두는 것이다.
2. 데이터를 분할하기로 결정하고 나면, 어떤 기계에서는 문서를 처리하고 그 처리 결과를 다른 기계로 옮겨야 할 수 있다. 이 절차는 어떻게 정의해야 하겠는가? (주의: 해시 테이블을 문서에 따라 나누기로 했다면 이 절차는 불필요할 수도 있다.)

3. 어떤 기계에 어떤 데이터가 보관되어 있는지 알 수 있도록 하는 방법이 필요하다. 이 조회 테이블의 형태는? 조회 테이블은 어디 두어야 하겠는가?

단지 세 가지 고려사항만 언급했을 뿐이다. 이보다 더 많을 수도 있다.

단계 #3

이 단계에서는 앞서 언급한 문제들 각각에 대한 해결 방법을 찾는다. 한 가지 방법은 키워드를 알파벳 순서에 따라 분할하는 것이다. 즉, 한 기계가 특정한 범위의 단어들만 통제하도록 하는 것이다. (가령 'after'부터 'apple'까지.)

키워드를 알파벳 순서로 순회하면서 가능한 한 많은 데이터를 한 기계에 저장하는 알고리즘을 고안할 수 있다. 그 기계가 다 차면, 다른 기계로 옮겨 간다.

이 접근법의 장점은 조회 테이블을 작고 단순하게 만들 수 있다는 점이다(값의 범위만 명시하면 되기 때문이다). 각 기계에 조회 테이블의 복사본을 저장할 수도 있다. 단점은 새로운 문서나 단어가 추가되면 키워드를 굉장히 많이 이동시켜야 할 수도 있다는 것이다.

특정한 문자열 집합을 포함하는 문서를 찾기 위해서는 우선 해당 문자열 리스트를 정렬한 다음에 각 기계에 그중 일부에 해당하는 문자열들을 찾으라는 조회 요청을 보내는 것이다. 가령 문자열 리스트가 "after builds boat amaze banana"와 같이 주어졌다면, 기계 #1에는 {"after", "amaze"}에 대한 조회 요청을 보내는 것이다.

기계 #1은 "after"와 "amaze"를 포함하는 문서 집합들을 구한 다음 그 교집합을 구하여 반환한다. 기계 #3은 {"banana", "boat", "builds"}에 대해 같은 작업을 수행한다.

마지막으로, 조회 요청을 보냈던 기계는 기계 #1과 #3으로부터 받은 결과의 교집합을 구한다.

이 절차를 아래의 그림에 정리했다.

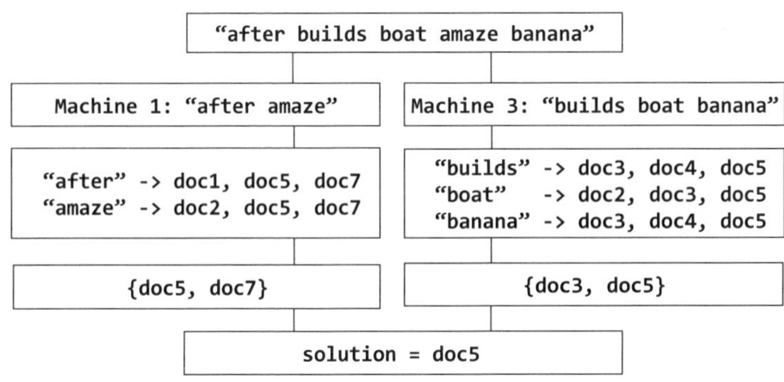

연습문제

11.1 서비스를 하나 구현한다고 하자. 이 서비스는 폐장 시점에 주가 정보(시작가, 종가, 최고가, 최저가)를 최대 1000개의 클라이언트에게 제공한다. 데이터는 이미 가지고 있고, 원하는 아무 형태로나 저장할 수 있다고 가정해도 좋다. 이 서비스를 어떻게 설계하면 좋겠는가? 여러분은 개발과 배포를 책임져야 하고, 지속적으로 시스템을 모니터링해야 하는 한편 사용자에게 전송되는 정보를 관리해야 한다. 생각했던 방법들에 대해 설명한 다음, 어떤 접근법을 왜 택했는지 설명하라. 어떤 기술을 사용해도 좋다. 클라이언트 프로그램에 정보를 전송하는 방법도 원하는 대로 선택할 수 있다.

465쪽

11.2 페이스북이나 링크드인LinkedIn과 같은 대규모 소셜 네트워크를 위한 자료구조는 어떻게 설계하겠는가? 두 사람 사이의 관계를 보여주는 알고리즘은 어떻게 설계하겠는가? (가령 나→밥→수잔→제이슨→당신.)

469쪽

11.3 40억 개의 정수가 들어 있는 파일이 있다. 이 파일에 없는 정수 하나를 찾는 알고리즘을 고안하라. 1GB의 메모리를 사용할 수 있다.

▶ 연관문제

메모리가 10MB값에 없다면? 중복된 수는 없으며, 전부 10억 개 이하라고 가정하라.

473쪽

11.4 1부터 N까지의 숫자가 든 배열이 있다. N은 최대 32,000이다. 이 배열에는 중복된 숫자가 있으며, N이 얼마인지는 모른다. 메모리는 4Kbytes로 제한되어 있다. 배열에 있는 모든 중복 원소를 출력하려면 어떻게 해야 하겠는가?

477쪽

11.5 웹에 있는 데이터를 긁어오는 크롤러crawler를 설계할 때, 무한 루프infinite loop에 빠지는 일을 방지하려면 어떻게 해야 하겠는가?

479쪽

11.6 100억 개의 URL이 있다. 중복된 문서를 찾으려면 어떻게 해야 하겠는가? '중복'은 '같은 URL'이라는 뜻이다.

481쪽

11.7 단순화된 검색 엔진을 탑재한 웹 서버를 상상해 보자. 검색 질의search query에 답하기 위한 100개의 기계가 있다. 이 각각은 processSearch (string query)를 통해 또 다른 서버 클러스터에게 검색 결과를 요구한다. 주어진 질의를 처리할 기계는 무작위로 설정되기 때문에, 같은 질의를 항상 같은 기계가 처리하리라는 보장은 없다. processSearch는 처리 비용이 굉장히 비싼 메서드다. 가장 최근에 주어진 질의의 처리 결과를 캐싱caching하는 방법을 설계하라. 데이터가 변경되었을 때 캐시를 어떻게 갱신할 것인지 반드시 설명하라.

482쪽

관련된 다른 연습문제

객체 지향 설계 (#8.7)

12
테스팅

"나는 테스터가 아니에요"라고 말하며 이번 장을 건너뛰기 전에, 잠시 멈춰 생각해보자. 테스트는 소프트웨어 엔지니어가 해야 하는 중요한 작업이다. 따라서 면접장에서 관련된 질문을 받을 수 있다. 물론, 여러분이 테스트 관련 직종에 지원하고 있다면(다시 말해 SDET Software Design Engineer in Test 또는 SET Software Engineer in Test로 지원하고 있다면) 당연히 테스트에 주의를 기울여야 할 것이다.

테스팅과 관련된 질문들은 보통 다음 네 가지 범주 중 하나에 속한다. (1) 실생활에서 만나는 객체(펜과 같은)를 테스트하라 (2) 소프트웨어를 하나 테스트하라 (3) 주어진 함수에 대한 테스트 코드를 작성하라 (4) 발생한 이슈에 대한 해결책을 찾아내라. 이 네 가지 범주 각각에 대한 접근법을 지금부터 살펴보도록 하겠다.

잘 정돈된 입력이 주어지거나, 사용자가 지정된 가이드라인을 따라 시스템을 사용할 것이라는 가정을 하면 안 된다는 사실을 기억하기 바란다. 그릇된 방식으로 시스템이 사용될 수 있으니, 그에 대비해야 한다.

면접관이 찾는 것은

표면적으로만 보면 테스트에 관계된 문제들은 광범위한 테스트 케이스 목록을 만들어 내는 것에 관계된 것처럼 보인다. 어느 정도는 맞는 말이다. 적절한 테스트 케이스들을 만들어 내야 한다.

하지만 면접관들이 보고자 하는 것은 더 있다.

- 큰 그림을 이해하고 있는가: 당신은 소프트웨어가 지향하는 바가 무엇인지 정말로 이해하고 있는 사람인가? 테스트 케이스 간의 우선순위를 적절

히 매길 수 있는가? 가령 여러분이 아마존과 같은 전자 상거래 시스템을 테스트 하라는 요구를 받았다 해보자. 상품 이미지가 적절한 장소에 정확하게 뜨는지 확인하는 것은 아주 중요하다. 하지만 구매 대금이 정확하게 지불되도록 하는 것, 배송 목록이 정확히 갱신되도록 하는 것, 그리고 대금이 이중으로 청구되도록 하지 않는 것이 훨씬 더 중요하다.

· 퍼즐 조각을 제대로 맞추는 방법을 아는가: 소프트웨어가 어떻게 동작하는지, 그리고 각 소프트웨어가 보다 더 큰 생태계의 일부로 어떻게 귀속되는지 이해하고 있는가? 여러분이 구글의 스프레드시트 소프트웨어를 테스트하라는 업무를 할당받았다 해보자. 문서를 열고, 저장하고, 편집하는 과정을 테스트하는 것은 중요하다. 하지만 구글 스프레드시트는 더 큰 생태계의 일부분이다. Gmail이나 플러그-인 등의 다른 컴포넌트들과 제대로 통합되는지 테스트 해봐야 한다.

· 조직화: 문제에 구조적으로 접근하고 있는가, 아니면 생각나는 대로 아무 방법이나 질러보고 있는가? 어떤 응시자는 카메라에 대한 테스트 케이스를 찾으라는 문제를 던지면 떠오르는 대로 아무 테스트나 만들어 낸다. 훌륭한 응시자는 '사진 촬영', '이미지 관리', '설정' 등의 범주로 시스템을 나눈 다음에 테스트를 만들어 간다. 이런 구조적 접근법을 사용하면 테스트 케이스를 보다 풍부하게 찾아 나갈 수 있다.

· 실용성: 실제로 적용하기 적절한 테스트 계획을 만들 수 있나? 가령 어떤 사용자가 특정한 이미지를 여는 순간 소프트웨어가 다운된다고 보고 있다고 하자. 여러분이 그 사용자에게 소프트웨어를 재설치하라고 말한다면, 그건 그다지 실용적인 답이 못 된다. 여러분이 만든 테스트 계획은 실행 가능해야 하고, 실제로 구현할 수 있는 실용적인 것이 되어야 한다.

이러한 측면들을 고려하고 있다는 사실을 드러내 보이면 테스팅 팀의 중요한 일원이 될 수 있다는 사실을 보일 수 있다.

실제 세계의 객체 테스트하기

어떤 지원자는 '펜을 테스트하라'와 같은 질문을 받으면 당황한다. 결국, 여러분이 테스트해야 하는 것은 소프트웨어를 테스트하는 것 아닌가. 그렇지 않나? 그럴 수도 있다. 하지만 여전히 이런 질문을 던지는 면접관들은 많다. 사례를 통해 살펴보자.

질문: 클립을 테스트하려면 어떻게 하겠나?

단계 #1: 사용자는 누구인가? 왜인가?

면접관과 어떤 사용자가 어떤 목적으로 제품을 사용하는지 의논해봐야 한다. 생각했던 것과는 다른 답이 나올 수 있다. 가령 "선생님들이, 신문을 함께 철해 두기 위해 사용한다"는 답을 들을 수도 있고, "조각가가 동물 모양으로 구부리기 위해 사용한다"는 답을 들을 수도 있다. 둘 다일 수도 있다. 면접관이 어떤 답을 하느냐에 따라 남은 질문들을 어떻게 처리해야 할지 생각해야 한다.

단계 #2: 어떤 유스케이스use case가 있나?

유스케이스의 목록을 만들어 두면 도움될 것이다. 이 문제의 경우, 유스케이스는 단순히 '신문을 망가뜨리지 않고 함께 철한다'가 될 것이다.

질문에 따라서는 유스케이스가 여러 개 도출될 수 있다. 뭔가를 보낼 수도 있고, 받을 수도 있고, 쓰거나 지울 수도 있을 것이다.

단계 #3: 한계 조건은?

하나의 클립으로 철할 수 있는 신문은 몇 장인가? 몇 장 이상을 철하면 클립이 망가지는가? 한 번에 30장은 영구적 손상 없이 철할 수 있다거나, 30장에서 50장 정도는 약간의 손상으로 철할 수 있다거나 하는 정보를 찾아야 한다.

이 한계 조건은 환경적 요인들로 확대될 수 있다. 가령, 우리가 테스트하는 클립은 아주 더운 곳에서도 정상적으로 문서를 철할 수 있어야 한다거나, 하는 조건들이 그에 해당한다. 아주 추운 곳에서는 어떠한가?

단계 #4: 스트레스/고장 조건은?

고장 나지 않는 제품은 없다. 따라서 고장이 발생하는 조건을 분석하는 것도 여러분이 해야 하는 일이다. 면접관과 토론해봐야 할 것 가운데 하나는 제품이 고장 나더라도 받아들일 수 있는 때는 (심지어는 필요한 때는) 언제인가 하는 것이고, 어떤 종류의 고장을 심각하게 간주해야 하느냐 하는 것이다.

가령, 여러분이 세탁기를 테스트한다면 여러분은 우선 해당 세탁기가 적어도 30벌의 셔츠나 바지를 세탁할 수 있는지 알아봐야 할 것이다. 30개에서 45개의 의류를 투입하면, 오염이 적절히 제거되지 않는 등의 사소한 고장이 발생할 수 있다. 45벌 이상의 옷을 넣으면 '극심한 고장'이 생기더라도 받아들일 수 있을 것이다. 물론 이 경우에 '극심한 고장'은 세탁기에 물이 공급되지 않는 등의 오작동이어야 한다. 물이 넘치거나, 화재가 발생한다거나 하는 것이 아니다.

단계 #5: 테스트는 어떻게 수행할 것인가?

어떤 경우, 이것은 테스트 수행에 관계된 세부사항을 토론하는 것과 관계된 작업이다. 가령, 정상적으로 사용한다는 가정 하에 어떤 의자를 5년 동안은 문제 없이 사용할 수 있는지 테스트하고자 한다면, 그 의자를 실제로 집에 가져가서 오 년 동안 기다리고 싶지는 않을 것이다. 대신, '정상적으로 사용'한다는 것이 어떤 의미인지를 정의해야 한다(일년에 몇 번이나 앉으면 정상 사용인가? 팔걸이 부분은 어떤가?) 또한 수작업으로 테스트하는 것 이외에도, 기계가 수행하는 자동화된 테스트를 도입할 것도 고려해 봐야 한다.

소프트웨어 테스팅

하나의 소프트웨어를 테스트하는 것은 실제 세계의 객체를 테스트하는 것과 아주 유사하다. 주된 차이점은 소프트웨어 테스팅의 경우 성능 테스트 세부사항을 더 많이 강조한다는 것이다.

소프트웨어 테스팅의 두 가지 핵심적 측면은 다음과 같다.

- 수동 테스트 vs. 자동화된 테스트: 실제 세계에서라면 모든 것을 자동화하고 싶겠지만, 항상 가능하지는 않다. 어떤 것들은 수동 테스트가 더 나은데, 컴퓨터가 효과적으로 검사할 수 있도록 정량화하기 어려운 정성적 특성이 너무 강하기 때문이다(어떤 콘텐츠가 포르노그래피에 관계된 것인지 판단하는 것 등이 그렇다). 또한, 컴퓨터는 일반적으로 살펴보라 지시한 문제들만 인식하지만, 인간의 인지 능력은 특별히 검토된 적이 없는 새로운 문제들을 밝혀낼 수도 있다. 인간과 컴퓨터는 둘 다 테스트 프로세스의 핵심적 부분이다.
- 블랙 박스 테스트 vs. 화이트 박스 테스트: 이런 구분은 소프트웨어 내부를 어디까지 들여다 볼 수 있느냐에 근거한 것이다. 블랙 박스 테스트의 경우, 우리는 소프트웨어를 주어진 그대로 테스트 해야 한다. 화이트 박스 테스트의 경우, 우리는 그 내부의 개별 함수들을 프로그램적으로 접근하여 테스트할 수 있다. 블랙 박스 테스트도 자동화할 수 있지만, 분명히 훨씬 더 어렵다.

소프트웨어 테스트에 적용할 수 있는 접근법 하나를 처음부터 끝까지 살펴보자.

단계 #1: 블랙 박스 테스트를 하고 있는가 아니면 화이트 박스 테스트를 하고 있는가?

테스트의 마지막 단계에 가서야 이런 질문을 던지는 경우도 많지만, 필자는 가능한 한 일찍 이런 질문을 던지는 쪽을 선호한다. 면접관에게 블랙 박스 테스트를 해야 하는 것인지 아니면 화이트 박스 테스트를 해야 하는지, 아니면 둘 다 해야 하는지 확인하라.

단계 #2: 누가 사용할 것인가? 왜 사용하는가?

소프트웨어는 보통 한 부류 이상의 사용자를 대상으로 한다. 소프트웨어의 기능은 그 점을 염두에 두고 설계된다. 가령 여러분이 부모가 웹 브라우저를 통제할 수 있도록 하는 소프트웨어를 테스트하라는 주문을 받으면, 여러분이 고려해야 할 사용자는 부모(차단을 실행하는 사용자)와 아이들(차단 대상 사용자)이다. 차단 대상도 아니고 차단 실행자도 아닌 '손님guest'도 사용자 중 하나가 될 수 있다.

단계 #3: 어떤 유스케이스들이 있나?

앞서 살펴본 차단 소프트웨어의 경우, 부모의 유스케이스는 소프트웨어를 설치하고, 차단 기능을 활성화하고, 차단을 해제하고, 인터넷을 사용하는 등의 행위들로 구성된다. 아이들의 경우에는 불법적인 콘텐츠에 접근하는 경우와 합법적 콘텐츠에 접근하는 경우로 나누어 볼 수 있을 것이다.

여러분이 해야 할 일은 유스케이스를 '마술적으로' 생각해 내는 것이 아니다. 유스케이스는 면접관과 상의하여 도출해야 한다.

단계 #4: 사용 한계bounds of use 지점은?

유스케이스가 모호하므로, 그 의미를 정확히 알아 내야 한다. 웹사이트를 차단한다는 것은 어떤 의미인가? 불법 콘텐츠를 담고 있는 특정한 페이지만 차단한다는 의미인가, 아니면 그 페이지를 포함하는 전체 웹사이트를 차단하여야 한다는 뜻인가? 무엇이 나쁜 콘텐츠인지 프로그램이 스스로 학습하여야 하나, 아니면 화이트 리스트나 블랙 리스트를 사용하여 차단하여야 하나? 어떤 콘텐츠가 부적절한지 학습하여야 한다면, 잘못된 긍정false positive이나 잘못된 부정false negative 확률은 어느 정도까지 허용할 수 있는가?

단계 #5: 스트레스 조건과 장애 조건은?

소프트웨어에 장애가 발생하면(그런 일은 불가피하다) 그 장애는 어떤 모습이어야 하는가? 당연하게도, 소프트웨어에 오류가 발생한다고 해서 컴퓨터가 전부 뻗어버리면 곤란하다. 대신, 차단한 사이트에 접속이 가능해진다거나, 차단하지 않은 사이트가 차단된다거나 하는 일이 벌어질 것이다. 후자의 경우가 발생하면, 부모로부터 패스워드를 받아 선택적으로 차단을 푸는 기능이 있어야 하지는 않는지 면접관과 토론해 봐야 할 것이다.

단계 #6: 테스트 케이스는? 테스트 실행은 어떻게?

수동 테스트와 자동화된 테스트가 구별되는 지점이 바로 여기다. 그리고 블랙 박스 테스트와 화이트 박스 테스트를 실제로 해 보게 되는 것도, 바로 이 단계부터다.

단계 #3과 #4에서는 대략적인 유스케이스를 정의하였다. 단계 #6에서는 이를 좀 더 상세화하고 테스트를 어떻게 수행할 것인지 토론한다. 정확히 어떤 상황을 테스트하고자 하는 것인가? 어떤 단계를 자동화할 수 있나? 사람이 개입해야 하는 부분은 어디인가?

자동화하면 좀 더 강력한 테스트를 할 수 있게 되지만, 중대한 단점도 있음을 기억하라. 수동 테스트 또한 여러분의 테스트 절차에 포함되어야 한다.

이 리스트를 읽어 나갈 때, 그저 생각할 수 있는 아무 시나리오나 찔러보려 하지 말라. 조직적이지 않은 방식으로 테스트를 하게 되면 중요한 범주의 테스트를 빼먹는 일이 생긴다. 대신, 여기서 다룬 방식대로 조직적으로 접근하라. 주요 컴포넌트에 따라 테스트를 나누고, 거기서부터 시작하라. 그렇게 하면 보다 완전한 테스트 케이스 목록을 만들어 낼 수 있을 뿐 아니라, 여러분이 구조적이고 질서 있게 움직이는 사람이라는 인상을 줄 수 있다.

함수 테스트

함수 테스트는 가장 쉬운 종류의 테스트다. 보통 입력과 출력을 확인하는 테스트만 하면 되기 때문에, 면접관과도 길게 이야기 할 일이 없을 것이다. 모호한 점도 적나.

하지만 그렇다고 대화의 중요성을 간과해서는 안 된다. 어떤 가정을 하건, 면접관과 그에 관해 토론해야 한다. 특정한 상황을 어떻게 다루어야 하느냐에 관계된 문제라면 더욱 그렇다.

여러분이 sort(int[] array)를 테스트하라는 문제를 받았다고 하자. 이 함수는 정수 배열을 정렬한다. 다음과 같이 진행하면 좋다.

단계 #1: 테스트 케이스 정의

일반적으로, 다음과 같은 테스트 케이스들을 생각해 봐야 한다.

· 정상적인 케이스: 전형적인 입력에 대해 정확한 출력을 생성하는가? 여기서 발생할 수 있는 잠재적 문제들에 대해 꼭 생각해 보길 바란다. 가령, 정렬을 하려면 모종의 분할partitioning이 필요한 때가 있다. 입력으로 주어진 배열의 길이가 홀수라면 정확히 반으로 분할되지 않을 것이므로 알고리즘이 정상동작 하지 않을 수도 있다. 따라서 여러분이 고안하는 테스트 케이스는 두 가지 사례가 반드시 포함되어야 한다.

· 극단적 케이스: 빈 배열을 인자로 넘기면 어떻게 되는가? 아니면 원소 하나로 구성된 아주 작은 배열을 넘긴다면? 아주 큰 배열을 넘기면 어떻게 되는가?

· 널null, 그리고 잘못된illegal 입력: 입력이 잘못 주어졌을 때 코드가 어떻게 동작하는지 생각해 봐야 한다. 가령 n번째 피보나치 수를 생성하는 함수를 테스트해야 하는 경우, 테스트 케이스에는 n이 음수인 경우를 테스트하는 코드가 반드시 포함되어야 할 것이다.

· 이상한 입력: 이런 종류의 입력도 때로 주어진다. 이미 정렬된 배열을 입력으로 주면 어떻게 되나? 아니면 아예 역순으로 정렬된 배열이 주어진다면?

이러한 테스트를 만들어 내려면 여러분이 작성하는 함수에 대한 지식이 필요하다. 요구사항이 불명확하다면 우선 면접관에게 물어 필요한 부분을 알아내기 바란다.

단계 #2: 예상되는 결과를 정의하라

예상 결과는 대체로 명확하게 정의할 수 있다. 위의 경우를 예로 들면, 올바르게 정렬된 배열이 예상 결과이다. 하지만 확인할 사항이 더 있을 수도 있다. 가령 sort 메서드가 반환하는 배열이 정렬된 상태의 새로운 배열이라면, 원래 배열의 내용은 변경되지 않아야 한다는 조건이 만족되었는지 검사할 수도 있을 것이다.

단계 #3: 테스트 코드를 작성하라

테스트 케이스를 만들고 결과를 정의했다면 테스트 케이스를 코드 형태로 구현하는 것은 간단하다. 아마 다음과 같은 코드가 만들어질 것이다.

```
void testAddThreeSorted() {
  MyList list = new MyList();
  list.addThreeSorted(3, 1, 2); // 수를 세 개 추가한다.
  assertEquals(list.getElement(0), 1);
  assertEquals(list.getElement(1), 2);
  assertEquals(list.getElement(2), 3);
}
```

문제 해결에 관한 문제

이미 있는 문제를 어떻게 디버깅하고 해결할 것인지를 설명하라는 문제도 출제된다. 많은 응시자들이 이런 질문을 받으면 망설이다 "소프트웨어를 재설치하라"는 식의 비현실적인 답안을 낸다. 이런 질문도 다른 문제와 마찬가지로 구조적으로 접근하여 해결할 수 있다.

사례를 통해 살펴보자. 여러분이 구글 크롬Chrome 팀에서 일하고 있는데, 이런 버그 리포트를 받았다. "실행하자마자 크롬 브라우저가 죽는다." 여러분이라면 어떻게 하겠는가?

브라우저를 재설치하면 이 사용자의 문제가 해결될지도 모른다. 하지만 같은 문제에 처할 다른 사용자들에게는 도움이 되지 않을 것이다. 여러분이 해야 할 일은 진짜 문제가 무엇인지 알아내어 개발자가 해결할 수 있도록 돕는 것이다.

단계 #1: 시나리오를 이해하라

여러분이 해야 할 첫 번째 일은 상황을 가능한 한 정확하게 이해할 수 있도록 많은 질문을 던지는 것이다.

- 사용자는 얼마나 오랫동안 이 문제를 겪었나?

- 브라우저 버전은? 운영체제 버전은?
- 이 문제가 항상 똑같이 발생하는가? 아니라면 얼마나 자주 발생하는가? 언제 그런 일이 발생하는가?
- 오류가 발생하면 오류 보고서가 표시되는가?

단계 #2: 문제 분할

이제 시나리오를 구체적으로 이해했으니, 문제를 테스트 가능한 단위로 분할할 순서다. 지금 살펴보는 사례의 경우, 다음과 같은 흐름으로 상황이 전개됨을 상상할 수 있다.

1. Windows의 시작 메뉴로 간다.
2. 크롬 아이콘을 클릭한다.
3. 브라우저가 시작된다.
4. 브라우저가 설정을 읽어 들인다.
5. 브라우저가 홈페이지homepage에 HTTP 요청을 날린다.
6. 브라우저가 HTTP 응답을 받는다.
7. 브라우저가 웹 페이지를 파싱parsing한다.
8. 브라우저가 웹 페이지를 화면에 표시한다.

이 과정 가운데 어떤 지점에서 문제가 발생하여 브라우저가 비정상적으로 종료되는 것이다. 뛰어난 테스터라면 문제를 진단하기 위해 이 시나리오에 포함된 각 항목을 따라가 볼 것이다.

단계 #3: 구체적이고도 관리 가능한 테스트들을 생성하라

방금 살펴본 구성요소들 각각에 대해 현실적인 지시사항을 만들어 내야 한다. 사용자에게 하라고 지시할 수 있고, 직접 해 볼 수도 있는 지시사항들 말이다(여러분 기계에서 그 절차들을 반복할 수 있도록). 실제로는 여러분이 고객과 상대하게 되는데, 그들에게는 뭘 해달라는 지시사항을 전달할 수 없다. 그들은 할 수도 없고, 하려고 하지도 않을 것이다.

연습문제

12.1 다음 코드의 오류를 찾아라.

```
unsigned int i;
for (i = 100; i >= 0; --i)
printf("%d\n", i);
```

490쪽

12.2 실행하면 죽는 프로그램의 소스코드가 주어졌다. 디버거에서 열 번 실행해 본 결과, 같은 지점에서 죽는 일은 없었다. 이 프로그램은 단일 쓰레드thread 프로그램이고, C의 표준 라이브러리만 사용한다. 프로그램에 어떤 오류가 있으면 이런 식으로 죽게 되겠는가? 그 각각을 어떻게 테스트해 볼 수 있겠는가?

491쪽

12.3 체스 게임에 사용되는 메서드 Boolean canMoveTo(int x, int y)가 있다. 이 메서드는 Piece 클래스의 일부로, 장기 말이 (x, y) 지점으로 이동할 수 있는지 여부를 반환한다. 이 메서드를 어떻게 테스트할 것인지 설명하라.

492쪽

12.4 테스트 도구를 사용하지 않고 웹 페이지에 부하 테스트(load test)를 실행하려면 어떻게 해야 하겠는가?

494쪽

12.5 펜을 테스트 한다면, 어떻게 하겠는가?

495쪽

12.6 분산 은행 업무 시스템을 구성하는 ATM을 테스트한다면, 어떻게 하겠는가?

497쪽

지식기반 문제

13 C와 C++

좋은 면접관은 여러분이 모르는 언어로 코딩을 해보라 요구하지 않는다. C++로 코딩해보라는 요구를 받았다면, 여러분 이력서에 여러분이 C++을 안다고 적어놓았기 때문이다. 모든 API를 기억하지 못한다고 해도, 걱정 말라. 대부분의 면접관들(전부는 아니지만)은 거기에 대해서는 그다지 신경 쓰지 않는다. 하지만 관련된 질문들을 쉽게 풀 수 있도록, 기본적인 C++ 문법은 공부해 둘 것을 추천한다.

클래스와 계승

C++ 클래스는 다른 객체 지향 언어의 클래스와 비슷한 특성을 갖는다. 하지만 아래에서 그 문법을 다시 검토해 보도록 하겠다.

아래에 계승Interitance을 활용해 간단한 클래스를 구현한 사례를 보였다.

```
#include <iostream>
using namespace std;

#define NAME_SIZE 50 // 매크로 정의

class Person {
  int id; // 모든 멤버는 기본적으로 private
  char name[NAME_SIZE];

  public:
  void aboutMe() {
    cout << "I am a person.";
  }
};

class Student : public Person {
public:
  void aboutMe() {
```

```
    cout << "I am a student.";
  }
};

int main() {
  Student * p = new Student();
  p->aboutMe(); // "I am a student" 출력
  delete p; // 할당 받은 메모리를 반환하는 것이 중요
  return 0;
}
```

모든 데이터 멤버와 메서드는 C++에서는 기본적으로 private이다. public 키워드를 사용하면 변경할 수 있다. 그 생성자 대신, 임의의 생성자를 정의해 사용할 수도 있다.

생성자와 소멸자

생성자는 객체가 생성되면 자동적으로 호출되는 메서드다. 생성자를 정의하지 않으면 컴파일러는 기본 생성자default constructor라고 불리는 생성자를 자동으로 하나 만든다. 아래와 같이 직접 정의할 수도 있다.

```
Person(int a) {
    id = a;
}
```

이 클래스의 필드field는 다음과 같이 초기화할 수도 있다.

```
Person(int a) : id(a) {
  ...
}
```

데이터 멤버 id의 값은 실제 객체가 만들어지기 전, 그리고 생성자 코드의 나머지 부분이 실행되기 전에 배정된다. 이런 식의 초기화는 그 값이 한 번만 배정되는 상수 필드를 초기화할 때 유용하다.

소멸자는 객체에 할당된 메모리가 반환될 때 자동적으로 호출되며, 청소 작업을 담당한다. 소멸자는 명시적으로 호출할 수 있는 메서드가 아니므로, 인자를 전달할 수 없다.

```
~Person() {
  delete obj; // 클래스 안에서 할당한 메모리 반환
}
```

가상 함수

앞서 살펴본 예제에서, p는 Student 타입으로 정의했었다.

```
Student * p = new Student();
p->aboutMe();
```

그런데 p를 Person* 타입으로 정의하면 어떻게 되나?

```
Person * p = new Student();
p->aboutMe();
```

이렇게 하면 화면에 "I am a person"이라고 출력될 것이다. aboutMe 함수가 어떤 타입에 바인딩되는지가 컴파일 시간에 결정되기 때문이다. 이런 메커니즘을 정적 바인딩static binding이라고 한다.

만일 Student 클래스에 구현된 aboutMe가 반드시 호출되도록 하고 싶다면, Person 클래스의 aboutMe 메서드를 virtual로 선언할 필요가 있다.

```
class Person {
  ...
  virtual void aboutMe() {
    cout << "I am a person.";
  }
};

```

```
class Student : public Person {
  public:
  void aboutMe() {
    cout << "I am a student.";
  }
};
```

가상 함수는 부모 클래스에 어떤 메서드를 구현해 둘 수 없는(혹은, 구현하고 싶지 않은) 경우에도 사용한다. 가령 Student 클래스와 Teacher 클래스를 Person으로부터 상속받아 구현하고자 한다고 해보자. 이 두 하위 클래스는 공통의 메서드 addCourse(string s)를 정의하여야 한다. 그런데 Person 클래스의 경우, addCourse를 호출한다는 것이 말이 되지 않는데, addCourse가 어떻게 구현되어야 하느냐는 전적으로 객체가 Student이냐 아니면 Teacher이냐에 달려있기 때문이다.

따라서 Person 클래스에 addCourse는 순수 가상 함수pure virtual function로 선언하여 그 구현은 하위 클래스들이 하도록 할 필요가 있다.

```
class Person {
  int id; // 모든 멤버는 기본적으로 private
  char name[NAME_SIZE];
  public:
  virtual void aboutMe() {
    cout << "I am a person." << endl;
  }
  virtual bool addCourse(string s) = 0;
};

class Student : public Person {
  public:
  void aboutMe() {
    cout << "I am a student." << endl;
  }

  bool addCourse(string s) {
    cout << "Added course " << s << " to student." << endl;
    return true;
```

```
  }
};

int main() {
  Person * p = new Student();
  p->aboutMe(); // "am a student" 출력
  p->addCourse("History");
  delete p;
}
```

addCourse를 순수 가상 함수로 선언하였으므로 Person은 추상 클래스 abstract가 되어, 객체를 만들어 낼 수 없는 클래스가 된다.

가상 소멸자 *Virtual Destructor*

가상 소멸자라는 개념은 가상 함수라는 개념으로부터 자연스럽게 유도된다. 가령 우리가 Person과 Student 클래스에 소멸자를 구현하려 한다 생각해 보자. 간단하게는 다음과 같이 할 수 있다.

```
class Person {
  public:
  ~Person() {
    cout << "Deleting a person." << endl;
  }
};

class Student : public Person {
  public:
  ~Student() {
    cout << "Deleting a student." << endl;
  }
};

int main() {
  Person * p = new Student();
  delete p; // "Deleting a person."을 출력한다.
}
```

그런데 p가 Person 타입이므로, 할당 받은 객체를 삭제delete할 때 호출되는 것은 Person의 소멸자이다. Student에 배정된 메모리가 반환되지 않을 것이므로, 문제가 발생한다.

이 문제를 교정하려면 Person의 소멸자를 가상 소멸자로 선언하면 된다.

```
class Person {
  public:
  virtual ~Person() {
    cout << "Deleting a person." << endl;
  }
};

class Student : public Person {
  public:
  ~Student() {
    cout << "Deleting a student." << endl;
  }
};

int main() {
  Person * p = new Student();
  delete p;
}
```

그러면 화면에는 다음과 같은 문구가 출력될 것이다.

```
Deleting a student.
Deleting a person.
```

기본값Default Value

함수를 선언할 때 아래와 같이 기본값을 명시할 수 있다. 기본값은 반드시 함수 인자 선언의 우측 부분에 위치해야 한다. 그렇지 않으면 인자들이 어떤 순서로 전달될지 명시할 방법이 없다.

```
int func(int a, int b = 3) {
  x = a;
  y = b;
  return a + b;
}

w = func(4);
z = func(4, 5);
```

연산자 오버로딩Operator Overloading

연산자 오버로딩 기능을 사용하면 +와 같은 연산자를 객체 간 연산에도 활용할 수 있다. 가령 두 개의 BookShelf 객체를 하나로 합하고자 한다 해보자. 그렇다면 +연산자를 다음과 같이 오버로딩하면 될 것이다.

```
BookShelf BookShelf::operator+(BookShelf &other) { ... }
```

포인터와 참조Pointer and Reference

포인터는 변수의 주소를 담는 변수이다. 변수에 할 수 있는 연산이라면 무엇이든 포인터를 통해 할 수 있다.

두 포인터가 같다면, 한 포인터가 가리키는 변수의 값을 변경하면 다른 포인터가 가리키는 변수의 값도 바뀐다. 두 포인터가 같은 주소를 가리키기 때문.

```
int * p = new int;
*p = 7;
int * q = p;
*p = 8;
cout << *q; // 8 출력
```

포인터 변수의 크기는 아키텍처에 따라 다르다. 32비트 기계에서는 32비트가 되고, 64비트 기계에서는 64비트다. 이 차이에 유의하기 바란다. 면접관이 어떤 자료구조를 메모리에 두기 위해 필요한 공간의 크기를 자주 묻기 때문이다.

*참조*Reference

참조는 기존에 존재하는 객체에 붙는 또 다른 이름이며, 별도의 메모리를 갖지 않는다. 다음의 코드를 보자.

```
1   int a = 5;
2   int & b = a;
3   b = 7;
4   cout << a; // 7 출력
```

2번째 줄에서 b는 a의 참조로서 선언되었다. 따라서 b를 변경하면 a도 바뀐다.

참조 대상 메모리가 어디인지를 명시하지 않고 참조를 만드는 방법은 없다. 하지만 다음과 같이 독립적인free-standing 참조를 만들 수는 있다.

```
/* 12를 저장하기 위한 메모리를 할당하고,
 * b가 해당 메모리를 참조하도록 한다. */
int & b = 12;
```

포인터와는 달리, 참조는 null이 될 수 없으며 다른 메모리에 재할당될 수 없다.

*포인터 연산*Pointer Arithmetic

아래와 같이, 포인터에 대해서 덧셈을 하는 것을 자주 보게 될 것이다.

```
int * p = new int[2];
p[0] = 0;
p[1] = 1;
p++;
cout << *p; // 1 출력
```

p++와 같이 하면 p는 sizeof(int) 바이트 만큼 전진한다. 그래서 위의 코드

를 실행하면 1이 출력된다. p가 다른 타입이었다면, 해당 타입의 크기만큼 전진했을 것이다.

템플릿Template

템플릿은 하나의 클래스를 서로 다른 여러 타입에 재사용할 수 있도록 하는 방법이다. 가령 여러분이 연결 리스트와 같은 자료구조를 고안했는데, 이 리스트에 여러 타입의 객체를 저장할 수 있도록 하고 싶다고 하자. 아래의 코드에 이를 구현한 ShiftedList 클래스를 보였다.

```
template <class T>
class ShiftedList {
  T* array;
  int offset, size;
  public:
  ShiftedList(int sz) : offset(0), size(sz) {
    array = new T[size];
  }

  ~ShiftedList() {
    delete [] array;
  }

  void shiftBy(int n) {
    offset = (offset + n) % size;
  }

  T getAt(int i) {
    return array[convertIndex(i)];
  }

  void setAt(T item, int i) {
    array[convertIndex(i)] = item;
  }

  private:
  int convertIndex(int i) {
    int index = (i - offset) % size;
    while (index < 0) index += size;
    return index;
```

```
  }
};

int main() {
  int size = 4;
  ShiftedList<int> * list = new ShiftedList<int>(size);
  for (int i = 0; i < size; i++) {
    list->setAt(i, i);
  }
  cout << list->getAt(0) << endl;
  cout << list->getAt(1) << endl;
  list->shiftBy(1);
  cout << list->getAt(0) << endl;
  cout << list->getAt(1) << endl;
  delete list;
}
```

연습문제

13.1 C++을 사용하여 입력 파일의 마지막 K줄을 출력하는 메서드를 작성하라.

500쪽

13.2 해시 테이블과 STL map을 비교하고 장단점을 논하라. 해시 테이블은 어떻게 구현되는가? 입력되는 값의 수가 적다면, 해시 테이블 대신 어떤 자료구조를 활용할 수 있겠는가?

501쪽

13.3 C++의 가상 함수 동작 원리는?

503쪽

13.4 깊은 복사deep copy와 얕은 복사shallow copy는 어떤 차이가 있는가? 이 각각을 어떻게 사용할 것인지 설명하라.

504쪽

13.5 C에서 volatile이라는 키워드는 어떤 중요성을 갖는가?

505쪽

13.6 상위 클래스의 소멸자를 virtual로 선언해야 하는 이유는?

507쪽

13.7 Node 자료구조에 대한 포인터를 인자로 받아 해당 포인터가 가리키는 객체를 완전히 복제한 객체를 반환하는 메서드를 작성하라. Node 객체 안에는 다른 Node 객체를 가리키는 포인터가 두 개 있다.

508쪽

13.8 스마트 포인터smart pointer 클래스를 작성하라. 스마트 포인터는 보통 템플릿으로 구현되는 자료형인데, 포인터가 하는 일을 흉내내면서 쓰레기 수집garbage collection과 같은 일을 더 처리한다. 즉, 스마트 포인터는 SmartPointer<T*> 타입의 객체에 대한 참조 횟수를 자동적으로 세어, T 타입 객체에 대한 참조 개수가 0에 도달하면 해당 객체를 반환한다.

509쪽

13.9 반환되는 메모리의 주소가 2의 특정 멱수power of two로 나누어지도록 메모리를 할당하고 반환하는 malloc과 free 함수를 구현하라.

– 예

aligned_malloc(1000, 128)은 1000 바이트 크기의 메모리를 반환하는데, 이 메모리의 주소는 128의 배수다.

aligned_free()는 aligned_malloc이 할당한 메모리를 반환한다.

512쪽

13.10 my2DAlloc이라는 함수를 C로 작성하라. 이 함수는 2차원 배열을 할당한다. malloc 호출 횟수는 최소화하고, 반환된 메모리를 arr[i][j]와 같은 형식으로 사용할 수 있도록 하라.

515쪽

연관된 다른 연습문제

배열과 문자열 (#1.2), 연결 리스트 (#2.7), 테스팅 (#12.1), Java (#14.4), 쓰레드와 락 (#16.3)

14
Java

Java에 관계된 문제는 이 책에 많지만, 이번 장에서는 특히 Java라는 언어와 그 문법에 대해 살펴본다. 큰 IT 업체일수록 언어 자체에 관련된 질문을 던지는 경우가 드문데, 지원자의 지식보다는 지원자의 재능을 시험해야 된다고 믿는 탓이다(그런 업체는 특정한 프로그래밍 언어를 교육하는 데 사용할 돈과 자원이 충분하다). 하지만 어떤 업체에서는 이런 성가신 질문을 자주 던진다.

접근법

이런 종류의 질문들은 얼마나 알고 있느냐에 관계된 것이므로 접근법을 논한다는 것이 말도 안 되는 것처럼 보일 것이다. 결국, 정답을 알고 있는지 묻는 질문들 아닌가?

그렇기도 하고, 아니기도 하다. 물론, Java라는 언어를 속속들이 알면 이런 질문들은 마스터할 수 있다. 그러나 문제를 풀다 막히는 경우에는, 다음과 같은 접근법을 사용해 볼 수 있겠다.

1. 예제 시나리오를 만든 다음에, 어떻게 전개되어야 하는지 자문해 보라.
2. 다른 언어를 사용한다면 이 시나리오를 어떻게 처리하겠는지 자문해 보라.
3. 프로그래밍 언어를 설계하는 사람이라면 이 상황을 어떻게 설계할 것인지 생각해 보라. 어떤 선택이 어떤 결과로 이어지는지, 생각해 보라.

면접관은 거의 반사적으로 답을 말하는 응시자와 마찬가지로, 답을 유도해 낼 수 있는 응시자에게서도 좋은 인상(어쩌면 한결 더 좋은 인상)을 받는다. 허풍은 치지 마라. 면접관 앞에서 이렇게 행동하라. "답이 잘 기억 나질 않습니다만, 알아낼 수 있는지 한 번 보겠습니다. 이런 코드가 주어졌다고 했을 때……"

final 키워드

Java의 final 키워드는 어디에 적용되느냐에 따라 그 의미가 다르다. 변수에 적용되었을 때, 아니면 클래스나 메서드에 적용되었을 때, 그 의미가 각각 다르다.

- 변수: final이 적용된 변수의 값은 초기화된 이후에는 변경할 수 없다
- 메서드: final로 선언된 메서드는 하위 클래스에서 오버라이드 할 수 없다
- 클래스: final로 선언된 클래스는 계승 대상이 될 수 없다(하위 클래스를 만들지 못한다)

finally 키워드

finally 키워드는 try/catch 블록과 함께 사용되며 예외가 던져지더라도 항상 실행될 코드를 지정하기 위해 사용된다. finally 블록은 try와 catch 블록이 전부 실행된 후, 그리고 제어 흐름이 원래 지점으로 돌아가기 전에 실행된다.

사례를 통해 살펴보자.

```
public static String lem() {
  System.out.println("lem");
  return "return from lem";
}

public static String foo() {
  int x = 0;
  int y = 5;
  try {
    System.out.println("start try");
    int b = y / x;
    System.out.println("end try");
    return "returned from try";
  } catch (Exception ex) {
    System.out.println("catch");
    return lem() + " | returned from catch";
  } finally {
    System.out.println("finally");
```

```
  }
}

public static void bar() {
  System.out.println("start bar");
  String v = foo();
  System.out.println(v);
  System.out.println("end bar");
}

public static void main(String[] args) {
  bar();
}
```

이 코드를 실행하면 다음과 같은 문장들이 화면에 출력된다.

```
1  start bar
2  start try
3  catch
4  lem
5  finally
6  return from lem | returned from catch
7  end bar
```

세 번째 줄부터 다섯 번째 줄까지를 주의 깊게 보라. return 문을 포함해서 catch 블록의 모든 부분이 완전히 실행되고 난 다음에 finally 블록이 실행되고, 그런 다음에 함수가 return 됨을 확인할 수 있다.

finalize 메서드

Java의 자동화된 쓰레기 수집기garbage collector는 객체를 삭제하기 전에 finalize() 메서드를 호출한다. 따라서 객체가 삭제되기 직전에 실행되어야 하는 동작이 있다면 Object 클래스에 정의된 finalize() 메서드를 오버라이드하여 정의할 수 있다.[1]

1 (옮긴이) finalize 메서드는 언제 호출될지 알 수 없기 때문에, finalize에 의존하여 구현하는 것은 좋은 생각이 못 된다.

```
protected void finalize() throws Throwable {
  /* 열려 있는 파일을 닫거나, 자원을 반환하거나, …… */
}
```

오버로딩 vs. 오버라이딩

오버로딩은 두 메서드가 같은 이름을 갖고 있으나 인자의 수나 자료형이 다른 경우를 지칭한다.

```
public double computeArea(Circle c) { ... }
public double computeArea(Square s) { ... }
```

오버라이딩은 상위 클래스의 메서드와 같은 이름과 시그너처signature를 갖는 함수를 하위 클래스에 재정의하는 것이다.

```
public abstract class Shape {
  public void printMe() {
    System.out.println("I am a shape.");
  }
  public abstract double computeArea();
}

public class Circle extends Shape {
  private double rad = 5;
  public void printMe() {
    System.out.println("I am a circle.");
  }

  public double computeArea() {
    return rad * rad * 3.15;
  }
}

public class Ambiguous extends Shape {
  private double area = 10;
  public double computeArea() {
    return area;
  }
```

```
}

public class IntroductionOverriding {
  public static void main(String[] args) {
    Shape[] shapes = new Shape[2];
    Circle circle = new Circle();
    Ambiguous ambiguous = new Ambiguous();

    shapes[0] = circle;
    shapes[1] = ambiguous;

    for (Shape s : shapes) {
      s.printMe();
      System.out.println(s.computeArea());
    }
  }
}
```

위의 코드를 실행한 출력 결과는 다음과 같다.

```
I am a circle.
78.75
I am a shape.
10.0
```

Ambiguous는 printMe()를 그대로 둔 반면, Circle은 재정의하고 있음을 유의해서 보기 바란다.

컬렉션 프레임워크 Collection Framework

Java의 컬렉션 프레임워크는 아주 유용하다. 이 책에서도 전반적으로 많이 사용하고 있다. 그중 가장 유용한 몇 가지를 들어보면 다음과 같다.

ArrayList: ArrayList는 동적으로 크기가 조정되는 배열이다. 새 원소를 삽입하면 크기가 늘어난다.

```
ArrayList<String> myArr = new ArrayList<String>();
myArr.add("one");
myArr.add("two");
System.out.println(myArr.get(0)); /* 〈one〉 출력 */
```

Vector: Vector는 ArrayList와 비슷하지만 다중 쓰레드 안전하도록 동기화synchronize된다는 차이가 있다. 문법은 거의 동일하다.

```
Vector<String> myVect = new Vector<String>();
myVect.add("one");
myVect.add("two");
System.out.println(myVect.get(0));
```

LinkedList: 이 클래스에 관해 묻는 경우는 별로 없지만, 순환자iterator를 어떻게 사용해야 하는지를 잘 보여주므로 알아두면 좋다.

```
LinkedList<String> myLinkedList = new LinkedList<String>();
myLinkedList.add("two");
myLinkedList.addFirst("one");
Iterator<String> iter = myLinkedList.iterator();
while (iter.hasNext()) {
  System.out.println(iter.next());
}
```

HashMap: HashMap 컬렉션은 면접이나 실제 상황 가릴 것 없이 광범위하게 사용된다. 사용 문법을 아래에 제시했다.

```
HashMap<String, String> map = new HashMap<String, String>();
map.put("one", "uno");
map.put("two", "dos");
System.out.println(map.get("one"));
```

면접을 보기 전에, 위의 문법에 익숙해지도록 하라. 필요할 때가 있을 것이다.

연습문제

이 책에 포함된 거의 모든 해법이 Java로 작성되어 있기 때문에, 이번 장에는 연습문제를 조금만 실었다. 또한, Java 언어에 관한 '사소한' 질문들만 실었다. Java 프로그래밍에 관한 문제는 이 책 나머지 부분에도 가득하다.

14.1 생성자를 private로 선언하면 계승 관점에서 어떤 영향을 주게 되나?

518쪽

14.2 Java의 finally 블록은 try-catch-finally의 try 블록 안에 return 문을 넣어도 실행되나?

518쪽

14.3 final, finally, finalize의 차이는?

518쪽

14.4 C++ 템플릿과 Java 제네릭generic의 차이를 설명하라.

520쪽

14.5 Java의 객체 리플렉션reflection에 대해 설명하고, 유용한 이유를 밝혀라.

522쪽

14.6 배열과 유사하면서도 효율적으로 회전될 수 있는 CircularArray 클래스를 구현하라. 이 클래스는 제네릭 타입을 사용해야 하며, 표준적인 for (Obj o: circularArray) 문법을 사용하여 순환문을 작성할 수 있도록 구현되어야 한다.

524쪽

연관된 다른 연습문제

배열과 문자열 (#1.4), 객체 지향 설계 (#8.10), 쓰레드와 락 (#16.3)

15
데이터베이스

데이터베이스 경험이 있는 지원자에게는 SQL 질의를 만들어 보라거나, 프로그램에 쓰일 데이터베이스를 설계해 보라거나 하는 문제가 주어질 수도 있다. 몇 가지 주요한 개념을 살펴보고, 이런 문제를 어떻게 공략하면 좋을지 개괄해 보도록 하겠다.

이번 장에 실린 SQL 질의문들을 읽을 때, 사소한 문법적 차이에 놀라지 말기 바란다. SQL에는 수많은 변종이 있고, 여러분들은 그 가운데 하나를 사용했을 수 있으니까. 이 책에 실린 SQL 질의문들은 Microsoft SQL 서버를 사용해 테스트했다.

SQL 문법과 그 변종들

개발자들은 보통 묵시적 JOIN과 명시적 JOIN을 둘 다 사용한다. 아래에 그 문법을 보였다.

```
/* 명시적 Join */
SELECT CourseName, TeacherName
FROM Courses INNER JOIN Teachers
ON Courses.TeacherID = Teachers.TeacherID

/* 묵시적 Join */
SELECT CourseName, TeacherName
FROM Courses, Teachers
WHERE Courses.TeacherID = Teachers.TeacherID
```

이 두 질의는 동등하다. 어느 쪽을 사용할 것이냐 하는 것은 개인 취향의 문제다. 일관성을 유지하기 위해서, 여기서는 명시적 JOIN을 사용하도록 하겠다.

정규화된 데이터베이스normalized database와 비정규denormalized 데이터베이스

정규화된 데이터베이스는 중복이 최소가 되도록 설계된 데이터베이스이다. 비정규 데이터베이스는 읽기에 소요되는 시간을 줄이는 것을 목적으로 설계된 데이터베이스이다.

Courses나 Teachers와 같은 자료를 포함하는 전형적 정규화 데이터베이스의 경우, Courses에는 TeacherID와 같은 열이 있을 것이고, 이 열은 Teachers에 대한 외래 키foreign key일 것이다. 이렇게 데이터베이스를 설계하면 교사 정보(이름, 주소 등등)가 데이터베이스에 한 번만 저장된다는 장점이 있다. 단점은 상당수의 일상적 질의를 처리하기 위해 많은 JOIN을 하게 된다는 것이다.

대신에 데이터를 중복해서 저장하여 비정규화할 수도 있다. 가령 같은 질의를 자주 반복해야 한다는 사실을 알고 있다면, 교사의 이름 정보를 Courses 테이블에 중복해 저장할 수도 있을 것이다. 비정규화는 높은 규모확장성을 실현하기 위해 자주 사용되는 기법이다.

SQL 문

앞서 언급했던 데이터베이스를 예로 들어 기본적 SQL 문법을 훑어보도록 하겠다. 이 데이터베이스는 다음과 같은 단순한 구조를 갖는다. (*는 기본 키, 즉 primary key이다.)

```
Courses: CourseID*, CourseName, TeacherID
Teachers: TeacherID*, TeacherName
Students: StudentID*, StudentName
StudentCourses: CourseID*, StudentID*
```

위의 테이블들을 사용해 다음과 같은 질의문들을 구현해 보겠다.

질의 #1: 학생 등록

모든 학생의 목록을 뽑고 각 학생이 얼마나 많은 강의를 수강하고 있는지 알아보는 질의를 만들어 보자.

다음과 같이 해볼 수 있을 것 같다.

```
/* 잘못된 코드 */
SELECT Students.StudentName, count(*)
FROM Students INNER JOIN StudentCourses
ON Students.StudentID = StudentCourses.StudentID
GROUP BY Students.StudentID
```

여기에는 세 가지 문제가 있다.

1. 어떤 강의도 수강하지 않는 학생은 목록에 포함되지 않는다. StudentCourses가 수강신청을 한 학생만 포함하기 때문이다. 따라서 LEFT JOIN을 사용하도록 변경해야 한다.
2. LEFT JOIN을 하도록 변경한다 해도 여전히 문제는 있다. count(*)는 StudentID마다 만들어지는 그룹 내에 얼마나 많은 레코드가 있는지를 센다. 따라서 아무 강의도 수강하지 않는 학생의 경우에도 1로 계산되는 문제가 있다. 그러므로 count(StudentCourses.CourseID)와 같이 그룹 내의 CourseID 수를 세도록 변경해야 한다.
3. Students.StudentID를 사용해 그룹을 만들었는데, 한 그룹 안에 여전히 여러 개의 StudentNames가 존재한다. 어떤 StudentName을 반환할지 데이터베이스가 결정할 수 있나? 그 전부가 같은 값을 가진다 해도 데이터베이스는 그 사실을 이해하지 못한다. 따라서 first(Students.StudentName)과 같이 집합 함수aggregate function를 사용하여야 한다.

이런 문제들을 교정하고 나면 다음과 같은 질의문이 만들어진다.

```
/* 해법 #1: 다른 질의로 감싸기 */
SELECT StudentName, Students.StudentID, Cnt
FROM (
  SELECT Students.StudentID,
```

```
5            count(StudentCourses.CourseID) as [Cnt]
6      FROM Students LEFT JOIN StudentCourses
7      ON Students.StudentID = StudentCourses.StudentID
8      GROUP BY Students.StudentID
9    ) T INNER JOIN Students on T.studentID = Students.StudentID
```

이 코드를 보면 어떤 분은 3번째 줄에서 그냥 학생 이름을 select하면 되지 않느냐 물으실 것이다. 그러면 3~6번 줄에서처럼 다른 질의를 감쌀 필요가 없지 않을까? 그렇게 해서 만들어진 (잘못된) 해결책이 아래에 있다.

```
/* 잘못된 코드 */
SELECT StudentName, Students.StudentID,
count(StudentCourses.CourseID) as [Cnt]
FROM Students LEFT JOIN StudentCourses
ON Students.StudentID = StudentCourses.StudentID
GROUP BY Students.StudentID
```

결론은, 그렇게 할 수 없다는 것이다. 적어도 앞서 보였던 것처럼 정확하게는 할 수 없다. 집합 함수aggregate function나 GROUP BY 절에 포함된 값만 select 할 수 있다.

대신, 다음과 같이 할 수 있다.

```
/* 해법 #2: StudentName을 GROUP BY 절에 추가 */
SELECT StudentName, Students.StudentID,
       count(StudentCourses.CourseID) as [Cnt]
FROM Students LEFT JOIN StudentCourses
ON Students.StudentID = StudentCourses.StudentID
GROUP BY Students.StudentID, Students.StudentName
```

또는

```
/* 해법 #3: 집합 함수로 감싸기 */
SELECT max(StudentName) as [StudentName], Students.StudentID,
       count(StudentCourses.CourseID) as [Count]
```

```
FROM Students LEFT JOIN StudentCourses
ON Students.StudentID = StudentCourses.StudentID
GROUP BY Students.StudentID
```

질의 #2: 수강생 수 구하기

모든 교사 목록과 각 교사가 가르치는 학생 수를 구하는 질의를 작성해 보자. 동일한 학생이 동일한 교사의 여러 강의를 수강하는 경우, 그 각각을 다른 학생으로 쳐서 가르치는 학생 수에 합산한다. 교사 리스트는 각 교사가 가르치는 학생 수를 기준으로 내림차순 정렬되어야 한다.

단계적으로 이 질의문을 만들어 보자. 우선, TeacherID의 목록을 구한 다음에 각각의 TeacherID에 얼마나 많은 학생이 배정되어 있는지 구한다. 앞서 살펴본 질의와 아주 비슷하다.

```
SELECT TeacherID, count(StudentCourses.CourseID) AS [Number]
FROM Courses INNER JOIN StudentCourses
ON Courses.CourseID = StudentCourses.CourseID
GROUP BY Courses.TeacherID
```

INNER JOIN을 하면 맡은 강의가 없는 교사는 목록에 포함되지 않는다는 것에 유의하자. 다음과 같이 모든 교사 목록에 JOIN하도록 하면 문제를 해결할 수 있다.

```
SELECT TeacherName, isnull(StudentSize.Number, 0)
FROM Teachers LEFT JOIN
    (SELECT TeacherID, count(StudentCourses.CourseID) AS [Number]
     FROM Courses INNER JOIN StudentCourses
     ON Courses.CourseID = StudentCourses.CourseID
     GROUP BY Courses.TeacherID) StudentSize
ON Teachers.TeacherID = StudentSize.TeacherID
ORDER BY StudentSize.Number DESC
```

NULL 값을 0으로 변환하기 위해 SELECT 문에서 isnull을 사용하고 있다는 점을 눈여겨보기 바란다.

작은 데이터베이스 설계

또한 면접장에서 여러분 스스로 데이터베이스를 설계하라는 주문을 받을 수 있다. 그런 질문을 받았을 때 사용할 수 있는 접근법을 지금부터 살펴보자. 객체 지향 설계와 비슷한 점이 많다는 것을 눈치챌 수 있을 것이다.

단계 #1: 모호성 처리

데이터베이스에 관계된 문제에는 의도된, 혹은 의도되지 않은 모호함이 숨겨져 있다. 설계를 진행하기 전에 정확히 무엇을 설계해야 하는지 이해하도록 하라.

아파트 임대 대행업체를 위한 시스템을 설계한다고 해 보자. 이 업체가 여러 곳에서 사업을 하는지 아니면 한곳에서만 하는지 알아야 한다. 또한 얼마나 일반적으로 설계해야 하는지 면접관과 의논해야 한다. 가령, 어떤 사람이 같은 빌딩에 있는 집을 두 개 빌리는 일은 드물다. 하지만 그렇다고 그런 경우를 처리할 수 없다는 것은 아니지 않은가? 그럴 수도 있고, 아닐 수도 있다. 드물게 생기는 일은, 별도의 우회책을 사용하여 해결할 수도 있다(데이터베이스에 보관된 그 사람의 연락 정보를 복제한다거나 해서).

단계 #2: 핵심 객체 정의

그 다음으로는, 시스템의 핵심 객체를 살펴봐야 한다. 보통 핵심 객체 하나당 하나의 테이블을 사용한다. 아파트 임대 대행업체의 경우, 필요한 핵심 객체로는 Property, Building, Apartment, Tenant, 그리고 Manager 등이 있을 수 있다.

단계 #3: 관계성 분석

핵심 객체를 식별해내고 나면 테이블을 어떻게 설계해야 하는지 감을 잡을 수 있다. 그런데 이 테이블 사이의 관계는 어떻게 정의해야 하겠는가? 일-대-다one-to-many? 다-대-다many-to-many?

Buildings와 Apartments 사이에 일-대-다 관계가 있다면, 다음과 같이 표현해야 할 것이다.

Buildings		
BuildingID	BuildingName	BuildingAddress

Apartments		
ApartmentID	ApartmentName	ApartmentAddress

Apartments 테이블은 BuildingID 열을 통해 Buildings에 연결된다.

한 사람이 집을 하나 이상 임대할 수 있도록 하고 싶다면, 다음과 같이 다-대-다 관계를 구현해야 한다.

Tenants		
TenantID	TenantName	TenantAddress

Apartments		
ApartmentID	ApartmentName	ApartmentAddress

TenantApartments	
TenantID	ApartmentID

TenantApartments 테이블은 Tenants와 Apartments 사이의 관계를 저장한다.

단계 #4: 행위 조사

마지막으로 세부적인 부분을 결정한다. 빈번히 하게 될 작업이 어떤 것들인지 살피고, 관련된 데이터를 어떻게 저장하고 가져올 것인지 이해한다. 대여와 관계된 용어들, 그러니까 퇴거moving out나 대여료 지불rent payments도 처리해야 한다. 이런 작업들을 처리하려면 새로운 테이블이 필요하다.

대규모 데이터베이스 설계

대규모의 그리고 규모확장성이 높은 데이터베이스를 설계할 때 JOIN은 일반적으로 아주 느린 연산으로 간주된다는 점을 기억하자(앞선 예제들에서는 필요했었다). 따라서 데이터를 비정규화해야 한다. 데이터가 어떻게 사용될지 깊이 생각하라. 데이터를 여러 테이블에 중복시켜야 할지도 모른다.

연습문제

1번부터 3번까지는 다음의 데이터베이스 스키마를 사용한다.

Apartments		Buildings		Tenants	
AptID	int	BuildingID	int	TenantID	int
UnitNumber	varchar	ComplexID	int	TenantName	varchar
BuildingID	int	BuildingName	varchar		
		Address	varchar		

Complexes		AptTenants		Requests	
ComplexID	int	TenantID	int	RequestID	int
ComplexName	varchar	AptID	int	Status	varchar
				AptID	int
				Description	varchar

한 집Apartment에 거주자Tenant는 여럿일 수 있고, 각 거주자는 하나 이상의 집을 소유할 수 있다. 한 집은 한 건물Building에 속하고, 각 건물은 어떤 단지Complex에 속한다.

15.1 하나 이상의 집을 대여한 모든 거주자 목록을 구하라.

528쪽

15.2 모든 건물 목록과, status가 Open인 모든 Requests 레코드를 구하라.

529쪽

15.3 11번 건물은 현재 대규모 리모델링 공사중이다. 이 건물에 있는 모든 집에 대한 요청Requests 상태를 Open에서 Close로 변경하라.

529쪽

15.4 JOIN의 종류를 열거하라. 각각이 어떻게 다르고, 어떤 상황에는 어떤

JOIN이 어울리는지 설명하라.

530쪽

15.5 비정규화란 무엇인가? 그 장단점을 설명하라.

532쪽

15.6 회사, 사람 그리고 직원 레코드를 저장하는 데이터베이스의 ER[Entity-Relationship] 다이어그램을 그려라.

533쪽

15.7 학생들의 성적을 저장하는 간단한 데이터베이스를 설계하고, 성적이 우수한 학생(상위 10%) 목록을 반환하는 질의문을 만들라. 학생 목록은 평균 성적에 따라 내림차순으로 정렬되어야 한다.

534쪽

연관된 다른 연습문제

객체 지향 설계 (#8.6)

16
쓰레드와 락

마이크로소프트나 구글, 아마존과 같은 회사에서는 쓰레드로 알고리즘을 구현하라는 문제를 내는 일이 끔찍할 정도로 자주 있지는 않다(그런 기술이 특별히 중요한 팀에서 일하게 되는 것이 아니라면). 하지만 쓰레드, 특히 교착상태deadlock에 대한 일반적 이해도를 평가하기 위한 문제는 어떤 회사에서라도 상대적으로 자주 출제되는 편이다.

이번 장에서는 이에 관련된 내용을 소개한다.

Java의 쓰레드

Java의 모든 쓰레드는 java.lang.Thead 클래스로 만들고 제어한다. 독립적인 응용 프로그램의 경우, main 함수를 호출하면 자동적으로 하나의 사용자 쓰레드가 만들어지는데, 이 쓰레드를 주 쓰레드main thread라고 부른다.

Java에서 쓰레드를 구현하는 방법은 다음의 두 가지다.

- java.lang.Runnable 인터페이스를 구현
- java.lang.Thread 클래스를 계승

이 두 가지 방법에 대해서 지금부터 살펴보겠다.

Runnable 인터페이스를 구현하는 방법

Runnable 인터페이스는 아래의 단순한 구조를 갖는다.

```
public interface Runnable {
  void run();
}
```

이 인터페이스를 사용해 쓰레드를 생성하고 사용하려면 다음과 같이 한다.

1. Runnable 인터페이스를 구현하는 클래스를 만든다. 이 클래스로 만든 객체는 Runnable 객체가 된다.
2. Thread 타입의 객체를 만들 때, Runnable 객체를 생성자에 인자로 넘긴다. 이 Thread 객체는 이제 run() 메서드를 구현하는 Runnable 객체를 소유하게 된다.
3. 이렇게 만든 Thread 객체의 start() 메서드를 호출한다.

아래의 예제 코드를 보자.

```
public class RunnableThreadExample implements Runnable {
  public int count = 0;

  public void run() {
    System.out.println("RunnableThread starting.");
    try {
      while (count < 5) {
        Thread.sleep(500);
        count++;
      }
    } catch (InterruptedException exc) {
      System.out.println("RunnableThread interrupted.");
    }
    System.out.println("RunnableThread terminating.");
  }
}

public static void main(String[] args) {
  RunnableThreadExample instance = new RunnableThreadExample();
  Thread thread = new Thread(instance);
  thread.start();

  /* 쓰레드 개수가 5가 될 때까지 (천천히) 기다린다. */
  while (instance.count != 5) {
    try {
      Thread.sleep(250);
```

```
27      } catch (InterruptedException exc) {
28        exc.printStackTrace();
29      }
30    }
31  }
```

실제로 해야 하는 일은 run() 메서드를 구현하는 것뿐이다(네 번째 줄). 그러면 해당 클래스의 객체를 만든 다음에 이를 new Thread(obj)의 인자로 넘기고(19~20) start()를 호출(21)하기만 하면 된다.

Thread 클래스 계승

대신, Thread 클래스를 계승하여 쓰레드를 만들 수도 있다. 그러려면 거의 항상 run() 메서드를 오버라이드 해야 하며, 하위 클래스의 생성자는 상위 클래스의 생성자를 명시적으로 호출해야 한다.

아래의 예제 코드를 보자.

```
public class ThreadExample extends Thread {
  int count = 0;

  public void run() {
    System.out.println("Thread starting.");
    try {
      while (count < 5) {
        Thread.sleep(500);
        System.out.println("In Thread, count is " + count);
        count++;
      }
    } catch (InterruptedException exc) {
      System.out.println("Thread interrupted.");
    }
    System.out.println("Thread terminating.");
  }
}

public class ExampleB {
  public static void main(String args[]) {
```

```
      ThreadExample instance = new ThreadExample();
      instance.start();

      while (instance.count != 5) {
        try {
          Thread.sleep(250);
        } catch (InterruptedException exc) {
          exc.printStackTrace();
        }
      }
    }
  }
```

이 코드는 앞서 살펴본 코드와 아주 비슷하다. 인터페이스를 구현하는 대신 Thread 클래스를 계승하고 있으므로, 생성한 객체에 직접 start()를 호출한다는 차이가 있을 뿐이다.

Thread 계승 vs. Runnable 인터페이스 구현

쓰레드를 생성할 때 Runnable 인터페이스를 구현하는 쪽이 나은 경우가 두 가지 있다.

- Java는 다중 상속multiple inheritance을 지원하지 않는다. 따라서 Thread 클래스를 상속하게 되면 하위 클래스는 다른 클래스는 상속할 수가 없다. Runnable 인터페이스를 구현하는 클래스는 다른 클래스를 상속받을 수 있다.
- Thread 클래스의 모든 것을 상속받는 것이 너무 부담되는 경우에는 Runnable을 구현하는 편이 나을지도 모른다.

동기화와 락synchronization and Lock

어떤 프로세스 안에서 생성된 쓰레드들은 같은 메모리 공간memory space을 공유한다. 그래서 좋을 때도 있고, 나쁠 때도 있다. 쓰레드가 서로 데이터를 공유할 수 있다는 것은 장점이다. 하지만 두 쓰레드가 같은 자원을 동시에 변경할 수도 있다는 문제가 있다. Java는 공유 자원에 대한 접근을 제어하기 위한 동기화 방법을 제공한다.

synchronized와 lock이라는 키워드는 서로 다른 쓰레드가 적절히 동기화 되도록 하는 수단을 제공한다.

동기화된 쓰레드

통상적으로 공유 자원에 대한 접근을 제어하고자 할 때에는 synchronized 키워드를 사용한다. 이 키워드는 메서드에 적용할 수도 있고, 특정한 코드 블록에 적용할 수도 있다. 어떤 객체에 여러 쓰레드가 달려드는 경우, 이 키워드가 적용된 코드는 동시에 실행될 수 없다.

아래의 예제를 통해 살펴보자.

```
public class MyClass extends Thread {
  private String name;
  private MyObject myObj;

  public MyClass(MyObject obj, String n) {
    name = n;
    myObj = obj;
  }

  public void run() {
    myObj.foo(name);
  }
}

public class MyObject {
  public synchronized void foo(String name) {
    try {
      System.out.println("Thread " + name + ".foo(): starting");
      Thread.sleep(3000);
      System.out.println("Thread " + name + ".foo(): ending");
    } catch (InterruptedException exc) {
      System.out.println("Thread " + name + ": interrupted.");
    }
  }
}
```

MyClass로 만든 두 쓰레드가 foo를 동시에 호출할 수 있을까? 상황에 따라 다르다. 그 두 쓰레드가 들고 있는 객체가 같은 MyObject 객체라면 동시 호출은 불가능하다. 하지만 다른 객체라면 호출할 수 있다.

```
/* 서로 다른 객체인 경우 동시에 MyObject.foo() 호출이 가능하다 */
MyObject obj1 = new MyObject();
MyObject obj2 = new MyObject();
MyClass thread1 = new MyClass(obj1, "1");
MyClass thread2 = new MyClass(obj2, "2");
thread1.start();
thread2.start()

/* 같은 obj를 사용한다. 두 쓰레드 가운데 하나만
 * foo를 실행할 수 있고, 다른 쓰레드는 기다려야 한다. */
MyObject obj = new MyObject();
MyClass thread1 = new MyClass(obj, "1");
MyClass thread2 = new MyClass(obj, "2");
thread1.start()
thread2.start()
```

정적 메서드에 synchronized를 적용하면 클래스 락class lock에 의해 동기화된다. 같은 클래스에 있는 동기화된 정적 메서드를 두 쓰레드가 동시 실행하는 것은 불가능하다. 설사 서로 다른 객체를 통해 호출하고 있다고 해도 말이다.

```
public class MyClass extends Thread {
  ...
  public void run() {
    if (name.equals("1")) MyObject.foo(name);
    else if (name.equals("2")) MyObject.bar(name);
  }
}

public class MyObject {
  public static synchronized void foo(String name) {
    /* 종전 코드와 같다 */
  }

```

```
  public static synchronized void bar(String name) {
    /* foo와 같다 */
  }
}
```

이 코드를 실행했을 때 출력되는 결과는 다음과 같다.

```
Thread 1.foo(): starting
Thread 1.foo(): ending
Thread 2.bar(): starting
Thread 2.bar(): ending
```

동기화된 블록

이와 비슷하게, 특정한 코드 블록에도 synchronized 키워드를 적용할 수 있다. 메서드를 동기화하는 것과 아주 비슷하게 동작한다.

```
public class MyClass extends Thread {
  ...
  public void run() {
    myObj.foo(name);
  }
}
public class MyObject {
  public void foo(String name) {
    synchronized(this) {
      ...
    }
  }
}
```

메서드를 동기화하는 것과 마찬가지로, MyObject 객체 하나당 하나의 쓰레드 만이 synchronized 블록 안의 코드를 실행할 수 있다. 다시 말해 thread1과 thread2가 동일한 MyObject 객체를 갖고 있다면, 그 가운데 하나만 그 코드를 실행할 수 있다.

락Lock

좀 더 세밀하게 동기화를 제어하고 싶다면, 락을 이용한다. 락(모니터라고 하기도 한다)을 공유 자원에 붙이면 해당 자원에 대한 접근을 동기화할 수 있다. 쓰레드가 해당 자원을 접근하려면 우선 그 자원에 붙어있는 락을 획득acquire해야 한다. 특정 시점에 락을 쥐고 있을 수 있는 쓰레드는 하나뿐이다. 따라서 해당 공유자원은 한 번에 한 쓰레드만이 사용할 수 있다.

어떤 자원을 프로그램 내의 이곳저곳에서 사용하는데, 한 번에 한 쓰레드만 사용하도록 만들고자 할 때 락을 많이 이용한다. 아래의 코드에 그 예를 보였다.

```
public class LockedATM {
  private Lock lock;
  private int balance = 100;

  public LockedATM() {
    lock = new ReentrantLock();
  }

  public int withdraw(int value) {
    lock.lock();
    int temp = balance;
    try {
      Thread.sleep(100);
      temp = temp - value;
      Thread.sleep(100);
      balance = temp;
    } catch (InterruptedException e) { }
    lock.unlock();
    return temp;
  }

  public int deposit(int value) {
    lock.lock();
    int temp = balance;
    try {
      Thread.sleep(100);
      temp = temp + value;
```

```
            Thread.sleep(300);
            balance = temp;
        } catch (InterruptedException e) { }
        lock.unlock();
        return temp;
    }
}
```

잠재적으로 어떤 문제들이 발생할 수 있는지 보이기 위해, 의도적으로 withdraw와 deposit이 실행되는 속도를 늦추기 위한 코드를 넣었다. 여러분은 이런 식으로 코드를 작성할 필요는 없다. 하지만 위의 코드가 보여주려고 하는 상황은 정말로, 정말로 실제적이다. 락을 사용하면 공유된 자원이 예기치 않게 변경되는 일을 막을 수 있다.

교착상태와 교착상태 방지

교착상태로 어떤 쓰레드가 다른 쓰레드가 들고 있는 락이 풀리기를 기다리고 있는데, 두 번째 쓰레드는 자신을 기다리는 바로 그 쓰레드가 들고 있는 락이 풀리기를 기다리는 상황을 일컫는다(여러 쓰레드가 관계되어 있더라도, 같은 상황이 발생할 수 있다). 모든 쓰레드가 다른 쓰레드가 락을 풀기만 기다리기 때문에, 결국 무한히 대기 상태에 빠지게 된다. 이런 쓰레드를 교착상태에 빠졌다고 한다.

교착상태가 발생하려면, 다음의 네 가지 조건이 전부 충족되어야 한다.

1. 상호 배제mutual exclusion: 한 번에 한 프로세스만 공유 자원을 사용할 수 있다(좀 더 정확하게 이야기하자면, 공유 자원에 대한 접근 권한이 제한된다. 자원의 양이 제한되어 있더라도 교착상태는 발생할 수 있다).
2. 들고 기다린다hold and wait: 공유 자원에 대한 접근 권한을 갖고 있는 프로세스가, 그 접근 권한을 양보하지 않은 상태에서 다른 자원에 대한 접근 권한을 요구할 수 있다.
3. 선취preemption 불가능: 한 프로세스가 다른 프로세스의 자원 접근 권한을

강제로 취소할 수 없다.

4. 대기 상태의 사이클circular wait: 두 개 이상의 프로세스가 다른 프로세스가 자원 접근 권한을 개방하기를 기다리는데, 그 관계에 사이클cycle이 존재한다.

교착상태 방지는 이 조건들 가운데 하나를 제거하는 것이다. 하지만 이들 조건 가운데 상당수는 만족되기 어려운 것이라서 까다롭다. 가령 많은 공유 자원은 한 번에 한 프로세스만 사용할 수 있기 때문에(프린터는 그 좋은 예다) 1번 조건은 제거하기 어렵다. 대부분의 교착상태 방지 알고리즘은 4번 조건, 즉 대기 상태의 사이클이 발생하는 일을 막는 데 초점을 맞춘다.

연습문제

16.1 쓰레드와 프로세스의 차이는?

538쪽

16.2 문맥 전환context switch에 소요되는 시간을 측정하려면?

538쪽

16.3 유명한 철학자의 만찬 문제dining philosophers problem를 떠올려 보자. 철학자들이 원형 테이블에 앉아 있는데, 젓가락 한 짝이 철학자들 사이에 놓여 있다. 음식을 먹으려면 젓가락 두 짝이 전부 필요한데, 이 철학자들은 오른쪽 젓가락을 집기 전에 왼쪽 젓가락을 먼저 집는다. 모든 철학자들이 왼쪽에 있는 젓가락을 동시에 집으려고 하면, 교착상태에 빠질 수 있다. 쓰레드와 락을 사용하여, 교착상태에 빠지지 않도록 철학자들의 만찬 문제를 시뮬레이션 하는 프로그램을 작성해 보라.

541쪽

16.4 교착상태에 빠지지 않는 경우에만 락을 주는 클래스를 설계해 보라.

544쪽

16.5 다음과 같은 코드가 있다고 하자.

```
public class Foo {
  public Foo() { ... }
  public void first() { ... }
  public void second() { ... }
  public void third() { ... }
}
```

이 클래스로 만든 객체 하나를 서로 다른 세 쓰레드에 전달한다. ThreadA는 first를 호출할 것이고, threadB는 second를 호출할 것이며, threadC는 third를 호출할 것이다. first가 second보다 먼저 호출되고, second가 third보다 먼저 호출되도록 보장하는 메커니즘을 설계하라.

550쪽

16.6 동기화된 메서드 A와 일반 메서드 B를 제공하는 클래스가 있다. 같은 프로그램 안에서 실행되는 두 개 쓰레드가 A를 동시에 실행할 수 있는가? A와 B는 동시에 실행할 수 있는가?

553쪽

추가 연습문제

17 중간 난이도

17.1 수 하나를 이동 없이 바꾸는 함수를 작성하라(즉, 임시 변수는 사용할 수 없다).

556쪽

17.2 틱-택-토tic-tac-toe 게임의 승자를 알아내는 알고리즘을 설계하라.

558쪽

17.3 n!의 계산 결과로 구해진 값의 마지막에 붙은 연속된 0의 개수를 계산하는 알고리즘을 작성하라.

562쪽

17.4 주어진 두 수의 최댓값을 찾는 메서드를 작성하라. if-else나 비교 연산자는 사용할 수 없다.

564쪽

17.5 마스터 마인드 게임The Game of Master Mind의 규칙은 다음과 같다.

컴퓨터가 네 개의 슬롯slot을 갖고 있는데, 각 슬롯에는 빨강색(R), 노란색(Y), 녹색(G), 파란색(B) 공이 들어 있다. RGGB는 슬롯 #1에 빨강, 슬롯 #2와 #3에 녹색, 슬롯 #4에 파란색 공이 들어있다는 뜻이다.

여러분, 그러니까 사용자는 이 순서를 추측해야 한다. 가령 여러분이 YRGB라고 추측했다고 해보자.

어떤 슬롯에 어떤 색의 공이 들어있는지 맞추게 되면 'hit'이다. 추측한 색의 공이 답에 포함되어 있긴 한데 다른 슬롯에 있다면 'pseudo-hit'이다. hit이 발생한 슬롯은 pseudo-hit으로 치지 않는다.

가령 답이 RGBY이고 여러분이 GGRR이라 추측했다면, 한 번의 hit과 한 번의 pseudo-hit이 발생한다.

답과 사용자의 추측이 인자로 주어졌을 때, hit과 pseudo-hit의 개수를 반환하는 메서드를 작성하라.

567쪽

17.6 정수 배열이 주어졌을 때, m부터 n까지의 원소를 정렬하기만 하면 배열 전체가 정렬되어버리는 m과 n을 찾아라. n-m이 최소화되도록 하라(다시 말해, 그런 순열 중 가장 짧은 것을 찾아야 한다).

– 예

입력: 1, 2, 4, 7, 10, 11, 7, 12, 6, 7, 16, 18, 19

출력: (3, 9)

569쪽

17.7 주어진 정수를 영어로 변환하여 출력하라(One Thousand나 Two Hundred Thirty Four와 같이 출력하면 된다).

572쪽

17.8 정수 배열이 주어진다(이 배열에는 양수 음수 모두 허용된다). 가장 큰 합을 갖는 연속 수열을 찾고 그 합을 반환하라.

– 예

입력: 2, -8, 3, -2, 4, -10

출력: 5 ({3, -2, 4}의 합이다)

574쪽

17.9 어떤 책에서 주어진 단어의 출현 빈도를 계산하는 메서드를 설계하라.

577쪽

17.10 XML에는 너무 많은 단어와 글자들이 사용되고 있어서, 각각의 태그tag를 지정된 정수 값으로 대응시키는 인코딩encoding 방법을 사용해서 그 크기를 줄이고 싶다. 그 문법은 다음과 같다.

요소Element → 태그 속성 END 자식 END

속성Attribute → 태그 값

END → 0

Tag → 지정된 정수 값

Value → 문자열 END

가령, 아래의 XML은 family → 1, person → 2, firstName → 3, lastName → 4, state → 5로 대응시킨다고 가정할 때, 한결 압축된 형태의 문자열로 변환될 수 있다.

```
<family lastName="McDowell" state="CA">
<person firstName="Gayle">Some Message</person>
</family>
```

즉, 다음의 문자열로 변환될 수 있다.

```
1 4 McDowell 5 CA 0 2 3 Gayle 0 Some Message 0 0
```

XML 요소가 주어졌을 때, 해당 요소를 인코딩한 문자열을 출력하는 메서드를 작성하라.

578쪽

17.11 rand5()를 이용하여 rand7()을 작성하라. rand5()는 0부터 4까지의 난수를 생성하는 메서드고, rand7()은 0부터 6까지의 난수를 발생시키는 메서드다.

580쪽

17.12 합한 값이 지정된 정수가 되는, 배열 내의 모든 정수 쌍을 찾는 알고리즘을 설계하라.

584쪽

17.13 BiNode라는 간단한 유사-노드 자료구조가 있다. 이 자료구조 안에는 다른 두 노드에 대한 포인터가 보관된다.

```
public class BiNode {
  public BiNode node1, node2;
  public int data;
}
```

이 자료구조는 이진 트리를 표현하는 데 사용될 수도 있고(node1을 왼쪽 노드, node2를 오른쪽 노드를 가리키게 만들면 됨) 양방향 연결 리스트를 만드는 데 사용할 수도 있다(node1은 이전 노드, node2는 다음 노드를 가리키게 만들면 됨). BiNode를 사용해 구현된 이진 탐색 트리를 양방향 연결 리스트로 변환하는 메서드를 작성하라. 값의 순서는 보존

되어야 하며 모든 변환은 원래 자료구조를 사용해 이루어져야 한다.

585쪽

17.14 아 이런! 긴 문서 하나를 편집하다가 실수로 찾기/바꾸기를 해 버렸다. 공백과 구두점이 사라졌고, 대문자는 전부 소문자로 바뀌어버렸다. 그러니까 "I reset the computer. It still didn't boot!"가 "iresetthecomputeritstilldidn'tboot"로 바뀐 것이다. 단어를 적절히 구분해 낼 수 있다면 구두점과 대문자는 복원해 낼 수 있을 것이다. 대부분의 단어들이야 사전에 있으니 가능하겠지만, 이름과 같은 단어들은 사전에 없다는 것이 문제다.

사전이 주어졌을 때(단어 리스트), 단어들을 원래대로 분리하는 최적의 알고리즘을 설계하라. '최적'이라 함은, 인식할 수 없는 문자열의 수를 최소화한다는 뜻이다.

가령, 문자열 'jesslookedjustliketimherbrother'의 최적 처리 결과는 'JESS looked just like TIM her brother'이다. 이 결과에는 인식할 수 없는 문자가 일곱 개 포함되어 있는데, 인식할 수 없었다는 사실을 명확하게 하기 위해 대문자로 표시하였다.

591쪽

18
고난이도 연습문제

18.1 두 수를 더하는 함수를 작성하라. +를 비롯한 수학 연산자는 사용할 수 없다.

598쪽

18.2 카드 한 벌을 뒤섞는 메서드를 작성하라. 완벽히 뒤섞어야 한다. 이때 '완벽하다'는 말의 의미는, 카드 한 벌을 뒤섞는 방법이 52!가지가 있는데 이 각각의 확률이 전부 같아야 한다는 것이다. '완벽한' 난수 생성기 random number generator가 주어진다고 가정하라.

599쪽

18.3 길이가 n인 배열에서 m개의 원소를 무작위로 추출하는 메서드를 작성하라. 각 원소가 선택될 확률은 동일해야 한다.

601쪽

18.4 0부터 n까지의 수를 나열했을 때 2가 몇 번이나 등장했는지 세는 메서드를 작성하라.

– 예

입력: 25

출력: 9 (2, 12, 20, 21, 22, 23, 24 그리고 25. 22에는 2가 2번 등장한 것으로 친다.)

603쪽

18.5 단어들이 적혀 있는 아주 큰 텍스트 파일이 있다. 단어 두 개가 입력으로 주어졌을 때, 해당 파일 안에서 그 두 단어 사이의 최단거리(단어 수를 기준으로 측정한)를 구하는 코드를 작성하라. 같은 파일에 대해 단어 간 최단거리를 구하는 연산을 여러 번 반복하게 된다고 했을 때 (단어 쌍은 서로 다른 것을 사용한다) 어떤 최적화 기법을 사용할 수 있겠는가?

607쪽

18.6 10억 개의 수 가운데에서 100만 개의 가장 작은 수들을 추출하는 알고리즘을 설명하라. 메모리에 10억개의 수들을 다 수용할 수 있다고 가정하라.

609쪽

18.7 주어진 단어 리스트에서, 다른 단어들을 조합하여 만들 수 있는 가장 긴 단어를 찾는 프로그램을 작성하라.

– 예:

입력: cat, banana, dog, nana, walk, walker, dogwalker

출력: dogwalker

612쪽

18.8 문자열 s와, s보다 짧은 길이를 갖는 문자열의 배열인 T가 주어졌을 때, T에 있는 각 문자열을 s에서 찾는 메서드를 작성하라.

614쪽

18.9 무작위로 생성된 수들이 메서드에 인자로 주어진다. 새로운 수가 접수되었을 때, 그 수까지를 고려하여 중간값median을 찾고 유지하는 프로그램을 작성하라.

616쪽

18.10 사전에 등장하고 길이가 같은 두 단어가 주어졌을 때, 한 번에 글자 하나만 바꾸어 한 단어를 다른 단어로 변환하는 메서드를 작성하라. 변환 과정에서 만들어지는 각 단어도 사전에 있는 단어여야 한다.

– 예:

입력: DAMP, LIKE

출력: DAMP → LAMP → LIMP → LIME → LIKE

618쪽

18.11 정방형의 행렬이 있다. 이 행렬의 각 셀(픽셀)은 검정색이거나 흰색이다. 네 가장자리가 전부 검정 픽셀인 최대 부분 정방행렬을 찾는 알고리즘을 설계하라.

620쪽

18.12 정수와 음수를 담은 N×N 행렬이 입력으로 주어졌을 때, 그 모든 원소의 합이 최대가 되는 부분 행렬을 찾는 코드를 작성하라.

624쪽

18.13 백만 개의 단어 목록이 주어졌을 때, 각 단어의 글자들을 사용하여 만들 수 있는 최대 크기 직사각형을 구하는 알고리즘을 설계하라. 이 정사각형의 각 행은 하나의 단어여야 하고(왼쪽에서 오른쪽 방향) 모든 열 또한 하나의 단어여야 한다(위에서 아래쪽 방향). 리스트에서 단어를 선정할 때 연속된 단어를 선정할 필요는 없다. 모든 행의 길이는 서로 같아야 하고, 모든 열의 길이도 서로 같아야 한다.

631쪽

IX
해법

www.CrackingTheCodingInterview.com에 가입하면 이 책에 실린 문제에 대한 Java / Eclipse 해법의 완전한 소스코드를 다운받을 수 있고, 다른 독자들과 토론하고, 문제점을 알리며, 이 책의 정오표를 볼 수 있다. 여러분의 이력서를 올릴 수도 있고, 다른 여러 가지 조언도 구할 수 있다.

자료구조

01
배열과 문자열 해법

1.1 문자열에 포함된 문자들이 전부 유일한지를 검사하는 알고리즘을 구현하라. 다른 자료구조를 사용할 수 없는 상황이라면 어떻게 하겠는가?

92쪽

해법

먼저 면접관에게 문자열이 ASCII 문자열인지 유니코드 문자열인지 물어봐야 할 것이다. 이것은 중요한 질문이며, 이 질문을 던짐으로써 여러분이 컴퓨터 과학을 깊이 이해하고 있으며, 세부사항을 볼 수 있는 눈을 갖추고 있다는 인상을 줄 수 있다.

간단히 하기 위해 여기서는 ASCII 문자 집합을 사용한다고 가정할 것이다. 그렇지 않다면 필요한 공간의 크기를 늘려야 할 것이다. 하지만 알고리즘의 나머지 부분은 동일하다.

이런 가정을 한 상태에서 적용할 수 있는 한 가지 최적화 방안은, 문자열의 길이가 문자 집합 크기보다 클 경우 바로 false를 반환하는 것이다. 가능한 문자가 256가지 밖에 없는데 주어진 문자열의 길이가 280이라면, 중복이 존재한다는 것이니까.

처음 생각할 수 있는 방법은 Boolean 값을 갖는 배열을 만드는 것이다. 이 배열의 i번째 원소는 문자 집합의 i번째 문자가 배열 내에 존재하는지를 표시한다. 같은 원소에 두 번 접근하게 되면, 바로 false를 반환하면 된다.

이 알고리즘을 구현하는 코드를 아래에 보였다.

```
public boolean isUniqueChars2(String str) {
  if (str.length() > 256) return false;

  boolean[] char_set = new boolean[256];
```

```
    for (int i = 0; i < str.length(); i++) {
      int val = str.charAt(i);
      if (char_set[val]) { // 이 문자는 이미 문자열 내에 있음
        return false;
      }
      char_set[val] = true;
    }
    return true;
  }
```

문자열의 길이가 n일 때, 이 코드의 시간 복잡도는 O(n)이다. 공간 복잡도는 O(1)이다.

비트 벡터를 사용하면 필요한 공간을 1/8로 줄일 수 있다. 아래의 코드에서는 문자열이 소문자 a부터 z까지로만 구성된다고 가정하였다. 그렇게 하면 하나의 int 변수만 사용할 수 있다.

```
  public boolean isUniqueChars(String str) {
    if (str.length() > 26) return false;

    int checker = 0;
    for (int i = 0; i < str.length(); i++) {
      int val = str.charAt(i) - 'a';
      if ((checker & (1 << val)) > 0) {
        return false;
      }
      checker |= (1 << val);
    }
    return true;
  }
```

대신, 다음과 같이 할 수도 있다.

1. 문자열 내의 각 문자를 다른 모든 문자와 비교한다. 이렇게 하면 $O(n^2)$ 시간이 걸리고, O(1) 만큼의 공간이 필요하다.
2. 입력으로 주어진 문자열을 수정해도 된다면, O(n log(n)) 시간 동안 문자

열을 정렬한 다음 문자열을 처음부터 훑어 나가면서 인접한 문자가 동일한 문자인지 검사하는 방법을 쓸 수 있다. 유의할 것은, 많은 정렬 알고리즘이 추가 공간을 요구하기도 한다는 것이다.

이런 해결법은 어떤 면에서는 최적이라 할 수 없지만, 문제의 요구사항에 따라서는 더 좋은 방법이 될 수도 있다.

1.2 널 문자로 끝나는 문자열을 뒤집는 reverse(char* str) 함수를 C나 C++로 구현하라.

92쪽

해법

고전적인 면접 문제 가운데 하나다. 입력으로 주어진 문자를 해당 배열만 사용해서 뒤집어야 한다는 것이 유일하게 어려운 부분. null 문자에 대해서는 주의해야 한다.

C로 구현하면 다음과 같다.

```
void reverse(char *str) {
  char* end = str;
  char tmp;
  if (str) {
    while (*end) { /* 문자열의 끝을 찾는다 */
      ++end;
    }
    --end; /* 마지막 문자는 null이므로, 한 문자 앞으로 간다 */

    /* 맨 앞의 문자를 맨 뒤의 문자와 바꾸고 포인터를 이동시킨다.
    * 두 포인터가 중간지점에서 만날 때까지 반복한다. */
    while (str < end) {
      tmp = *str;
      *str++ = *end;
      *end-- = tmp;
    }
  }
}
```

지금 보인 풀이는 여러 가지 풀이 방법 가운데 하나일 뿐이다. 심지어는 재귀적으로 풀 수도 있다(추천하고 싶은 방법은 아니다).

1.3 문자열 두 개를 입력으로 받아 그중 하나가 다른 하나의 순열인지 판별하는 메서드를 작성하라.

92쪽

해법

다른 많은 문제의 경우와 마찬가지로 면접관에게 질문해서 몇 가지 세부사항을 확인해야 한다. 가령, 대소문자 구별을 따져야 하는가? 그러니까 God는 dog을 글자 순서만 바꿔 만든 문자열anagram이라고 봐야 하는가? 공백은 어떻게 처리해야 하는지도 물어봐야 할 것이다.

여기서는 대소문자 구별이 중요하며, 공백도 문자 하나로 취급할 것이다. 그러니 "god   "는 "dog"과는 다르다.

문자열 두 개를 비교할 때 그 길이가 다르면, 그 두 문자열은 서로 순열 관계에 있을 수 없다.

방금 언급한 최적화 기법을 사용하는 두 가지 쉬운 해법을 지금부터 살펴보도록 하겠다.

풀이 #1: 정렬하라

만일 두 문자열이 글자의 순서만 다른 문자열이라면, 글자의 값을 기준으로 각각을 정렬했을 때 똑같은 결과가 나와야 한다. 그러니, 우선 두 문자열을 정렬해 두고, 그런 다음에 같은지 비교해 보기만 하면 된다.

```
public String sort(String s) {
  char[] content = s.toCharArray();
  java.util.Arrays.sort(content);
  return new String(content);
}

public boolean permutation(String s, String t) {
```

```
  if (s.length() != t.length()) {
    return false;
  }
  return sort(s).equals(sort(t));
}
```

이 알고리즘은 어떤 면으로 보면 최적은 아니지만, 깔끔하고 단순하며 이해하기 쉽다는 측면에서 보면 선호할 만한 알고리즘이다. 실용적 견지에서 보면, 아주 우월한 풀이법이다.

하지만 효율성이 아주 중요한 상황이라면, 다른 식으로 구현할 수 있다.

풀이 #2: 문자열에 포함된 문자의 출현 횟수가 같은지 검사하라

두 문자열이 글자 순서만 바뀐 관계에 있다면, 각 문자의 출현 횟수도 동일할 것이라는 점에 착안하는 것이다. 배열을 두 개 사용해 각 문자열 내의 문자 출현 횟수를 기록한 다음, 그 두 배열을 비교하면 된다.

```
public boolean permutation(String s, String t) {
  if (s.length() != t.length()) {
    return false;
  }

  int[] letters = new int[256]; // 가정

  char[] s_array = s.toCharArray();
  for (char c : s_array) { // s 내의 각 문자 출현 횟수를 센다.
    letters[c]++;
  }

  for (int i = 0; i < t.length(); i++) {
    int c = (int) t.charAt(i);
    if (--letters[c] < 0) {
      return false;
    }
  }

  return true;
}
```

여섯 번째 줄의 가정에 유의하라. 실제로는 면접관에게 물어 문자 집합 크기를 확인해야 한다. 여기서는 문자 집합으로 ASCII를 사용한다 가정했다.

1.4 주어진 문자열 내의 모든 공백을 '%20'으로 바꾸는 메서드를 작성하라. 문자열 끝에 추가로 필요한 문자들을 더할 수 있는 충분한 공간이 있다고 가정하라. 그리고 공백을 포함하는 문자열의 길이도 함께 주어진다고 가정하라. (주의: 만일 Java로 구현한다면, 문자 배열을 사용하여 필요한 연산을 각 문자에 바로 적용할 수 있도록 하라.)

92쪽

해법

문자열 조작 문제에서 널리 쓰이는 접근법 하나는 문자열을 뒤에서부터 거꾸로 편집해 나가는 것이다. 끝 부분에 여유 공간이 있을 경우 특히 유용하다. 뭘 덮어 쓰고 있는 건지 걱정하지 않고서도 문자들을 바꿔 나갈 수 있기 때문이다.

이번 문제에도 같은 접근법을 적용한다. 이 알고리즘은 문자열을 두 번 훑는다[scan]. 처음에는 문자열 내에 얼마나 많은 공백문자가 있는지 살핀다. 그 결과를 최종 변환 결과 문자열의 길이를 계산하는 데 사용한다. 두 번째로 훑을 때에는 역방향으로 진행하는데, 이때 실제로 문자열을 편집한다. 공백을 만나면, 다음 위치에 %20을 복사하고, 공백문자가 아니면 원래 문자를 복사한다.

이 알고리즘에 대한 코드를 아래에 보였다.

```
public void replaceSpaces(char[] str, int length) {
  int spaceCount = 0, newLength, i = 0;
  for (i = 0; i < length; i++) {
    if (str[i] == ' ') {
      spaceCount++;
    }
  }
  newLength = length + spaceCount * 2;
  str[newLength] = '\0';
```

```
  for (i = length - 1; i >= 0; i--) {
    if (str[i] == ' ') {
      str[newLength - 1] = '0';
      str[newLength - 2] = '2';
      str[newLength - 3] = '%';
      newLength = newLength - 3;
    } else {
      str[newLength - 1] = str[i];
      newLength = newLength - 1;
    }
  }
}
```

문자 배열array을 사용하고 있는데, 이는 Java 문자열이 수정 불가능immutable하기 때문이다. 문자열을 직접 사용하는 경우, 문자열을 새로 복사하여 사용하여야 하는데, 그렇게 할 경우에는 한 번만 훑어서 결과를 반환할 수 있다.

1.5 같은 문자가 연속으로 반복될 경우, 그 횟수를 사용해 문자열을 압축하는 메서드를 구현하라. 가령 압축해야 할 문자열이 aabccccccccaaa라면 a2b1c8a3과 같이 압축되어야 한다. 압축 결과로 만들어지는 문자열이 원래 문자열보다 짧아지지 않는 경우, 이 메서드는 원래 문자열을 그대로 반환해야 한다.

92쪽

해법

얼핏 보기에는 직관적으로 구현할 수 있을 것 같아 보인다. 조금은 따분해 보이는 방법으로. 문자열을 순회하면서 새로운 문자열에 문자들을 복사해 넣고, 반복되는 횟수를 세고. 어려울 것이 있나?

```
public String compressBad(String str) {
  String mystr = "";
  char last = str.charAt(0);
  int count = 1;
  for (int i = 1; i < str.length(); i++) {
    if (str.charAt(i) == last) { // 반복되는 문자 찾기
```

```
      count++;
    } else { // 횟수를 삽입하고, last 갱신
      mystr += last + "" + count;
      last = str.charAt(i);
      count = 1;
    }
  }
  return mystr + last + count;
}
```

이 코드는 압축 결과로 만들어지는 문자열이 원래 문자보다 길어지는 경우는 처리하지 않는다. 하지만 다른 경우에 대해서는 동작한다. 그런데 효율적이기는 한 것인가? 이 코드의 수행 시간을 살펴보자.

수행 시간은 $O(p+k^2)$이다. p는 원래 문자열의 길이이고, k는 같은 문자가 연속되는 부분 문자열 개수이다. 가령 원래 문자열이 aabccdeeaa라면, k의 값은 6이다. 이 알고리즘은 느린데, 문자열을 합하는 연산이 $O(n^2)$ 시간에 완료되기 때문이다(1장의 StringBuffer 관련 내용 참고).

StringBuffer를 사용하면 이 알고리즘을 개선할 수 있다.

```
String compressBetter(String str) {
  /* 압축 결과가 원래 문자열보다 길어지는지 검사 */
  int size = countCompression(str);
  if (size >= str.length()) {
    return str;
  }

  StringBuffer mystr = new StringBuffer();
  char last = str.charAt(0);
  int count = 1;
  for (int i = 1; i < str.length(); i++) {
    if (str.charAt(i) == last) { // 반복되는 문자 찾기
      count++;
    } else { // 반복 횟수를 삽입하고, last 갱신
      mystr.append(last); // 문자 삽입
      mystr.append(count); // 반복 횟수 삽입
      last = str.charAt(i);
      count = 1;
    }
```

```
20     }
21
22     /* 15-16 행에서, 문자들은 반복되는 문자가 바뀔 때 삽입된다.
23      * 메서드 끝부분에서 최종적으로 문자열을 갱신할 필요가 있는데,
24      * 맨 마지막 부분에서 반복되는 문자열은
25      * 아직 최종적으로 생성되는 압축 결과 문자열에
26      * 반영되지 않았기 때문이다. */
27     mystr.append(last);
28     mystr.append(count);
29     return mystr.toString();
30   }
31
32   int countCompression(String str) {
33   if(str == null || str.isEmpty()) return 0;
34     char last = str.charAt(0);
35     int size = 0;
36     int count = 1;
37     for (int i = 1; i < str.length(); i++) {
38       if (str.charAt(i) == last) {
39         count++;
40       } else {
41         last = str.charAt(i);
42         size += 1 + String.valueOf(count).length();
43         count = 1;
44       }
45     }
46     size += 1 + String.valueOf(count).length();
47     return size;
48   }
```

이 알고리즘이 훨씬 낫다. 2행부터 5행까지, 압축 결과의 길이를 검사하는 코드를 넣어 두었음에 유의하자.

StringBuffer를 쓸 수 없거나 쓰고 싶지 않을 때에도 이 문제를 효율적으로 푸는 것은 가능하다. 3번째 행에서, 우리는 변환 결과 문자열의 길이를 계산한다. 그 결과를 사용해 올바른 길이의 char 배열을 만들어 낼 수 있으므로, 다음과 같이 구현할 수 있다.

```
1   String compressAlternate(String str) {
2     /* 압축 결과로 만들어지는 문자열의 길이가 원래보다 길어지는지 검사 */
```

```
  int size = countCompression(str);
  if (size >= str.length()) {
    return str;
  }

  char[] array = new char[size];
  int index = 0;
  char last = str.charAt(0);
  int count = 1;
  for (int i = 1; i < str.length(); i++) {
    if (str.charAt(i) == last) { // 반복되는 문자 찾기
      count++;
    } else {
      /* 문자 반복 횟수 갱신 */
      index = setChar(array, last, index, count);
      last = str.charAt(i);
      count = 1;
    }
  }

  /* 최종적으로 반복된 부분 문자열을 결과에 추가 */
  index = setChar(array, last, index, count);
  return String.valueOf(array);
}

int setChar(char[] array, char c, int index, int count) {
  array[index] = c;
  index++;

  /* 반복 횟수를 문자열로 바꾸고, 최종적으로 배열로 변환 */
  char[] cnt = String.valueOf(count).toCharArray();

  /* 변환된 문자열을 앞에서부터 결과에 추가 */
  for (char x : cnt) {
    array[index] = x;
    index++;
  }
  return index;
}

int countCompression(String str) {
  /* 종전 코드와 동일 */
}
```

두 번째 해법과 마찬가지로, 위의 코드는 O(N) 시간과 O(N) 공간을 요구한다.

1.6 이미지를 표현하는 N×N 행렬이 있다. 이미지의 각 픽셀은 4바이트로 표현된다. 이때 이미지를 90도 회전시키는 메서드를 작성하라. 부가적인 행렬을 사용하지 않고서도 할 수 있겠는가?

92쪽

해법

행렬을 90도로 회전시킬 것이므로, 가장 간단한 방법은 레이어별로 회전시키는 것이다. 행렬의 맨 바깥쪽 원소들이 하나의 레이어를 구성하고, 그 안쪽 원소들이 또 하나의 레이어를 구성한다. 이런 식으로 행렬을 레이어별로 쪼개어 회전시킬 수 있다. 각 레이어는 이렇게 회전시킬 수 있다. 즉, 꼭대기 가장자리는 오른쪽 가장자리로, 오른쪽 가장자리는 아래쪽 가장자리로, 아래쪽 가장자리는 왼쪽 가장자리로, 왼쪽 가장자리는 맨 위쪽 가장자리로 옮기면 된다.

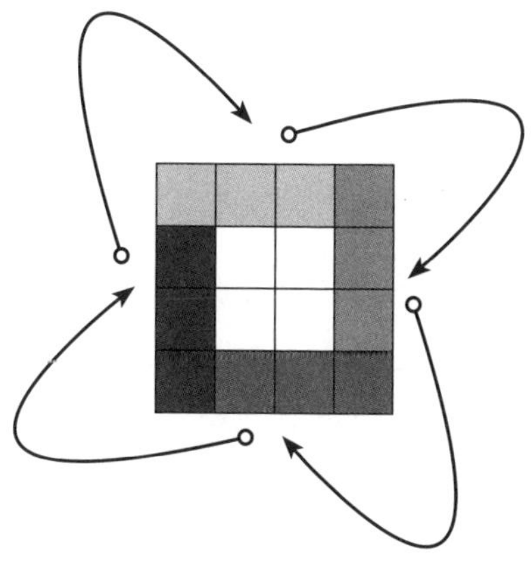

그런데 어떻게 해야 이 네 방향 가장자리 교체 작업을 구현할 수 있나? 한 가지 방법은 맨 위쪽 가장자리를 배열에 복사한 뒤 왼쪽 가장자리를 맨 위로 옮기고, 아래쪽 가장자리는 왼쪽으로, 그리고 오른쪽 가장자리는 바닥으로

옮기는 것이다. 그러려면 O(N) 만큼의 메모리가 필요한데, 사실 불필요하다.

더 나은 방법은 교체 작업을 첨자index 별로 수행하는 것이다. 다음과 같이 하면 된다.

```
for i = 0 to n
  temp = top[i];
  top[i] = left[i]
  left[i] = bottom[i]
  bottom[i] = right[i]
  right[i] = temp
```

이런 교체 작업을 각 레이어에 대해 수행한다. 제일 바깥쪽 레이어부터 안쪽으로 진행해 나가면 된다(안쪽으로부터 바깥쪽으로 진행해 나가도 된다).

이 알고리즘은 다음과 같이 구현할 수 있다.

```
public void rotate(int[][] matrix, int n) {
  for (int layer = 0; layer < n / 2; ++layer) {
    int first = layer;
    int last = n - 1 - layer;
    for(int i = first; i < last; ++i) {
      int offset = i - first;
      // 위쪽을 저장
      int top = matrix[first][i];

      // 왼쪽 -> 위쪽
      matrix[first][i] = matrix[last-offset][first];

      // 아래 -> 왼쪽
      matrix[last-offset][first] = matrix[last][last - offset];

      // 오른쪽 -> 아래
      matrix[last][last - offset] = matrix[i][last];

      // 위 -> 오른쪽
      matrix[i][last] = top;
    }
  }
}
```

이 알고리즘은 $O(N^2)$의 복잡도를 갖는다. N^2개의 모든 원소를 다 건드려야 하기 때문에, 이것이 최선이다.

1.7 M × N 행렬을 순회하면서 0인 원소를 발견하면, 해당 원소가 속한 행과 열의 모든 원소를 0으로 설정하는 알고리즘을 작성하라.

93쪽

해법

척 보기엔 쉬워 보인다. 행렬을 순회해 나가면서 그 값이 0인 원소를 발견하면, 그 원소가 속한 행과 열의 모든 원소를 0으로 만들면 되지 않나. 그런데 이 방법에는 문제점이 하나 있다. 그 뒤로 그 원소가 속한 행이나 열의 다른 원소들을 방문하게 되면, 값이 0으로 바뀌어 있을 테니, 또 그 원소들이 속한 행과 열의 다른 원소들의 값도 0으로 만들어야 한다. 이러다 보면 금새 행렬의 모든 원소 값이 0으로 바뀌게 된다.

이 문제를 해결하는 방법 하나는 어떤 원소가 0인지 기록할 행렬 하나를 더 두는 것이다. 일단 그 행렬에 올바른 값을 기록하는 단계를 수행하고 나서, 그 다음 단계에서 행렬의 다른 원소 값을 0으로 조정하는 작업을 수행하는 것이다. 그러려면 O(MN) 만큼의 공간이 필요하다.

그런데 정말로 O(MN) 만큼의 공간이 필요한가? 그렇지 않다. 같은 행과 열의 모든 원소의 값을 0으로 만들 것이므로, 0인 원소가 정확히 몇 번째 행에 몇 번째 열의 원소였는지 알 필요는 없다. 우리는 그저 어떤 행 안에 0 값을 갖는 원소가 있다는 사실만 기록하면 되고, 어떤 열 안에 0값을 갖는 원소가 있다는 사실만 기록하면 된다. 어차피 그 행과 열의 모든 원소를 0으로 만들 것인데, 왜 정확한 위치를 기록해야 하나?

이 알고리즘을 구현한 코드를 아래에 보였다. 0이 있는 행과 열을 추적하기 위한 배열을 두 개 사용했다. 그런 다음, 이 배열의 값에 따라서 행과 열을 전부 0으로 만들도록 했다.

```
public void setZeros(int[][] matrix) {
  boolean[] row = new boolean[matrix.length];
```

```
    boolean[] column = new boolean[matrix[0].length];

    // 0인 원소가 있는 행과 열의 첨자(index) 값을 저장한다.
    for (int i = 0; i < matrix.length; i++) {
      for (int j = 0; j < matrix[0].length;j++) {
        if (matrix[i][j] == 0) {
          row[i] = true;
          column[j] = true;
        }
      }
    }

    // i행이나 j열이 0인 원소를 갖는 경우, arr[i][j]의 값을 0으로 만든다.
    for (int i = 0; i < matrix.length; i++) {
      for (int j = 0; j < matrix[0].length; j++) {
        if (row[i] || column[j]) {
          matrix[i][j] = 0;
        }
      }
    }
  }
```

불린 배열 대신 비트 벡터bit vector를 사용하면 이 알고리즘의 공간 효율성을 좀 더 높일 수 있긴 한데, 그래도 공간 복잡도는 여전히 O(N)일 것이다. 대신 첫 번째 행을 row 배열로, 그리고 첫 번째 열을 column 배열처럼 사용하면 공간 효율을 O(1)로 낮출 수 있다. 방법은 다음과 같다. 첫 번째 행과 첫 번째 열 안에 0이 있는지 검사한 다음, 있다면 rowHashZero와 columnHasZero 변수를 그에 맞게 설정한다. (나중에 이 변수들을 사용해 첫 번째 행과 첫 번째 열을 0으로 만드는 작업을 수행할 것이다.) 그런 다음 배열의 나머지 부분을 순회하면서 값이 0인 matrix[i][j]를 만날 때마다 matrix[i][0]과 matrix[0][j]를 0으로 설정한다. 이 작업을 끝낸 다음에는 matrix[i][0]이 0인 모든 행 i를 0으로 만들고, matrix[0][j]가 0인 모든 행 j를 0으로 만든다. 그런 다음, rowHashZero가 true로 설정되어 있으면 첫 번째 행을, columnHasZero 변수가 true로 설정되어 있으면 첫 번째 열을 0으로 만든다. 이 알고리즘의 코드는 이 책의 웹사이트에서 다운받을 수 있다.

1.8 한 단어가 다른 단어에 포함된 문자열인지 판별하는 isSubstring이라는 메서드가 있다고 하자. s1과 s2의 두 문자열이 주어졌을 때, s2가 s1을 회전시킨 결과인지 판별하는 코드를 isSubstring을 한 번만 호출하도록 하여 작성하라(가령 'waterbottle'은 'erbottlewat'을 회전시켜 얻을 수 있는 문자열이다).

93쪽

해법

s2가 s1을 회전시켜 얻은 문자열이라면, 회전된 지점이 어딘지를 알아봐야 한다. 가령 waterbottle을 회전시켜 erbbottlewat을 얻었다고 해보자. 회전시킬 때, s1을 x와 y의 두 부분으로 나눈 다음 다시 배열하여 s2를 얻었을 것이다.

```
s1 = xy = waterbottle
x = wat
y = erbottle
s2 = yx = erbottlewat
```

그러니, xy=s1이고 yx=s2인 x와 y로 s1을 나눌 수 있는지 살펴봐야 한다. 그런데 x와 y를 나눈 지점이 어디인가와 상관없이, yx는 언제나 xyxy의 부분 문자열이다. 다시 말해서, s2는 언제나 s1s1의 부분 문자열이란 이야기이다.

그리고 바로 이것이, 우리가 이 문제를 푸는데 적용한 방법이다. 그냥 isSubstring(s1s1, s2)인지 알아보는 것이다.

이 알고리즘을 구현한 코드를 아래에 보였다.

```
public boolean isRotation(String s1, String s2) {
  int len = s1.length();
  /* s1과 s2의 길이가 같고, 0보다 큰지 확인 */
  if (len == s2.length() && len > 0) {
    /* s1과 s1을 연결해 새 문자열 생성 */
    String s1s1 = s1 + s1;
    return isSubstring(s1s1, s2);
  }
  return false;
}
```

02
연결 리스트(Linked Lists) 해법

2.1 비정렬unsorted 연결 리스트에서 중복 문자를 제거하는 코드를 작성하라.

▶ **연관문제**

임시 버퍼가 허용되지 않는 상황에서 이 문제를 어떻게 해결할 수 있겠는가?

96쪽

해법

연결 리스트에서 중복을 제거하기 위해서는 중복을 추적할 필요가 있다. 여기서는 간단한 해시 테이블을 사용하여 처리하였다.

아래에 보인 코드에서는 단순히 연결 리스트를 순회하면서 각 원소를 해시 테이블에 저장하였다. 그러다 중복을 발견하면, 그 원소는 제거하고 계속 진행한다. 연결 리스트를 사용하고 있으므로, 한 번의 순회로 전부 처리할 수 있다.

```
public static void deleteDups(LinkedListNode n) {
  Hashtable table = new Hashtable();
  LinkedListNode previous = null;
  while (n != null) {
    if (table.containsKey(n.data)) {
      previous.next = n.next;
    } else {
      table.put(n.data, true);
      previous = n;
    }
    n = n.next;
  }
}
```

위의 알고리즘은 O(N) 시간에 수행된다. N은 연결 리스트에 보관된 원소의 수이다.

수정: 버퍼가 없다면?

버퍼가 없다면 두 개의 포인터를 사용해 순회하여 문제를 해결할 수 있다. current라는 포인터로는 연결 리스트를 순회하고, runner로는 그 뒤에 중복이 있는지 확인하는 것이다.

```
public static void deleteDups(LinkedListNode head) {
  if (head == null) return;

  LinkedListNode current = head;
  while (current != null) {
    /* 같은 값을 갖는 이후 노드들을 제거 */
    LinkedListNode runner = current;
    while (runner.next != null) {
      if (runner.next.data == current.data) {
        runner.next = runner.next.next;
      } else {
        runner = runner.next;
      }
    }
    current = current.next;
  }
}
```

이 코드는 공간 요구량은 O(1)이지만, 수행 시간은 $O(N^2)$이다.

2.2 단방향 연결 리스트에서, 뒤에서 k번째 원소를 찾는 알고리즘을 구현하라.

97쪽

해법

본 풀이에서는 k = 1이 마지막 원소를 가리킨다고 가정하였다. 이 문제를 재귀적으로, 그리고 비-재귀적으로 풀어볼 것이다. 재귀적 알고리즘은 간명해 보이긴 하지만 최적은 아닐 때가 많다. 가령 이번 문제를 재귀적으로 풀면 코드의 양은 비-재귀적인 코드보다 반으로 줄어들지만 공간 복잡도는 O(n)이 된다. 여기서 n은 연결 리스트 내의 원소 개수다.

해법 #1: 연결 리스트 길이를 아는 경우

만일 연결 리스트의 길이를 알고 있다면, 맨 마지막 원소에서 k번째 원소는 앞에서부터 따지면 (length - k)번째 원소가 된다. 이 원소부터 시작해서 리스트를 순회해 나가면 된다. 이 해법은 너무 간단해서, 면접관이 원한 해답일 리가 없음은 거의 100% 확신해도 좋다.

해법 #2: 재귀적 해법

이 알고리즘은 연결 리스트를 재귀적으로 순회한다. 마지막 원소를 만나면, 이 메서드는 0으로 설정된 카운터 값을 반환한다. 재귀적으로 호출된 상위 메서드는 그 반환값에 1을 더한다. 그리고 다시 반환한다. 카운터 값이 k에 도달하면, 우리는 뒤에서 k번째 원소에 도달했음을 알게 된다.

이 해법은 정말로 짧고 아름답게 구현할 수 있다. 그런데 불행히도, return 문을 통해서는 노드 하나와 카운터 값 하나를 동시에 반환할 수가 없다. 그 문제는 어떻게 해결해야 하나?

방법 A: 원소를 반환하지 않는다.

문제를 수정해서 맨 뒤로부터 k번째 원소의 값을 출력하도록 바꾸면 된다. 그러면 return을 통해 카운터 값만 반환하면 된다.

```
public static int nthToLast(LinkedListNode head, int k) {
  if (head == null) {
    return 0;
  }
  int i = nthToLast(head.next, k) + 1;
  if (i == k) {
    System.out.println(head.data);
```

```
    }
    return i;
}
```

물론, 이 방법은 면접관이 허락하는 경우에만 통하는 방법이다.

방법 B: C++로 구현

두 번째 방법은 C++의 '참조를 통한 값 전달' 기능을 활용하는 것이다. 그렇게 하면 포인터를 통해 노드도 반환할 수 있고, 카운터 값도 갱신할 수 있다.

```
node* nthToLast(node* head, int k, int& i) {
  if (head == NULL) {
    return NULL;
  }
  node * nd = nthToLast(head->next, k, i);
  i = i + 1;
  if (i == k) {
    return head;
  }
  return nd;
}
```

방법 C: 'Wrapper' 클래스 구현

방금 '카운터와 첨자를 동시에 반환할 수 없는 것이 문제'라고 했다. 카운터 값을 간단한 클래스로 덮어씌우면(아니면 원소가 딱 하나인 배열을 쓰거나) 참조에 의한 값 전달을 흉내 낼 수 있다.

```
public class IntWrapper {
  public int value = 0;
}

LinkedListNode nthToLastR2(LinkedListNode head, int k,
IntWrapper i) {
  if (head == null) {
    return null;
```

```
    }
    nthToLastR2(head.next, k, i)
    i.value = i.value + 1;
    if (i.value == k) { //k번째 원소를 찾음
      return head;
    }
    return node;
}
```

지금까지 살펴본 모든 재귀적 해법은 재귀 호출 때문에 O(n) 만큼의 저장 공간을 요구한다.

언급하지 않은 다른 해법도 많다. 카운터 값을 정적static 변수에 저장하는 것도 한 가지 방법이다. 노드와 카운터를 저장하는 클래스를 하나 만들어서, 그 클래스 객체에 카운터와 노드 정보를 담은 다음에 return하는 것도 방법이다. 어떤 해법을 택하건 간에, 재귀적 스택의 모든 계층에서 확인할 수 있도록 노드와 카운터 정보를 갱신하는 방법이 있어야 한다.

해법 #3: 순환적iterative 방법

직관적이지는 않지만 좀 더 최적인 방법은, 순환적으로 푸는 것이다. 두 개의 포인터 p1과 p2를 사용한다. p1이 리스트 시작 노드를 가리키게 한 다음, p2를 k 노드만큼 움직여서 p1과 p2가 k 노드만큼 떨어져 있도록 만든다. 그런 다음, p1과 p2를 보조를 맞춰 같이 이동시킨다. p2는 LENGTH-k번 후에 연결 리스트의 맨 마지막 노드에 도달할 것이다. 바로 그 시점에, p1은 LENGTH-k번 노드, 그러니까 뒤에서부터 k번째 노드를 가리키게 된다.

아래에 이 알고리즘을 구현한 코드를 보였다.

```
LinkedListNode nthToLast(LinkedListNode head, int k) {
if (k <= 0) return null;
  LinkedListNode p1 = head;
  LinkedListNode p2 = head;

  // p2를 리스트 뒤쪽으로 k번 이동시킨다.
```

```
    for (int i = 0; i < k - 1; i++) {
      if (p2 == null) return null; // 오류 검사
      p2 = p2.next;
    }
    if (p2 == null) return null;

    /* 이제 p1과 p2를 같은 속도로 움직인다. p2가 마지막 노드에 도달하면,
    * p1이 가리키는 노드가 답이다. */
    while (p2.next != null) {
      p1 = p1.next;
      p2 = p2.next;
    }
    return p1;
  }
```

이 알고리즘은 O(1)의 공간과 O(n)의 수행 시간을 요구한다.

2.3 단방향 연결 리스트의 중간에 있는 노드 하나를 삭제하는 알고리즘을 구현하라. 삭제할 노드에 대한 접근만 가능하다는 것에 유의하라.

97쪽

해법

여러분은 연결 리스트의 머리head에 접근할 수 없다. 삭제할 노드만 접근할 수 있다. 정답은, 다음 노드에 보관된 데이터를 이 노드에 복사한 다음에, 다음 노드를 대신 지우는 것이다.

아래에 이 알고리즘을 구현한 코드를 보였다.

```
public static boolean deleteNode(LinkedListNode n) {
  if (n == null || n.next == null) {
    return false; // Failure
  }
  LinkedListNode next = n.next;
  n.data = next.data;
  n.next = next.next;
  return true;
}
```

이 문제는 삭제할 노드가 리스트의 마지막 노드인 경우에는 풀 수 없다. 괜찮다. 면접관은 여러분이 그 문제를 지적하고, 그 경우를 어떻게 처리할지 같이 토론할 수 있기를 바란다. 마지막 노드인 경우, 그냥 빈자리dummy 노드라고 표시해 두는 것도 한 방법이다.

2.4 x 값을 갖는 노드를 기준으로 연결 리스트를 나누는 코드를 작성하라. x보다 작은 값을 갖는 노드가 x와 같거나 더 큰 값을 갖는 노드들보다 앞쪽에 오도록 하면 된다.

97쪽

해법

배열이라면 원소를 이동shift시킬 때 조심해야 한다. 배열에서의 원소 이동 비용은 아주 비싸다.

하지만 연결 리스트라면 좀 더 쉽다. 원소의 값을 이동하고 바꾸는 대신, 두 개의 연결 리스트를 사용할 수 있다. 하나에는 x보다 작은 원소들을 보관하고, 다른 하나에는 x보다 큰 원소들을 보관한다. 이 두 리스트를 각각 before와 after라고 하자.

입력으로 주어진 연결 리스트를 순회하면서, before아니면 after에 삽입한다. 연결 리스트 마지막에 도달하면 분할 작업이 끝난 것이므로, before와 after를 합쳐 결과를 만들면 된다.

이 방안을 구현한 코드를 아래에 보였다.

```
/* 첫 번째 인자는 입력으로 사용될 리스트의 맨 첫 번째 노드와
* 분할 기준이 되는 정수 값 */
public LinkedListNode partition(LinkedListNode node, int x) {
  LinkedListNode beforeStart = null;
  LinkedListNode beforeEnd = null;
  LinkedListNode afterStart = null;
  LinkedListNode afterEnd = null;

  /* 리스트 분할 */
  while (node != null) {
```

```
    LinkedListNode next = node.next;
    node.next = null;
      if (node.data < x) {
        /* 노드를 before 리스트의 마지막에 삽입 */
        if (beforeStart == null) {
          beforeStart = node;
          beforeEnd = beforeStart;
        } else {
          beforeEnd.next = node;
          beforeEnd = node;
        }
      } else {
        /* 노드를 after 리스트의 마지막에 삽입 */
        if (afterStart == null) {
        afterStart = node;
        afterEnd = afterStart;
      } else {
        afterEnd.next = node;
        afterEnd = node;
      }
    }
    node = next;
  }

  if (beforeStart == null) {
    return afterStart;
  }

  /* before 리스트와 after 리스트를 결합 */
  beforeEnd.next = afterStart;
  return beforeStart;
}
```

두 개의 연결 리스트를 관리하기 위해 네 개의 변수를 사용하는 것이 마땅치 않은가? 그런 생각을 하는 것이 여러분 혼자가 아니라서 다행이다. 효율성을 아주 조금만 희생하면, 이들 중 일부는 제거할 수 있다. 효율성이 떨어지는 이유는, 연결 리스트 순회 비용이 발생하기 때문이다. 하지만 O 표기법 기준으로 보면 차이가 없고, 좀 더 간명한 코드를 얻을 수 있다.

이 두 번째 해법은 이전과는 조금 다른 방식으로 동작한다. 노드를 삽입할 때 before와 after의 뒤에 넣는 것이 아니라, 앞쪽에 삽입한다.

```
1  public LinkedListNode partition(LinkedListNode node, int x) {
2    LinkedListNode beforeStart = null;
3    LinkedListNode afterStart = null;
4
5    /* 리스트 분할 */
6    while (node != null) {
7      LinkedListNode next = node.next;
8      if (node.data < x) {
9        /* before 리스트의 앞에 노드 삽입 */
10       node.next = beforeStart;
11       beforeStart = node;
12     } else {
13       /* after 리스트의 앞에 노드 삽입 */
14       node.next = afterStart;
15       afterStart = node;
16     }
17     node = next;
18   }
19
20   /* before 리스트와 after 리스트 결합 */
21   if (beforeStart == null) {
22     return afterStart;
23   }
24
25   /* before 리스트의 끝을 찾은 다음, 두 리스트를 결합한다. */
26   LinkedListNode head = beforeStart;
27   while (beforeStart.next != null) {
28     beforeStart = beforeStart.next;
29   }
30   beforeStart.next = afterStart;
31
32   return head;
33 }
```

이 문제를 풀 때에는 null 값에 매우 신경 써야 한다. 지금 제시한 해법의 7번째 줄을 보자. 이 줄을 넣은 이유는, 리스트를 순회하는 도중에 연결 리스트를 수정하기도 하기 때문이다. 다음 노드를 임시 변수에 저장해야 다음에

순회할 노드가 어떤 노드인지 기억할 수 있다.

2.5 연결 리스트로 표현된 두 개의 수가 있다고 하자. 리스트의 각 노드는 해당 수의 각 자릿수를 표현한다. 이때 자릿수들은 역순으로 배열되는데, 1의 자릿수가 리스트의 맨 앞에 오도록 배열된다는 뜻이다. 이 두 수를 더하여 그 합을 연결 리스트로 반환하는 함수를 작성하라.

▶ **연관문제**

각 자릿수가 정상적으로 배열된다고 가정하고 구현해 보자.

97쪽

해법

이 문제를 풀 때는 우리가 덧셈을 어떻게 하는지 생각해보면 도움이 된다. 다음과 같은 문제가 주어졌다고 하자.

```
  6 1 7
+ 2 9 5
```

우선, 7과 5를 더해 12를 얻는다. 2는 해답의 마지막 숫자이고, 1은 다음 자리로 넘긴다. 그 다음으로 1, 1, 9를 더해 11을 얻는다. 1이 두 번째 숫자가 되고, 1은 다음 자리로 넘긴다. 마지막으로는 1, 6 그리고 2를 더해 9를 얻는다. 그러므로 답은 912이다.

이 절차는 재귀적으로 흉내 낼 수 있다. 노드를 하나씩 쌍으로 더하고, 다음 자리로 넘겨야 할 수는 다음 노드에 전달하는 것이다. 아래의 연결 리스트를 보자.

```
  7 -> 1 -> 6
+ 5 -> 9 -> 2
```

다음과 같이 한다.

1. 우선 7과 5를 더한다. 결과는 12이다. 2는 연결 리스트의 첫 원소가 된다. 1은 다음 번 합을 계산할 때 사용되어야 하므로 넘긴다.
   리스트: 2→?
2. 1과 9 그리고 이전 계산 결과로 '넘겨진' 값을 더한다. 결과로 11을 얻는다. 1이 연결 리스트의 두 번째 원소가 되고, 1은 다음 번 합을 계산할 때 사용되어야 하므로 넘긴다.
   리스트: 2→1→?
3. 마지막으로, 6, 2 그리고 넘김 받은 수를 더해 9를 얻는다. 이 값이 연결 리스트의 마지막 원소가 된다.

이 절차를 구현한 코드를 아래에 보였다.

```
LinkedListNode addLists(LinkedListNode l1, LinkedListNode l2,
int carry) {
  /* 두 리스트가 null이고 carry 값이 0이면 종료 */
  if (l1 == null && l2 == null && carry == 0) {
    return null;
  }

  LinkedListNode result = new LinkedListNode();

  /* value의 값과 l1, l2에 보관된 값 합산 */
  int value = carry;
  if (l1 != null) {
    value += l1.data;
  }
  if (l2 != null) {
    value += l2.data;
  }

  result.data = value % 10; /* 1의 자릿수 */

  /* 재귀 호출 */
  LinkedListNode more = addLists(l1 == null ? null : l1.next,
                                 l2 == null ? null : l2.next,
```

```
                                     value >= 10 ? 1 : 0);
    result.setNext(more);
    return result;
}
```

이 코드를 구현할 때에는 한 연결 리스트의 길이가 다른 리스트보다 짧을 경우에 주의해서 작성해야 한다. null 포인터에 관련된 예외가 발생하면 곤란하니까.

▶ 연관 문제

제시된 연관 문제는 개념적으로는 똑같은데(재귀 알고리즘을 사용하고, 다음 자릿수에 대한 넘김 처리가 필요하다는 점에서) 구현하려고 하면 까다로운 점이 몇 가지 더 있다.

1. 한 리스트가 다른 리스트보다 짧은 경우를 쉽게 처리할 수 없다. 가령 1→2→3→4와 5→6→7을 더한다고 하자. 5는 1이 아니라 2와 더해야 한다. 여기서는 두 리스트의 길이를 비교해서 짧은 리스트 앞에 0을 메꿔 넣는 방식으로 문제를 해결한다.
2. 원래 문제에서는 계산 결과를 꼬리 쪽에 붙여 나갔다. 재귀 호출을 할 때 넘김 수를 같이 전달하고, 재귀 호출 결과로 반환되는 값을 꼬리 쪽에 덧붙였다. 하지만 이번 경우에는 계산 결과를 머리 쪽에 붙인다. 게다가 재귀 호출 결과로는 결과뿐 아니라 넘김 수도 같이 반환되어야 한다. 구현하기 끔찍할 정도로 까다롭지는 않은데, 확실히 성가시기는 하다. 이 문제는 Partial Sum(부분합)이라는 wrapper 클래스를 만들어 해결할 수 있다.

이 알고리즘을 구현한 코드를 아래에 보였다.

```
public class PartialSum {
```

```
  public LinkedListNode sum = null;
  public int carry = 0;
}

LinkedListNode addLists(LinkedListNode l1, LinkedListNode l2) {
  int len1 = length(l1);
  int len2 = length(l2);

  /* 짧은 리스트 앞에 0을 메꿈 - 노트 (1) 참고. */
  if (len1 < len2) {
    l1 = padList(l1, len2 - len1);
  } else {
    l2 = padList(l2, len1 - len2);
  }

  /* 리스트를 더함 */
  PartialSum sum = addListsHelper(l1, l2);

  /* 남은 넘김 수가 있을 경우 그 수를 리스트 앞에
  * 붙임. 그렇지 않을 경우에는 그냥 연결 리스트 반환. */
  if (sum.carry == 0) {
    return sum.sum;
  } else {
    LinkedListNode result = insertBefore(sum.sum, sum.carry);
    return result;
  }
}

PartialSum addListsHelper(LinkedListNode l1, LinkedListNode l2) {
  if (l1 == null && l2 == null) {
    PartialSum sum = new PartialSum();
    return sum;
  }
  /* 작은 자릿수를 재귀적으로 더해 나감 */
  PartialSum sum = addListsHelper(l1.next, l2.next);

  /* 넘김 수를 현재 데이터에 합산 */
  int val = sum.carry + l1.data + l2.data;

  /* 현재 자릿수의 합을 삽입 */
  LinkedListNode full_result = insertBefore(sum.sum, val % 10);

  /* 지금까지의 합과 넘김 수를 반환 */
```

```
    sum.sum = full_result;
    sum.carry = val / 10;
    return sum;
}

/* 리스트 앞에 0을 추가 */
LinkedListNode padList(LinkedListNode l, int padding) {
    LinkedListNode head = l;
    for (int i = 0; i < padding; i++) {
        LinkedListNode n = new LinkedListNode(0, null, null);
        head.prev = n;
        n.next = head;
        head = n;
    }
    return head;
}

/* 연결 리스트 앞에 노드를 삽입하기 위한 도움 함수 */
LinkedListNode insertBefore(LinkedListNode list, int data) {
    LinkedListNode node = new LinkedListNode(data, null, null);
    if (list != null) {
        list.prev = node;
    node.next = list;
    }
    return node;
}
```

코드를 작성할 때 insertBefore(), padList(), length()와 같은 함수들을 독립적으로 분리하였음을 눈겨보기 바란다. 이렇게 하면 코드가 간명해지고 가독성도 높아진다. 면접 때도 그렇게 하는 것이 현명하다!

2.6 순환 연결 리스트circular linked list가 주어졌을 때, 순환되는 부분의 첫 노드를 반환하는 알고리즘을 작성하라.

98쪽

해법

이 문제는 연결 리스트에 루프loop가 존재하는지 찾으라는 고전적 면접 문제를 변경한 것이다. 패턴 매칭 접근법을 적용해 보자.

1단계: 연결 리스트에 루프가 있는지 검사

연결 리스트에 루프가 있는지 검사하는 쉬운 방법 가운데 하나는 FastRunner / SlowRunner 접근법(부가 포인터 기법)을 사용하는 것이다. FastRunner는 한 번에 두 걸음을 내딛고, SlowRunner는 한 걸음을 내딛는다. 서로 다른 속도로 한 트랙을 돌고 있는 두 자동차가 결국에는 만나게 되어 있음을 떠올려 보자.

명민한 독자라면 FastRunner가 SlowRunner가 있는 지점에 '충돌'하는 대신, 완전히 뛰어넘어 버리게 되는 일이 생기지 않느냐고 궁금해 할 수도 있을 것이다. 하지만 그런 일은 가능하지 않다. FastRunner가 SlowRunner를 뛰어 넘는 일이 '실제로' 발생했다고 해 보자. 즉, SlowRunner는 i 지점에 있고 FastRunner는 i+1에 있게 되었다고 해보자. 그렇다면 전 단계에서 SlowRunner는 i-1 지점에 있었을 것이고, FastRunner는 ((i+1)-2) 지점에 있었을 것이다. 결국, 충돌했었다는 것이다.

2단계: 언제 충돌하나?

연결 리스트에 '루프 아닌' 부분이 있고, 그 크기가 k라고 가정해 보자.

1단계에서 살펴본 알고리즘을 적용한다면, 언제 FastRunner와 SlowRunner가 충돌하게 되나?

SlowRunner가 p만큼 전진할 때 FastRunner가 2p만큼 전진한다는 것은 이미 알고 있다. 그러므로 SlowRunner가 k만큼 전진하여 루프 시작 부분에 도착하면, FastRunner는 2k만큼 전진하여 루프 되는 부분 안으로 2k-k만큼 들어가 있게 될 것이다. k는 루프의 길이보다 훨씬 큰 값일 수 있으므로, 실제로는 mod(k, LOOP_SIZE)를 k 대신 사용해야 한다. 이 값을 K라고 표기하겠다.

일단 루프 안으로 진입하고 나면, FastRunner와 SlowRunner는 전진시킬 때마다 한 걸음 가까워 질 수도 있고, 멀어질 수도 있다. 여러분이 어떻게 보느냐에 따라 다르다. 무슨 말인고 하니, '루프'라는 원 안에 있기 때문에, A가 B로부터 q 만큼 떨어지게 된다는 것은 결국 B에 q만큼 가까워진다는 것으로 받아들일 수도 있다는 것.

그러니 이제 우리는 다음과 같은 사실들을 알게 된다.

1. SlowRunner가 0만큼 루프 안에 있다.
2. FastRunner는 K만큼 루프 안에 있다.
3. SlowRunner는 K만큼 FastRunner에 뒤처져 있다.
4. FastRunner는 LOOP_SIZE - K만큼 SlowRunner에 뒤처져 있다.
5. FastRunner는 단위 시간당 1의 속도로 SlowRunner를 추격한다.

그렇다면 언제 만나게 되는가? FastRunner가 LOOP_SIZE - K만큼 뒤처져 있고, FastRunner가 단위 시간당 1만큼 SlowRunner를 따라잡는다고 했으니, LOOP_SIZE - K 단계 뒤에는 만나게 될 것이다. 이 지점에서, FastRunner와 SlowRunner는 루프의 머리 부분으로부터 K 단계 전에 위치하게 된다. 이 지점을 CollisionSpot이라고 하자.

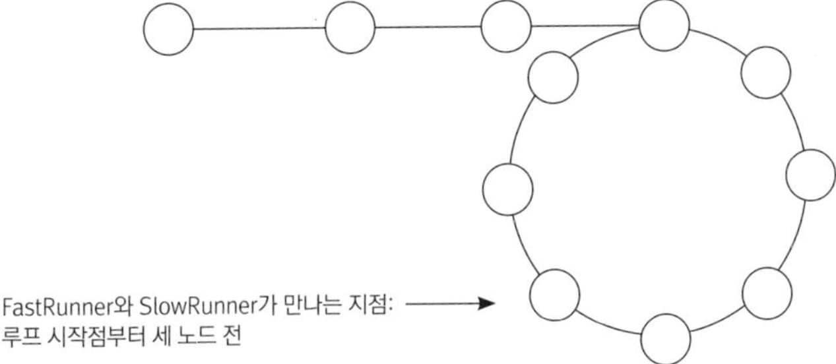

3단계: 루프 시작점은 어떻게 찾나?

이제 우리는 CollisionSpot이 루프 시작점으로부터 K 노드 앞에 있다는 것을 안다. K는 mod(k, LOOP_SIZE)이므로(k = K + M * LOOP_SIZE인 M이 있다는 뜻), 루프 시작점으로부터 k 노드 앞에 있다고 해도 된다. 가령, 어떤 노드 N이 다섯 노드로 구성된 루프 안의 두 번째 노드라면, 7번째, 12번째, 397번째 노드라고 해도 상관없는 것이다.

그러므로, CollisionSpot과 LinkedListHead는 루프 시작점으로부터 k 노드만큼 떨어져 있다.

이제 포인터 하나를 CollisionSpot을 가리키게 해 두고 다른 한 포인터를 LinkedListHead를 가리키게 하면 각각은 LoopStart로부터 k 노드 떨어져 있게 될 것이다. 이 두 포인터를 같은 속도로 움직이도록 하면 그 두 포인터는 이번에는 k 단계 이후에 LoopStart 지점에서 다시 충돌하게 된다. 우리가 할 일은 그 노드를 반환하는 것이다.

4단계: 통합

요약해 보자. 우리는 FastPointer를 SlowPointer보다 두 배 빠르게 이동시킨다. SlowPointer가 k 노드 이동 후에 루프 시작점에 도달하면, FastPointer는 루프 내 k번째 노드에 있을 것이다. 즉, FastPointer와 SlowPointer는 LOOP_SIZE - k 노드만큼 떨어져 있게 된다.

SlowPointer가 한 노드 움직일 때마다 FastPointer가 두 노드 움직인다면, 그들은 한 번 움직일 때마다 한 노드만큼 가까워지게 될 것이다. 그러므로 LOOP_SIZE - k번 이동시키고 나면 그 두 포인터는 만난다. 이 두 포인터는 전부 루프 시작 부분에서 k 노드만큼 떨어져 있을 것이다.

연결 리스트의 머리head 또한 루프의 시작 부분에서 k만큼 떨어져 있다. 그러므로, 한 포인터는 현재 위치를 가리키게 두고 다른 포인터를 연결 리스트의 머리 쪽에 둔 다음 이동시키면, 그들은 결국 루프 시작 지점에서 만나게 된다.

지금까지 살펴본 각 단계들로부터 얻어낸 최종적 알고리즘은 다음과 같다.

1. FastPointer와 SlowPointer의 두 포인터를 만든다.
2. FastPointer는 한 번에 두 노드, SlowPointer는 한 번에 한 노드 이동하도록 한다.

3. 두 포인터가 충돌하면, SlowPointer는 LinkedListHead로 옮긴다. FastPointer는 그 자리에 그대로 둔다.
4. SlowPointer와 FastPointer를 한 번에 한 노드씩 움직인다. 충돌하면, 해당 지점을 반환한다.

아래의 코드는 이 알고리즘을 구현한 것이다.

```
LinkedListNode FindBeginning(LinkedListNode head) {
  LinkedListNode slow = head;
  LinkedListNode fast = head;

  /* 충돌 지점을 찾는다. 연결 리스트 안으로 LOOP_SIZE - k만큼
  * 들어간 상태가 된다. */
  while (fast != null && fast.next != null) {
    slow = slow.next;
    fast = fast.next.next;
    if (slow == fast) { // 충돌
      break;
    }
  }

  /* 오류 검사. 충돌이 없다면, 루프도 없다. */
  if (fast == null || fast.next == null) {
    return null;
  }

  /* slow를 head로 이동시킨다. Fast는 충돌 지점에 그대로 둔다.
  * 그 둘은 루프 시작 지점에서 k만큼 떨어져 있다.
  * 그러므로 같은 속도로 움직이면, 시작점에서 만나게 된다. */
  slow = head;
  while (slow != fast) {
    slow = slow.next;
    fast = fast.next;
  }

  /* 둘 다 루프 시작점을 가리키게 된다. */
  return fast;
}
```

2.7 주어진 연결 리스트가 회문palindrome인지 검사하는 함수를 작성하라.

98쪽

해법

이 문제를 풀기 위해, 회문이 0→1→2→1→0과 같은 구조를 갖는다 생각하자. 회문이니까, 이 연결 리스트는 앞에서부터 보나 뒤에서부터 보나 같을 것이다. 거기서부터 자연스럽게 우리의 첫 번째 해법이 만들어진다.

해법 #1: 뒤집어 비교한다

우리의 첫 번째 해법은 연결 리스트를 뒤집은 다음에 원래 리스트와 비교하는 것이다. 회문이라면, 그 두 리스트는 같을 것이다.

연결 리스트를 뒤집어 비교할 때에는 그 절반만 비교하면 된다는 것에 유의하자. 원래 리스트의 앞쪽 절반이 뒤집은 리스트의 앞쪽 절반과 같다면, 나머지 부분도 그러할 것이다.

해법 #2: 순환적 접근법

연결 리스트의 앞 절반이 나머지 절반을 뒤집은 것과 같은지 검사하고 싶다. 어떻게 하면 되나? 리스트의 앞 절반을 뒤집으면 될 텐데, 스택stack을 사용하면 될 것이다.

스택에 리스트 앞 절반 원소들을 푸시push 할 필요가 있다. 두 가지 방법이 있는데, 연결 리스트의 길이를 아느냐의 여부에 따라 다르다.

연결 리스트의 길이를 아는 경우, 표준적 for 문을 사용해 연결 리스트를 순회하면서 앞 절반을 스택에 쌓아둘 수 있다. 물론 연결 리스트의 길이가 홀수인 경우를 올바르게 처리하도록 주의를 기울여야 한다.

연결 리스트의 길이를 모르는 경우에는 방금 살펴본 fast runner와 slow runner 기법을 사용하여 리스트를 순회할 수 있다. 순회 연산 각 단계에서, slow runner가 가리키는 데이터를 스택에 쌓는다. fast runner가 리스트의 끝에 도착하면, slow runner는 연결 리스트의 가운데에 도달하게 된다. 이 시점에 스택에는 연결 리스트의 앞 절반 원소들이 역순으로 보관될 것이다.

그런 다음에는 연결 리스트의 나머지 부분을 순서대로 순회한다. 각 단계에서, 리스트의 노드를 스택의 맨 위 원소와 비교한다. 아무런 차이를 발견하지 못하고 모든 순회를 마치게 되면 연결 리스트는 회문을 표현하는 것으로 결론 내릴 수 있다.

```
boolean isPalindrome(LinkedListNode head) {
  LinkedListNode fast = head;
  LinkedListNode slow = head;

  Stack<Integer> stack = new Stack<Integer>();

  /* 연결 리스트의 앞 절반을 스택에 쌓는다.
  * fast runner가 (2배속으로 질주하는) 연결 리스트의 끝에
  * 도달했는지 보면, 중간 지점에 다다랐는지 알 수 있다. */
  while (fast != null && fast.next != null) {
    stack.push(slow.data);
    slow = slow.next;
    fast = fast.next.next;
  }

  /* 리스트 길이가 홀수라면 가운데 원소는 패스 */
  if (fast != null) {
    slow = slow.next;
  }

  while (slow != null) {
    int top = stack.pop().intValue();

    /* 값이 다르면, 회문이 아니다. */
    if (top != slow.data) {
      return false;
    }
    slow = slow.next;
  }
  return true;
}
```

해법 #3: 재귀적 접근법

우선, 표기법부터 살펴보자. 지금 제시하는 해법에서 우리는 Kx와 같은 표기

법을 쓴다. 변수 K는 노드 내의 데이터를 나타내고, x(f 아니면 b이다)는 앞쪽 노드냐, 아니면 뒤쪽 노드냐를 나타낸다. 가령 아래의 연결 리스트에서 node 3b는 값이 3인 뒤쪽 두 번째 노드다.

많은 다른 연결 리스트 문제와 마찬가지로, 이 문제 또한 재귀적 접근법으로 풀 수 있다. 0번 노드와 n번 노드, 1번 노드와 n-1번 노드, 2번 노드와 n-2번 노드를 비교하는 직관적 아이디어를 생각해 낼 수 있을 것이다. 일례로, 다음과 같은 리스트를 생각해 보자.

```
0 ( 1 ( 2 ( 3 ) 2 ) 1 ) 0
```

이 접근법을 써먹을 수 있으려면, 리스트 중간 지점에 도달했는지 알아낼 방법이 필요하다. 그것이 초기 사례base case가 될 것이다. 매번 length - 2를 인자로 전달하도록 하면 중간 지점에 도달했는지 알아낼 수 있다. 인자로 전달받은 length가 0이나 1이면, 우리는 연결 리스트의 가운데에 도달한 것이다.

```
recurse(Node n, int length) {
  if (length == 0 || length == 1) {
    return [something]; // At middle
  }
  recurse(n.next, length - 2);
  ...
}
```

이 메서드가 isPalindrome 메서드의 골격을 만들어 줄 것이다. 하지만 이 알고리즘의 근육에 해당하는 부분은 노드 i를 노드 n-i와 비교하여 연결 리스트가 회문을 구성하는지 검사하는 부분이다. 어떻게 하면 될까?

재귀 각 단계에서 호출 스택call stack이 어떻게 구성될지를 살펴보자.

```
v1 = isPalindrome: list = 0 ( 1 ( 2 ( 3 ) 2 ) 1 ) 0. length = 7
```

```
2   v2 = isPalindrome: list = 1 ( 2 ( 3 ) 2 ) 1 ) 0. length = 5
3   v3 = isPalindrome: list = 2 ( 3 ) 2 ) 1 ) 0. length = 3
4   v4 = isPalindrome: list = 3 ) 2 ) 1 ) 0. length = 1
5   returns v3
6   returns v2
7   returns v1
8   returns ?
```

위의 호출 스택에서, 각 재귀 호출은 리스트의 맨 앞 노드를 리스트의 뒤쪽에 있는 노드 중 하나와 비교하여 회문인지를 검사하려고 한다. 다시 말해서,

- 1번 줄에서는 0f 노드를 0b 노드와 비교해야 하고
- 2번 줄에서는 1f 노드를 1b 노드와 비교해야 하며
- 3번 줄에서는 2f 노드를 2b 노드와 비교해야 하고
- 4번 줄에서는 3f 노드를 3b 노드와 비교해야 한다.

호출된 재귀 함수가 수행을 종료하고 값을 반환하면서 호출 스택을 역방향으로 타 나갈 때, 다음 규칙에 따라 값을 반환하면 검사를 해 나갈 수 있다.

- 4번 줄은 length=1이므로 중간 노드에 도착했음을 안다. 그러므로 head.next를 반환한다. head가 3번 노드에 해당하므로, head.next는 2b 노드다.
- 3번 줄은 리스트 맨 앞 노드, 즉 2f를 returned_node(앞선 재귀 호출로부터 반환된 값)와 비교한다. returned_node는 2b에 해당한다. 두 값이 같으면, 노드 1b에 대한 참조(returned_node.next)를 2번 줄에 반환한다.
- 2번 줄은 리스트 맨 앞 노드 (1f)를 returned_node (1b)와 비교한다. 값이 같으면 0b에 대한 참조(returned_node.next)를 1번 줄에 반환한다.
- 1번 줄은 리스트 맨 앞 노드 (0f)를 returned_node (0b)와 비교한다. 값이 같으면, true를 반환한다.

일반화하자면, 각 재귀 호출 내부에서는 리스트 맨 앞 원소를 returned_

node와 비교한 다음에 returned_node.next를 상위 스택에 반환한다고 요약할 수 있다. 이런 식으로, 모든 노드 i는 n-i번 노드와 비교된다. 어느 시점에 비교 대상 노드의 값이 불일치하면 false를 반환하는데, 모든 상위 스택에서는 이 반환값을 검사해야 한다.

근데 잠깐. 이렇게 물으실 분이 계시리라. 어떨 때는 boolean을 반환하고, 어떨 때는 node를 반환한다고? 대체 어느 쪽인가?

둘 다이다. 그러기 위해서는 boolean과 node의 두 멤버를 갖는 간단한 클래스를 정의하고, 해당 클래스의 객체를 반환하도록 해야 한다.

```
class Result {
  public LinkedListNode node;
  public boolean result;
}
```

지금 보일 예제는, 재귀 호출 각 단계에서 인자와 반환값이 어떻게 구성되는지를 보여준다.

```
isPalindrome: list = 0 ( 1 ( 2 ( 3 ( 4 ) 3 ) 2 ) 1 ) 0. len = 9
  isPalindrome: list = 1 ( 2 ( 3 ( 4 ) 3 ) 2 ) 1 ) 0. len = 7
    isPalindrome: list = 2 ( 3 ( 4 ) 3 ) 2 ) 1 ) 0. len = 5
      isPalindrome: list = 3 ( 4 ) 3 ) 2 ) 1 ) 0. len = 3
        isPalindrome: list = 4 ) 3 ) 2 ) 1 ) 0. len = 1
        returns node 3b, true
      returns node 2b, true
    returns node 1b, true
  returns node 0b, true
returns node 0b, true
```

이제 실제 코드는 세부사항을 조금 가다듬어 만들어 낼 수 있다.

```
Result isPalindromeRecurse(LinkedListNode head, int length) {
  if (head == null || length == 0) {
    return new Result(null, true);
```

```
  } else if (length == 1) {
    return new Result(head.next, true);
  } else if (length == 2) {
    return new Result(head.next.next,
    head.data == head.next.data);
  }
  Result res = isPalindromeRecurse(head.next, length - 2);
  if (!res.result || res.node == null) {
    return res;
  } else {
    res.result = head.data == res.node.data;
    res.node = res.node.next;
    return res;
  }
}

boolean isPalindrome(LinkedListNode head) {
  Result p = isPalindromeRecurse(head, listSize(head));
  return p.result;
}
```

어떤 분은, 대체 왜 Result라는 클래스를 만들어야 하는지 의아해 할 것이다. 더 나은 방법은 없나? 없다고 봐도 된다. 적어도 Java에서는 그렇다.

하지만 이 문제를 C나 C++로 푼다면, 이중 포인터를 인자로 넘겨 문제를 해결할 수 있다.

```
bool isPalindromeRecurse(Node head, int length, Node** next) {
  ...
}
```

좀 흉해 보이긴 하지만, 어쨌든 동작은 한다.

03 스택과 큐 해법

3.1 하나의 배열을 사용해 세 개의 스택을 구현하는 방법을 설명하라.

101쪽

해법

다른 많은 문제와 마찬가지로, 이 문제는 '스택이 해야 할 일을 얼마나 잘 지원하고 싶은가'에 따라 난이도가 달라진다. 각 스택에 고정된 크기의 영역을 할당하는 것으로 만족하고 싶으면 그렇게 해도 된다. 그런데 그렇게 하면 다른 스택들은 비어 있는데, 한 스택은 메모리가 거의 고갈되는 상황을 해소할 방법이 없다.

대신 메모리 할당을 좀 유연하게 처리하도록 해도 되는데, 그렇게 하면 문제가 아주 많이 까다로워진다.

접근법 #1: 고정 크기 할당

배열을 같은 크기의 세 부분으로 나누어 각각의 스택이 그 크기 한도 내에서만 자라나가도록 할 수 있다. 설명을 위해 [와 (기호를 사용할 것인데, [는 '구간에 끝점을 포함시킨다'는 의미고, (는 '구간에 끝점은 제외시킨다'는 의미다.

- 스택 #1에는 [0, n/3) 할당
- 스택 #2에는 [n/3, 2n/3) 할당
- 스택 #3에는 [2n/3, n) 할당

해답은 다음과 같다.

```
int stackSize = 100;
int[] buffer = new int [stackSize * 3];
int[] stackPointer = {-1, -1, -1}; // 맨 윗 원소 위치 추적용

void push(int stackNum, int value) throws Exception {
  /* 여유 공간이 있는지 검사. */
  if (stackPointer[stackNum] + 1 >= stackSize) { // 마지막 원소
    throw new Exception("Out of space.");
  }
  /* 스택 포인터를 증가시키고 맨 꼭대기 원소 값 변경 */
  stackPointer[stackNum]++;
  buffer[absTopOfStack(stackNum)] = value;
}

int pop(int stackNum) throws Exception {
  if (stackPointer[stackNum] == -1) {
    throw new Exception("Trying to pop an empty stack.");
  }
  int value = buffer[absTopOfStack(stackNum)]; // 맨 윗 원소
  buffer[absTopOfStack(stackNum)] = 0; // 맨 윗 원소 비움
  stackPointer[stackNum]--; // 스택 포인터 감소
  return value;
}

int peek(int stackNum) {
  int index = absTopOfStack(stackNum);
  return buffer[index];
}

boolean isEmpty(int stackNum) {
  return stackPointer[stackNum] == -1;
}

/* stackNum이 가리키는 스택의 맨 꼭대기 원소 첨자 반환. */
int absTopOfStack(int stackNum) {
  return stackNum * stackSize + stackPointer[stackNum];
}
```

스택을 어떻게 사용하게 될 것인가에 관한 추가 정보가 있으면 이 알고리즘을 그에 맞게 고칠 수 있다. 가령 스택 #1에 저장될 원소가 스택 #2에 저장될 원소보다 훨씬 많다고 하자. 그런 상황에서는 스택 #1에 더 많은 공간을

할당할 수 있다.

접근법 #2: 유연한 공간 분할

두 번째 접근법은 각 스택에 할당되는 공간 크기가 유연히 변할 수 있도록 하는 것이다. 한 스택이 최초에 설정한 용량 이상으로 커지면, 가능한 만큼 용량을 키워주고 필요하다면 원소들은 이동시킨다.

또한 배열은 환형circular이 되도록 설계하여, 마지막 스택이 배열 맨 끝에서 시작하여 처음 부분에 연결될 수 있도록 할 것이다.

이 접근법을 적용하여 작성한 코드는 굉장히 복잡하여 면접 문제로 출제될 수 있는 난이도 범위를 넘어선다. 가상 코드를 작성할 수도 있고, 개별 컴포넌트 몇몇은 실제 코드를 작성할 수도 있겠지만, 전체 코드를 한 번에 작성하는 것은 너무 도전적인 과제다.

```
/* StackData는 각 스택에 대한 데이터를 관리하는 간단한 클래스다.
 * 스택에 보관되는 실제 데이터는 보관하거나 관리하지 않는다. */
public class StackData {
  public int start;
  public int pointer;
  public int size = 0;
  public int capacity;
  public StackData(int _start, int _capacity) {
    start = _start;
    pointer = _start - 1;
    capacity = _capacity;
  }

  public boolean isWithinStack(int index, int total_size) {
    /* 주의: 스택이 커지다보면 스택의 최상단이 start 왼쪽으로 이동할 수 있다.
       따라서 그런 경우를 (wrapping) 고려해야 한다. */
    if (start <= index && index < start + capacity) {
      // wrapping이 발생하지 않은 경우.
      return true;
    } else if (start + capacity > total_size &&
        index < (start + capacity) % total_size) {
      // wrapping이 발생한 경우.
      return true;
```

```
    }
    return false;
  }
}

public class QuestionB {
  static int number_of_stacks = 3;
  static int default_size = 4;
  static int total_size = default_size * number_of_stacks;
  static StackData [] stacks = {new StackData(0, default_size),
  new StackData(default_size, default_size),
  new StackData(default_size * 2, default_size)};
  static int [] buffer = new int [total_size];

  public static void main(String [] args) throws Exception {
    push(0, 10);
    push(1, 20);
    push(2, 30);
    int v = pop(0);
    ...
  }

  public static int numberOfElements() {
    return stacks[0].size + stacks[1].size + stacks[2].size;
  }

  public static int nextElement(int index) {
    if (index + 1 == total_size) return 0;
    else return index + 1;
  }

  public static int previousElement(int index) {
    if (index == 0) return total_size - 1;
    else return index - 1;
  }

  public static void shift(int stackNum) {
    StackData stack = stacks[stackNum];
    if (stack.size >= stack.capacity) {
      int nextStack = (stackNum + 1) % number_of_stacks;
      shift(nextStack); // 공간 확보
      stack.capacity++;
    }
```

```
    // 역순으로 원소 이동
    for (int i = (stack.start + stack.capacity - 1) % total_size;
         stack.isWithinStack(i, total_size);
         i = previousElement(i)) {
      buffer[i] = buffer[previousElement(i)];
    }

    buffer[stack.start] = 0;
    stack.start = nextElement(stack.start); // 스택 시작점 이동
    stack.pointer = nextElement(stack.pointer); // 포인터 이동
    stack.capacity--; // 용량을 원래대로 복구
  }

  /* Expand stack by shifting over other stacks */
  public static void expand(int stackNum) {
    shift((stackNum + 1) % number_of_stacks);
    stacks[stackNum].capacity++;
  }

  public static void push(int stackNum, int value)
  throws Exception {
    StackData stack = stacks[stackNum];
    /* 남은 공간이 있는지 검사. */
    if (stack.size >= stack.capacity) {
      if (numberOfElements() >= total_size) { // 가득참.
        throw new Exception("Out of space.");
      } else { // just need to shift things around
        expand(stackNum);
      }
    }
    stack.size++;
    stack.pointer = nextElement(stack.pointer);
    buffer[stack.pointer] = value;
  }

    public static int pop(int stackNum) throws Exception {
    StackData stack = stacks[stackNum];
    if (stack.size == 0) {
      throw new Exception("Trying to pop an empty stack.");
    }
    int value = buffer[stack.pointer];
    buffer[stack.pointer] = 0;
```

```
    stack.pointer = previousElement(stack.pointer);
    stack.size--;
    return value;
  }

  public static int peek(int stackNum) {
    StackData stack = stacks[stackNum];
    return buffer[stack.pointer];
  }

  public static boolean isEmpty(int stackNum) {
    StackData stack = stacks[stackNum];
    return stack.size == 0;
  }
}
```

이런 문제를 풀 때는 깔끔하고 유지 보수가 쉽게 코딩하도록 유의해야 한다. StackData의 경우에서처럼, 필요하면 부가적인 클래스를 사용하고, 관련성 높은 코드들은 별도의 메서드로 분리하라. 물론, 이 지침은 '실무'에도 그대로 적용된다.

3.2 push와 pop의 두 가지 연산뿐 아니라, 최솟값을 갖는 원소를 반환하는 min 연산을 갖춘 스택은 어떻게 구현할 수 있겠는가? Push, pop 그리고 min은 공히 O(1) 시간에 처리되어야 한다.

101쪽

해법

최솟값은 자주 변하는 값이 아니다. 그보다 더 작은 원소가 추가될 때만 변하는 값이다.

이 문제를 푸는 한 가지 방법은 Stack 클래스의 멤버로 하나의 int값 minValue를 두는 것이다. minValue가 스택에서 제거되면 스택을 뒤져 새로운 최솟값을 찾는다. 불행하게도, 이렇게 하면 push와 pop 연산이 O(1) 시간에 수행되어야 한다는 제약조건이 깨지게 된다.

짤막한 예제 하나를 통해 이 문제를 좀 더 잘 이해하도록 해보자.

```
push(5); // 스택은 {5}, 최솟값은 5
push(6); // 스택은 {6, 5}, 최솟값은 5
push(3); // 스택은 {3, 6, 5}, 최솟값은 3
push(7); // 스택은 {7, 3, 6, 5}, 최솟값은 3
pop(); // 7을 pop. 스택은 {3, 6, 5}, 최솟값은 3
pop(); // 3을 pop. 스택은 {6, 5}. 최솟값은 5.
```

잘 보면, 스택이 이전 상태로 되돌아가면(가령 {6, 5}) 최솟값 또한 이전 상태로 돌아가는 것을 관측할 수 있다(5). 지금부터 설명할 두 번째 해법은 이 특성을 이용한다.

스택의 각 상태마다 최솟값을 추적하면, 최솟값을 쉽게 구할 수 있다. 각 노드가 그 아래쪽 최솟값이 무엇인지를 기록하게 하면 가능하다. 그러면 스택의 최상위 노드 만을 보고 최솟값을 알아낼 수 있다.

원소를 스택에 쌓을 때, 그 원소에 현재 최솟값을 전달한다. 해당 원소는 스택의 자기 아랫부분의 최솟값을 min으로 설정한다.

```
public class StackWithMin extends Stack<NodeWithMin> {
  public void push(int value) {
    int newMin = Math.min(value, min());
    super.push(new NodeWithMin(value, newMin));
  }

  public int min() {
    if (this.isEmpty()) {
      return Integer.MAX_VALUE; // 오류 값
    } else {
      return peek().min;
    }
  }
}

class NodeWithMin {
  public int value;
  public int min;
  public NodeWithMin(int v, int min){
    value = v;
    this.min = min;
```

```
  }
}
```

그런데 이 방법에는 문제가 하나 있다. 스택이 커지면, 각 원소마다 min을 기록하느라 공간이 많이 낭비될 것이다. 더 나은 방법은 없을까?

min 값들을 추적하는 스택을 하나 더 두면 그보다는 조금 더 (아마도) 낫게 만들 수 있다.

```
public class StackWithMin2 extends Stack<Integer> {
  Stack<Integer> s2;
  public StackWithMin2() {
    s2 = new Stack<Integer>();
  }

  public void push(int value){
    if (value <= min()) {
      s2.push(value);
    }
  super.push(value);
  }

  public Integer pop() {
    int value = super.pop();
    if (value == min()) {
      s2.pop();
    }
  return value;
  }

  public int min() {
    if (s2.isEmpty()) {
      return Integer.MAX_VALUE;
    } else {
      return s2.peek();
    }
  }
}
```

이 방법의 공간 효율이 좀 더 높은 이유는 무엇인가? 스택이 굉장히 크고 스택에 삽입된 최초의 원소가 하필 최솟값이었다고 해보자. 첫 번째 해법의 경우 스택의 크기가 n이라면 n개의 int 변수가 필요할 것이다. 하지만 방금 살펴본 해법의 경우에는 두 번째 스택에 하나의 원소만 더 보관하면 된다.

3.3 접시 무더기를 떠올려 보자. 접시를 너무 높이 쌓으면, 넘어질 것이다. 그러므로 현실에서는 무더기 높이가 특정한 수준 이상으로 높아지면 새로운 무더기를 만든다. 이것을 흉내 내는 자료구조 SetOfStacks를 구현해 보라. SetOfStacks는 여러 스택으로 구성되어야 하며, 이전 스택이 지정된 용량을 초과하는 경우 새로운 스택을 생성해야 한다. SetOfStacks.push()와 SetOfStacks.pop()은 스택이 하나인 경우와 동일하게 동작해야 한다(다시 말해, pop()은 정확히 하나의 스택이 있을 때와 동일한 값을 반환해야 한다).

▶ **연관문제**

특정한 하위 스택에 대해서 pop을 수행하는 popAt(int index) 함수를 구현하라.

101쪽

해법

이 문제의 경우, 자료구조를 어떻게 설계해야 할지는 제시된 상태다.

```
class SetOfStacks {
  ArrayList<Stack> stacks = new ArrayList<Stack>();
  public void push(int v) { ... }
  public int pop() { ... }
}
```

push()는 하나의 스택을 사용하는 경우와 똑같이 동작해야 한다. 따라서 push()는 스택 배열의 마지막 스택에 push()를 호출해야 한다. 그때 주의할 것은, 스택이 용량 한계에 도달한 경우 새로운 스택을 만들어 주어야 한다는 점이다. 코드는 다음과 같은 형태여야 한다.

```
public void push(int v) {
  Stack last = getLastStack();
  if (last != null && !last.isFull()) { // 마지막 스택에 쌓는다.
    last.push(v);
  } else { // 새로운 스택을 만들어야 한다.
    Stack stack = new Stack(capacity);
    stack.push(v);
    stacks.add(stack);
  }
}
```

pop()은 어떻게 동작해야 하나? push()의 경우와 마찬가지로 마지막 스택에 pop()을 호출해야 한다. 만일 pop()을 한 다음에 스택이 빈 상태가 되면, 해당 스택은 스택 리스트에서 제거해야 한다.

```
public int pop() {
  Stack last = getLastStack();
  int v = last.pop();
  if (last.size == 0) stacks.remove(stacks.size() - 1);
  return v;
}
```

▶ 연관문제: popAt(int index)의 구현

구현하기 좀 까다롭긴 하지만, '이월rollover' 시스템이라고 생각해보자. 스택 #1에서 원소를 pop하면 스택 #2의 바닥에서 원소를 꺼내어 스택 #1에 push 해야 한다. 그리고 스택 #3에서 스택 #2로, 그리고 스택 #4에서 스택 #3으로, 이런 식으로 계속 이동시켜야 한다.

그러면 여러분은 이런 주장을 하실지도 모르겠다. 왜 그렇게 아이템을 옮겨 대야 하는가? 굳이 스택을 꽉 채운 상태로 유지할 필요가 있는가? 물론 그 주장대로라면, 시간 복잡도는 개선할 수 있다(대량의 데이터에 대해서라면 상당히 줄어든다). 하지만 나중에 누군가가 '모든 스택은 마지막 스택을 제외하고는 가득 찬 상태'라는 가정을 하게 되면 난감한 상황에 빠질 수 있게 된다. 정답은 없다. 무엇을 택하고 무엇을 버릴지는, 면접관과 이야기해 봐야 한다.

```
public class SetOfStacks {
  ArrayList<Stack> stacks = new ArrayList<Stack>();
  public int capacity;
  public SetOfStacks(int capacity) {
    this.capacity = capacity;
  }

  public Stack getLastStack() {
    if (stacks.size() == 0) return null;
    return stacks.get(stacks.size() - 1);
  }

  public void push(int v) { /* 종전 코드와 동일 */ }
  public int pop() { /* 종전 코드와 동일 */ }
  public boolean isEmpty() {
    Stack last = getLastStack();
    return last == null || last.isEmpty();
  }

  public int popAt(int index) {
    return leftShift(index, true);
  }

  public int leftShift(int index, boolean removeTop) {
    Stack stack = stacks.get(index);
    int removed_item;
    if (removeTop) removed_item = stack.pop();
    else removed_item = stack.removeBottom();
    if (stack.isEmpty()) {
      stacks.remove(index);
    } else if (stacks.size() > index + 1) {
      int v = leftShift(index + 1, false);
      stack.push(v);
    }
    return removed_item;
  }
}
```

```
public class Stack {
  private int capacity;
  public Node top, bottom;
  public int size = 0;

  public Stack(int capacity) { this.capacity = capacity; }
  public boolean isFull() { return capacity == size; }

  public void join(Node above, Node below) {
    if (below != null) below.above = above;
    if (above != null) above.below = below;
  }

  public boolean push(int v) {
    if (size >= capacity) return false;
    size++;
    Node n = new Node(v);
    if (size == 1) bottom = n;
    join(n, top);
    top = n;
    return true;
  }

  public int pop() {
    Node t = top;
    top = top.below;
    size--;
    return t.value;
  }

  public boolean isEmpty() {
    return size == 0;
  }

  public int removeBottom() {
    Node b = bottom;
    bottom = bottom.above;
    if (bottom != null) bottom.below = null;
    size--;
    return b.value;
  }
}
```

이 문제는 개념적으로는 어려운 문제가 아니다. 하지만 완전히 구현하려면 코딩해야 할 양이 많다. 면접관이 전부를 다 구현하라고 하지 않을 수도 있다.

이런 문제를 다루는 한 가지 좋은 전략은, 코드를 가급적 별도 메서드로 분리하는 것이다. popAt을 구현할 때 써먹을 수 있었던 leftShift 같은 메서드가 좋은 예다. 이렇게 하면 코드가 보다 깔끔해질 뿐 아니라, 세부사항을 다루기에 앞서 코드 골격부터 마련해 둘 수 있어서 좋다.

3.4 유명한 하노이 탑Towers of Hanoi 문제에는 3개의 탑과 N개의 원판이 등장하는데, 각각의 원판은 어느 탑으로도 옮길 수 있다. 하노이 탑 퍼즐은 세 개의 탑 가운데 하나에 이 N개의 원판을 쌓아두고 시작한다. 이때 원판들은 지름이 작은 원판이 위쪽에 오도록 배열된다. 하노이 탑 퍼즐에는 다음과 같은 제약조건들이 있다.

(1) 한 번에 원판 하나만 옮길 수 있다.

(2) 탑의 맨 꼭대기에 있는 원판은 옆에 있는 탑으로 옮길 수 있다.

(3) 원판은 자기보다 지름이 큰 원판 위로만 옮길 수 있다.

스택을 사용하여, 첫 번째 탑에 있는 모든 원판을 마지막 탑으로 옮기는 프로그램을 작성하라.

101쪽

해법

이 문제는 '초기 사례로부터의 확장' 접근법을 써먹기 아주 좋아 보인다.

가능한 사례 중 가장 작은 것부터 시작해 보자. n = 1.

n=1인 경우. 원반 #1을 탑 #1에서 탑 #3으로 옮길 수 있는가? 그렇다.

1. 단순히 원반 #1을 탑 #1에서 #3으로 옮긴다.

n=2인 경우. 원반 #1과 #2를 탑 #1에서 #3으로 옮길 수 있나? 그렇다.

1. 원반 #1을 탑 #1에서 탑 #2로 옮긴다.
2. 원반 #2를 탑 #1에서 탑 #3으로 옮긴다.
3. 원반 #1을 탑 #2에서 탑 #3으로 옮긴다.

위의 사례에서 탑 #2는 다른 원반을 #3으로 옮기는 동안 하나의 원반을 보관하는 버퍼buffer 역할을 하고 있음에 유의하자.

n=3인 경우. 원반 #1, #2, #3을 탑 #1에서 #3으로 옮길 수 있나? 그렇다.

1. 위의 두 원반을 한 탑에서 다른 탑으로 옮길 수 있는 것은 방금 해봤으니 알고 있다. 그러니 이미 그 작업은 마쳤다고 가정한다. 하지만 #3으로 옮기는 대신, 탑 #2로 옮긴다고 한다.
2. 그런 다음 원반 #3을 탑 #3으로 옮긴다.
3. 원반 #1과 #2를 탑 #3으로 옮긴다. 그 방법은 이미 알고 있다. 그대로 반복한다.

n=4인 경우. 원반 #1, #2, #3, #4를 탑 #1에서 탑 #3으로 옮길 수 있나? 그렇다.

1. 원반 #1, #2, #3을 탑 #2로 옮긴다. 그 방법은 방금 살펴본 다른 사례대로다.
2. 원반 #4를 탑 #3으로 옮긴다.
3. 원반 #1, #2, #3을 다시 탑 #3으로 옮긴다.

탑 번호는 중요하지 않다. 2번이든 3번이든, 똑같은 탑이다. 그러니 탑 #2를 버퍼로 써서 원반들을 탑 #3으로 옮기는 것은, 탑 #3을 버퍼로 써서 원반들을 탑 #2로 옮기는 것과 같다.

이 접근법은 자연스럽게 재귀 알고리즘으로 구현된다. 이 알고리즘이 수행하는 각 단계들을 아래에 가상 코드 형식으로 보였다.

```
moveDisks(int n, Tower origin, Tower destination, Tower buffer) {
  /* 초기 사례 */
  if (n <= 0) return;

  /* 세 번째 탑을 버퍼로 사용하여 위 n-1개 원반을 #1에서 #2로 이동. */
  moveDisks(n - 1, origin, buffer, destination);

  /* 남은 원반을 출발지에서 목적지로 옮긴다. */
  moveTop(origin, destination);

  /* 버퍼에 있는 모든 원반을 목적지로 옮긴다. #1를 버퍼로 사용한다. */
  moveDisks(n - 1, buffer, destination, origin);
}
```

아래의 코드는 이 알고리즘을 좀 더 구체적으로 구현한 것으로, 객체 지향적 설계 개념들을 사용하고 있다.

```
public static void main(String[] args)
int n = 3;
Tower[] towers = new Tower[n];
for (int i = 0; i < 3; i++) {
  towers[i] = new Tower(i);
}

for (int i = n - 1; i >= 0; i--) {
  towers[0].add(i);
  }
  towers[0].moveDisks(n, towers[2], towers[1]);
}

public class Tower {
  private Stack<Integer> disks;
  private int index;
  public Tower(int i) {
```

```
    disks = new Stack<Integer>();
    index = i;
  }

  public int index() {
    return index;
  }

  public void add(int d) {
    if (!disks.isEmpty() && disks.peek() <= d) {
      System.out.println("Error placing disk " + d);
    } else {
      disks.push(d);
    }
  }

  public void moveTopTo(Tower t) {
    int top = disks.pop();
    t.add(top);
    System.out.println("Move disk " + top + " from " + index() +
    " to " + t.index());
  }

  public void moveDisks(int n, Tower destination, Tower buffer) {
    if (n > 0) {
      moveDisks(n - 1, buffer, destination);
      moveTopTo(destination);
      buffer.moveDisks(n - 1, destination, this);
    }
  }
}
```

탑을 별도의 객체로 구현하는 것은 꼭 필요한 사항은 아니지만, 어떤 측면에서는 코드의 가독성을 높이는 데 도움이 된다.

3.5 두 개의 스택을 사용하여 큐를 구현하는 MyQueue 클래스를 작성해 보라.

102쪽

해법

큐와 스택의 주된 차이는 순서다. (먼저 들어간 항목이 먼저 나오느냐, 아니면 마지막에 들어간 항목이 먼저 나오느냐). 순서를 뒤집으려면 peek()과 pop()의 구현을 변경하여야 한다는 것은 알고 있다. 두 번째 스택을 사용하면 저장된 항목들의 순서를 뒤집을 수 있다(s1으로부터 pop한 항목을 s2에 push하면 된다). 그렇게 구현할 경우, peek()과 pop()을 할 때마다, s1에서 모든 항목을 pop하여 s2에 넣은 다음에 peek() 혹은 pop()이 해야 할 일을 한 다음, 그 전부를 s1에 되돌려 push해 놓으면 된다.

이렇게 해도 문제가 풀리긴 할 것이다. 그런데 pop()과 peek()가 연이어 호출되는 경우에는 항목들이 두 스택 사이를 쓸데없이 오락가락하게 된다. 그런 문제는 원소들의 순서를 반드시 뒤집어야 할 경우가 아니면 s2에 그대로 두는 게으른lazy 접근법을 써서 해소할 수 있다.

이 풀이법에서 stackNewest는 새 원소를 맨 위에 갖는 스택이고, stackOldest는 오래된 원소를 맨 위에 갖는 스택이다. 큐에서 항목을 끄집어 낼 때에는 오래된 것부터 가져와야 하므로, stackOldest로부터 dequeue한다. stackOldest가 비어 있을 경우에는 stackNewest의 모든 원소를 stackOldest에 넣어 순서를 뒤집는다. 원소를 새로 삽입할 때에는 stackNewest에 삽입하여, 새로운 원소가 스택 최상단에 유지되도록 한다.

이 알고리즘을 구현한 코드를 아래에 보였다.

```
public class MyQueue<T> {
  Stack<T> stackNewest, stackOldest;

  public MyQueue() {
    stackNewest = new Stack<T>();
    stackOldest = new Stack<T>();
  }

  public int size() {
    return stackNewest.size() + stackOldest.size();
  }

```

```
  public void add(T value) {
    /* stackNewest에 push한다. 이 스택은 항상
    * 최신 원소를 최상단에 유지한다. */
    stackNewest.push(value);
  }

  /* 원소들을 stackNewest에서 stackOldest로 옮긴다.
  * stackOldest에 대해 작업을 계속할 수 있도록 만들기 위해서다. */
  private void shiftStacks() {
    if (stackOldest.isEmpty()) {
      while (!stackNewest.isEmpty()) {
       stackOldest.push(stackNewest.pop());
      }
    }
  }

  public T peek() {
    shiftStacks(); // stackOldest가 현재 항목들을 보관하도록 보장
    return stackOldest.peek(); // 가장 오래된 항목 반환
  }

  public T remove() {
    shiftStacks(); // stackOldest가 현재 항목들을 보관하도록 보장
    return stackOldest.pop(); // 가장 오래된 항목 pop
  }
}
```

실제로 면접을 보는 동안에는 API 이름이 정확하게 생각나지 않을 수도 있다. 그렇더라도 너무 스트레스 받지 말기를 바란다. 대부분의 면접관들은 사소한 사항이 기억나지 않아서 던지는 질문에 관대하다. 그들이 신경 쓰는 것은, 큰 그림을 그릴 수 있는 능력이 있느냐의 여부다.

3.6 큰 값이 위에 오도록 스택을 오름차순 정렬하는 프로그램을 작성하라. 여벌 스택은 하나까지만 사용할 수 있고, 스택에 보관된 요소를 배열 등의 다른 자료구조로는 복사할 수 없다. 스택은 push, pop, peek, isEmpty의 네 가지 연산을 제공한다.

102쪽

해법

해법 중 하나는 초보적인 정렬 알고리즘을 사용하는 것이다. 스택 전체를 탐색하여 최솟값을 찾아 새로운 스택에 push한다. 그런 다음 새로운 최솟값 원소를 찾아 또 push한다. 이렇게 하려면 도합 세 개의 스택이 필요하다. s1은 원래 스택이고 s2는 최종적인 정렬 결과가 보관되는 스택, 그리고 s3는 s1을 탐색하는 동안 버퍼로 사용할 스택이다.

이 풀이법에서는 불행하게도 스택을 세 개나 사용해야 한다. 더 좋은 방법은 없나? 있다.

최솟값을 계속 찾아 나가는 대신, s1에서 꺼낸 값을 s2에 값 순서대로 삽입하며 정렬할 수 있다. 어떻게 그런 작업이 가능한가?

다음과 같은 스택이 주어졌다고 해 보자. S2는 정렬되어 있으나 s1은 아니다.

s1	s2
	12
5	8
10	3
7	1

s1에서 pop한 5를 넣을 적절한 위치를 s2에서 찾아야 한다. 위의 예제의 경우, s2의 3 위에 넣으면 된다. 그런데 그 자리에 넣으려면 어떻게 해야 하는가? 우선 s1에서 pop한 5를 임시 변수에 보관한 다음, s2의 12와 8으로 차례로 이동시킨다(s2에서 pop한 다음 s1에 push하면 된다). 그런 다음 5를 s2에 push한다.

Step 1

s1	s2
	12
	8
10	3
7	1

tmp = 5

→

Step 2

s1	s2
8	
12	
10	3
7	1

tmp = 5

→

Step 3

s1	s2
8	
12	5
10	3
7	1

tmp = --

8과 12가 아직도 s1에 남아있다는 것에 유의하자. 그래도 상관없다. 이 두 원소에 대해서도, 원소 5에 시행했던 절차를 그대로 반복한다. s1의 모든 원소를 s2에 적절한 위치를 찾아 삽입하는 것이다. (물론, 8과 12는 s2에서 s1으로 이동시킨 원소이고 5보다 큰 값을 갖기 때문에 이 두 원소의 적절한 위치는 5 위쪽일 것이다. s2의 다른 원소들을 헤집고 다니느라 시간 낭비할 필요가 없다. 따라서 다음 코드의 while 루프 안쪽에 있는 코드는 tmp의 값이 8이거나 12일때는 실행되지 않는다.)

```
public static Stack<Integer> sort(Stack<Integer> s) {
  Stack<Integer> r = new Stack<Integer>();
  while (!s.isEmpty()) {
    int tmp = s.pop(); // Step 1
    while (!r.isEmpty() && r.peek() > tmp) { // Step 2
      s.push(r.pop());
    }
    r.push(tmp); // Step3
  }
  return r;
}
```

이 알고리즘은 $O(N^2)$ 시간을 소요하며, $O(N)$ 만큼의 공간을 필요로 한다.

스택을 무한정으로 사용할 수 있다면, 변형된 퀵 정렬(quick sort)이나 병합 정렬(merge sort)을 사용할 수도 있다.

병합 정렬을 사용할 경우, 여벌 스택을 두 개 만든 다음 원래 스택을 두 개로 쪼개어 그 두 여벌 스택에 저장한다. 그런 다음 그 두 스택을 재귀적으로 정렬하고, 나중에 원래 스택에 병합하면 된다. 재귀 호출이 일어날 때마다 두 개의 여벌 스택이 새로 만들어지게 된다는 점에 주의하자.

퀵 정렬을 사용할 경우, 여벌 스택을 두 개 만든 다음, 축 요소를 기준으로 원래 스택을 나눠서 그 두 여벌 스택에 저장한다. 그런 다음 여벌 스택을 각각 재귀적으로 정렬한 다음에 원래 스택에 합치면 된다. 병합 정렬의 경우와 마찬가지로, 재귀 호출이 일어날 때마다 두 개의 여벌 스택이 새로 만들어지게 된다는 것에 주의해야 한다.

3.7 **먼저 들어온 동물이 먼저 나가는 동물 쉼터animal shelter가 있다고 하자. 이 쉼터는 개와 고양이만 수용할 수 있다. 사람들은 쉼터의 동물들 가운데 들어온 지 가장 오래된 동물부터 입양할 수 있는데, 개와 고양이 중 어떤 동물을 데려갈지 선택할 수도 있다. 특정한 동물을 지정해 데려가는 것은 금지되어 있다. 이 시스템을 자료구조로 구현하라. 해당 자료구조는 enqueue, dequeueAny, dequeueDog, dequeueCat의 연산들을 제공해야 한다. 언어에 기본 탑재되어 있는 LinkedList (Java) 자료구조를 이용해도 좋다.**

102쪽

해법

이 문제에 대해서는, 탐구해 볼만한 다양한 해법이 있다. 하나의 큐를 사용하는 해법을 생각해 보자. 그렇게 하면 dequeueAny의 구현은 편해지겠지만 dequeueDog이나 dequeueCat을 구현하려면 큐를 뒤져 첫 번째 개나 고양이를 찾아야만 한다. 그렇게 되면 복잡도는 증가하고 효율성은 떨어진다.

간단하고 깔끔하면서도 효율적인 대안은 개와 고양이를 별도 큐로 관리하는 것이다. 그리고 그 두 큐를 AnimalQueue라는 클래스로 둘러싸는 것이다. 그렇게 하고 각 동물이 언제 큐에 들어갔는지를 나타내는 일종의 타임스탬프timestamp를 유지하면 된다. 그러면 dequeueAny를 구현할 때 두 큐의 맨 앞 항목만 보고, 그 가운데 오래된 것을 반환하면 된다.

```
public abstract class Animal {
  private int order;
  protected String name;
  public Animal(String n) {
    name = n;
  }

  public void setOrder(int ord) {
    order = ord;
  }

  public int getOrder() {
```

```
    return order;
  }

  public boolean isOlderThan(Animal a) {
    return this.order < a.getOrder();
  }
}

public class AnimalQueue {
  LinkedList<Dog> dogs = new LinkedList<Dog>();
  LinkedList<Cat> cats = new LinkedList<Cat>();
  private int order = 0; // 타임스탬프 구실을 한다.

  public void enqueue(Animal a) {
    /* order는 일종의 타임스탬프이다. 이것이 있어야
     * 개와 고양이가 큐에 들어간 선후관계를 따질 수 있다. */
    a.setOrder(order);
    order++;

    if (a instanceof Dog) dogs.addLast((Dog) a);
    else if (a instanceof Cat) cats.addLast((Cat)a);
  }

  public Animal dequeueAny() {
    /* dog과 cat 큐의 맨 앞 항목을 보고, 그중 오래된 것을
     * 반환한다. */
    if (dogs.size() == 0) {
      return cats.poll(); // Pop
    } else if (cats.size() == 0) {
      return dogs.poll(); // Pop
    }

    Dog dog = dogs.peek();
    Cat cat = cats.peek();
  if (dog.isOlderThan(cat)) {
    return dequeueDogs(); // Pop
  } else {
    return dequeueCats(); // Pop
  }

  public Dog dequeueDogs() {
    return dogs.poll();
  }
```

```
  public Cat dequeueCats() {
    return cats.poll();
  }
}

public class Dog extends Animal {
  public Dog(String n) {
    super(n);
  }
}

public class Cat extends Animal {
  public Cat(String n) {
    super(n);
  }
}
```

04

트리와 그래프 해법

4.1 주어진 이진 트리가 균형 이진 트리인지 판별하는 함수를 구현하라. 이 문제에서 이진 트리는 어떤 노드의 두 자식 트리 깊이가 하나 이상 차이 나지 않는 트리다.

107쪽

해법

이 문제의 경우에는 '균형'이라는 말의 의미가 주어져 있어서 운이 좋았다. 이 문제에서 균형balance은 어떤 노드의 두 하위 트리 높이height가 2 이상 차이 나지 않는 상태다. 이 정의에 입각하여 해답을 구현할 수 있다. 단순히 전체 트리에 재귀recurse를 적용하고, 각 노드에 대해 하위 트리의 높이를 계산하면 된다.

```
public static int getHeight(TreeNode root) {
  if (root == null) return 0; // 초기 사례
  return Math.max(getHeight(root.left),
  getHeight(root.right)) + 1;
}

public static boolean isBalanced(TreeNode root) {
  if (root == null) return true; // 초기 사례

  int heightDiff = getHeight(root.left) - getHeight(root.right);
  if (Math.abs(heightDiff) > 1) {
    return false;
  } else { // 재귀 호출
    return isBalanced(root.left) && isBalanced(root.right);
  }
}
```

하지만 이 해법은 그다지 효율적이지 않다. 각 노드의 전체 하위 트리subtree를 재귀적으로 탐색하므로, 같은 노드에 대해 getHeight가 반복적으로 호출되는 탓이다. 이 알고리즘은 O(N log N)의 복잡도를 갖는데, 모든 모드를 그 위쪽에 있는 노드들이 전부 한 번씩 건드리기 때문이다.

따라서 getHeight에 대한 호출 가운데 일부는 제거할 필요가 있다.

이 메서드를 주의 깊게 살펴보면, getHeight가 높이를 검사하는 동시에 트리가 균형 잡혀 있는지도 검사한다는 사실을 눈치챌 수 있다. 하위 트리가 균형 잡힌 상태가 아닌 것을 확인하면 어떻게 하면 되나? 그냥 -1을 반환하면 된다.

이 개선된 알고리즘은 트리의 루트root로부터 재귀적으로 하위 트리를 훑어 나갈 때 그 높이를 검사한다. 각 노드에서, 재귀적으로 왼쪽 하위 트리와 오른쪽 하위 트리의 높이를 checkHeight를 재귀적으로 적용하여 구한다. 하위 트리가 균형 잡힌 상태일 경우 checkHeight 메서드는 해당 하위 트리의 실제 높이를 반환할 것이나, 그렇지 않은 경우에는 -1을 반환할 것이다. -1이 반환된 경우 즉각적으로 실행을 중단한다.

이 알고리즘을 구현한 코드를 아래에 보였다.

```
public static int checkHeight(TreeNode root) {
  if (root == null) {
    return 0; // 높이가 0
  }

  /* 왼쪽 하위 트리가 균형 잡힌 상태인가? */
  int leftHeight = checkHeight(root.left);
  if (leftHeight == -1) {
    return -1; // 균형 잡힌 상태가 아님
  }
  /* 오른쪽 하위 트리가 균형 잡힌 상태인가? */
  int rightHeight = checkHeight(root.right);
  if (rightHeight == -1) {
    return -1; // 균형 잡힌 상태가 아님
  }

  /* 현재 노드가 균형 상태인지 검사 */
```

```
    int heightDiff = leftHeight - rightHeight;
    if (Math.abs(heightDiff) > 1) {
      return -1; // 균형 잡힌 상태가 아니다
    } else {
      /* 높이 반환 */
      return Math.max(leftHeight, rightHeight) + 1;
    }
  }

  public static boolean isBalanced(TreeNode root) {
    if (checkHeight(root) == -1) {
      return false;
    } else {
      return true;
    }
  }
```

이 코드의 시간 복잡도는 O(N)이고 O(H) 만큼의 공간을 필요로 한다. H는 트리의 높이와 같다.

4.2 주어진 유향 그래프[directed graph]에서 특정한 두 노드 간에 경로[route]가 존재하는지를 판별하는 알고리즘을 구현하라.

107쪽

해법

이 문제는 간단한 그래프 탐색 기법, 즉 너비 우선 탐색이나 깊이 우선 탐색 기법을 적용하여 풀 수 있다. 두 노드 가운데 한 노드를 선택하여 탐색 도중에 다른 노드가 발견되는지 검사하면 된다. 사이클[cycle] 혹은 특정한 노드를 중복하여 여러 번 검사하게 되는 일을 피하기 위해, 탐색 과정에서 이미 방문한 노드는 '이미 방문한 노드[already visited]'로 표시해 두어야 한다.

너비 우선 탐색 기법을 사용하여 순환적으로 구현한 코드를 아래에 보였다.

```
public enum State {
  Unvisited, Visited, Visiting;
}
```

```

public static boolean search(Graph g, Node start, Node end) {
  // 큐 역할을 함
  LinkedList<Node> q = new LinkedList<Node>();

  for (Node u : g.getNodes()) {
    u.state = State.Unvisited;
  }
  start.state = State.Visiting;
  q.add(start);
  Node u;
  while (!q.isEmpty()) {
    u = q.removeFirst(); // i.e.,dequeue()
    if (u != null) {
      for (Node v : u.getAdjacent()) {
        if (v.state == State.Unvisited) {
          if (v == end) {
            return true;
          } else {
            v.state = State.Visiting;
            q.add(v);
          }
        }
      }
      u.state = State.Visited;
    }
  }
  return false;
}
```

이 문제를 비롯하여 그래프 탐색과 연관된 문제를 풀 때에는, 너비 우선 탐색과 깊이 우선 탐색 기법 사이의 장단점에 대해 토론해 보는 것도 좋다. 가령 깊이 우선 탐색은 재귀적으로 간단히 구현할 수 있으므로 조금 더 간단하다. 또한 깊이 우선 탐색은 다른 인접 노드를 방문해 보기 전에 특정한 인접 노드를 통해 연결된 다른 노드들을 전부 탐색해 보는 반면, 너비 우선 탐색은 최소 거리 경로를 찾는 데 유용할 수 있다.

4.3 오름차순으로 정렬된 배열로부터 그 높이가 가장 낮은 이진 탐색 트리

를 생성하는 알고리즘을 작성하라. 배열 내 모든 원소는 배열 내에서 유일한 값을 갖는다.

107쪽

해법

최소 높이 트리를 생성하기 위해서는, 왼쪽 하위 트리에 포함된 노드의 개수와 오른쪽 하위 트리에 포함된 노드의 개수를 가능한 한 맞추어야 한다. 결국 루트 노드가 배열 가운데 오도록 해야 된다는 뜻이 되는데, 트리에 삽입되는 원소 가운데 절반은 루트보다 작고, 나머지 절반은 그보다 커야 한다는 것을 의미한다.

트리를 이와 유사한 방식으로 만들어 나가도록 하겠다. 배열의 각 구획 중간 지점의 원소가 해당 노드의 루트가 된다. 루트의 왼쪽 절반은 왼쪽 하위 트리가 되고, 오른쪽 절반은 오른쪽 하위 트리가 된다.

이 해법을 실현하는 한 가지 방법은 간단한 root.insertNode(int v) 메서드를 구현하는 것인데, 이 메서드는 루트 노드부터 시작하는 재귀적 프로세스를 통해 v를 트리에 삽입한다. 결국 최소 높이 트리가 만들어질 것인데, 그다지 효율적이지는 않다. 원소를 삽입할 때마다 트리를 순회하게 되어, 트리 전체로 보면 O(N log N)의 비용이 발생한다.

대신, 부가적으로 발생하는 트리 순회 비용을 createMinimalBST 메서드를 재귀적으로 사용하여 절감할 수 있다. 이 메서드는 배열의 일부를 인자로 받아, 해당 배열로 만든 최소 높이 트리의 루트를 반환한다.

알고리즘은 다음과 같다.

1. 트리에 배열 가운데 원소를 삽입한다.
2. 왼쪽 하위 트리에 왼쪽 절반 배열 원소들을 삽입한다.
3. 오른쪽 하위 트리에 오른쪽 절반 배열 원소들을 삽입한다.
4. 재귀 호출을 시행한다.

이 알고리즘을 구현한 코드를 아래에 보였다.

```java
TreeNode createMinimalBST(int arr[], int start, int end) {
  if (end < start) {
    return null;
  }
  int mid = (start + end) / 2;
  TreeNode n = new TreeNode(arr[mid]);
  n.left = createMinimalBST(arr, start, mid - 1);
  n.right = createMinimalBST(arr, mid + 1, end);
  return n;
}

TreeNode createMinimalBST(int array[]) {
  return createMinimalBST(array, 0, array.length - 1);
}
```

이 코드에 특별히 복잡한 부분은 없으나, 실수로 원소 하나를 빼먹는 오류를 저지르기도 쉽다. 그런 일이 발생하지 않도록 관련된 코드를 철저히 점검하기 바란다.

4.4 주어진 이진 트리에서 깊이별로 연결 리스트를 만들어 내는 알고리즘을 작성하라. (트리의 깊이가 D라면, 알고리즘 수행 결과로 D개의 연결 리스트가 만들어져야 한다.)

107쪽

해법

척 보면 깊이별 순회가 필요할 것 같지만, 실제로는 그렇지 않다. 아무 순회 방법이나 사용해도 된다. 현재 탐색중인 노드의 깊이만 추적할 수 있으면 된다.

전순회pre-order traversal 알고리즘을 살짝 변형하여 풀어보자. 재귀 함수를 호출할 때에는 level + 1을 인자로 넘기도록 한다. 아래의 코드는 깊이 우선 탐색 기법을 사용한 구현 결과다.

```java
void createLevelLinkedList(TreeNode root,
ArrayList<LinkedList<TreeNode>> lists, int level) {
```

```
    if (root == null) return; // 초기 사례

    LinkedList<TreeNode> list = null;
    if (lists.size() == level) { // 해당 높이가 리스트 안에 없다
      list = new LinkedList<TreeNode>();
      /* 정순회 방법을 사용하였다는 것에 유의하자.
       * 그러므로, 깊이 #i를 처음 방문한 거라면, 깊이 #0부터 i-1까지는
       * 이미 방문한 상태다. 그러므로 깊이 #i는 마지막에 추가해도
       * 안전하다. */
      lists.add(list);
    } else {
      list = lists.get(level);
    }
    list.add(root);
    createLevelLinkedList(root.left, lists, level + 1);
    createLevelLinkedList(root.right, lists, level + 1);
}

ArrayList<LinkedList<TreeNode>> createLevelLinkedList(
          TreeNode root) {
    ArrayList<LinkedList<TreeNode>> lists =
      new ArrayList<LinkedList<TreeNode>>();
    createLevelLinkedList(root, lists, 0);
    return lists;
}
```

이렇게 하는 대신, 너비 우선 탐색 기법을 변경하여 구현할 수도 있다. 그렇게 할 경우 루트를 먼저 방문하고, 그 다음에 깊이 #2에 해당하는 노드를, 그리고 깊이 #3에 해당하는 노드를 방문해 나가게 될 것이다.

따라서 깊이 #i에 도달했을 때, 깊이 #i - 1에 해당하는 노드들은 전부 방문한 상태가 된다. 즉, 깊이 #i에 어떤 노드들이 있는지 알아내려면, #i-1에 있는 노드의 모든 자식 노드를 검사하기만 하면 된다.

이 알고리즘을 구현한 코드를 아래에 보였다.

```
ArrayList<LinkedList<TreeNode>> createLevelLinkedList(
      TreeNode root) {
  ArrayList<LinkedList<TreeNode>> result =
```

```
  new ArrayList<LinkedList<TreeNode>>();
  /* 루트 '방문' */
  LinkedList<TreeNode> current = new LinkedList<TreeNode>();
  if (root != null) {
    current.add(root);
  }

  while (current.size() > 0) {
    result.add(current); // 이전 깊이 추가
    LinkedList<TreeNode> parents = current; // 다음 깊이로 진행
    current = new LinkedList<TreeNode>();
    for (TreeNode parent : parents) {
      /* 자식 노드들 방문 */
      if (parent.left != null) {
        current.add(parent.left);
      }
      if (parent.right != null) {
        current.add(parent.right);
      }
    }
  }
  return result;
}
```

이들 해법 가운데 어느 쪽이 좀 더 효율적인지 묻는 분도 있으리라. 둘 다 O(N) 시간에 실행된다. 그런데 공간 효율은 어느 쪽이 더 좋은가? 척 보기엔 두 번째 해법의 공간 효율성이 좀 더 좋아 보인다.

어떤 의미에서는 맞는 말이다. 첫 번째 해법은 O(log N) 만큼의 재귀 호출을 필요로 하는데(균형 잡힌 트리의 경우), 새로운 깊이를 탐색할 때마다 스택에 공간을 요구하게 된다는 뜻이다. 두 번째 방법은 순환적으로 구현되어 있어서 추가 공간은 요구하지 않는다.

하지만 둘 다 O(N)만큼의 데이터를 반환하여야 한다. 재귀적으로 구현할 때 요구되는 O(log N)만큼의 추가적인 공간은, O(N)만큼의 데이터가 반환되어야 한다는 사실과 비교하면 사소하다. 그러므로 첫 번째 방법이 실제로 더 많은 공간을 사용하긴 하지만, O 표기법에 비추어 보면 두 해법은 공간 효율성 측면에서는 동일하다.

4.5 어떤 이진 트리가 이진 탐색 트리인지 판별하는 함수를 구현하라.

107쪽

해법

두 가지 다른 해법을 생각해 볼 수 있다. 첫 번째 해법은 정순회 기법을 이용하는 것이며, 두 번째 기법은 left <= current < right 의 불변식을 사용하는 것이다.

해법 #1: 정순회in-order traversal 기법

첫 번째 해법은 정순회를 시행하며 원소들을 배열에 복사해 넣은 결과가 정렬된 상태인지 보는 것이다. 별도의 메모리가 필요하긴 하지만 대부분의 경우에 잘 동작하는 방법이다.

이 방법의 문제점은 트리 안에 중복된 값이 있는 경우를 처리할 수 없다는 것이다. 예를 들어, 이 알고리즘은 아래의 두 트리를 분간하지 못한다 (둘 중 하나는 잘못된 트리이다). 정순회하면 같은 결과가 나오기 때문.

하지만 트리에 중복된 값이 없다고 가정하면 올바르게 동작한다. 이 알고리즘을 가상 코드로 옮겨보면 다음과 같다.

```
public static int index = 0;
public static void copyBST(TreeNode root, int[] array) {
  if (root == null) return;
  copyBST(root.left, array);
  array[index] = root.data;
  index++;
  copyBST(root.right, array);
}

public static boolean checkBST(TreeNode root) {
```

```
  int[] array = new int[root.size];
  copyBST(root, array);
  for (int i = 1; i < array.length; i++) {
    if (array[i] <= array[i - 1]) return false;
  }
  return true;
}
```

배열의 논리적인 끝 지점을 추적해야 한다는 것에 유의하자. 모든 원소를 담을 수 있는 크기로 할당되기 때문이다.

그런데 이 해법을 살펴보면, 배열이 실제로는 필요 없다는 결론에 도달하게 된다. 한 원소를 이전 원소와 비교하는 용도 이외에는 사용하지 않고 있다. 그렇다면 마지막으로 검사했던 원소만 기록해 둔 다음에 그 다음 원소와 비교하도록 하면 될 것이다.

이 알고리즘을 구현한 코드를 아래에 보였다.

```
public static Integer last_printed = null;
public static boolean checkBST(TreeNode n) {
  if (n == null) return true;

  // 왼쪽을 재귀적으로 검사
  if (!checkBST(n.left)) return false;

  // 현재 노드 검사
  if (last_printed != null && n.data <= last_printed) {
    return false;
  }
  last_printed = n.data;

  // 오른쪽을 재귀적으로 검사
  if (!checkBST(n.right)) return false;

  return true; // 검사 통과!
}
```

int 대신 Integer를 사용한 것은, last_printed에 값이 설정된 적이 있었는지를 분간하기 위한 것이다. static 변수를 사용한 것이 마음에 들지 않는다면, 정수형 변수를 감싼 클래스를 하나 추가로 만들어 해결할 수도 있다.

```
class WrapInt {
  public int value;
}
```

C++처럼 참조에 의한 전달이 가능한 언어를 사용하고 있다면, 해당 기능을 사용해도 좋겠다.

해법 #2: 최소/최대 기법

지금부터 설명할 두 번째 해법은 이진 탐색 트리의 정의를 이용한 것이다.

어떤 트리가 이진 탐색 트리라는 것은 무엇을 의미하나? 다음의 불변식을 만족한다는 뜻이다. 즉, left.data <= current.data < right.data. 하지만 이것만으로 충분하지 않다. 다음의 간단한 트리를 보자.

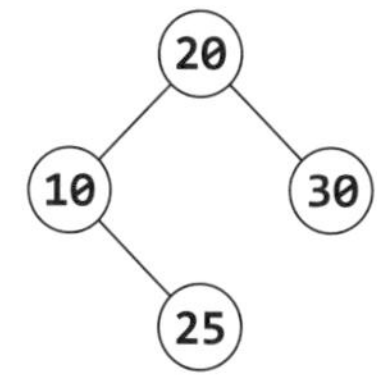

각 노드의 값이 왼쪽 노드의 데이터보다는 크고 오른쪽 노드의 데이터보다는 작지만, 분명 이진 탐색 트리는 아니다. 25의 위치가 잘못되어 있기 때문이다.

엄밀하게 말하면, 이진 탐색 트리가 만족해야 하는 불변식은, '모든 왼쪽 노드의 데이터는 현재 노드의 데이터보다 같거나 작고, 모든 오른쪽 노드의 데이터는 현재 노드의 데이터보다 크다'가 되어야 한다.

이에 기반하여, 최솟값과 최댓값을 아래로 전달해 나가도록 하여 문제를 풀 수 있다. 트리를 순회해 나가면서, 더욱 좁은 범위에 대해 검증 작업을 반복하는 것이다.

아래의 예제 트리를 살펴보자.

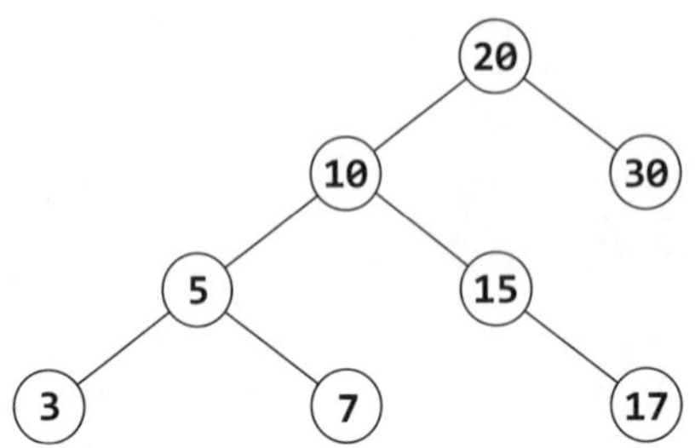

처음에는 (min=INT_MAX, max=INT_MAX)로부터 시작한다. 루트 노드가 이 조건을 만족해야 함은 당연하다. 루트 노드의 왼쪽 노드들은 분명 (min=INT_MIN, max=20)을 만족해야 한다. 루트 노드의 오른쪽 노드들은 분명 (min=20, max=INT_MAX)의 범위 안에 있어야 한다.

이 방법을 사용해 트리를 훑어 나간다. 왼쪽으로 분기하면 max 값을 갱신하고, 오른쪽으로 분기할 때는 min 값을 갱신한다. 언제든 범위에 어긋나는 데이터를 발견하면 트리 순회를 중단하고 false를 반환한다.

이 기법의 시간 복잡도는 O(N)이다. N은 트리 내의 노드 숫자이다. O(N)이 최선임은 증명 가능하다. 어떤 알고리즘을 쓰건, 반드시 N개의 노드는 검사해야 하기 때문이다.

이 알고리즘을 재귀적으로 구현한 코드를 아래에 보였다.

```
boolean checkBST(TreeNode n) {
  return checkBST(n, null, null);
}

boolean checkBST(TreeNode n, Integer min, Integer max) {
  if (n == null) {
    return true;
  }
  if ((min != null && n.data <= min) ||
      (max != null && n.data > max)) {
    return false;
```

```
  }

  if (!checkBST(n.left, min, n.data) ||
  !checkBST(n.right, n.data, max)) {
    return false;
  }
  return true;
}
```

재귀 알고리즘을 사용할 때에는 null case뿐 아니라 초기 사례에도 유의해야 함을 잊으면 안 된다.

4.6 정순회 기준으로, 이진 탐색 트리 내의 한 노드가 주어지면 그 노드의 '다음' 노드를 찾아내는 알고리즘을 작성하라. 각 노드에는 부모 노드를 가리키는 링크가 존재한다고 가정한다.

107쪽

해법

정순회라는 것이 왼쪽 하위 트리를 방문한 다음에 현재 노드를 방문하고, 그런 다음 오른쪽 하위 트리를 방문하는 방법임을 상기하도록 하자. 이 문제를 풀려면, 실제로 순회가 이루어지는 절차를 매우 주의 깊게 생각해봐야 한다.

가상의 노드 하나가 주어진 상황을 생각해 보자. 순회 순서는 안다. 왼쪽 하위 트리, 현재 노드 그리고 오른쪽 하위 트리. 그렇다면 다음에 방문해야 하는 노드는 오른쪽 어딘가에 있을 것이다.

그런데 대관절 오른쪽 하위 트리의 어떤 노드? 오른쪽 하위 트리를 정순회할 경우 처음으로 방문하게 되는 노드일 것이다. 그렇다면 오른쪽 하위 트리의 맨 왼쪽 노드일 것. 간단하네!

그런데 그 노드 오른쪽에 하위 트리가 없다면? 이런 경우 까다로워진다.

어떤 노드 n에 오른쪽 하위 트리가 없다면, n의 하위 트리 방문은 끝난 것이다. 그렇다면 이제 n의 부모 노드 입장에서 어디까지 순회한 것인지를 알아내야 한다. n의 부모 노드를 q라고 하자.

n이 q의 왼쪽에 있었다면, 다음에 방문할 노드는 q이다(왼쪽→현재→오른쪽 순서이니까).

n이 q의 오른쪽에 있었다면, q의 오른쪽 하위 노드 탐색은 완전히 끝난 것이다. 따라서 q의 부모 노드 가운데 완전히 순회를 끝내지 못한 노드 x를 찾아야 한다. '완전히 순회를 끝내지 못한' 노드인지는 어떻게 알 수 있나? 방금 살펴봤었다. 왼쪽 노드에서 그 부모 노드로 이행해야 하는 경우, 왼쪽 하위 트리는 완전히 순회된 것이지만, 부모 노드는 아니다.

이 알고리즘을 가상 코드로 기술하면 다음과 같다.

```
Node inorderSucc(Node n) {
  if (n has a right subtree) {
    return leftmost child of right subtree
  } else {
    while (n is a right child of n.parent) {
      n = n.parent; //위로 간다
    }
    return n.parent; // 부모는 아직 순회하지 않았음
  }
}
```

그런데 잠깐. 왼쪽 노드를 발견하기 전에 트리 루트까지 올라가버리게 되면 어떻게 되나? 이런 일은, 주어진 노드가 정순회상의 마지막 노드인 경우에 발생한다. 다시 말해, 트리의 오른쪽 맨 끝 노드에 도달한 것이다. 그런 경우에는 정순회상의 다음 노드란 없으므로, null을 반환해야 한다.

이 알고리즘을 구현한 코드를 아래에 보였다.

```
public TreeNode inorderSucc(TreeNode n) {
  if (n == null) return null;

  /* 오른쪽 자식 노드들을 찾아서
   * 그중 맨 왼쪽 노드 반환 */
  if (n.right != null) {
    return leftMostChild(n.right);
  } else {
```

```
    TreeNode q = n;
    TreeNode x = q.parent;
    // 오른쪽이 아니라 왼쪽에 위치하게 될때까지 상승
    while (x != null && x.left != q) {
      q = x;
      x = x.parent;
    }
    return x;
  }
}

public TreeNode leftMostChild(TreeNode n) {
  if (n == null) {
    return null;
  }
  while (n.left != null) {
    n = n.left;
  }
  return n;
}
```

알고리즘적으로 가장 복잡한 문제라고 말할 수는 없지만, 완벽히 코딩하려면 꽤나 까다로운 문제긴 하다. 이런 문제를 풀 때는 가상 코드를 먼저 작성하여 고려해야 할 경우들의 가짓수를 미리 스케치해 보면 도움이 된다.

4.7 이진 트리 내의 두 노드의 공통 선조ancestor 노드를 찾는 알고리즘을 설계하고 구현하라. 자료구조 내에 부가적인 노드를 저장해 두는 일은 금한다. 주의: 이진 탐색 트리가 아닐 수도 있다.

108쪽

해법

이진 탐색 트리라면 두 노드에 대한 find 연산을 변경하여 어디서 경로가 분기하는지 찾아내도록 할 수 있었을 것이다. 그러나 불행하게도 이진 탐색 트리라 가정할 수 없으므로 다른 방법을 사용해야 한다.

노드 p와 q의 공통 선조 노드를 찾는다고 가정하자. 면접관에게 질문해야 할 것들 중 하나는, 트리의 노드가 부모 노드에 대한 링크를 갖고 있느냐다.

해법 #1: 부모 노드에 대한 링크가 있는 경우

각 노드에 부모 노드에 연결된 링크가 있으면 p와 q의 부모를 따라가면서 합류점을 찾으면 된다. 하지만 그러다 보면 문제 본래의 가정을 위반할 수도 있다. (1) 방문한 노드인지 표시해두기 위한 isVisited 플래그 같은 것을 두거나 (b) 해시 테이블과 같은 부가적 자료구조를 사용할 경우, '자료구조 내에 부가적인 노드를 두는 것을 금한다'는 가정을 어기게 될 수 있기 때문이다.

해법 #2: 부모 노드에 대한 링크가 없는 경우

대신, 두 노드가 같은 쪽에 붙어 있는 경로를 따라가도록 할 수도 있다. 다시 말해, 만일 p와 q가 공히 어떤 노드의 왼쪽에 있다면, 왼쪽으로 내려가면 공통의 조상을 찾을 수 있다는 것. 만일 p와 q가 공히 어떤 노드의 오른쪽에 있다면, 오른쪽으로 내려가서 공통의 조상을 찾으면 된다. p와 q가 더 이상 같은 쪽에 있지 않다면, 공통의 조상을 찾은 것이다.

이 접근법을 구현한 코드를 아래에 보였다.

```
/* p가 root의 자식이면 true 반환 */
boolean covers(TreeNode root, TreeNode p) {
  if (root == null) return false;
  if (root == p) return true;
  return covers(root.left, p) || covers(root.right, p);
}

TreeNode commonAncestorHelper(TreeNode root, TreeNode p,
TreeNode q) {
  if (root == null) return null;
  if (root == p || root == q) return root;
  boolean is_p_on_left = covers(root.left, p);
  boolean is_q_on_left = covers(root.left, q);

  /* p와 q가 root의 서로 다른 하위 트리에 속하면, root 반환. */
  if (is_p_on_left != is_q_on_left) return root;

  /* 같은 쪽에 있으면, 그쪽을 탐색. */
  TreeNode child_side = is_p_on_left ? root.left : root.right;
  return commonAncestorHelper(child_side, p, q);
```

```
}

TreeNode commonAncestor(TreeNode root, TreeNode p, TreeNode q) {
  if (!covers(root, p) || !covers(root, q)) { // Error check
    return null;
  }
  return commonAncestorHelper(root, p, q);
}
```

균형 잡힌 트리의 경우 이 알고리즘은 O(n) 시간에 동작한다. covers가 최초 2n 노드에 대해 호출된다고 하자(왼쪽에 n 노드, 오른쪽에 n 노드). 최초 호출 이후, 알고리즘은 오른쪽 아니면 왼쪽으로 분기하므로 covers는 2n/2 노드에 대해 호출된다. 그 다음에는 2n/4이다. 그러다 보면 결국 수행시간은 O(n)이 된다.

점근적 실행시간asymptotic 견지에서 보면 이보다 더 잘 할 수는 없는데, 잠재적으로는 트리 내의 모든 노드를 살펴봐야 할 수도 있기 때문이다. 하지만 상수배constant multiple로 개선할 수는 있을 것이다.

해법 #3: 최적화

해법 #2가 실행 시간 측면에서 최적이긴 하지만, 동작 과정상에 비효율적인 부분도 있다. 특히, covers는 p와 q를 찾아 각 하위 트리(root.left, root.right) 내의 모든 노드를 포함하는 노드 전부를 검색하게 된다. 그런 다음 그 하위 트리 가운데 하나를 골라 다시 그 아래의 모든 노드를 탐색하게 된다. 결국, 각 하위 트리를 거듭하여 탐색하게 된다.

따라서 p와 q를 찾기 위해 전체 트리를 한 번만 탐색하도록 하는 것이 필요하다. 그렇게 하고 나서 스택 내의 이전 노드들에 대한 검색 결과를 거품처럼 띄워 올릴 수 있어야 한다. 기본적인 로직은 이전 해법과 차이가 없다.

하지만 이번에는 전체 트리를 commonAncestor(TreeNode root, TreeNode p, TreeNode q)를 사용해서 재귀적으로 순회한다. 이 함수는 다음과 같은 형태의 반환값을 낸다.

· root의 하위 트리가 p를 포함하고 q를 포함하지 않으면 p 반환.
· root의 하위 트리가 q를 포함하고 p를 포함하지 않으면 q 반환.
· p나 q가 root의 하위 트리 내에 없으면 null 반환.
· 어디에도 해당사항 없으면 p와 q의 공통 조상 반환.

맨 마지막 경우를 처리하는 것은 쉽다. commonAncestor(n.left, p, q)와 commonAncestor(n.right, p, q)가 null아닌 값을 반환하면(p와 q가 n의 서로 다른 하위 트리 내에 있다는 뜻) n이 공통 조상이다.

아래의 코드는 이 알고리즘을 구현한 것인데, 버그가 있다. 보이시는가?

```
/* 버그가 숨어 있음. */
TreeNode commonAncestorBad(TreeNode root, TreeNode p, TreeNode q) {
  if (root == null) {
    return null;
  }
  if (root == p && root == q) {
    return root;
  }

  TreeNode x = commonAncestorBad(root.left, p, q);
  if (x != null && x != p && x != q) { // 이미 찾은 선조
    return x;
  }

  TreeNode y = commonAncestorBad(root.right, p, q);
  if (y != null && y != p && y != q) { // 이미 찾은 선조
    return y;
  }

  if (x != null && y != null) { // p와 q가 서로 다른 하위 트리에 있음
    return root; // 이것이 공통 조상
  } else if (root == p || root == q) {
    return root;
  } else {
    /* x나 y가 null이 아니라면, 그 값을 반환. */
    return x == null ? y : x;
  }
}
```

이 코드의 문제점은 어떤 노드가 트리 안에 없는 경우 발견된다. 가령, 다음과 같은 트리가 있다고 하자.

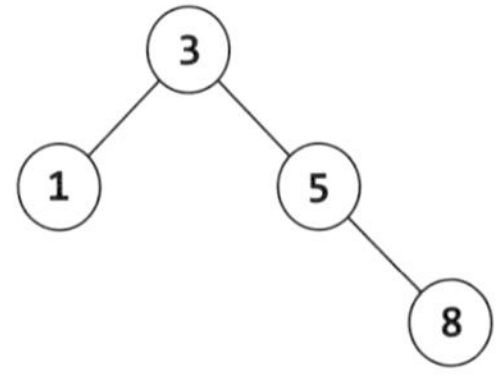

그리고 commonAncestor(node 3, node 5, node 7)을 한다고 하자. 노드 7은 트리에 없다. 바로 그때 문제가 생긴다. 호출 순서는 이러할 것이다.

```
commonAncestor(node 3, node 5, node 7)             // -> 5
  calls commonAncestor(node 1, node 5, node 7)     // -> null
  calls commonAncestor(node 5, node 5, node 7)     // -> 5
    calls commonAncestor(node 8, node 5, node 7)   // -> null
```

달리 말해서, 오른쪽 하위 트리에 commonAncestor를 호출하면 코드는 응당 노드 #5를 반환할 것이라는 점이다. 문제는 p와 q의 공통 선조를 찾아내는데 있어, 호출하는 함수가 다음의 두 가지 경우를 구분하지 못한다는 것이다.

- 경우 #1: p가 q의 자식(또는, q가 p의 자식)
- 경우 #2: p는 트리 안에 있는데 q는 없음(또는, q는 트리 안에 있는데 p는 없음)

이 두 가지 경우에 공히 commonAncestor는 p를 반환한다. 경우 #1에 대해서라면 맞는 결과일 것이나, 경우 #2에 대해서라면 결과는 null이 되어야 맞다.

따라서 위의 두 가지 경우를 구별할 방법이 필요하다. 아래 코드가 하는 일이 바로 그것이다. 이 코드는 두 가지 값을 반환하여 문제를 해결한다. 노드 자신과 그 노드가 공통 조상인지를 나타내는 플래그가 바로 그것.

```
public static class Result {
  public TreeNode node;
  public boolean isAncestor;
  public Result(TreeNode n, boolean isAnc) {
    node = n;
    isAncestor = isAnc;
  }
}

Result commonAncestorHelper(TreeNode root, TreeNode p, TreeNode q){
  if (root == null) {
    return new Result(null, false);
  }
  if (root == p && root == q) {
    return new Result(root, true);
  }

  Result rx = commonAncestorHelper(root.left, p, q);
  if (rx.isAncestor) { // 공통 조상 발견
    return rx;
  }

  Result ry = commonAncestorHelper(root.right, p, q);
  if (ry.isAncestor) { // 공통 조상 발견
    return ry;
  }

  if (rx.node != null && ry.node != null) {
    return new Result(root, true); // This is the common ancestor
  } else if (root == p || root == q) {
    /* 만일 현재 p또는 q 위치에 있고, 이 두 노드 가운데 하나가
     * 하위 트리 안에 있다면, 현재 노드가 공통 조상이고 플래그는
     * true로 설정되어야 한다. */
    boolean isAncestor = rx.node != null || ry.node != null ?
    true : false;
    return new Result(root, isAncestor);
  } else {
    return new Result(rx.node!=null ? rx.node : ry.node, false);
  }
}

TreeNode commonAncestor(TreeNode root, TreeNode p, TreeNode q) {
  Result r = commonAncestorHelper(root, p, q);
```

```
  if (r.isAncestor) {
    return r.node;
  }
  return null;
}
```

물론, 이 이슈는 p나 q가 트리 안에 없을 때만 발생한다. 또 다른 해결책 하나는, 두 노드가 트리 안에 실제로 존재하는지 사전에 트리를 뒤져 검사해 보는 것이다.

4.8 두 개의 큰 이진 트리 T1, T2가 있다고 하자. T1에는 수백만 개의 노드가 있고, T2에는 수백 개 정도의 노드가 있다. T2가 T1의 하위 트리인지 판별하는 알고리즘을 만들라.

T1 안에 노드 n이 있어 그 노드의 하위 트리가 T2와 동일하면, T2는 T1의 하위 트리다. 다시 말해, T1에서 n부터 시작하여 그 아래쪽을 끊어 내면, 그 결과가 T2와 동일해야 한다.

108쪽

해법

이런 문제를 풀 때에는 우선 자료의 양이 얼마 안 된다고 가정하고 풀기 시작하는 것이 좋다. 그러면 실제로 동작하는 접근법에 대한 기본적 아이디어를 얻을 수 있을 것이다.

이 작고 단순화된 문제는 어떻게 풀 수 있나? 정순회in-order traversal와 전순회pre-order traversal를 나타내는 문자열을 만들어 풀 수 있다. 만일 T2의 전순회 표현 문자열이 T1의 전순회 표현 문자열의 부분 문자열이고, T2의 정순회 표현 문자열이 T1의 정순회 표현 문자열의 부분 문자열이라면, T2는 T1의 하위 트리다. 부분 문자열인지는 접미사 트리suffix tree를 사용하면 선형 시간linear time에 확인할 수 있으므로, 이 알고리즘은 최악 경우 시간 대비 상대적으로 효율적이다.

왼쪽이나 오른쪽 노드가 NULL인 경우를 나타내는 특별한 문자를 문자열 표현 내부에 삽입할 필요가 있음에 유의하도록 하자. 그렇지 않으면, 다음과 같은 경우를 구별할 수 없게 된다.

이 두 트리를 정순회 및 전순회 문자열로 표현하면 비록 다른 트리이지만 결과는 같다.

```
T1, 정순회: 3, 3
T1, 전순회: 3, 3
T2, 정순회: 3, 3
T2, 전순회: 3, 3
```

하지만 NULL 값을 별도로 표기하도록 하면 두 트리를 구별할 수 있다.

```
T1, 정순회: 0, 3, 0, 3, 0
T1, 전순회: 3, 3, 0, 0, 0
T2, 정순회: 0, 3, 0, 3, 0
T2, 전순회: 3, 0, 3, 0, 0
```

간단한 경우에는 이렇게 해도 좋지만, 우리가 풀어야 할 실제 문제는 더 많은 양의 데이터를 다룬다. 트리를 이런 식으로 표현하게 되면 너무 많은 메모리가 소요될 것이다.

대안

이에 대한 대안은 더 큰 트리 T1을 탐색하는 것이다. T2의 루트와 같은 값의 노드를 T1에서 발견할 때마다, treeMatch를 호출한다. treeMatch는 두 트리가 동일한지를 검사한다.

실행 시간 분석은 다소 까다롭다. 순진하게 O(nm)이라고 답할 수도 있을 것이다(n은 T1의 노드 개수이고, m은 T2의 노드 개수이다). 기술적으로는 맞지만, 좀 더 생각하면 한결 정확한 상한을 찾아낼 수 있다.

사실 treeMatch를 T2의 모든 노드에 호출하지는 않는다. 대신, T2의 루트 노드 값이 T1에 등장하는 빈도 k만큼만 호출한다. 따라서 실행 시간은 O(n + km)에 가깝다.

하지만 그것조차도 이 알고리즘의 실행시간을 과대평가한 것이다. 루트 노드 값과 일치하는 노드를 발견했다 하더라도, T1과 T2 간의 차이를 발견하면 treeMatch를 종료해 버리기 때문. 따라서 treeMatch를 호출할 때마다 m개의 노드를 실제로 보는 것은 아니다.

이 알고리즘을 구현한 코드를 아래에 보였다.

```
boolean containsTree(TreeNode t1, TreeNode t2) {
  if (t2 == null) { // 빈 트리는 언제나 하위 트리
    return true;
  }
  return subTree(t1, t2);
}

boolean subTree(TreeNode r1, TreeNode r2) {
  if (r1 == null) {
    return false; // 큰 트리가 비어 있으면 하위 트리는 찾을 수 없다.
  }
  if (r1.data == r2.data) {
    if (matchTree(r1,r2)) return true;
  }
  return (subTree(r1.left, r2) || subTree(r1.right, r2));
}

boolean matchTree(TreeNode r1, TreeNode r2) {
  if (r2 == null && r1 == null) // 둘 다 비어 있는 경우
  return true;

  // 둘 중 하나만 비어 있는 경우
  if (r1 == null || r2 == null) {
    return false;
```

```
  }

  if (r1.data != r2.data)
    return false; // 같지 않음
  return (matchTree(r1.left, r2.left) &&
      matchTree(r1.right, r2.right));
  }
}
```

간단한 형태의 해법이 좋은 경우는 언제이고, 방금 살핀 대안이 더 나은 경우는 언제인가? 면접관과 이야기하기 좋은 주제다. 하지만 이런 것들은 지금 알아두는 것이 좋다.

1. 먼저 살펴본 간단한 해법은 O(n+m)의 메모리를 필요로 한다. 반면 두 번째 살펴본 대안은 O(log n+log m)의 메모리를 필요로 한다. 유의할 것: 규모확장성 측면에서는 메모리 사용량 문제가 굉장히 중요하다.
2. 첫 번째 해법의 수행 시간은 O(n+m)이지만 두 번째 살펴본 대안은 최악의 경우 O(nm)의 시간이 걸린다. 하지만 최악 수행 시간이라는 것은 다소 기만적일 수 있다. 그보다는 좀 더 깊이 있게 살펴볼 필요가 있다.
3. 좀 더 가까운 시간 상한은 앞서 설명한 대로 O(n+km)이다. k는 T2의 루트 값이 T1에 출현하는 빈도다. T1과 T2의 노드에 저장되는 값이 0과 p 사이에서 구한 난수random number 값이라고 하자. k의 값은 n/p에 가까울 것이다. 왜인가? T1의 노드 n 각각이 T2의 루트와 같을 확률이 1/p이기 때문. 그러므로 T1의 노드 가운데 n/p 노드가 T2.root와 같을 것이다. 따라서 p=1000, n=1000000이고 m=100일 때 우리는 대략 1,100,000 노드를 검사해야 한다(1100000=1000000+100*1000000/1000).
4. 좀 더 복잡한 수식과 가정을 동원하면 좀 더 정확한 상한을 얻을 수 있다. 우리는 방금 살펴본 #3을 따라서, treeMatch를 호출하면 T2의 모든 노드를 순회하게 된다고 가정했다. 그렇지만 순회 직후에 차이를 금방 발견하게 될 것이므로, 결과적으로는 훨씬 빨리 끝난다.

요약하자면, 두 번째 살펴본 대안이 공간 효율성 측면에서 보다 최적이라는 사실은 분명하고, 시간적 측면에서도 보다 최적이다. 이 모두는 여러분이 내린 가정과, 최악 시간은 좀 나쁘더라도 평균적 수행 시간을 줄이도록 할 것이냐의 여부에 달려 있다. 면접관에게 지적하기 좋은 부분이다.

4.9 각 노드에 어떤 값이 저장되어 있는 이진 트리 하나와 값 n이 주어졌을 때, n과 같은 값을 갖는 모든 경로를 찾아라. 어떤 경로의 값은 그 경로에 포함된 모든 노드의 값의 합이며, 경로는 트리 내의 아무 위치에서나 시작하고 끝날 수 있다.

108쪽

해법

이 문제에 '단순화와 일반화' 접근법을 적용해 보도록 하자.

1단계: 단순화 – 경로가 루트에서 시작해, 아무 데서나 끝날 수 있다면?

이 경우, 문제는 한결 쉬워진다.

루트에서부터 시작해 왼쪽 오른쪽으로 분기해 나가면서 각 경로 끝까지의 합을 계산할 수 있다. 합을 찾으면 현재 경로를 표시하도록 한다. 합을 구했다고 탐색을 멈추면 안 된다는 것에 유의하자. 왜인가? 경로가 a+1 노드와 a-1 노드로 계속될 수 있기 때문이다(다시 말하면, 그 값을 더한 합이 0인 노드들이 계속 이어질 수 있기 때문이다). 그런 경우 전체 경로의 값 합산 결과는 여전히 sum일 것이다.

가령, 다음과 같은 두 경로는 그 합이 sum=5로 동일하다.

- p = {2, 3}
- q = {2, 3, -4, -2, 6}

2+3을 찾았다고 탐색을 멈추게 되면 두 번째 경로를 포함하는 다른 경로

들은 찾을 수 없게 된다. 그러니, 다른 가능한 경로를 찾기 위한 탐색은 계속 해야 한다.

2단계: 일반화 – 경로가 어디서든 시작될 수 있다면?

이제 경로가 어디에서든 시작될 수 있다면 어떻게 될 것인지 살펴보자. 그런 경우를 처리하기 위해서 조금 수정을 해야 할 것이다. 즉, 모든 노드에 대해 합을 찾았는지 알기 위해 '위쪽을' 쳐다봐야 할 것이다. 무슨 말인고 하니, "주어진 합을 갖는 경로의 시작 노드인가?"를 묻는 대신, "이 노드가 주어진 합을 갖는 경로의 마지막 노드인가?"를 물어야 한다는 것.

각 노드 n을 재귀적으로 탐색할 때, root로부터 n까지의 전체 경로를 전달한다. 호출된 재귀 함수는 주어진 전체 경로상의 모든 노드의 값을 n부터 root까지 역순으로 더해나간다. 각 부분 경로의 합이 sum과 같으면, 해당 경로를 출력한다.

```
public void findSum(TreeNode node, int sum, int[] path, int level){
  if (node == null) {
    return;
  }

  /* 현재 노드를 경로에 추가. */
  path[level] = node.data;

  /* 이 노드에서 끝나면서 합이 sum인 경로 탐색. */
  int t = 0;
  for (int i = level; i >= 0; i--){
    t += path[i];
    if (t == sum) {
      print(path, i, level);
    }
  }

  /* 이 노드 아래의 노드 탐색. */
  findSum(node.left, sum, path, level + 1);
  findSum(node.right, sum, path, level + 1);

```

```
  /* 현재 노드를 경로에서 제거. 이 값을 무시할 것이므로
   * 반드시 필요한 과정은 아니나, 좋은 습관. */
  path[level] = Integer.MIN_VALUE;
}

public void findSum(TreeNode node, int sum) {
  int depth = depth(node);
  int[] path = new int[depth];
  findSum(node, sum, path, 0);
}

public static void print(int[] path, int start, int end) {
  for (int i = start; i <= end; i++) {
    System.out.print(path[i] + " ");
  }
  System.out.println();
}

public int depth(TreeNode node) {
  if (node == null) {
    return 0;
  } else {
    return 1 + Math.max(depth(node.left), depth(node.right));
  }
}
```

(균형 잡힌 이진 트리를 가정하였을 때) 이 알고리즘의 시간 복잡도는 얼마인가? 만일 노드가 위치한 깊이가 r이라면, 우리는 r 만큼의 일을 해야 할 것이다('위쪽'을 바라보는 데 드는 비용). 따라서 O(n log n)이라고 추측할 수 있는데, n개의 노드가 평균적으로 각 단계에서 log n만큼의 일을 해야 할 것이기 때문이다.

그 대답이 너무 모호하게 느껴진다면, 수학적으로 증명할 수도 있다. 깊이 r에는 2r개의 노드가 있다는 것에 유의하자.

$$1 * 2^1 + 2 * 2^2 + 3 * 2^3 + 4 * 2^4 + \dots d * 2^d$$
$$= sum(r * 2^r) \text{ (r은 0에서 트리 높이까지)}$$
$$= 2 * (d - 1) * 2^d + 2$$

```
n = 2^d
d = log n
```

그런데 2log(x) = x이므로

```
O(2 * (log(n) - 1) * 2^log(n) + 2)
= O(2 (log n - 1) * n)
= O(n log n)
```

공간 복잡도는 O(log n)이다. 이 알고리즘은 O(log n) 번의 재귀적 호출을 실행하는데, 인자 path는 재귀 호출이 이루어지는 동안 단 한 번 할당되기 때문이다. path에는 O(log n) 만큼의 공간이 필요하다.

개념과 알고리즘

05
비트 조작 해법

5.1 **두 개의 32비트 수 N과 M이 주어지고, 비트 위치 i와 j가 주어졌을 때, M을 N에 삽입하는 메서드를 구현하라. M은 N의 j번째 비트에서 시작하여 i번째 비트에서 끝나야 한다. j번째 비트에서 i번째 비트까지에는 M을 담기 충분한 공간이 있다고 가정한다. 다시 말해, M = 10011라면, j와 i 사이에 적어도 다섯 비트가 있다고 가정해도 된다는 것이다. j = 3이고 i = 2이어서 M을 삽입할 수 없는 상황은 생기지 않는다고 봐도 좋다는 것.**

– 예

입력: N = 10000000000, M = 10011, i = 2, j = 6

출력: N = 10001001100

114쪽

해법

이 문제는 다음의 세 가지 핵심적 단계들을 따라 공략한다.

1. N의 j부터 i까지 비트를 0으로 만든다.
2. M을 시프트하여 j부터 i번 비트 자리에 오도록 만든다.
3. M과 N을 합한다.

까다로운 부분은 단계 #1이다. N의 비트를 어떻게 0으로 만드나? 마스크mask를 이용하면 된다. 이 마스크는 j부터 i까지의 비트만 0이고 나머지 비트들은 1이다. 이 마스크를 만들 때는 왼쪽 절반을 먼저, 그리고 오른쪽 절반을 그 다음에 만든다.

```
int updateBits(int n, int m, int i, int j) {
  /* n의 i부터 j 비트까지를 0으로 만들기 위한 마스크 생성
  /* EXAMPLE: i = 2, j = 4. 결과는 11100011.
  * 본 예제에서는 8비트 마스크를 만드는 것으로 가정.
  */
  int allOnes = ~0; // 모든 비트가 1이 됨

  // j 앞에는 1을 두고 나머지는 0으로 설정. 고로 left = 11100000
  int left = allOnes << (j + 1);

  // i 뒤에는 1을 두고 나머지는 0으로 설정. 고로 right = 00000011
  int right = ((1 << i) - 1);

  // i와 j 사이의 비트들을 제외한 나머지는 1. mask = 11100011
  int mask = left | right;

  /* j부터 i까지를 0으로 설정하고 m을 그 자리에 삽입 */
  int n_cleared = n & mask; // j부터 i까지 0으로 만듦
  int m_shifted = m << i; // m을 정확한 위치로 옮김

  return n_cleared | m_shifted; // OR하면 끝
}
```

이런 문제를 풀 때는(다른 비트 조작 문제들도 마찬가지) 철저히 테스트를 해 봐야 한다. 실수로 한 비트를 빼먹는다거나 하는 일은 흔하다.

5.2 0과 1 사이의 실수가 double 타입의 입력으로 주어졌을 때, 그 값을 이진수 형태로 출력하는 코드를 작성하라. 길이가 32개 이하의 문자열로 출력될 수 없는 경우에는, ERROR를 대신 출력하라.

114쪽

해법

특별히 혼란스럽지 않은 경우에는, x_2와 x_{10}과 같은 표기법을 사용하여 밑수가 2인 수와 밑수가 10인 수를 나타내도록 하겠다.

우선, 정수가 아닌 수를 이진수로 표현하면 어떻게 보이는지부터 살펴보자. 정수를 이진수로 표현하는 방법에 입각하여 살펴보면, 이진수 0.101은 이

런 형태일 것이다.

$$0.101_2 = 1 * (1/2^1) + 0 * (1/2^2) + 1 * (1/2^3)$$

소수점 아래 부분을 출력하기 위해서는, 이 값, 즉 n에 2를 곱하여 2n이 1보다 같거나 큰지를 확인한다. 2를 곱하는 연산은 사실 부분합을 시프트shift 하는 것과 마찬가지다. 아래의 수식을 보자.

$$
\begin{aligned}
r &= 2_{10} * n \\
&= 2_{10} * 0.101_2 \\
&= 1 * (1/2^0) + 0 * (1/2^1) + 1 * (1/2^2) \\
&= 1.01_2
\end{aligned}
$$

r>=1이면 n의 소수점 바로 뒤에 1이 있다는 것이다. 이 작업을 계속 반복하면 모든 자릿수를 검사할 수 있다.

```
public static String printBinary(double num) {
  if (num >= 1 || num <= 0) {
    return "ERROR";
  }

  StringBuilder binary = new StringBuilder();
  binary.append(".");
  while (num > 0) {
    /* 길이 제한 설정: 문자 단위로 32 */
    if (binary.length() >= 32) {
      return "ERROR";
    }

    double r = num * 2;
    if (r >= 1) {
      binary.append(1);
      num = r - 1;
    } else {
      binary.append(0);
```

```
        num = r;
      }
    }
    return binary.toString();
}
```

이처럼 주어진 수에 2를 곱하고 1과 비교하는 방법을 쓰는 대신, 0.5, 0.25와 비교해 나가는 방법을 사용할 수도 있다. 아래 코드를 참조하라.

```
public static String printBinary2(double num) {
    if (num >= 1 || num <= 0) {
        return "ERROR";
    }

    StringBuilder binary = new StringBuilder();
    double frac = 0.5;
    binary.append(".");
    while (num > 0) {
        /* 길이 제한 설정: 문자 단위로 32 */
        if (binary.length() > 32) {
            return "ERROR";
        }
        if (num >= frac) {
            binary.append(1);
            num -= frac;
        } else {
            binary.append(0);
        }
        frac /= 2;
    }
    return binary.toString();
}
```

이 두 방법은 동등하므로, 편하게 느껴지는 쪽을 사용하기 바란다.

어느 쪽을 택하건, 테스트 케이스들을 완벽하게 준비해야 한다. 면접장에서 그 테스트 케이스를 사용해 프로그램을 실행하도록 하라.

5.3 **양의 정수 x가 입력으로 주어진다고 하자. 이 정수를 이진수로 표현했을 때 1인 비트의 개수가 n이라고 하자. 이진수로 표현했을 때 1인 비트 개수가 n인 다른 정수 중에서 x보다 작은 것 중 가장 큰 정수와, x보다 큰 것 중 가장 작은 정수를 찾아라.**

114쪽

해법

이 문제를 푸는 데는 여러 가지 방법이 있다. 무식한brute force 방법, 비트 조작에 기반한 방법, 그리고 수학적 방법. 수학적 해법은 비트 조작을 사용한 해법을 이용하고 있음에 유의하도록 하자. 그러니, 비트 조작에 의거한 해법을 수학적 해법보다 먼저 살펴보는 것이 좋겠다.

무식한 방법

가장 쉬운 방법이다. n 안에 있는 1의 개수를 센다. 그리고 1의 개수가 같은 수를 만날 때까지, n을 증가시키거나 감소시킨다. 썩 매력적인 방법은 아니다. 좀 더 최적인 방법은 없나? 있다!

다음 수를 구하는 비트 조작 기반 해법

어떤 수가 다음 수가 되어야 하는지 생각해보면, 다음과 같은 결과를 얻을 수 있다. 가령 13948이 입력으로 주어졌다고 해보자. 이 수를 이진수로 표현하면 다음과 같다.

1	1	0	1	1	0	0	1	1	1	1	1	0	0
13	12	11	10	9	8	7	6	5	4	3	2	1	0

이 수를 크게(하지만 너무 크지 않게) 만들고 싶다고 하자. 1의 수는 그대로 유지되어야 한다.

사실: 주어진 수 n의 비트 단위 위치 i, j에 대해서 (i≠j), i번째 비트의 값은 1에서 0으로 만들고 j번째 비트의 값은 0에서 1로 만든다고 하자. i>j일 경우 n의 값은 감소하고, i<j일 경우 n의 값은 증가한다.

따라서 다음이 성립한다.

1. 0 하나를 1로 만들면, 1 하나를 0으로 만들어야 한다.
2. 만일 0에서 1로 만든 비트가 1에서 0으로 만든 비트 왼쪽에 있으면, 주어진 수의 값은 증가한다.
3. 수를 크게 만들되, 불필요하게 크게 만들고 싶지는 않다. 그러므로 오른쪽에 1이 있는 맨 오른쪽 0비트를 1로 만들어야 한다.

이 이야기를 다른 말로 하면, 뒤에 0이 따라오지 않는 맨 오른쪽 0비트를 1로 뒤집어야 한다는 것이다. 위의 예제에서는, 뒤에 0이 따라오지 않는 첫 번째 0은 7번 위치에 있다. 이 위치를 p라고 하자.

1단계: 0이 따라오지 않는 맨 오른쪽 0를 뒤집는다

1	1	0	1	1	0	1	1	1	1	1	1	0	0
13	12	11	10	9	8	7	6	5	4	3	2	1	0

이렇게 함으로써 n 값은 커졌다. 하지만 1이 원래보다 하나 더 많다. 그리고 0은 원래보다 하나 적다. 이 상태를 교정하되, n의 값은 가능한 한 많이 줄여야 한다.

p 오른쪽에 있는 0과 1을 재정렬하여, 0은 전부 왼쪽에 오고 1은 전부 오른쪽에 오도록 만들면 n의 값을 줄일 수 있다. 그 작업을 하면서, 1 가운데 하나는 0으로 바꾸어야 한다.

이 작업을 하는 상대적으로 쉬운 방법 하나는, p 오른쪽에 있는 1의 수를 센 다음 0부터 p까지의 모든 비트를 0으로 만든 후 c1-1개의 1을 다시 추가해 넣는 것이다. 여기서 c1은 p 오른쪽에 있는 1의 개수이고, c0는 p 오른쪽에 있는 0의 개수이다.

예제를 통해 그 절차를 살펴보자.

2단계: p의 오른쪽 비트들을 0으로 만든다. 이때 c0 = 2, c1 = 5, p = 7인 상태다.

1	1	0	1	1	0	1	0	0	0	0	0	0	0
13	12	11	10	9	8	7	6	5	4	3	2	1	0

비트들을 0으로 만들려면, 값이 1인 비트와 p개의 0비트들로 구성되는 마스크가 필요하다. 다음과 같이 하여 마스크를 만든 다음에 n의 오른쪽 p개 비트를 0으로 만든다.

```
a = 1 << p;     // p번째 비트를 제외한 나머지 비트들은 전부 0
b = a - 1;      // 오른쪽 p개 비트는 1이고 나머지는 0
mask = ~b;      // 오른쪽 p개 비트는 0이고 나머지는 1
n = n & mask; // 오른쪽 p개 비트를 0으로 만듦
```

좀 더 간결히 표현하자면, 이렇게도 할 수 있다.

```
n &= ~((1 << p) -1)
```

3단계: c1 - 1개의 1 비트 추가

1	1	0	1	1	0	1	0	0	0	1	1	1	1
13	12	11	10	9	8	7	6	5	4	3	2	1	0

오른쪽에 c1 - 1개의 1 비트를 삽입하기 위해서, 다음과 같이 한다.

```
a = 1 << (c1 - 1); // c1-1번 비트는 1, 나머지는 0.
b = a - 1;         // 0부터 c1 - 1번째 비트까지는 1. 나머지는 0.
n = n | b;         // 0부터 c1 - 1번째 비트까지를 1로 만듦.
```

아래와 같이 간단히 줄여 쓸 수도 있다.

```
n |= (1 << (c1 - 1)) - 1;
```

이렇게 하면 n과 같은 수의 1 비트를 가지면서 n보다 큰 수 가운데, 가장 작은 수를 얻는다.

getNext의 코드는 다음과 같다.

```
public int getNext(int n) {
  /* c0와 c1 계산 */
  int c = n;
  int c0 = 0;
  int c1 = 0;
  while (((c & 1) == 0) && (c != 0)) {
    c0++;
    c >>= 1;
  }

  while ((c & 1) == 1) {
    c1++;
    c >>= 1;
  }

  /* Error: 만일 n == 11..1100...00이면, 같은 수의 1비트를 가지면서
   * n보다 큰 수는 없다. */
  if (c0 + c1 == 31 || c0 + c1 == 0) {
    return -1;
  }

  int p = c0 + c1; // 0이 따라오지 않는 가장 오른쪽 0 위치

  n |= (1 << p); // 해당 0비트를 1로 만든다
  n &= ~((1 << p) - 1); // p 오른쪽의 모든 비트를 0으로 만든다
  n |= (1 << (c1 - 1)) - 1; // c1 - 1개의 1비트를 넣는다.
  return n;
}
```

직전 수를 구하는 비트 조작 기반 해법

getPrev를 구현하는 데도 비슷한 접근법을 사용할 수 있다.

1. c0과 c1을 계산한다. c1은 0이 연속된 블록 오른쪽에 오는 연속된 1비트 개

수이고, c0은 0 비트 블록의 크기이다.

2. 오른쪽에 1이 오지 않는 맨 오른쪽 1비트를 0으로 만든다. 이 위치는 p = c1 + c0이다.
3. p 오른쪽의 모든 비트를 0으로 만든다.
4. p 바로 오른쪽에 c1 + 1개의 1비트를 넣는다.

2단계에서는 p번째 비트를 0으로 만들고 3단계에서는 0부터 p - 1번째 비트까지를 0으로 만든다는 것에 유의하자. 이 두 단계는 한 번에 수행할 수 있다.

각 단계에서 어떤 일이 일어나는지 예제와 함께 살펴보자.

1단계: 초기 상태 - p = 7, c1 = 2, c0 = 5.

1	0	0	1	1	1	1	0	0	0	0	0	1	1
13	12	11	10	9	8	7	6	5	4	3	2	1	0

2 & 3 단계: 0부터 p까지를 0으로 설정

1	0	0	1	1	1	0	0	0	0	0	0	0	0
13	12	11	10	9	8	7	6	5	4	3	2	1	0

다음과 같이 하면 된다.

```
int a = ~0;               // 모든 비트를 1로 설정
int b = a << (p + 1);     // 연속된 1비트 다음에 p+1개의 0비트 등장
n &= b;                   // 0부터 p까지
```

4단계: c1 + 1개의 1 비트를 p 바로 다음에 삽입

1	0	0	1	1	1	0	1	1	1	0	0	0	0
13	12	11	10	9	8	7	6	5	4	3	2	1	0

p = c1 + c0이므로, (c1 + 1)개의 1 다음에 (c0 - 1)개의 0이 오게 된다는 것

에 유의할 것.

다음과 같이 하면 된다.

```
int a = 1 << (c1 + 1); // c1+1번째 비트만 1
int b = a - 1; // 오른쪽 c1+1개의 비트만 1
int c = b << (c0 - 1); // c1+1개의 1 다음에 c0-1개의 0
n |= c;
```

이를 구현한 코드를 아래에 보였다.

```
int getPrev(int n) {
  int temp = n;
  int c0 = 0;
  int c1 = 0;
  while (((temp & 1) == 1) {
    c1++;
    temp >>= 1;
  }

  if (temp == 0) return -1;

  while ((temp & 1) == 0 && (temp != 0)) {
    c0++;
    temp >>= 1;
  }

  int p = c0 + c1; // 오른쪽에 1이 오지 않는 가장 오른쪽 1
  n &= ((~0) << (p + 1)); // p번째 비트부터 계속 0으로 변경

  int mask = (1 << (c1 + 1)) - 1; // (c1+1)개의 1 비트
  n |= mask << (c0 - 1);

  return n;
}
```

다음 수를 구하는 수학적 해법

맨 오른쪽의 연속된 0비트 블록의 크기를 c0, 그 왼쪽의 연속된 1비트 블록의

크기를 c1이라고 하고 p=c0+c1이라고 두면, 앞서 살펴본 해법은 다음과 같이 기술할 수 있다.

1. p번째 비트를 1로 만든다.
2. 그 오른쪽의 모든 비트를 0으로 만든다.
3. 0부터 c1 - 1까지의 비트를 1로 만든다.

1단계와 2단계를 수행하는 가장 빠르고 무식한 방법은 맨 오른쪽의 연속된 0비트를 전부 1로 만든 다음에(그러면 p개의 1이 연속된 블록이 될 것이다) 1을 더하는 것이다. 그러면 그 연속된 1비트들이 전부 0으로 바뀌면서 마지막에는 p번째 비트가 1로 바뀔 것이다. 이 작업을 수학적으로 수행할 수 있다.

```
n += 2^c0 – 1;      // 맨 오른쪽 0 블록을 전부 1로 변경. p개의 1비트 블록이 만들어짐
n += 1;             // p개의 1비트를 전부 0으로 변경. p번째 비트의 값은 1로 바뀜
```

이제 3 단계를 수학적으로 수행해 보자. 다음과 같이 하기만 하면 된다.

```
n += 2^(c1-1) – 1;   // 오른쪽 c1 - 1개의 0비트를 1로 바꾼다
```

이를 수학적으로 풀어보면 결국 우리가 구해야 할 다음 수는 다음과 같이 계산된다.

$$
\begin{aligned}
next &= n + (2^{c0} - 1) + 1 + (2^{c1-1} - 1) \\
&= n + 2^{c0} + 2^{c1-1} - 1
\end{aligned}
$$

이 방법의 가장 좋은 부분은 비트 조작 연산을 약간 첨가하면 코딩하기도 간편하다는 점이다.

```
int getNextArith(int n) {
  /* ... c0와 c1은 종전과 똑같이 계산 ... */
  return n + (1 << c0) + (1 << (c1 - 1)) - 1;
}
```

직전 수를 구하는 수학적 해법

맨 오른쪽의 연속된 1비트 블록 크기를 c1, 그 왼쪽의 연속된 0비트 블록의 크기를 c0이라고 하고 p = c0 + c1이라고 하면 getPrev는 다음과 같이 기술할 수 있다.

1. p번째 비트의 값을 0으로 만든다.
2. p 오른쪽의 모든 비트를 1로 만든다.
3. c0 - 1번째 비트부터 0번째 비트까지 전부 0으로 설정한다.

이 해법은 수학적으로 다음과 같이 구현할 수 있다. 이해하기 쉽도록 하기 위해, n = 10000011이라고 하겠다. 따라서 c1 = 2이고 c0 = 5가 된다.

```
n -= 2^c1 - 1;      // 오른쪽 1비트 블록을 제거한다. n은 이제 10000000.
n -= 1;             // 연속된 모든 0을 뒤집는다. n은 이제 01111111.
n -= 2^(c0-1) - 1;  // 마지막 c0 - 1개의 비트를 0으로 만든다. n은 이제 01110000.
```

이 절차를 수식으로 간소화하면 다음과 같다.

```
next = n - (2^c1 - 1) - 1 - (2^(c0-1) - 1) = n - 2^c1 - 2^(c0-1) + 1
```

따라서, 역시 다음과 같이 간단히 구현할 수 있다.

```
int getPrevArith(int n) {
  /* ... c0와 c1은 종전과 똑같이 계산 ... */
  return n - (1 << c1) - (1 << (c0 - 1)) + 1;
}
```

휴! 만만치 않은 문제였다. 하지만 걱정 마시라. 이 모두를 질문하는 면접관은 없다. 설사 그런 문제가 출제된다 하더라도, 면접관이 많은 부분을 도와줄 것이다.

5.4 다음의 코드가 하는 일을 설명하라.

((n & (n-1))==0)

115쪽

해법

이 문제는 다음과 같이 거꾸로 풀어나갈 수 있다.

A&B==0는 어떤 의미인가?

어느 자리를 봐도, 동시에 1인 비트는 없다는 뜻. 따라서 n&(n-1)==0이라면, n과 n-1에는 공통적으로 1인 비트가 없다.

n-1은 어떻게 생겨먹었나? (n과 비교해서)

수작업으로 빼기를 해 보자. 무슨 일이 벌어지나?

```
  1101011000 [2진 표현]     593100 [10진 표현]
-          1              -      1
= 1101010111 [2진 표현]   = 593099 [10진 표현]
```

어떤 수에서 1을 뺄 때, 가장 덜 중요한 비트least significant bit부터 보게 된다. 그 비트가 1이라면 0으로 만들면 끝이다. 0이라면, 상위 비트에서 수를 빌려와야 한다. 그러므로 각 비트를 0에서 1로 바꾸면서 점진적으로 상위 비트 쪽으로 전진하게 된다. 1인 비트를 만날 때까지. 그런 다음 1인 비트의 값을 0으로 바꾸면 끝난다.

그러므로 n-1은 n과 형태가 비슷하다. 다만 n의 맨 오른쪽 0 비트들이 n-1에서는 1로 바뀌고, n의 맨 오른쪽 1 비트가 n-1에서는 0으로 바뀐다는

차이가 있을 뿐이다. 따라서

```
if n = abcde1000
then n-1 = abcde0111
```

위의 관계가 성립한다.

그렇다면 n&(n-1) == 0은 무슨 뜻인가?

n과 n-1이 공통적으로 1인 비트를 갖지 않는다는 뜻임은 앞서 살펴보았다.

```
if n = abcde1000
then n-1 = abcde0111
```

따라서 abcde는 전부 0이어야 한다. 이것은 n이 00001000과 같은 형태임을 의미한다. 그러므로 n의 값은 2의 거듭제곱이다.

그러므로 답은, "((n & (n-1))==0)은 n이 2의 거듭제곱수이거나, 0임을 검사한다"이다.

5.5 정수 A를 B로 변환하기 위해 바꿔야 하는 비트 개수를 계산하는 함수를 작성하라.

115쪽

해법

언뜻 까다로워 보이지만, 실제로는 다소 간단히 풀리는 문제이다. 두 수의 어떤 비트가 다른지 알아내려면 어떻게 해야 하냐고 돌려서 질문해 보자. 답은? XOR을 쓰면 된다.

XOR 결과로 나온 비트 가운데 1은, A와 B의 해당 비트가 다른 값을 갖는다는 뜻이다. 그러므로 A와 B의 서로 다른 비트의 수는 A^B 결과로 나온 수에서 1인 비트 개수와 같다.

```
int bitSwapRequired(int a, int b) {
  int count = 0;
  for (int c = a ^ b; c != 0; c = c >> 1) {
    count += c & 1;
  }
  return count;
}
```

이것도 좋은 코드이긴 하지만 조금 더 개선할 수 있다. 가장 덜 중요한 비트least significant bit를 검사하면서 계속 c를 시프트해 나가는 대신, 가장 덜 중요한 비트를 계속 0으로 바꾸어 나가면서 c가 0이 되는데 얼마나 걸리는지를 따져도 된다. c=c&(c-1)과 같이 하면 c의 최소 중요 비트를 0으로 바꿀 수 있다.

이 접근법을 구현한 코드를 아래에 보였다.

```
public static int bitSwapRequired(int a, int b) {
  int count = 0;
  for (int c = a ^ b; c != 0; c = c & (c-1)) {
    count++;
  }
  return count;
}
```

위의 코드는 때로 인터뷰에 등장하는 문제 가운데 하나다. 본 적이 없다면 해결책을 떠올리는 데 어려움을 겪을 수 있으니, 면접을 위해 해결책을 기억해 두는 것이 바람직하겠다.

5.6 주어진 정수의 짝수 번째 비트의 값과 홀수 번째 비트의 값을 바꾸는 프로그램을 작성하라. 가능한 한 적은 수의 명령어instruction가 실행되도록 해야 한다. (예: 0번째 비트와 1번째 비트를 바꾸고, 2번째 비트와 3번째 비트를 바꾸고… 이런 식으로.)

115쪽

해법

앞서 살펴본 많은 문제들과 마찬가지로, 좀 다른 방향에서 생각해 보면 도움이 된다. 개별 비트 쌍 단위로 작업해 나가는 것은 어려울 수 있고, 그다지 효율적이지도 않을 가능성이 높다. 다른 방법은 없을까?

한 가지 방법은 홀수 번째 비트를 먼저 살펴보고, 그런 다음에 짝수 번째 비트를 살피는 것이다. 입력으로 주어진 수 n의 홀수 번째 비트만 1씩 옮기는 것이 가능한가? 물론이다. 모든 홀수 비트를 10101010으로 마스킹한 다음에 (0xAA이다) 오른쪽으로 1만큼 시프트하여 짝수 번째 자리에 두면 된다. 짝수 번째 비트들도 비슷하게 된다. 최종적으로 그 두 값을 합치면 된다.

이 작업을 수행하는 데 다섯 명령어면 된다. 아래에 그 실제 코드를 보였다.

```
public int swapOddEvenBits(int x) {
  return ( ((x & 0xaaaaaaaa) >> 1) | ((x & 0x55555555) << 1) );
}
```

위의 코드는 Java의 32비트 정수를 위해 작성된 코드다. 64비트 정수에 적용하고 싶다면 마스크를 변경하여야 한다. 하지만 기본적인 로직은 그대로 적용할 수 있다.

5.7 배열 A에 0부터 n까지의 정수가 저장되어 있는데, 빠진 정수가 하나 있다. 한 번의 연산으로 A의 모든 정수를 접근할 수는 없도록 제한되어 있다. A의 모든 원소는 이진수 형태로 표현되며, 여러분이 할 수 있는 연산이라고는 "A[i]의 j번째 비트를 가져온다"는 것이 전부다. 이 연산 수행에는 상수 시간constant time**이 소요된다. 배열에 저장되지 않은 빠진 정수 하나를 찾는 코드를 작성하라. O(n) 시간 안에 실행되도록 작성할 수 있겠는가?**

115쪽

해법

이와 유사한 문제를 본 적이 있으실지도 모르겠다. '0부터 n까지의 수가 주어지는데, 빠진 수가 있다. 그 수를 찾아라.' 이 문제는 주어진 수를 전부 합한 다음에, 0부터 n까지의 모든 수를 합한 결과(n*(n+1)/2이다)와 비교하면 풀 수 있다. 두 합의 차를 구하면, 바로 그 수가 빠진 수이다.

이 문제는 각 수의 값을 이진 표현에 기반하여 계산한 다음에 합을 구하여 풀 수 있다.

이 해법을 실행하는 데 걸리는 시간은 n*length(n)인데, length는 n의 비트 단위 길이이다. 그런데 length(n)=$\log_2$(n)이므로, 수행 시간은 실제로는 O(n log n)이다. 충분히 좋다고 보긴 어렵겠다.

그렇다면 다른 방법은 없나?

비슷한 방법을 적용하되, 비트들을 좀 더 직접적으로 사용하여 풀 수 있다.

다음과 같은 이진수의 리스트가 있다고 해 보자(----는 우리가 찾아야 하는, 사라진 수이다).

```
00000          00100          01000          01100
00001          00101          01001          01101
00010          00110          01010
-----          00111          01011
```

저렇게 수를 하나 빼게 되면 가장 덜 중요한 비트(Least Significant Bit. LSB1이라고 하겠다) 자리에 있는 1과 0의 개수에 균형이 깨진다. n이 홀수라면 0과 1의 개수는 같았을 것이고, n이 짝수라면 0이 하나 더 많았을 것이다. 다시 말해서, 다음의 관계가 성립한다.

```
if n % 2 == 1 then count(0s) = count(1s)
if n % 2 == 0 then count(0s) = 1 + count(1s)
```

count(0s)의 값이 count(1s)에 비해 항상 같거나 크다는 것을 의미한다는 것에 유의하자.

어떤 값 v를 리스트에서 제거하게 되면, v가 홀수인지 짝수인지는 리스트 내의 모든 다른 값의 최소 중요 비트를 살펴봄으로써 알아낼 수 있다.

	n % 2==0 count(0s) = 1 + count(1s)	n % 2==1 count(0s) = count(1s)
v % 2 == 0 LSB_1(v) = 0	0 하나가 제거됨. count(0s)=count(1s)	0 하나가 제거됨. count(0s) < count(1s)
v % 2 == 1 LSB_1(v) = 1	1 하나가 제거됨. count(0s) > count(1s)	1 하나가 제거됨. count(0s) > count(1s)

그러므로 count(0s) <= count(1s)이면 v는 짝수다. count(0s) > count(1s)이면 v는 홀수다.

자, 그런데 대관절 v의 다음 LSB 비트는 어떻게 알아내야 하나? v가 리스트 안에 있었다면, 다음을 만족해야 했을 것이다($count_2$는 두 번째 최소 중요 비트 자리에 있는 0과 1의 개수이다).

$count_2(0s)=count_2(1s)$ 또는 $count_2(0s)=1+count_2(1s)$

방금 본 예제와 마찬가지로, 우리는 v의 LSB_2(두 번째 최소 중요 비트) 값을 유추해 낼 수 있다.

	$count_2(0s)=1+count_2(1s)$	$count_2(0s)=count_2(1s)$
$LSB_2(v)=0$	0 하나가 제거됨. $count_2(0s)=count_2(1s)$	0 하나가 제거됨. $count_2(0s) < count_2(1s)$
$LSB_2(v)=1$	1 하나가 제거됨. $count_2(0s) > count_2(1s)$	1 하나가 제거됨. $count_2(0s) > count_2(1s)$

결국, 같은 결론에 이른다.

- 만일 $count_2(0s) <= count_2(1s)$이면 $LSB_2(v)=0$
- 만일 $count_2(0s) > count_2(1s)$이면 $LSB_2(v)=1$

이 과정을 모든 비트에 반복한다. 즉, i번째 자리의 0비트 개수와 1비트 개수를 새면 $LSB_i(v)$가 0인지 1인지 결정할 수 있다. 그리고 $LSB_i(x) != LSB_i(v)$인 수는 버린다. v가 짝수면 홀수를 버리고… 이런 식으로 모든 i번째 비트에 대해 반복해 나가면 된다.

이 모든 과정이 끝나고 나면 v의 모든 비트를 계산해 내게 된다. 계산할 비트 자리를 이동할 때 마다 n, n/2, n/4 …개의 비트를 검사하게 되므로, 실행 시간은 결국 O(N)이 된다.

이해에 도움을 주고자 아래에 이를 좀 더 시각적으로 표현해 보았다. 첫 단계에서는 모든 수를 갖고 시작한다.

00000 00100 01000 01100
00001 00101 01001 01101
00010 00110 01010
----- 00111 01011

$count_1(0s) > count_1(1s)$이므로 $LSB_1(v) = 1$이다. 이제 $LSB_1(x) != LSB_1(v)$인 모든 x를 버린다.

~~00000~~ ~~00100~~ ~~01000~~ ~~01100~~
00001 00101 01001 01101
~~00010~~ ~~00110~~ ~~01010~~
----- 00111 01011

이제 $count_2(0s) > count_2(1s)$ 이므로 $LSB_2(v) = 1$이다. 따라서 $LSB_2(x) != LSB_2(v)$인 모든 x를 버린다.

~~00000~~ ~~00100~~ ~~01000~~ ~~01100~~
~~00001~~ ~~00101~~ ~~01001~~ ~~01101~~
~~00010~~ ~~00110~~ ~~01010~~
----- 00111 01011

이제 $\text{count}_3(0s) <= \text{count}_3(1s)$이므로 $\text{LSB}_3(v) = 0$이다. 이제 $\text{LSB}_3(x) != \text{LSB3}(v)$인 모든 x를 버린다.

~~00000~~	~~00100~~	~~01000~~	~~01100~~
~~00001~~	~~00101~~	~~01001~~	~~01101~~
~~00010~~	~~00110~~	~~01010~~	
-----	~~00111~~	01011	

이제 살펴볼 수가 하나 남았다. $\text{count}_4(0s) <= \text{count}_4(1s)$이므로, $\text{LSB}_4(v) = 0$이다.

$\text{LSB}_4(v) != 0$인 모든 수를 버리고 나면, 리스트는 비게 된다. 리스트가 비워지면 $\text{count}_i(0s) <= \text{count}_i(1s)$의 관계가 무조건 성립하므로 $\text{LSB}_i(v) = 0$이다. 다른 말로 하면, 리스트가 비워지고 난 뒤에는 v의 나머지 비트는 무조건 0으로 채우면 된다는 것.

따라서 위의 예제를 푼 결과로 v = 00011을 얻는다.

이 알고리즘을 구현한 코드를 아래에 보였다. 맞지 않는 수를 버리는 부분은 배열을 비트 값에 따라 분할해 나가도록 하여 처리했다.

```
public int findMissing(ArrayList<BitInteger> array) {
  /* LSB부터 시작해서 올라간다. */
  return findMissing(array, 0);
}

public int findMissing(ArrayList<BitInteger> input, int column) {
  if (column >= BitInteger.INTEGER_SIZE) { // 끝!
    return 0;
  }

  ArrayList<BitInteger> oneBits =
    new ArrayList<BitInteger>(input.size()/2);
  ArrayList<BitInteger> zeroBits =
    new ArrayList<BitInteger>(input.size()/2);

  for (BitInteger t : input) {
    if (t.fetch(column) == 0) {
```

```
18       zeroBits.add(t);
19     } else {
20       oneBits.add(t);
21     }
22   }
23
24   if (zeroBits.size() <= oneBits.size()) {
25     int v = findMissing(zeroBits, column + 1);
26     return (v << 1) | 0;
27   } else {
28     int v = findMissing(oneBits, column + 1);
29     return (v << 1) | 1;
30   }
32 }
```

25번과 28번 줄에서, v의 나머지 비트를 재귀적으로 계산하고 있음을 확인할 수 있다. 그런 다음$count_1(0s) <= count_1(1s)$가 성립하느냐에 따라 0이나 1 값을 채운다.

5.8 모노크롬monochrome 모니터 화면을 하나의 바이트 배열에 저장한다고 하자. 이때 인접한 픽셀 여덟 개를 한 바이트로 저장한다. 화면 폭은 w이며, 8로 나누어 떨어진다(따라서 어떤 바이트도 두 행에 걸치지 않는다). 물론, 화면 높이는 배열 길이와 화면 폭 w를 통해 유도해 낼 수 있다. 함수 drawHorizontalLine(byte[] screen, int width, int x1, int x2, int y)를 구현하라. 이 함수는 (x1, y)에서 (x2, y)로 수평선을 긋는다.

115쪽

해법

이 문제를 적당히 풀려고 작정하면 정말 쉽게 풀 수 있다. x1에서 x2까지 for 문을 돌면서 픽셀을 설정해 나가면 된다. 그런데 그렇게 풀면 재미가 없다. 그렇지 않나? (효율적이지도 않다.)

좀 더 나은 방법 하나는, x1과 x2가 멀리 떨어져 있을 경우 그 사이에 완전한 바이트들이 놓이게 된다는 점이다. 이런 바이트들은 screen[byte_pos] =

0xFF와 같이 하여 한 번에(한 비트씩 바꾸는 것이 아니라) 바꾸어 버릴 수 있다. 시작 지점과 끝 지점의 남은 비트들은 마스크를 사용하여 설정하면 된다.

```
void drawLine(byte[] screen, int width, int x1, int x2, int y) {
  int start_offset = x1 % 8;
  int first_full_byte = x1 / 8;
  if (start_offset != 0) {
    first_full_byte++;
  }

  int end_offset = x2 % 8;
  int last_full_byte = x2 / 8;
  if (end_offset != 7) {
    last_full_byte--;
  }

  // 완전한 바이트들은 한 번에 설정
  for (int b = first_full_byte; b <= last_full_byte; b++) {
    screen[(width / 8) * y + b] = (byte) 0xFF;
  }

  // 시작 부분과 끝 부분의 남은 비트들을 설정하기 위한 마스크
  byte start_mask = (byte) (0xFF >> start_offset);
  byte end_mask = (byte) ~(0xFF >> (end_offset + 1));

  // 선의 시작 부분과 끝부분 설정
  if ((x1 / 8) == (x2 / 8)) { // x1과 x2가 같은 바이트 내에 있음
    byte mask = (byte) (start_mask & end_mask);
    screen[(width / 8) * y + (x1 / 8)] |= mask;
  } else {
    if (start_offset != 0) {
      int byte_number = (width / 8) * y + first_full_byte - 1;
      screen[byte_number] |= start_mask;
    }
    if (end_offset != 7) {
      int byte_number = (width / 8) * y + last_full_byte + 1;
      screen[byte_number] |= end_mask;
    }
  }
}
```

이 문제를 풀 때는 유의해야 한다. “아하!” 하게 되는 부분과 특별한 경우들이 너무 많다. 일례로, 여러분은 x1과 x2가 같은 바이트 안에 있는 경우를 고려해야만 한다. 아주 주의 깊은 지원자만이 이 문제를 버그 없이 완벽히 풀어낼 수 있을 것이다.

06
수수께끼 해법

6.1 약병 20개가 있다. 이 중 19개는 1.0그램짜리 알약들이 들어 있고, 하나에는 1.1그램짜리 알약들이 들어있다. 정확한 저울 하나를 써서, 무거운 약병 하나를 찾으려면 어떻게 하면 되겠는가? 저울은 딱 한 번 쓸 수 있다.

120쪽

해법

때론 까다로운 제약 조건 자체가 실마리가 되는 경우가 있다. 저울을 딱 한 번 쓸 수 있다는 제약조건이 그러하다.

저울을 한 번만 쓸 수 있기 때문에, 다음과 같은 흥미로운 사실을 알게 된다. 바로, 여러 알약 무게를 한 번에 측정해야 한다는 것. 실상은, 적어도 19개의 약병을 한 번에 저울에 달아야 한다. 그렇지 않으면, 그러니까 두 개 이상의 약병을 저울에 올리지 않는다면, 그 두 개 약병의 차이는 어떻게 구별해 낼 수 있겠는가? 저울을 딱 한 번만 쓸 수 있다는 것을 기억하자.

그러니 하나 이상의 약병 무게를 재어 어떤 약병에 무거운 알약이 들어 있는지 알아내려면, 어떻게 해야 하겠는가? 두 개의 약병만 있다고 하자. 둘 중 하나에 무거운 알약이 있다. 각각의 약병에서 알약 하나씩을 꺼낸다고 하자. 그런다면 두 알약 무게 합은 2.1그램이 될 것이다. 하지만 우리는 어느 약병에서 꺼낸 알약이 0.1그램 더 무거운지는 모른다. 그러니 약병들을 어느 정도는 서로 다르게 취급할 방법이 있어야 한다.

만일 약병 #1에서 알약 하나를 꺼내고 약병 #2에서 알약 2개를 꺼낸다면, 저울이 보여주는 값은 어떻게 되겠는가? 상황에 따라 다르다. 약병 #1이 무거운 쪽이었다면 3.1그램이 찍힐 것이다. #2가 무거운 쪽이었다면 3.2그램이 찍힐 것이다. 그리고 이것이 문제를 푸는 실마리이다.

우리는 알약 무더기의 '예상' 무게를 알고 있다. 예상 무게와 실제 무게의 차이가, 어느 약병에 무거운 알약들이 들어 있는지를 보여줄 것이다. 각 약병에서 서로 다른 개수의 알약을 꺼낸다는 가정 하에서 말이다.

방금 한 이야기를 일반화해서 완전한 해법으로 만들어보자. 약병 #1에서 알약 하나를 꺼내고, #2에서 두 개를 꺼내고, #3에서 세 개를 꺼내고…… 이런 식으로 계속 한다. 그런 다음 꺼낸 알약들의 무게를 잰다. 만일 모든 알약이 1.0그램이라면 저울에는 210이 찍힐 것이다. (1+2+⋯+20=20*21/2=210). 이보다 많이 찍혔다면, 그것은 전부 더 무거운 알약의 0.1그램 때문이다.

따라서 무거운 알약이 들어 있는 약병의 번호는, (실제 무게 - 210그램)/0.1그램과 같이 계산하여 얻을 수 있다. 즉, 만일 알약 무게가 211.3그램이었다면, 13번 약병에 무거운 알약이 들어 있는 것이다.

6.2 8×8 체스판이 있다. 그런데 대각선상으로 반대편에 있는 두 개의 모서리가 떨어져 나갔다. 31개의 도미노가 주어지는데, 하나의 도미노는 정확히 2개의 정사각형을 덮을 만큼의 크기다. 이 31개의 도미노를 사용해 보드 전체를 덮을 수 있겠는가? 제출한 답이 옳다는 것을 증명하라 (예를 들거나, 왜 불가능한지를 보이면 된다).

120쪽

해법

척 보면, "가능합니다"라고 답하고 싶을 것이다. 8×8 크기의 판이고, 64개의 정사각형으로 구성되어 있다. 하지만 모서리 두 개는 떨어져 나갔으므로, 62개의 정사각형만 남는다. 31개의 도미노가 주어졌으므로, 들어맞아야 옳을 것 같다. 맞나?

그런데 도미노를 1번 행에 놓으려고 해 보면 정사각형이 7개 밖에 없으므로 도미노 가운데 하나는 2번 행에 걸쳐 두어야 한다. 그런 다음 2번 행에 도미노를 놓는데, 약시 마찬가지로 하나의 도미노는 3번 행에 걸쳐 두어야 한다.

각 행에 도미노를 놓을 때마다, 항상 하나의 도미노는 다음 행에 걸쳐 놓아야만 한다. 얼마나 많이 시도해 보더라도 이 이슈를 피할 수 없다. 따라서 도미노를 올바르게 배치할 수 없을 것이다.

보다 명료하게 증명할 수도 있다. 체스판에는 처음에 32개의 검정 사각형과 32개의 흰색 사각형이 있다. 마주보는 대각선 자리의 사각형 하나씩을 제거 하면(같은 색이다) 30개의 검정(또는 흰색) 사각형과, 32개의 흰색(또는 검정) 사각형이 남는다.

그런데 도미노를 놓을 때마다 하나의 흰색 사각형과 검정 사각형이 소비된다. 다시 말해, 31개의 도미노를 놓으려면 31개의 흰색 사각형과 31개의 검정색 사각형이 필요하다. 하지만 이 보드에는 30개의 검정 사각형과 32개의 흰색 사각형이 남아 있으므로, 올바르게 배열하는 것은 불가능하다.

6.3 5리터 물병과 3리터 물병이 있다. 물은 무제한으로 주어지지만 계량컵 같은 것은 없다. 두 물병만 사용해서 4리터의 물을 계량하려면 어떻게 하면 되겠는가? 물병의 형태가 좀 괴상해서, 정확히 '절반만' 물을 담는 것 따위는 불가능하다.

120쪽

해법

물병만 가지고 계량해야 하는 경우, 다음과 같은 순서로 물을 이리 저리 옮겨 담으면 된다.

5리터	3리터	설명
5	0	5리터 물병을 채운다.
2	3	5리터 물병의 물로 3리터 물병을 가득 채운다.
0	2	3리터 물병을 비운다.
0	2	3리터 물병을 비우고, 5리터 물병의 물을 그리 옮긴다.
5	2	5리터 물병을 채운다.
4	3	5리터 물병의 물로 3리터 물병을 가득 채운다.
4		끝! 5리터 물병에 4리터만 남았다.

많은 수수께끼들은 수학적 혹은 컴퓨터 과학적 근거를 가지고 있으며, 이 문제도 그중 하나다. 두 물병의 크기가 서로 소인 경우(공통의 약수가 없음), 물을 옮겨 담는 회수는 1부터 두 물병 크기를 합한 값 사이에 있다.

6.4 섬이 하나 있는데, 어떤 방문자가 이상한 명령서를 들고 찾아왔다. 눈동자가 푸른 사람들은 섬을 바로 떠나라는 것이다. 매일 저녁 8시에 비행기가 떠나는데, 사람들은 남의 눈 색은 볼 수 있지만 자기 눈 색은 볼 수 없다. 다른 사람 눈동자 색을 발설하는 것도 안 된다. 적어도 한 명은 눈동자 색이 푸르다는 사실은 알지만, 정확히 몇 명이 그런지는 모른다. 명령을 이행하는 데 최소 며칠이 필요하겠는가?

121쪽

해법

'초기 사례로부터의 확장' 접근법을 적용해 보자. 섬에 n명이 있고, 그 가운데 c명은 푸른 눈을 가졌다. 문제에 주어진 가정으로부터 $c > 0$임은 알고 있다.

c=1인 경우: 한 명만 푸른 눈

모두가 지능을 가졌다는 가정 하에서, 푸른 눈을 가진 바로 그 사람은 주변을 둘러보고는 어떤 사람도 푸른 눈이 아니라는 사실을 알아챌 것이다. 적어도 한 사람이 푸른 눈임은 알고 있으므로, 결국 그는 자기 자신이 푸른 눈이라 결론 내릴 것이다. 바로 그날 밤, 그는 비행기를 타고 떠난다.

c = 2인 경우: 두 명이 푸른 눈

이 두 명의 푸른 눈이 서로를 보면 c = 1인지 c = 2인지 헷갈려 하게 된다. 그런데 앞선 사례로부터 유추할 수 있듯이, c = 1이었다면 바로 첫날에 비행기는 떠났을 것이다. 그러므로 하룻밤이 지났는데도 다른 푸른 눈이 섬을 떠나지 않고 있다면, 그는 c = 2이고, 자기 자신도 푸른 눈임을 깨닫게 된다. 따라서 이튿날 그 두 푸른 눈은 함께 비행기를 타게 된다.

c > 2인 경우: 일반화

2를 증가시키더라도 같은 논리를 적용할 수 있다. c = 3인 경우, 세 명의 푸른 눈은 섬에 2 또는 3명의 푸른 눈이 있다는 사실을 바로 알게 된다. 푸른 눈을 가진 사람이 둘이었다면 두 번째 날에 그 둘은 비행기를 타고 떠났을 것이므로, 각각의 푸른 눈은 세 번째 날에 c = 3이며 자기 자신도 푸른 눈을 가진 사람이라고 결론 내리게 될 것이다. 따라서 그들은 세 번째 날 밤에 그 섬을 떠난다.

같은 패턴을 어떤 c에도 적용할 수 있다. 따라서 만일 푸른 눈을 가진 사람이 c명 있다면, 그들 모두가 비행기를 타고 떠나는 데에는 c일이 필요할 것이다. 전부가 같은 날 떠난다.

6.5 100층짜리 건물이 있다. N층, 혹은 그 위 어딘가에서 계란 하나가 떨어지면 그 계란은 부서진다. 그 아래쪽 어딘가에서 떨어지면 깨지지 않는다. 계란 두 개가 주어진다. 계란을 떨어뜨리는 횟수를 최소로 해서 N의 값을 구하라.

121쪽

해법

계란 #1을 어떻게 떨어뜨리건 간에, 계란 #2는 낮은 층부터 높은 층까지, '부서지는 층'과 '다음으로 가장 높은, 계란을 깨뜨리지 않는 층' 사이에서 선형적인 탐색을 해야 한다. 가령, 계란 #1을 5층부터 10층까지 깨뜨리지 않고 떨어뜨렸는데 15층에서 떨어뜨리자 깨졌다고 해보자. 그렇다면 최악의 경우 11층, 12층, 13층, 14층에서 차례로 계란 #2를 떨어뜨려 봐야 한다.

접근법

첫 번째 시도로, 계란을 10층에서, 그리고 10층씩 증가시켜 나가면서 차례로 떨어뜨린다고 해 보자.

· 계란 #1이 10층에서 깨졌다고 해보자. 그렇다면 많아야 10번 떨어뜨려 보면 알 수 있다.
· 계란 #1이 마지막 층, 그러니까 100층에서 깨졌다고 해보자. 그렇다면 많아야 19번 떨어뜨려 보면 알 수 있다는 결론이 나온다(10, 20, … , 90, 100층에서 떨어뜨리고, 그런 다음 91층에서 99층까지 떨어뜨려 본다).

이것도 꽤 좋긴 한데, 이 풀이에서 고려한 것은 절대적인 최악의 낙하 방법이다. 뒤의 두 가지 경우를 좀 더 균등하게 만들 수 있는, 모종의 '부하 균등화load balancing' 방법이 필요하다.

우리의 목표는 계란 #1이 첫 번째 낙하로 깨지건 아니면 마지막 낙하로 깨지건 상관없이, 낙하 회수를 가능한 한 일관되게 만들 수 있는 계란 #1 낙하 시스템을 만드는 것이다.

1. 완벽한 부하 균등화를 실현하는 시스템에서 Drops(계란 #1) + Drops(계란 #2)의 값은, 계란 #1이 깨지느냐의 여부에 관계없이 항상 같을 것이다.
2. 그러려면 계란 #1의 낙하 횟수가 1 증가하면 계란 #2의 낙하 회수는 1 감소해야 한다.

3. 그러므로 우리는 계란 #2가 필요로 하는 낙하 횟수를 1씩 감소시켜야만 한다. 가령 계란 #1을 20층에서 떨어뜨리고 30층에서 떨어뜨렸다고 하자. 계란 #2를 떨어뜨려야 하는 회수는 잠재적으로 9에 달하게 된다. 계란 #1을 한 번 더 떨어뜨리게 된다면, 계란 #2를 낙하시켜 봐야 하는 잠재적 회수는 8로 감소시켜야 한다. 다시 말해, 계란 #1을 39층에서 떨어뜨려야 한다는 것.
4. 그러므로 계란 #1을 떨어뜨리는 시작 위치를 X라고 하면 X-1층 올라가서 계란을 또 떨어뜨리고, X-2층 올라가서 또 떨어뜨리고……. 이런 식으로 100층에 도달해야 한다.
5. 따라서 $X+(X-1)+(X-2)+\cdots+1=100$이어야 한다. 이 방정식을 풀면 $X(X+1)/2=100$이므로 $X=14$이다.

다시 말해 14층부터 시작해서 27층, 39층, … 이런 식으로 첫 번째 계란을 낙하시킨다. 따라서 최악의 경우 14단계가 필요하다.

다른 많은 최대화/최소화 문제와 마찬가지로, 이 문제를 푸는 핵심은 '최악 경우 수행 시간을 균등화 시키는 것worst case balancing'이다.

6.6 복도에 100개의 라커가 있다. 어떤 남자가 100개의 라커 문을 전부 연다. 그러고 나서 짝수 번 라커를 전부 닫는다. 그 다음에는 3의 배수 번째 라커를 순서대로 찾아 다니며 열려 있으면 닫고, 닫혀 있으면 연다. 이런 식으로 복도를 100번 지나가면(마지막에는 100번째 라커의 문을 열거나 닫게 될 것) 몇 개 라커 문이 열린 상태가 되겠는가?

121쪽

해법

라커 문의 상태를 바꾸는 것toggling이 의미하는 바가 무엇인지 생각해 보면 공략법을 찾을 수 있다. 그러면 어떤 문들이 마지막에 열린 상태가 되는지 한층 쉽게 추론할 수 있을 것이다.

질문: 문의 상태가 바뀌는 것은 언제인가?

라커 #n의 문은 n의 모든 약수 번째 라운드round에서 그 상태가 바뀐다. 다시 말해, 15번째 문은 1, 3, 5, 15번째 라운드에서 그 상태가 바뀐다.

질문: 문이 열린 상태로 남겨지는 것은 언제인가?

문이 열린 상태로 남겨지는 것은 약수의 개수(x라고 하자)가 홀수일 때이다. 약수들을 쌍으로 묶으면 결국 연 다음에 닫는 동작이 되기 때문이다. 쌍으로 묶일 수 없는 약수가 하나 남으면, 문은 열린 상태가 된다.

질문: x가 홀수가 되는 것은 언제인가?

x이 홀수가 되는 것은, n이 완전제곱수perfect square가 될 때이다. 왜 그런지 살펴보자. 가령 n이 36이라고 하자. 약수는 이렇게 찾을 수 있다. (1, 36), (2, 18), (3, 12), (4, 9), (6, 6). 그런데 (6, 6)으로 찾을 수 있는 약수는 하나뿐이므로, 결국 최종적으로 얻는 약수의 개수는 홀수가 된다.

질문: 완전제곱수의 개수는?

10개의 완전제곱수가 있다. (1, 4, 9, 16, 25, 36, 49, 64, 81, 100). 1부터 10까지의 수를 제곱하여 얻는 수이다.

```
1*1, 2*2, 3*3, … , 10*10
```

그러므로 열린 상태로 남는 라커는 10개이다.

07
수학과 확률 해법

7.1 농구대 앞에 갔더니 누군가가 다음의 두 게임 중 하나를 할 수 있다고 알려준다.

Game 1: 슛 기회가 한 번 주어진다.

Game 2: 슛 기회가 세 번 주어지고, 두 번 성공시켜야 한다.

슛이 성공할 확률이 p라면, p가 얼마가 되어야 Game 1을 하는 것이 유리한가? 또한, p가 얼마가 되어야 Game 2를 하는 것이 유리하겠는가?

129쪽

해법

이 문제를 풀려면, 각 게임의 확률을 비교하여야 한다.

게임 #1을 이기는 확률:

게임 #1을 이길 확률은 정의에 따라 p이다.

게임 #2를 이기는 확률

n번 던져 k번 성공할 확률을 s(k, n)이라고 하자. 게임 #2를 이길 확률은 세 번 던져 두 번 이상을 성공할 확률이다. 다른 말로 하면,

$$P(winning) = s(2, 3) + s(3, 3)$$

세 번 던져 전부 성공할 확률은 다음과 같이 계산된다.

$$s(3, 3) = p^3$$

두 번 성공할 확률은 다음과 같다.

P(샷 #1과 #2는 성공하고 #3은 실패) + P(샷 #1, #3은 성공하고 #2는 실패) + P(샷 #2, #3은 성공하고 #1는 실패)

$= p*p*(1-p) + p*(1-p)*p + (1-p)*p*p$

$= 3(1-p)p^2$

이 둘을 합하면 다음과 같다.

$= p^3 + 3(1-p)p^2$

$= p^3 + 3p^2 - 3p^3$

$= 3p^2 - 2p^3$

어느 게임을 택해야 하나?

P(게임 #1) > P(게임 #2)이면 1번 게임을 해야 한다.

$p > 3p^2 - 2p^3$

$1 > 3p - 2p^2$

$2p^2 - 3p + 1 > 0$

$(2p - 1)(p - 1) > 0$

두 인수가 전부 양이거나, 아니면 전부 음수이거나 해야 한다. 그런데 $p < 1$이므로, $p - 1 < 0$이다. 따라서 두 인수는 전부 음이어야 한다. 그러므로

$2p - 1 < 0$

$2p < 1$

$p < 0.5$

따라서 $p < 0.5$이면 게임 #1을 택해야 한다. $p = 0$이거나 0.5, 1이라면 P(게임 #1) = P(게임 #2)이다. 따라서 어떤 게임을 택하든 상관없다.

7.2 삼각형의 세 꼭지점에 각각 한 마리의 개미가 놓여있다. 이 개미가 꼭지점에서 변 쪽으로 이동한다고 할 때, 충돌이 일어날 확률은 얼마인가(몇 마리가 충돌하든 상관없다)? 각 개미는 어느 방향으로 나아갈지를 무작위로, 똑같은 확률로 선택한다고 가정하자. 진행 속도는 동일하다.

같은 가정을 그대로 적용하여, n개의 꼭지점을 갖는 다각형에 n마리의 개미가 있는 경우에 대해서도 풀어보자.

129쪽

해법

개미들은 서로를 바라보고 진행하는 개미가 있을 때 충돌하게 된다. 따라서 충돌하지 않으려면 전부 같은 방향으로 진행해야 한다(시계방향, 혹은 반시계 방향으로). 이 확률을 계산한 다음에, 충돌할 확률을 구하면 된다.

각 개미는 둘 중 한 방향으로 움직일 수 있으며 세 마리 개미가 있으므로, 확률은 다음과 같다.

P(전부 시계방향 진행) = $(1/2)^3$

P(전부 시계 반대방향 진행) = $(1/2)^3$

P(전부 같은 방향 진행) = $(1/2)^3 + (1/2)^3 = 1/4$

그러므로 개미가 충돌할 확률은 같은 방향으로 진행하지 않을 확률이다.

P(충돌) = 1 - P(전부 같은 방향 진행) = 1 - (1/4) = 3/4

이 문제를 n개의 꼭지점을 갖는 다각형으로 확장한다면? 개미가 움직일 수 있는 방향은 여전히 2가지이므로 개미들이 움직일 수 있는 경우의 수는 2n이다. 그러므로 일반화하면 충돌 확률은 다음과 같다.

P(전부 시계방향 진행) = $(1/2)^n$

P(전부 반시계방향 진행) = $(1/2)^n$

P(전부 같은 방향 진행) = $2(1/2)^n = (1/2)^{n-1}$

P(충돌) = 1 - P(전부 같은 방향 진행) = $1 - (1/2)^{n-1}$

7.3 카르테시안 평면Cartesian plane상의 두 직선이 주어졌을 때, 이 두 선이 교차하는지를 판별하려면 어떻게 해야 하는지 설명하라.

129쪽

해법

이 문제에는 모호한 사항들이 너무 많다. 직선들은 어떻게 표현되는가? 주어진 두 직선이 같은 직선이라면 어떻게 되는가? 이런 사항들에 대해서는 면접관과 이야기를 나눠봐야 한다.

여기서는 다음과 같은 가정을 하도록 하겠다.

- 만일 두 직선이 같다면(기울기가 같고 y축과 만나는 지점이 같다) 교차하는 것으로 간주
- 직선을 표현할 자료구조는 직접 결정

학교에서 배운 바에 따르면, 평행이 아닌 두 직선은 교차한다. 따라서 두 직선이 교차하는지 검사하려면, 두 직선의 기울기가 다른지 (아니면 동일한 직선인지) 살펴보기만 하면 된다.

다음과 같이 구현한다.

```
public class Line {
  static double epsilon = 0.000001;
  public double slope;
  public double yintercept;

  public Line(double s, double y) {
    slope = s;
```

```java
      yintercept = y;
    }

    public boolean intersect(Line line2) {
      return Math.abs(slope - line2.slope) > epsilon ||
      Math.abs(yintercept - line2.yintercept) < epsilon;
    }
}
```

이런 문제를 풀 때는 다음 사항에 유의하라.

질문하라. 이 문제에는 모호한 사항들이 아주 많다. 질문을 던져서 명확히 해 두라. 많은 면접관이 고의로 모호한 질문들을 던져, 여러분이 스스로 내린 가정들을 명확히 하려 하는지 살핀다.

가능하다면 자료구조를 설계하고 사용하라. 여러분이 객체 지향적 설계에 대해 이해하고 있고, 그에 대해 신경 쓴다는 것을 보여준다.

직선을 표현하기 위해 어떤 자료구조를 사용할 것인지 깊이 생각하라. 선택 가능한 옵션들도 많고 타협적 결정trade-off을 내려야 하는 부분들도 많다. 하나를 고르고, 왜 그 자료구조를 택했는지 설명하라.

기울기와 y-절편이 정수라는 가정은 하지 않도록 하라.

부동소수 표현의 한계에 대해 이해해두라. ==를 사용하여 같은지 검사하려 하지 말라. 대신, 차이가 epsilon 값보다 작은지를 검사하라.

7.4 정수 곱셈, 뺄셈, 나눗셈을 구현하는 메서드들을 작성하라. 더하기 연산자만 사용하라.

129쪽

해법

사용할 수 있는 연산자는 더하기뿐이다. 구현해야 할 연산 각각에 대해, 그 연산들이 실제로 하는 일은 무엇인지, 그리고 다른 연산자를 사용해 어떻게 표현할지(add 혹은 이미 구현한 다른 연산자를 사용해) 깊이 있게 생각해 보면 도움이 될 것이다.

뺄셈

어떻게 하면 빼기를 더하기로 표현할 수 있겠는가? 꽤 단순한데, a-b는 a+(-1)*b와 같다는 것을 이용한다. 하지만 *(곱하기)를 사용할 수 없으므로, negate 함수를 구현해야 한다.

```
/* 양수는 음수로, 음수는 양수로 뒤집는다. */
public static int negate(int a) {
  int neg = 0;
  int d = a < 0 ? 1 : -1;
  while (a != 0) {
    neg += d;
    a += d;
  }
  return neg;
}

/* b를 negate한 다음에 더하여 두 수의 차를 계산한다 */
public static int minus(int a, int b) {
  return a + negate(b);
}
```

k 값의 부호를 바꾸는 것은 -1을 k번 더하여 구현한다.

곱셈

덧셈과 곱셈 간의 관계는 단순하다. a에 b를 곱하고 싶으면, a를 b번 더하면 된다.

```
/* a를 b번 더하여 a * b를 구현한다 */
public static int multiply(int a, int b) {
  if (a < b) {
    return multiply(b, a); // a < b이면 이렇게 해야 더 빠르다
  }
  int sum = 0;
  for (int i = abs(b); i > 0; i--) {
    sum += a;
  }
```

```
  if (b < 0) {
    sum = negate(sum);
  }
  return sum;
}

/* 절대 값을 반환한다 */
public static int abs(int a) {
  if (a < 0) {
    return negate(a);
  } else {
    return a;
  }
}
```

주의해야 할 것 하나는 위의 코드가 음수 값들의 곱셈을 처리하는 방식이다. b가 음수라면 sum 값의 부호를 뒤집어야 한다. 그러므로 위의 코드가 실제로 하는 일은 다음과 같다.

multiply(a, b) ← abs(b)*a*(-1 if b < 0)

구현을 돕기 위해 간단한 abs 함수를 구현하였다.

나눗셈

뺄셈, 곱셈, 나눗셈 가운데 단연코 나눗셈이 가장 어렵다. 다행인 것은 divide를 구현할 때 이미 만들어 둔 multiply, subtract, negate 등을 사용할 수 있다는 것이다.

x=a/b인 x를 계산하고자 한다. 이는 다른 말로 하면, a=bx인 x를 찾고자 한다는 뜻이다. 그러므로 이 문제를 우리가 이미 아는 방법, 즉 곱셈 관점에서 기술할 수 있다.

한 가지 방법은 b를 점진적으로 높은 값으로 곱해 나가면서 a에 도달했는지 살피는 것이다. 이 방법은 분명 비효율적일 것인데, 특히 우리가 multiply

를 구현할 때 덧셈을 많이 사용하고 있기 때문이다.

대신, b를 계속 더해 나가면서 a=xb를 만족하는지 봄으로써 x를 찾는 방법도 있다. 더해야 하는 횟수는 x와 같다.

물론, a가 b로 나누어 떨어지지 않는 경우도 있다. 하지만 그래도 괜찮다. 우리가 구현할 정수 나눗셈은 결과를 floor 할 것이기 때문이다.

이 알고리즘을 구현한 코드를 아래에 보였다.

```
public int divide(int a, int b)
throws java.lang.ArithmeticException {
  if (b == 0) {
    throw new java.lang.ArithmeticException("ERROR");
  }
  int absa = abs(a);
  int absb = abs(b);

  int product = 0;
  int x = 0;
  while (product + absb <= absa) { /* a를 넘지 않도록 한다 */
    product += absb;
    x++;
  }

  if ((a < 0 && b < 0) || (a > 0 && b > 0)) {
    return x;
  } else {
    return negate(x);
  }
}
```

이 문제를 공략함에 있어, 다음과 같은 사항들은 숙지하고 있어야 한다.

곱셈과 나눗셈이 정확하게 무슨 일을 하는지 되돌아보는 논리적인 접근법을 취하면 편리하다. 명심하라. 모든 (좋은) 면접 문제들은 논리적이고도 질서 정연한 방식으로 접근하면 풀 수 있다.

면접관들은 여러분이 스스로 논리적 해결책을 찾을 능력이 있는지 보려 한다.

이 문제는 여러분에게 명료한 코드를 작성할 능력이 있는지 보이기에 좋은 문제다. 특히, 코드를 재사용할 능력이 있는지 보이기에 좋다. 가령 여러분이 작성한 코드가 negate를 별도 메서드로 분리하고 있지 않은 경우, 해당 코드가 여러 번 사용되는 것을 발견하는 순간 즉시 별도 메서드로 분리해야만 한다.

올바른 가정인지 주의하라. 인자로 주어진 수가 전부 양수라거나, 아니면 a가 b보다 크다거나 하는 가정은 하지 않도록 하라.

7.5 이차원 평면상에 두 개의 정사각형이 있다. 이 두 정사각형을 반으로 나누는 직선을 찾아라. 정사각형의 윗변과 아랫변은 x축에 평행하다고 가정한다.

129쪽

해법

시작하기 전에 '직선'이 의미하는 바가 정확히 무엇인지 생각해봐야 한다. 직선이 기울기와 y-절편으로 정의되나? 아니면 직선상의 두 점으로 정의되나? 아니면 정사각형의 변에서 시작하고 변에서 끝나는 일부분으로 정의되어야 하나?

여기서는 '정사각형의 변에서 시작하고 변에서 끝나는 일부분'으로 직선을 정의할 것이다. 문제가 좀 더 흥미로워지기 때문이다. 실제 면접에서라면, 면접관과 상의해야 한다.

두 개의 정사각형을 분할하는 이 직선은 반드시 두 정사각형의 중심점을 연결해야 한다. 기울기는 쉽게 계산해 낼 수 있다. ((y1 - y2) / (x1 - x2)). 두 중심점을 사용해 기울기를 계산한 뒤에는 같은 방정식을 사용해 직선의 시작점과 끝점을 알아낼 수 있다.

아래 코드에는 좌측 상단 모서리가 점 (0, 0)이라고 가정할 것이다.

```
public class Square {
  ...
  public Point middle() {
```

```
        return new Point((this.left + this.right) / 2.0,
                         (this.top + this.bottom) / 2.0);
    }

    /* mid1과 mid2를 연결하는 직선이 정사각형 #1의
    * 면과 만나는 지점을 찾음. 다시 말해, mid2에서 mid1으로
    * 가는 직선을 만든 다음, 사각형 면에 도달할 때까지
    * 연장.
    */
    public Point extend(Point mid1, Point mid2, double size) {
        /* 직선 mid2->mid1이 어느 방향으로 가는지 찾는다 */
        double xdir = mid1.x < mid2.x ? -1 : 1;
        double ydir = mid1.y < mid2.y ? -1 : 1;

        /* mid1과 mid1의 x 좌표가 같다면,
        * 기울기를 계산하려 나누는 순간 'divide by 0' 예외가 발생한다.
        * 대신 그런 경우는 특별히 취급한다. x 좌표축상의
        * 같은 지점을 통과할 것을 알기 때문.
        */
        if (mid1.x == mid2.x) {
            return new Point(mid1.x, mid1.y + ydir * size / 2.0);
        }

        double slope = (mid1.y - mid2.y) / (mid1.x - mid2.x);
        double x1 = 0;
        double y1 = 0;

        /* (y1 - y2) / (x1 - x2) 식을 사용해 기울기 계산.
        * Note: 기울기가 너무 가파르면 (>1) 선의 끝 부분이
        * y축 가운데 지점에서 size / 2 만큼 떨어진 부분을 때리게 된다.
        * 반대로 너무 완만하면 x축의 가운데에서 size / 2 만큼 떨어진 지점을 지나게 된다.
        */
        if (Math.abs(slope) == 1) {
            x1 = mid1.x + xdir * size / 2.0;
            y1 = mid1.y + ydir * size / 2.0;
        } else if (Math.abs(slope) < 1) { // 완만한 기울기
            x1 = mid1.x + xdir * size / 2.0;
            y1 = slope * (x1 - mid1.x) + mid1.y;
        } else { // 가파른 기울기
            y1 = mid1.y + ydir * size / 2.0;
            x1 = (y1 - mid1.y) / slope + mid1.x;
        }
        return new Point(x1, y1);
```

```
  }

  public Line cut(Square other) {
  /* 각 중간점을 잇는 직선이 사각형 가장자리의 어디를 지나는지 계산 */
    Point point_1 = extend(this.middle(), other.middle(),
                           this.size);
    Point point_2 = extend(this.middle(), other.middle(),
                           -1 * this.size);
    Point point_3 = extend(other.middle(), this.middle(),
                           other.size);
    Point point_4 = extend(other.middle(), this.middle(),
                           -1 * other.size);

    /* 계산된 점들 중에 직선들의 시작와 끝 점을 찾는다.
    * 시작점은 가장 왼쪽점 (같은 점이 있을 때는 맨 윗점), 끝점은 가장 우측점
    * (같은 점이 있을 때에는 맨 아랫점)
   */
    Point start = point_1;
    Point end = point_1;
    Point[] points = {point_2, point_3, point_4};
    for (int i = 0; i < points.length; i++) {
      if (points[i].x < start.x ||
         (points[i].x == start.x && points[i].y < start.y)) {
        start = points[i];
      } else if (points[i].x > end.x ||
                (points[i].x == end.x && points[i].y > end.y)) {
        end = points[i];
      }
    }
    return new Line(start, end);
}
```

이 문제의 주된 목적은 여러분이 코딩할 때 얼마나 주의 깊은지 알아보는 것이다. 두 사각형이 같은 중심점을 갖는 경우처럼 특별한 경우들을 간과하기 쉽기 때문이다. 문제를 풀기 전에 이와 같은 특별한 사례들의 목록을 만들어 놓고, 그 모두를 적절히 처리했는지 확실히 해두는 것이 좋다. 이 문제는 주의 깊고도 완벽한 테스트를 필요로 한다.

7.6 점들이 찍혀 있는 이차원 그래프가 있다. 가장 많은 수의 점들을 관통하는 선 하나를 찾아라.

130쪽

해법

언뜻 보기에는 꽤 직관적으로 풀 수 있을 것 같은 문제이다. 그리고 어느 정도는 그렇다. 모든 두 점을 통과하는 무한 길이의 직선을 (선분이 아니라) 그린 다음에 해시 테이블을 사용해서 어떤 직선이 가장 빈번히 나타나는지 추적하면 된다. 이 알고리즘의 수행 시간은 $O(N^2)$일 것인데, N^2 개의 직선을 만들 수 있기 때문이다.

그리고 기울기와 y-절편으로 직선을 표현하면, (x1, y1)과 (x2, y2)를 통과하는 직선이 (x3, y3)와 (X4, y4)를 통과하는 직선과 동일한지를 쉽게 검사할 수 있다. 다시 말해서 가장 많은 점을 통과하는 직선을 찾으려면, 모든 직선을 검사해 나가면서 같은 직선이 몇 번이나 등장했는지를 해시 테이블을 사용해 세면 된다는 것이다. 간단하다!

하지만 문제가 있다. 같은 기울기와 y-절편을 갖는 직선을 동일한 직선이라고 정의하고, 이 두 값을 사용해서 해시 테이블을 뒤지게 되면 (특히, 기울기를 사용하면) 문제가 발생한다. 부동 소수점 수를 이진수로 '항상' 정확하게 표현할 방법이 없기 때문에, 두 부동 소수점 수가 같은지를 올바르게 판별하기가 어렵다는 것. 이 문제를 해결하기 위해, 두 부동 소수점 수가 입실론epsilon 편차 안에 있으면 같은 수 인 것으로 보도록 했다. 그런데 이렇게 하면 '같은' 두 직선이 '같은' 해시 값을 갖지 않는 문제가 발생하게 된다. 이 문제를 해결하기 위해, 기울기를 입실론 값에 따라 내림한 flooredSlope를 계산하여 해시 키로 사용하도록 했다. 그렇게 한 다음, 같을 가능성이 있는 모든 직선을 추출하기 위해 해시 테이블의 세 지점을 탐색하도록 했다. (flooredSlope, flooredSlope - epsilon, 그리고 flooedSlope + epsilon) 그렇게 하면 동일한 직선일 가능성이 있는 모든 직선을 검사할 수 있다.

```
Line findBestLine(GraphPoint[] points) {
  Line bestLine = null;
  int bestCount = 0;
  HashMap<Double, ArrayList<Line>> linesBySlope =
  new HashMap<Double, ArrayList<Line>>();

  for (int i = 0; i < points.length; i++) {
    for (int j = i + 1; j < points.length; j++) {
      Line line = new Line(points[i], points[j]);
      insertLine(linesBySlope, line);
      int count = countEquivalentLines(linesBySlope, line);
      if (count > bestCount) {
         bestLine = line;
         bestCount = count;
       }
    }
  }
  return bestLine;
}

int countEquivalentLines(ArrayListlines, Line line) {
  if (lines == null) return 0;
  int count = 0;
  for (Line parallelLine : lines) {
    if (parallelLine.isEquivalent(line)) count++;
  }
  return count;
}

countEquivalentLines(
HashMap<Double, ArrayList<Line>> linesBySlope, Line line) {
  double key = Line.floorToNearestEpsilon(line.slope);
  double eps = Line.epsilon;
  int count = countEquivalentLines(linesBySlope.get(key), line) +
    countEquivalentLines(linesBySlope.get(key - eps), line) +
    countEquivalentLines(linesBySlope.get(key + eps), line);
  return count;
}

void insertLine(HashMap<Double, ArrayList<Line>> linesBySlope,
                Line line) {
  ArrayList<Line> lines = null;
  double key = Line.floorToNearestEpsilon(line.slope);
```

```
    if (!linesBySlope.containsKey(key)) {
      lines = new ArrayList<Line>();
      linesBySlope.put(key, lines);
    } else {
      lines = linesBySlope.get(key);
    }
    lines.add(line);
  }

  public class Line {
    public static double epsilon = .0001;
    public double slope, intercept;
    private boolean infinite_slope = false;

    public Line(GraphPoint p, GraphPoint q) {
      if (Math.abs(p.x - q.x) > epsilon) {    // x가 다르면
        slope = (p.y - q.y) / (p.x - q.x);  // 기울기 계산
        intercept = p.y - slope * p.x;       // y 절편
      } else {
        infinite_slope = true;
        intercept = p.x;                     // x 절편 (기울기가 무한대)
      }
    }

    public static double floorToNearestEpsilon(double d) {
      int r = (int) (d / epsilon);
      return ((double) r) * epsilon;
    }

    public boolean isEquivalent(double a, double b) {
      return (Math.abs(a - b) < epsilon);
    }

    public boolean isEquivalent(Object o) {
      Line l = (Line) o;
      if (isEquivalent(l.slope, slope) &&
        isEquivalent(l.intercept, intercept) &&
        (infinite_slope == l.infinite_slope)) {
        return true;
      }
      return false;
    }
  }
```

직선의 기울기를 계산할 때에는 주의해야 한다. 직선이 y축에 평행하여 y 절편이 존재하지 않는 경우 기울기는 무한대이다. 따라서 infinite_slop라는 별도 플래그를 두어 이를 추적할 수 있도록 했다. equals 메소드에서 이 플래그를 사용해 직선 일치 여부를 검사한다.

7.7 3, 5, 7의 세 소수만을 약수로 갖는 k번째 수를 찾는 알고리즘을 설계하라.

130쪽

해법

정의에 따라서, 우리가 검사해야 하는 수는 $3^a*5^b*7^c$ 형태를 띤다.

이런 형태를 갖는 수의 리스트를 만들어 보자. 그런 수 가운데 k번째 수를 찾는 것이다.

```
1     -      3⁰ * 5⁰ * 7⁰
3     3      3¹ * 5⁰ * 7⁰
5     5      3⁰ * 5¹ * 7⁰
7     7      3⁰ * 5⁰ * 7¹
9     3*3    3² * 5⁰ * 7⁰
15    3*5    3¹ * 5¹ * 7⁰
21    3*7    3¹ * 5⁰ * 7¹
25    5*5    3⁰ * 5² * 7⁰
27    3*9    3³ * 5⁰ * 7⁰
35    5*7    3⁰ * 5¹ * 7¹
45    5*9    3² * 5¹ * 7⁰
49    7*7    3⁰ * 5¹ * 7²
63    3*21   3² * 5⁰ * 7¹
```

$3^{a-1}*5^b*7^c < 3^a*5^b*7^c$이므로, $3^{a-1}*5^b*7^c$는 이미 리스트상에서 검사된 수일 것이다. 사실, 다음의 모든 수가 이미 검사된 상태다.

$$3^{a-1} * 5^b * 7^c$$
$$3^a * 5^{b-1} * 7^c$$
$$3^a * 5^b * 7^{c-1}$$

또 하나 생각해 봐야 할 것은, 모든 수를 다음 중 한 가지 방법으로 표현할 수 있다는 것이다.

```
3 * (리스트에 등장한 이전 수 가운데 하나)
5 * (리스트에 등장한 이전 수 가운데 하나)
7 * (리스트에 등장한 이전 수 가운데 하나)
```

따라서 A_k는 (3, 5, 또는 7)* ({A_1, … , A_{k-1}} 가운데 어떤 수)로 표현될 수 있다. 그런데 정의에 따라서 A_k는 리스트상의 다음 수이다. 따라서 A_k는 리스트에 있는 각각의 수를 3, 5 또는 7과 곱해 얻을 수 있는 가장 작은 '새로운' 수가 될 것이다.

A_k는 어떻게 찾나? 리스트에 있는 각각의 수를 실제로 3, 5, 7과 곱해서 아직 리스트에 없는 가장 작은 수를 찾는 방법도 있다. 이 방법의 복잡도는 $O(k^2)$이다. 나쁘지 않지만 개선의 여지는 있다.

리스트에 있는 기존의 모든 수에 3, 5, 7을 곱하여 A_k를 '이끌어' 내는 방법도 있겠지만, 리스트 안에 있는 각각의 수들이 다음에 등장할 수 세 개를 '밀어내는' 것으로 생각해서 풀 수도 있다. 다시 말해, 리스트에 존재하는 각각의 수 A_i는 다음의 세 가지 중 하나의 형태로 결국 다시 등장하게 된다는 것.

```
3 * Ai
5 * Ai
7 * Ai
```

이에 기반하여 미리 계획을 세워둘 수 있다. A_i를 리스트에 더할 때, $3A_i$, $5A_i$, $7A_i$를 임시 리스트에 보관해 둔다. A_{i+1}을 생성할 때, 이 임시 리스트를 뒤져서 가장 작은 수를 찾는다.

이에 따라 구현한 코드는 다음과 같다.

```
public static int removeMin(Queue<Integer> q) {
  int min = q.peek();
```

```
    for (Integer v : q) {
      if (min > v) {
        min = v;
      }
    }
    while (q.contains(min)) {
      q.remove(min);
    }
    return min;
  }

  public static void addProducts(Queue<Integer> q, int v) {
    q.add(v * 3);
    q.add(v * 5);
    q.add(v * 7);
  }

  public static int getKthMagicNumber(int k) {
    if (k < 0) return 0;

    int val = 1;
    Queue<Integer> q = new LinkedList<Integer>();
    addProducts(q, 1);
    for (int i = 0; i < k; i++) {
      val = removeMin(q);
      addProducts(q, val);
    }
    return val;
  }
```

이 알고리즘은 분명 처음에 고안했던 것보다 훨씬, 아주 훨씬 좋다. 하지만 썩 완벽하지는 않다.

새로운 원소 A_i를 생성하기 위해, 다음 중 하나의 값을 갖는 원소들로 채워진 연결 리스트를 검색하고 있다.

```
3 * 이전 원소
5 * 이전 원소
7 * 이전 원소
```

최적화하여 제거할 수 있는 불필요한 작업은 어디 있는가?

리스트가 다음과 같이 생겼다고 해보자.

```
q = {7A₁, 5A₂, 7A₂, 7A₃, 3A₄, 5A₄, 7A₄, 5A₅, 7A₅}
```

최솟값을 얻기 위해 이 리스트를 탐색할 때, $7A_1 < min$인지를 검사하게 되고, 나중에는 $7A_5 < min$인지도 검사하게 될 것이다. 왠지 바보 같다. 그렇지 않은가? $A_1 < A_5$임을 알고 있으니, $7A_1$만 검사하면 되는 것 아닌가.

애초에 계수constant factor에 따라 리스트를 분할했다면 리스트의 첫 원소만 검사했으면 되었을 것이다. 나머지 원소들은 당연히 그보다는 큰 값을 가질 터이니.

다시 말해, 위의 리스트를 다음과 같이 분할해 두는 것이다.

```
Q3 = {3A₄}
Q5 = {5A₂, 5A₄, 5A₅}
Q7 = {7A₁, 7A₂, 7A₃, 7A₄, 7A₅}
```

최솟값을 얻으려면 각 큐의 맨 앞 원소만 보면 된다.

```
y = min(Q3.head(), Q5.head(), Q7.head())
```

y를 계산하고 나면, 3y는 Q3에, 5y는 Q3에, 7y는 Q7에 넣는다. 물론 다른 리스트에 이미 존재하는 값이 아닌 경우에만 넣는다.

그런데 3y가 다른 리스트에 있을 가능성이 있나? 만일 y가 Q7로부터 얻어진 값이라고 해보자. 그렇다면 $y = 7x$란 이야기인데, 7x가 가장 작은 값이었다면 3x는 이미 등장한 적 있는 값이란 뜻 아닌가. 그런데 우리가 3x를 발견하자마자 한 작업이 무엇이었나? $7 * 3x$를 Q7에 넣는 것이었다. $7 * 3x = 3 * 7x$인데, 이 값은 3y이다.

다른 말로 하면, Q7으로부터 값을 꺼내면 그 값은 7*suffix 형태일 것이며, 3*suffix와 5*suffix는 이미 처리했을 것이다. 3*suffix를 처리할 때 우리는 7*3*suffix를 Q7에 넣었을 것이다. 5*suffix를 처리할 때, 우리는 7*5*suffix를 Q7에 넣었을 것이다. 그러니, Q7에서 값을 꺼냈다면 아직 보지 않은 원소는 7*7*suffix 뿐이므로, 7*7*suffix 만을 Q7에 넣어야 한다.

예제를 통해 살펴보면 좀 더 명확해질 것이다.

```
초기 상태:
    Q3 = 3
    Q5 = 5
    Q7 = 7
min = 3을 Q3에서 제거. 3*3을 Q3에, 5*3을 Q5에, 7*3을 Q7에 삽입.
    Q3 = 3*3
    Q5 = 5, 5*3
    Q7 = 7, 7*3
min = 5를 Q5에서 제거. 3*5는 5*3을 이미 처리한 적이 있어서 중복. 5*5를 Q5에, 7*5를 Q7
에 삽입.
    Q3 = 3*3
    Q5 = 5*3, 5*5
    Q7 = 7, 7*3, 7*5
min = 7을 Q7에서 제거. 3*7과 5*7은 7*3과 7*5를 처리한 적이 있으므로 중복. 7*7을 Q7에
삽입.
    Q3 = 3*3
    Q5 = 5*3, 5*5
    Q7 = 7*3, 7*5, 7*7
min = 3*3 = 9를 Q3에서 제거. 3*3*3을 Q3에, 3*3*5를 Q5에, 3*3*7을 Q7에 삽입.
    Q3 = 3*3*3
    Q5 = 5*3, 5*5, 5*3*3
    Q7 = 7*3, 7*5, 7*7, 7*3*3
min = 5*3 = 15를 Q5에서 제거. 5*(3*3)은 처리한 적이 있으므로 3*(5*3)은 중복.
5*5*3을 Q5에, 7*5*3을 Q7에 삽입.
    Q3 = 3*3*3
    Q5 = 5*5, 5*5*3, 5*5*3
    Q7 = 7*3, 7*5, 7*7, 7*3*3, 7*5*3
min = 7*3 = 21을 Q7에서 제거. 7*(3*3)과 7*(5*3)은 처리한 적이 있으므로 3*(7*3)과
5*(7*3)은 중복. 7*7*3을 Q7에 삽입.
    Q3 = 3*3*3
    Q5 = 5*5, 5*5*3, 5*5*3
    Q7 = 7*5, 7*7, 7*3*3, 7*5*3, 7*7*3
```

이 문제를 푸는 가상 코드는 다음과 같다.

1. array와 큐 Q3, Q5, Q7 초기화
2. 1을 array에 삽입
3. 1*3, 1*5, 1*7을 각각 Q3, Q5, Q7에 삽입
4. x를 Q3, Q5, Q7 가운데 최솟값으로 설정. x를 magic에 추가.
5. x가 어느 큐에서 발견되느냐에 따라 다음을 수행
   Q3 → x*3, x*5, x*7을 각각 Q3, Q5, Q7에 삽입. x를 Q3에서 제거.
   Q5 → x*5, x*7을 각각 Q5, Q7에 삽입. x를 Q5에서 제거.
   Q7 → x*7을 Q7에 삽입. x를 Q7에서 제거.
6. k번째 원소를 발견할 때까지 4~6을 반복

이 알고리즘을 구현한 코드를 아래에 보였다.

```
public static int getKthMagicNumber(int k) {
  if (k < 0) {
    return 0;
  }
  int val = 0;
  Queue<Integer> queue3 = new LinkedList<Integer>();
  Queue<Integer> queue5 = new LinkedList<Integer>();
  Queue<Integer> queue7 = new LinkedList<Integer>();
  queue3.add(1);

  /* 0번부터 k번까지 반복 */
  for (int i = 0; i <= k; i++) {
    int v3 = queue3.size() > 0 ? queue3.peek() :
    Integer.MAX_VALUE;
    int v5 = queue5.size() > 0 ? queue5.peek() :
    Integer.MAX_VALUE;
    int v7 = queue7.size() > 0 ? queue7.peek() :
    Integer.MAX_VALUE;
    val = Math.min(v3, Math.min(v5, v7));
    if (val == v3) { // 큐 3, 5, 7에 삽입
      queue3.remove();
```

```
            queue3.add(3 * val);
            queue5.add(5 * val);
        } else if (val == v5) { // 큐 5, 7에 삽입
            queue5.remove();
            queue5.add(5 * val);
        } else if (val == v7) { // 큐 7에 삽입
            queue7.remove();
        }
        queue7.add(7 * val); // Q7에는 언제나 삽입되므로.
    }
    return val;
}
```

이런 질문을 받으면, 설사 정말 까다로운 문제라 해도, 최선을 다해 풀라. 무식한 방법으로 시작했다가, 차츰 최적화해 나갈 수 있다. 아니면, 수에서 반복되는 패턴을 찾아내라.

막혀 있을 때 면접관이 나서서 도움을 주는 경우도 있다. 어쨌든, 포기하지 말라! 크게 소리 내어 생각하고, 크게 소리 내어 궁금해 하라. 생각이 발전해 나가는 과정을 설명하라. 그러면 면접관이 끼어들어 여러분을 지도해 줄 것이다.

기억하라. 이런 종류의 문제에 완벽한 답이 나오리라 기대하지는 않는다. 여러분의 성적은 다른 지원자들과 상대적으로 비교 평가된다. 까다로운 문제에는 모두들 끙끙대는 법이다.

08
객체 지향 설계 해법

8.1 카드 게임에 쓰이는 카드 한 벌을 표현하기 위한 자료구조를 설계하라. 블랙잭blackjack 게임을 구현하려면 이 자료구조의 하위 클래스를 어떻게 만들어야 하는지 설명하라.

134쪽

해법

우선, '일반적인' 카드 한 벌이 의미하는 바가 다양할 수 있다는 점을 인식할 필요가 있다. 포커 게임에 쓰이는 표준적인 카드 한 벌인가, 아니면 Uno나 야구 게임 카드인가? 면접관에게 물어서 확인하는 것이 중요하다.

여기서는 면접관이 '블랙잭이나 포커 게임에 사용되는 표준적 52-카드 세트'임을 확인해 주었다고 가정하고 설계하도록 하자. 결과는 다음과 같다.

```
public enum Suit {
  Club (0), Diamond (1), Heart (2), Spade (3);
  private int value;
  private Suit(int v) { value = v; }
  public int getValue() { return value; }
  public static Suit getSuitFromValue(int value) { ... }
}

public class Deck <T extends Card> {
  private ArrayList<T> cards; // 모든 카드
  private int dealtIndex = 0; // 돌리지 않은 첫 번째 카드

  public void setDeckOfCards(ArrayList<T> deckOfCards) { ... }

  public void shuffle() { ... }
  public int remainingCards() {
    return cards.size() - dealtIndex;
  }
```

```
  public T[] dealHand(int number) { ... }
  public T dealCard() { ... }
}

public abstract class Card {
  private boolean available = true;

  /* 카드 숫자. 1부터 13까지. 1은 에이스(Ace)이고
  * 11은 잭(Jack), 12는 퀸(Queen), 13은 킹(King) */
  protected int faceValue;
  protected Suit suit;

  public Card(int c, Suit s) {
    faceValue = c;
    suit = s;
  }

  public abstract int value();

  public Suit suit() { return suit; }

  /* 카드를 돌릴 수 있는 상태인지 확인 */
  public boolean isAvailable() { return available; }
  public void markUnavailable() { available = false; }

  public void markAvailable() { available = true; }
}

public class Hand <T extends Card> {
  protected ArrayList<T> cards = new ArrayList<T>();

  public int score() {
    int score = 0;
    for (T card : cards) {
      score += card.value();
    }
    return score;
  }

  public void addCard(T card) {
    cards.add(card);
  }
}
```

위의 코드를 보면 Deck을 Java 제네릭generic으로 구현하되 T의 타입은 Card로 제한했음을 볼 수 있다. Card는 추상 클래스abstract class로 구현했는데, value()와 같은 메서드는 특정한 게임을 가정하지 않고서는 그다지 의미가 없기 때문이다(표준적 포커 규칙을 따르는 기본 메서드로서 구현을 해 두어야 한다는 상반된 주장을 하실 수도 있겠다).

이제 블랙잭 게임을 만든다고 해보자. 그러려면 각 카드의 값을 알 필요가 있다. 얼굴이 그려진 카드는 10이고 에이스는 11이다(대부분 그렇다. 하지만 그것은 아래의 클래스가 결정할 문제는 아니고, Hand 클래스가 결정할 문제다).

```
public class BlackJackHand extends Hand<BlackJackCard> {
  /* 블랙잭을 할 때 카드를 한 번 내려놓아서 얻을 수 있는 값은
  * 여러 가지인데, 에이스가 1로도 쓰일 수 있어서 그렇다. 21이 넘지
  * 않는 가장 큰 점수나, 21을 넘는 가장 낮은 점수를 반환한다. */
  public int score() {
    ArrayList<Integer> scores = possibleScores();
    int maxUnder = Integer.MIN_VALUE;
    int minOver = Integer.MAX_VALUE;
    for (int score : scores) {
      if (score > 21 && score < minOver) {
        minOver = score;
      } else if (score <= 21 && score > maxUnder) {
        maxUnder = score;
      }
    }
    return maxUnder == Integer.MIN_VALUE ? minOver : maxUnder;
  }

  /* 카드를 받아 만들 수 있는 모든 가능한 점수 리스트 반환.
  * 에이스는 1이 될 수도 있고 11로 계산할 수도 있다. */
  private ArrayList<Integer> possibleScores() { ... }

  public boolean busted() { return score() > 21; }
  public boolean is21() { return score() == 21; }
  public boolean isBlackJack() { ... }
}
```

```java
public class BlackJackCard extends Card {
  public BlackJackCard(int c, Suit s) { super(c, s); }
  public int value() {
    if (isAce()) return 1;
    else if (faceValue >= 11 && faceValue <= 13) return 10;
    else return faceValue;
  }

  public int minValue() {
    if (isAce()) return 1;
    else return value();
  }

  public int maxValue() {
    if (isAce()) return 11;
    else return value();
  }

  public boolean isAce() {
    return faceValue == 1;
  }

  public boolean isFaceCard() {
    return faceValue >= 11 && faceValue <= 13;
  }
}
```

에이스를 처리하는 한 가지 방법을 살펴보았다. 이렇게 하는 대신 BlackJackCard를 계승하는 Ace 클래스를 생성하여 처리할 수도 있다.

이 책에 수록된 코드를 다운받을 수 있는 사이트에, 실행 가능하고 완전히 자동화된 블랙잭 코드를 올려 두었으니 참고하기 바란다.

8.2 **고객응대담당자, 관리자 그리고 감독관이라는 세 부류 직원들로 구성된 콜 센터call center가 있다고 하자. 콜 센터로 오는 전화는 처음에는 무조건 상담 가능 고객응대담당자로 연결된다. 고객응대담당자가 처리할 수 없는 전화는 관리자로 연결된다. 관리자가 처리할 수 없는 전화는 다시 감독관에게 연결된다. 이 문제를 풀기 위한 자료구조를 설계하라. 응**

대 가능한 첫 번째 직원에게 전화를 연결시키는 dispatchCall 메서드를 구현하라.

135쪽

해법

각 부류의 직원들은 서로 다른 업무를 수행한다. 어떤 직원이냐에 따라, 함수가 수행해야 하는 일이 달라진다는 것. 각 클래스를 구현할 때 이를 염두에 두어야 한다.

주소나 이름, 직함, 나이처럼 모든 직원에 공통적인 속성들도 있다. 이런 것들은 한 클래스 안에 두고 다른 클래스가 계승 받아 쓰도록 할 수 있다.

마지막으로, 걸려온 전화를 올바른 수신자에게 연결시켜주는 CallHandler 클래스가 있어야 한다.

객체 지향적 설계 관련 질문을 받는 경우, 객체를 설계하는 방법은 여러 가지임에 유의하기 바란다. 가능한 방법들 사이의 장단점과 타협안에 대해서 면접관과 토론하라. 보통은 장기적인 관점에서 유지 보수성이나 유연성이 높은 코드를 만들어 내는 설계를 택하게 된다.

각 클래스에 대해서는 아래에서 자세히 설명하겠다.

CallHandler는 싱글톤 클래스로 구현된다. 프로그램의 몸체에 해당하며, 걸려오는 모든 전화는 우선적으로 이 클래스를 거쳐야 한다.

```
public class CallHandler {
    private static CallHandler instance;

    /* 직급은 3레벨로 나뉜다. 고객응대담당자, 관리자, 감독관 */
    private final int LEVELS = 3;

    /* 10명의 담당자와 4명의 관리자, 2명의 감독관을 만들어 초기화 */
    private final int NUM_RESPONDENTS = 10;
    private final int NUM_MANAGERS = 4;
    private final int NUM_DIRECTORS = 2;

    /* 직급별 직원 리스트
     * employeeLevels[0] = respondents
```

```
     * employeeLevels[1] = managers
     * employeeLevels[2] = directors
     */
    List<List<Employee>> employeeLevels;

    /* 직급별 수신 전화 대기 큐 */
    List<List<Call>> callQueues;

    protected CallHandler() { ... }

    /* 싱글톤 객체 획득. */
    public static CallHandler getInstance() {
        if (instance == null) instance = new CallHandler();
        return instance;
    }

    /* 전화 응대 가능한 첫 직원 가져오기*/
    public Employee getHandlerForCall(Call call) { ... }

    /* 응대 가능한 직원에게 전화를 연결하거나, 가능한 직원이 없으면
     * 큐에 보관 */
    public void dispatchCall(Caller caller) {
        Call call = new Call(caller);
        dispatchCall(call);
     }

    /* 응대 가능한 직원에게 전화를 연결하거나, 가능한 직원이 없으면
     * 큐에 보관 */
    public void dispatchCall(Call call) {
        /* 직급이 가장 낮은 직원에 연결 시도. */
        Employee emp = getHandlerForCall(call);
        if (emp != null) {
        emp.receiveCall(call);
        call.setHandler(emp);
    } else {
        /* 직급에 따라 대기 큐에 수신 전화를
        * 삽입. */
        call.reply("Please wait for free employee to reply");
        callQueues.get(call.getRank().getValue()).add(call);
     }
}
```

```
    /* 가용한 직원 발견. 해당 직원이 처리해야 할 전화를 큐에서 탐색
     * 새로운 전화를 배정했다면 true를, 그렇지 않으면 false 반환 */
    public boolean assignCall(Employee emp) { ... }
}
```

Call은 사용자로부터 걸려온 전화를 나타낸다. 전화를 처리할 수 있는 가장 낮은 직급을 속성으로 가지며, 수신 가능한 첫 번째 직원에게 배정된다.

```
public class Call {
  /* 이 전화를 처리할 수 있는 가장 낮은 직급. */
  private Rank rank;

  /* 전화를 거는 사람. */
  private Caller caller;

  /* 응대 중인 직원. */
  private Employee handler;

  public Call(Caller c) {
    rank = Rank.Responder;
    caller = c;
  }

  /* 전화에 응대하는 직원 설정. */
  public void setHandler(Employee e) { handler = e; }

  public void reply(String message) { ... }
  public Rank getRank() { return rank; }
  public void setRank(Rank r) { rank = r; }
  public Rank incrementRank() { ... }
  public void disconnect() { ... }
}
```

Employee는 Director, Manager, Respondent의 상위 클래스다. 추상 클래스로 구현되는데, Employee 클래스로 객체를 만들어 내는 것이 아무 의미가 없기 때문이다.

```
abstract class Employee {
  private Call currentCall = null;
  protected Rank rank;

  public Employee() { }

  /* 고객 상담 시작 */
  public void receiveCall(Call call) { ... }

  /* 문제가 해결되었으므로 상담 종료 */
  public void callCompleted() { ... }

  /* 문제가 해결되지 않았음. 상위 직급 직원에게 전화를 돌리고,
  * 이 직원에게는 다른 전화 배정. */
  public void escalateAndReassign() { ... }

  /* 상담 중이지 않은 경우, 직원에게 새로 걸려온 전화 배정. */
  public boolean assignNewCall() { ... }

  /* 직원이 상담 중인지 아닌지를 반환. */
  public boolean isFree() { return currentCall == null; }

  public Rank getRank() { return rank; }
}

```

Respondent, Director, Manager는 Employee 클래스를 간단히 확장한 것에 불과하다.

```
class Director extends Employee {
  public Director() {
    rank = Rank.Director;
  }
}

class Manager extends Employee {
  public Manager() {
    rank = Rank.Manager;
  }
}
```

```

class Respondent extends Employee {
  public Respondent() {
    rank = Rank.Responder;
  }
}
```

지금까지 살펴본 코드는 이 문제를 푸는 설계 방법 중 하나일 뿐이다. 다른 좋은 방법들도 많다.

면접 도중에 작성하기에는 너무 많은 양의 코드라 여겨질 수도 있겠다. 그리고 실제로 그러하다. 여기서 우리는 실제로 필요한 것보다 완전하고 많은 양의 코드를 보였다. 실제 면접장에서는 채울 시간이 남을 때까지는 세부사항 가운데 일부를 생략하고 진행할 수도 있다.

8.3 객체 지향 원칙에 따라 주크박스jukebox를 설계하라.

135쪽

해법

객체 지향 설계에 관한 질문을 받으면 면접관에게 질문을 던져 설계 관련 제약사항을 명확하게 해 두는 것으로 시작할 것이다. CD를 재생하는 주크박스인가? 아니면 LP인가? MP3 파일인가? 컴퓨터상의 시뮬레이션인가 아니면 물리적인 실제 주크박스를 표현해야 하는가? 돈을 받고 음악을 재생해야 하나 아니면 공짜인가? 돈을 받는다면 어느 나라 돈을 받는가? 잔돈은 거슬러 주는가?

불행하게도 지금 이 자리에는 면접관이 없다. 그러므로 질문을 던지는 대신 몇 가지 가정을 하도록 하겠다. 물리적인 주크박스와 거의 유사한 컴퓨터 시뮬레이션 프로그램을 만든다고 하고, 돈은 받지 않는다고 가정하겠다.

이제 몇 가지 문제는 해결했으니 기본적인 시스템 컴포넌트들을 잡아 보겠다.

· Jukebox
· CD
· Song
· Artist
· Playlist
· Display (화면에 상세 정보를 표기하기 위한 것)

이제 이 컴포넌트들을 좀 더 세분화 해 나가면서 가능한 행위들을 식별해 보자.

· Playlist(재생목록) 생성 (add, delete, shuffle 등도 포함)
· CD 선택
· Song 선택
· 큐에 Song 삽입
· Playlist에서 다음 Song 선택

사용자도 모델링 해야 할 수 있다.

· 사용자 추가
· 사용자 삭제
· 지불 정보credit information

위에 나열한 주요 시스템 컴포넌트들은 대충 하나의 객체에 대응되며, 각 행위는 하나의 메서드에 대응된다. 가능한 여러 가지 설계안 가운데 하나를 지금부터 살펴보자.

Jukebox 클래스는 프로그램의 몸체에 해당한다. 시스템을 구성하는 컴포넌트들은 이 클래스를 통해 상호 통신한다. 시스템과 사용자도 마찬가지다.

```java
public class Jukebox {
  private CDPlayer cdPlayer;
  private User user;
  private Set<CD> cdCollection;
  private SongSelector ts;

  public Jukebox(CDPlayer cdPlayer, User user,
    Set<CD> cdCollection, SongSelector ts) {
    ...
  }

  public Song getCurrentSong() {
    return ts.getCurrentSong();
  }

  public void setUser(User u) {
    this.user = u;
  }
}
```

진짜 CD 플레이어와 마찬가지로 CDPlayer 클래스는 한 번에 하나만 저장할 수 있다. 재생 중이 아닌 CD는 주크박스에 저장되지 않는다.

```java
public class CDPlayer {
  private Playlist p;
  private CD c;

  /* 생성자들. */
  public CDPlayer(CD c, Playlist p) { ... }
  public CDPlayer(Playlist p) { this.p = p; }
  public CDPlayer(CD c) { this.c = c; }

  /* 곡 재생 */
  public void playSong(Song s) { ... }

  /* 설정(setter) 및 추출(getter) 함수들 */
  public Playlist getPlaylist() { return p; }
  public void setPlaylist(Playlist p) { this.p = p; }

  public CD getCD() { return c; }
```

```
    public void setCD(CD c) { this.c = c; }
}
```

Playlist 클래스는 현재 재생 중인 곡과 다음에 재생할 곡을 관리한다. 실제로는 큐를 감싸 만든 클래스이며wrapper class 편리하게 쓸 수 있는 부가적인 메서드들을 제공한다.

```
public class Playlist {
  private Song song;
  private Queue<Song> queue;
  public Playlist(Song song, Queue<Song> queue) {
    ...
  }
  public Song getNextSToPlay() {
    return queue.peek();
  }
  public void queueUpSong(Song s) {
    queue.add(s);
  }
}
```

CD, Song, User 클래스는 전부 꽤 간단하다. 주로 멤버 변수와, 그에 대한 설정setter 및 추출getter 함수들로 구성되어 있다.

```
public class CD {
  /* id, 아티스트, 곡 목록 등의 정보 보관. */
}

public class Song {
  /* id, CD(null일 수도 있다), 곡명, 길이 등의 정보 보관. */
}

public class User {
  private String name;
  public String getName() { return name; }
  public void setName(String name) { this.name = name; }
  public long getID() { return ID; }
```

```
    public void setID(long iD) { ID = iD; }
    private long ID;
    public User(String name, long iD) { ... }
    public User getUser() { return this; }
    public static User addUser(String name, long iD) { ... }
}
```

지금 보인 코드가 유일한 '올바른' 구현이라 말할 수는 없다. 처음에 언급한 질문들에 면접관이 던진 대답에 다른 제약조건들을 종합한 결과로 주크박스 클래스 설계가 만들어지게 될 것이다.

8.4 객체 지향 원칙에 따라 주차장parking lot을 설계하라.

135쪽

해법

일단 질문 자체가 모호하게 쓰여졌는데, 실제 면접장에서도 다를 게 없다. 그러니 어떤 종류의 차량을 지원 가능해야 하는지, 주차장이 여러 층으로 이루어져 있는지 등등을 면접관과 이야기해서 확인해야 한다.

지금은 다음과 같은 가정을 하고 문제를 풀도록 하겠다. 약간 문제를 어렵게 하기 위해 만든 가정들이다. 우리와 다른 가정을 하셨다 해도, 아무 상관 없다.

- 주차장은 복층이다. 층마다 주차 가능한 장소는 여러 줄 있다.
- 오토바이, 일반 차량, 버스 등을 주차 가능하다.
- 오토바이용 주차공간, 소형 주차공간, 대형 주차공간이 구분되어 있다.
- 오토바이는 아무 곳에나 주차할 수 있다.
- 일반 차량은 소형 주차공간이나 대형 주차공간 한 곳에 주차할 수 있다.
- 버스는 한 줄에 연속적으로 이어진 다섯 군데 대형 주차 공간을 사용하여 주차할 수 있다. 소형 주차 공간에는 주차할 수 없다.

구현하는 데 있어 추상 클래스 Vehicle을 만들어 사용하였다. Car, Bus, Motorcycle 등은 전부 이 클래스의 하위 클래스이다. 서로 다른 주차 공간 크기는 ParkingSpot 클래스 안에 주차 공간 크기를 나타내는 멤버 변수를 두어 처리하였다.

```
public enum VehicleSize { Motorcycle, Compact, Large }

public abstract class Vehicle {
  protected ArrayList<ParkingSpot> parkingSpots =
  new ArrayList<ParkingSpot>();
  protected String licensePlate;
  protected int spotsNeeded;
  protected VehicleSize size;

  public int getSpotsNeeded() { return spotsNeeded; }
  public VehicleSize getSize() { return size; }

  /* 주어진 주차 공간에 차량 주차(다른 차량 사이에 주차하게 될 수 있음) */
  public void parkInSpot(ParkingSpot s) { parkingSpots.add(s); }

  /* 출차. 해당 주차 공간에는 차량이 출차되었음을 통보(notify) */
  public void clearSpots() { ... }

  /* 주차 공간이 주차하려는 차량을 수용할 수 있으며, 비어 있는지 확인.
  * 크기만 비교하며, 주차 장소가 충분히 있는지는
  * 확인하지 않음 */
  public abstract boolean canFitInSpot(ParkingSpot spot);
}

public class Bus extends Vehicle {
  public Bus() {
    spotsNeeded = 5;
    size = VehicleSize.Large;
  }

  /* 주차 공간이 큰지 확인. 주차 공간 수는 검사하지 않음. */
  public boolean canFitInSpot(ParkingSpot spot) { ... }
}

public class Car extends Vehicle {
```

```
  public Car() {
    spotsNeeded = 1;
    size = VehicleSize.Compact;
  }

  /* 주차 공간이 소형인지 대형인지 확인 */
  public boolean canFitInSpot(ParkingSpot spot) { ... }
}

public class Motorcycle extends Vehicle {
  public Motorcycle() {
    spotsNeeded = 1;
    size = VehicleSize.Motorcycle;
  }

  public boolean canFitInSpot(ParkingSpot spot) { ... }
}
```

ParkingLot 클래스는 실질적으로는 Levels라는 배열을 감싸 만든 클래스 wrapper class이다. 이런 식으로 구현하면 빈 자리를 찾고 차량을 주차하는 코드를 ParkingLot이 수행해야 하는 광범위한 행위들로부터 분리해 낼 수 있다. 이런 식으로 구현하지 않았다면 주차 장소를 모종의 이중 배열(또는 주차장 층수와 주차 장소 리스트 간의 연관관계를 유지하는 해시 테이블) 안에 보관하여야 했을 것이다. ParkingLot과 Level을 분리하는 쪽이 더 깔끔하다.

```
public class ParkingLot {
  private Level[] levels;
  private final int NUM_LEVELS = 5;

  public ParkingLot() { ... }

  /* 차량을 특정 장소(또는 여러 장소에 걸쳐)에 주차한다.
   * 실패하면 false를 반환한다. */
  public boolean parkVehicle(Vehicle vehicle) { ... }
}

/* 주차장 내의 한 층을 표현 */
public class Level {
```

```
  private int floor;
  private ParkingSpot[] spots;
  private int availableSpots = 0; // 빈 자리 개수
  private static final int SPOTS_PER_ROW = 10;

  public Level(int flr, int numberSpots) { ... }

  public int availableSpots() { return availableSpots; }

  /* 주어진 차량을 주차할 장소를 찾는다. 실패하면 false 반환. */
  public boolean parkVehicle(Vehicle vehicle) { ... }

  /* 차량을 spotNumber가 가리키는 장소부터 vehicle.spotsNeeded 만큼의
  * 빈 자리에 주차시킨다. */
  private boolean parkStartingAtSpot(int num, Vehicle v) { ... }

  /* 이 차량을 주차할 장소를 찾는다. 빈 자리를 가리키는 첨자(Index)를
  * 반환하며, 실패하면 -1을 반환한다. */
  private int findAvailableSpots(Vehicle vehicle) { ... }

  /* 한 차량이 출차하면, 가용한 주차장소의 수를
  * 증가시킨다 */
  public void spotFreed() { availableSpots++; }
}
```

ParkingSpot에 주차 장소 크기를 나타내는 변수를 두었다. ParkingSpot의 하위 클래스로 LargeSpot, CompactSpot, MotorcycleSpot 등을 만들어 구현하는 방법도 있었겠지만, 부담이 너무 큰 방법이다. 주차 장소의 크기가 달라진다고 주차 장소가 수행해야 하는 동작이 달라지지는 않기 때문.

```
public class ParkingSpot {
  private Vehicle vehicle;
  private VehicleSize spotSize;
  private int row;
  private int spotNumber;
  private Level level;

  public ParkingSpot(Level lvl, int r, int n, VehicleSize s) {...}

```

```
    public boolean isAvailable() { return vehicle == null; }

    /* 공간이 충분히 크고 가용한지 반환 */
    public boolean canFitVehicle(Vehicle vehicle) { ... }

    /* 해당 공간에 차량 주차 */
    public boolean park(Vehicle v) { ... }

    public int getRow() { return row; }
    public int getSpotNumber() { return spotNumber; }

    /* 해당 주차 공간에서 차량 제거. 주차 공간이 속한 층에는 빈 자리가 생겼다고
    * 통보(notify) */
    public void removeVehicle() { ... }
}
```

실행 가능한 테스트 코드를 포함하는 소스 코드 전부는 이 책의 웹 사이트에서 다운받을 수 있다.

8.5 온라인 북 리더online book reader에 대한 자료구조를 설계하라.

135쪽

해법

어떤 기능을 수행해야 하는지에 대해서는 질문 그 자체에서는 그다지 쓸만한 정보를 찾을 수 없으므로, 다음과 같은 기능을 제공하는 기본적인 온라인 북 리더를 설계한다고 가정하도록 하겠다.

- 사용자 가입 정보 생성 및 확장extension
- 서적 데이터베이스 검색
- 책 읽기
- 한 번에 한 명의 사용자만 활성화active 상태
- 활성화 된 사용자가 읽는 한 권의 책만 활성화 상태

이런 기능들을 구현하려면 get, set, update와 같은 다양한 메서드들이 필

요할 것이다. 필요한 클래스들로는 User, Book, Library 등이 있을 것으로 예상된다.

클래스 OnlineReaderSystem은 이 프로그램의 몸체에 해당한다. 이 클래스가 서적 정보 저장, 사용자 관리, 화면 갱신 등의 작업을 모두 처리하도록 만들 수도 있겠으나, 그리하다 보면 클래스가 지나치게 비대해질 것이다. 대신, 이런 작업들을 Library, UserManager, Display 클래스로 만들어 별도 컴포넌트로 분리하도록 하겠다.

```
public class OnlineReaderSystem {
  private Library library;
  private UserManager userManager;
  private Display display;

  private Book activeBook;
  private User activeUser;

  public OnlineReaderSystem() {
    userManager = new UserManager();
    library = new Library();
    display = new Display();
  }

  public Library getLibrary() { return library; }
  public UserManager getUserManager() { return userManager; }
  public Display getDisplay() { return display; }

  public Book getActiveBook() { return activeBook; }
  public void setActiveBook(Book book) {
  activeBook = book;
  display.displayBook(book);
}

  public User getActiveUser() { return activeUser; }
  public void setActiveUser(User user) {
    activeUser = user;
    display.displayUser(user);
  }
}
```

그런 다음에는 UserManager, Library, Display 컴포넌트를 구현한다.

```
public class Library {
  private Hashtable<Integer, Book> books;

  public Book addBook(int id, String details) {
    if (books.containsKey(id)) {
      return null;
    }
    Book book = new Book(id, details);
    books.put(id, book);
    return book;
  }

  public boolean remove(Book b) { return remove(b.getID()); }
  public boolean remove(int id) {
    if (!books.containsKey(id)) {
      return false;
    }
    books.remove(id);
    return true;
  }

  public Book find(int id) {
    return books.get(id);
  }
}

public class UserManager {
  private Hashtable<Integer, User> users;

  public User addUser(int id, String details, int accountType) {
    if (users.containsKey(id)) {
      return null;
    }
    User user = new User(id, details, accountType);
    users.put(id, user);
    return user;
  }

  public boolean remove(User u) {
    return remove(u.getID());
```

```
    }

    public boolean remove(int id) {
      if (!users.containsKey(id)) {
        return false;
      }
      users.remove(id);
      return true;
    }

    public User find(int id) {
      return users.get(id);
    }
  }

  public class Display {
    private Book activeBook;
    private User activeUser;
    private int pageNumber = 0;

    public void displayUser(User user) {
      activeUser = user;
      refreshUsername();
    }

    public void displayBook(Book book) {
      pageNumber = 0;
      activeBook = book;

      refreshTitle();
      refreshDetails();
      refreshPage();
    }

    public void turnPageForward() {
      pageNumber++;
      refreshPage();
    }

    public void turnPageBackward() {
      pageNumber--;
      refreshPage();
    }
```

```

  public void refreshUsername() { /* 화면에 표시되는 username 갱신 */ }
  public void refreshTitle() { /* 화면에 표시되는 title 갱신 */ }
  public void refreshDetails() { /* 화면에 표시되는 details 갱신 */ }
  public void refreshPage() { /* 화면에 표시되는 page 갱신 */ }
}
```

User와 Book 두 클래스는 대체적으로 정보를 담는 용도로만 사용되고, 거기에 약간의 기능이 첨가되어 있다.

```
public class Book {
  private int bookId;
  private String details;

  public Book(int id, String det) {
    bookId = id;
    details = det;
  }

  public int getID() { return bookId; }
  public void setID(int id) { bookId = id; }
  public String getDetails() { return details; }
  public void setDetails(String d) { details = d; }
}

public class User {
  private int userId;
  private String details;
  private int accountType;

  public void renewMembership() { }

  public User(int id, String details, int accountType) {
    userId = id;
    this.details = details;
    this.accountType = accountType;
  }

  /* 설정(setter) 및 추출(getter) 함수들 */
  public int getID() { return userId; }
  public void setID(int id) { userId = id; }
```

```
  public String getDetails() {
    return details;
  }

  public void setDetails(String details) {
    this.details = details;
  }
  public int getAccountType() { return accountType; }
  public void setAccountType(int t) { accountType = t; }
}
```

사용자 관리와 라이브러리, 그리고 화면 출력에 관계된 부분을 별도 클래스로 분리한 것은 (OnllineReaderSystem 내부에 둘 수도 있었음에도) 흥미로운 점이다. 작은 시스템의 경우에는 이렇게 했더라면 시스템이 필요 이상으로 복잡해졌을 것이다. 하지만 시스템이 성장하여 더 많은 기능이 OnlineReaderSystem에 추가될 수 있는 상황에서는 그렇게 클래스를 나누어 두어야 주 클래스가 엄청나게 비대해지는 것을 막을 수 있다.

8.6 직소jigsaw 퍼즐을 구현하라. 자료구조를 설계하고, 퍼즐을 푸는 알고리즘을 설명하라. 주어진 두 개의 조각이 들어맞는지를 판별하는 fitsWith 메서드가 주어진다고 가정하도록 하라.

135쪽

해법

일반적이고 단순한 직소 퍼즐을 가정하도록 하겠다. 이 퍼즐은 그리드grid형태로 행과 열로 배열되어 있다. 각각의 퍼즐 조각은 행렬상의 특정한 지점에 위치하게 되며, 4개의 면을 갖는다. 각 면은 오목하거나, 볼록하거나, 평평하다. 가령 구석에 놓이는 퍼즐은 두 개의 평평한 면과 두 개의 볼록 또는 오목한 면을 갖는다.

직소 퍼즐을 풀려면(손으로 풀건 알고리즘적으로 풀건) 각 퍼즐 조각의 위치를 저장해야 한다. 위치로는 절대 위치를 사용할 수도 있고 상대 위치를 사용할 수도 있다.

· 절대 위치absolute position: "이 퍼즐 조각은 (12, 23)에 놓인다." 절대 위치는 Piece 클래스 내부에 놓여야 한다.
· 상대 위치relative position: "이 퍼즐 조각의 실제 위치는 모르겠는데, 바로 이 조각 옆인 것은 안다." 상대 위치는 Edge 클래스 내부에 기록되어야 한다.

여기서는 상대 위치를 사용하여 문제를 풀도록 할 것이다. 인접한 면에 면을 연결하여 상대 위치를 표현할 것이다.

아래에 가능한 객체 지향적 설계 가운데 하나를 보였다.

```
class Edge {
  enum Type { inner, outer, flat }
  Piece parent;
  Type type;
  int index; // Piece.edges의 첨자(index)
  Edge attached_to; // 상대 위치

  /* '알고리즘' 절을 보라. 두 조각이 서로 결합되어야 하는 경우
  * 참을 반환한다. */
  boolean fitsWith(Edge edge) { ... };
}

class Piece {
  Edge[] edges;
  boolean isCorner() { ... }
}

class Puzzle {
```

```
  Piece[] pieces; /* 놓을 위치를 찾아야 하는 남은 조각들. */
  Piece[][] solution;

  /* '알고리즘' 절 참조. */
  Edge[] inners, outers, flats;
  Piece[] corners;

  /* '알고리즘' 절 참조. */
  void sort() { ... }
  void solve() { ... }
}
```

알고리즘: 퍼즐 풀기

가상 코드와 실제 코드를 함께 사용하여 알고리즘을 스케치해 보도록 하겠다.

어린 아이도 그러하듯이, 쉬운 조각부터 먼저 처리하도록 하자. 구석 자리에 해당하는 조각, 그리고 가장자리에 해당하는 조각들이 바로 그것. 모든 조각을 탐색해 나가면 그런 조각들을 쉽게 찾아낼 수 있다. 하지만 조각들을 그 면 타입에 따라 정렬해 두면 보다 효과적일 것이다.

```
void sort() {
  pieces에 있는 각각의 Piece p에 대해서 {
    if (p의 평평한 면 개수가 2) p를 corners에 추가
    p.edges의 각 면을 살펴서 {
      면이 오목하면 inners에 추가
      면이 볼록하면 outers에 추가
    }
  }
}
```

어떤 면이 주어졌을 때 가능한 퍼즐 조각을 찾을 한결 빠른 방법이 주어진 셈이다. 이제 퍼즐을 줄마다 훑으면서 조각을 맞춰 나가면 된다.

잠시 후에 그 코드를 보게 될 solve 메서드는 임의의 구석 자리를 선정하는 것으로 시작한다. 그런 다음 연결되는 조각이 없는 면을 골라 다른 조각과 맞춰본다. 맞는 조각을 찾으면, 다음과 같이 한다.

1. 면끼리 결합시킨다.
2. 결합된 면을 미결합 면 리스트에서 제거한다.
3. '다음 미결합 면'을 찾는다.

'다음 미결합 면'은 현재 면의 반대쪽 맞은편 면이다. 그 면이 가용한 상태가 아니라면, 다른 면 가운데 아무것이나 '다음 미결합 면'으로 삼는다. 그러다 보면 퍼즐은 바깥쪽에서 안쪽으로, 나선형으로 풀려 나가게 된다.

나선형으로 풀리게 되는 이유인즉슨, 이 알고리즘이 가능한 한 직선 방향을 유지하려고 하기 때문이다. 퍼즐의 첫 번째 가장자리 끝에 도달하게 되면, 이 알고리즘은 구석 자리에 놓인 조각에 유일하게 남아 있는 가용한 면을 찾아 90도로 방향을 돌린다. 따라서 퍼즐의 모든 가장자리가 조각들로 완전히 채워질 때까지, 가장자리에 도달할 때마다 90도로 방향을 틀게 된다. 퍼즐 가장자리에 조각을 다 채우고 나면 이 알고리즘은 그 안쪽 '링ring'으로 자리를 옮겨, 그 링이 다 채워질 때까지 같은 작업을 반복하게 된다.

이 알고리즘의 Java 스타일 가상 코드를 아래에 보였다.

```
public void solve() {
  /* 탐색을 시작할 구석 조각을 하나 선정 */
  Edge currentEdge = getExposedEdge(corner[0]);

  /* 나선형태로 루프를 돌면서 퍼즐이 완전하게 풀릴 때까지
  * 순회한다. */
  while (currentEdge != null) {
    /* 반대쪽 면에 맞는 조각을 찾는다. 오목한 면은 볼록한 면에, 그리고 … */
    Edge[] opposites = currentEdge.type == inner ?
    outers : inners;
    for each Edge fittingEdge in opposites {
      if (currentEdge.fitsWith(fittingEdge)) {
        attachEdges(currentEdge, fittingEdge); // 면끼리 연결함
        removeFromList(currentEdge);
        removeFromList(fittingEdge);

        /* 다음 면 가져옴 */
        currentEdge = nextExposedEdge(fittingEdge);
```

```
        break; // 안쪽 루프를 종료하고 바깥 쪽 루프에서 계속.
      }
    }
  }
}

public void removeFromList(Edge edge) {
  if (edge.type == flat) return;
  Edge[] array = currentEdge.type == inner ? inners : outers;
  array.remove(edge);
}

/* 반대쪽 면을 반환할 수 있으면 하고 아니면 아무 면이나
* 남는 변을 반환. */
public Edge nextExposedEdge(Edge edge) {
  int next_index = (edge.index + 2) % 4; // Opposite edge
  Edge next_edge = edge.parent.edges[next_index];
  if isExposed(next_edge) {
    return next_edge;
  }
  return getExposedEdge(edge.parent);
}

public Edge attachEdges(Edge e1, Edge e2) {
  e1.attached_to = e2;
  e2.attached_to = e1;
}

public Edge isExposed(Edge e1) {
  return edge.type != flat && edge.attached_to == null;
}

public Edge getExposedEdge(Piece p) {
  for each Edge edge in p.edges {
    if (isExposed(edge)) {
      return edge;
    }
  }
  return null;
}
```

간단하게 만들기 위해 inners와 outers를 Edge 배열로 표현하였다. 해당 배

열에 원소를 자주 넣고 빼야 하기 때문에 아주 멋진 선택이라 말할 수는 없다. 실제 코드를 작성한다면, 이 변수들을 연결 리스트로 구현하고 싶어질 것이다.

실제 면접장에서라면 이 문제를 풀어낸 완벽한 코드를 내놓는 것은 너무 지나친 일이 될 것이다. 코드의 대략적인 얼개를 스케치하는 정도로 충분할 것이다.

8.7 채팅 서버를 어떻게 구현할 것인지 설명하라. 서버를 뒷받침할 다양한 컴포넌트, 클래스, 메서드에 대해 설명하도록 하라. 어떤 문제가 가장 풀기 어려울 것으로 예상되는가?

135쪽

해법

채팅 서버를 구현하는 것은 대형 프로젝트로, 면접장에서 끝낼 수 있는 일의 범위를 한참 넘어선다. 여러 사람이 한 팀으로 달려들어 몇 달 혹은 일년이 걸려야 끝낼 수 있는 일이다. 지원자로서 여러분이 해야 하는 일은 적당히 광범위 하면서도 면접장에서 마칠 수 있는 정도로 좁은 범위의 한 측면에 초점을 맞추는 것이다. 실제와 정확히 일치할 필요는 없지만, 실제 구현을 꽤 잘 반영하는 수준은 되어야 한다.

여기서는 사용자 관리와 사용자 간 대화에 관련된 핵심 기능에 초점을 맞추도록 하겠다. 사용자를 추가하고, 대화를 시작하고, 사용자 상태를 갱신하는 등이 작업이 이에 해당한다. 설명하는 데 드는 시간과 지면 관계상, 네트워킹 기술과 관련된 부분의 세부사항은 다루지 않는다. 다시 말해, 데이터가 클라이언트에게 실제로 어떻게 전달되는지는 다루지 않는다.

또한, '친구' 관계는 양방향으로 이루어진다고 가정할 것이다. 상대방이 내 친구여야, 상대방도 나에게 메시지를 보낼 수 있다는 뜻이다. 우리가 구현할 채팅 시스템은 그룹 채팅뿐 아니라 일대일 (사적) 채팅도 지원한다. 음성 채팅이나 화상 채팅, 파일 전송 등의 기능은 제외한다.

어떤 종류의 기능을 지원해야 하는가?

면접관과 토의해야 하는 문제이긴 하나, 몇 가지 예상되는 기능을 나열해 보면 다음과 같다.

· 온라인/오프라인 알림
· 친구 추가 요청(요청 전송, 요청 수락, 요청 거부)
· 상태 메시지의 갱신
· 일대일/그룹 채팅 세션 생성
· 시작된 채팅 세션에 새로운 메시지 추가

이것은 그저 일부일 뿐이다. 시간이 더 주어진다면, 더 많은 기능을 추가할 수 있다.

이런 요구사항으로부터 배울 수 있는 것은?

사용자, 요청 상태, 온라인 상태, 메시지 등의 개념을 정의해야 한다.

시스템의 핵심 컴포넌트는 무엇인가?

시스템은 아마도 데이터베이스, 사용자들 그리고 서버들로 구성될 것이다. 이런 부분은 우리의 객체 지향 설계에 포함시키지 않을 것이지만, 시스템의 전반적인 형태로서 토론할 수는 있다.

데이터베이스는 지속적으로 보관되어야 하는 자료들, 즉 사용자 리스트나 채팅 내역 등을 보관하기 위해 사용될 것이다. SQL 데이터베이스도 좋지만 규모확장성이 필요한 경우에는 BigTable과 유사한 시스템들을 사용할 수도 있을 것이다.

클라이언트와 서버 간 통신에는 XML을 사용하면 좋을 것이다. 가장 잘 압축된 형태의 데이터는 아니지만(이 점을 면접관에게 지적해야 한다) 컴퓨터가 해석하기에도 좋고 사람이 읽기에도 좋다. XML을 사용하면 디버깅이 한층 쉬워질 것이고, 그것은 꽤 중요한 이점이다.

서버는 여러 대로 구성될 것이다. 데이터는 이 서버들에 분할될 것이며, 따라서 데이터를 찾아 서버 사이를 오락가락해야 할 수도 있다. 가능하다면, 탐색 오버헤드를 최소화하기 위해 어떤 데이터는 여러 서버에 복제해 둘 수도 있을 것이다. 이때 중요하게 따져봐야 할 제약조건은 SPOF[single-point-of-failure]를 없애는 것이다. 가령 어떤 하나의 서버가 모든 사용자 로그인을 처리한다면, 그 기계가 네트워크에서 사라질 경우 잠재적으로는 수백만 사용자의 접속이 불가능해질 것이다.

핵심 객체와 메서드는 무엇인가?

사용자, 대화 그리고 상태 정보 메시지 등의 개념이 시스템의 핵심 객체들을 구성할 것이다. 앞서 UserManagement 클래스를 구현했었다. 하지만 네트워킹에 관련된 문제들, 또는 다른 컴포넌트들을 좀 더 깊이 살펴본다면, UserManagement 대신 그런 객체들로 나누었을지도 모른다.

```
/* UserManager는 사용자와 관련된 핵심적 기능을 구현하는 장소이다. */
public class UserManager {
  private static UserManager instance;
  /* 사용자 id를 사용자에 대응시킨다 */
  private HashMap<Integer, User> usersById;

  /* 계정 이름을 사용자에 대응시킨다 */
  private HashMap<String, User> usersByAccountName;

  /* 사용자 id를 온라인 상태인 사용자에 대응시킨다 */
  private HashMap<Integer, User> onlineUsers;

  public static UserManager getInstance() {
    if (instance == null) instance = new UserManager();
    return instance;
  }

  public void addUser(User fromUser, String toAccountName) { ... }
  public void approveAddRequest(AddRequest req) { ... }
  public void rejectAddRequest(AddRequest req) { ... }
  public void userSignedOn(String accountName) { ... }
```

```
  public void userSignedOff(String accountName) { ... }
}
```

User 클래스의 메서드 receivedAddRequest는 사용자 B에게 사용자 A가 친구 승인을 요청했음을 알린다. 사용자 B는 그 요청을 승인하거나 거부할 수 있다(UserManager.approveAddRequest나 rejectAddRequest를 사용해서). 그리고 UserManager는 사용자를 다른 이의 연락처 목록에 추가하는 일을 처리한다.

UserManager는 AddRequest를 사용자 A가 처리해야 하는 요청 목록에 추가하기 위해 User 클래스의 sentAddRequest를 호출한다. 따라서 다음과 같은 흐름으로 처리가 이루어진다.

1. 사용자 A가 사용자 B에 대해 Add User 버튼을 클릭하면, 해당 요청은 서버로 날아간다.
2. 사용자 A가 requestAddUser(사용자 B)를 호출한다.
3. 이 메서드는 다시 UserManager.addUser를 호출한다.
4. UserManager는 사용자 A.sentAddRequest와 사용자 B.receiveAddRequest를 호출한다.

다시 말하지만 이것은 사용자 간 상호작용을 설계하는 한 가지 방법일 뿐이다. 유일한 방법도 아니고, 다른 좋은 방법이 없는 것도 아니다.

```
public class User {
  private int id;
  private UserStatus status = null;

  /* 상대방의 id를 채팅방에 대응시킨다 */
  private HashMap<Integer, PrivateChat> privateChats;

  /* 그룹 채팅 id를 그룹 채팅에 대응시킨다 */
  private ArrayList<GroupChat> groupChats;
```

```

    /* 다른 사용자의 id를 AddRequest 객체에 대응시킨다 */
    private HashMap<Integer, AddRequest> receivedAddRequests;

    /* 다른 사용자의 id를 AddRequest 객체에 대응시킨다 */
    private HashMap<Integer, AddRequest> sentAddRequests;

    /* 사용자 id를 사용자 객체에 대응시킨다 */
    private HashMap<Integer, User> contacts;

    private String accountName;
    private String fullName;

    public User(int id, String accountName, String fullName) { ... }
    public boolean sendMessageToUser(User to, String content){ ... }
    public boolean sendMessageToGroupChat(int id, String cnt){...}
    public void setStatus(UserStatus status) { ... }
    public UserStatus getStatus() { ... }
    public boolean addContact(User user) { ... }
    public void receivedAddRequest(AddRequest req) { ... }
    public void sentAddRequest(AddRequest req) { ... }
    public void removeAddRequest(AddRequest req) { ... }
    public void requestAddUser(String accountName) { ... }
    public void addConversation(PrivateChat conversation) { ... }
    public void addConversation(GroupChat conversation) { ... }
    public int getId() { ... }
    public String getAccountName() { ... }
    public String getFullName() { ... }
}
```

Conversation 클래스는 추상 클래스이다. 모든 Conversation은 반드시 GroupCat이거나 PrivateChat이어야 하며, 이들 클래스는 각기 고유한 기능을 갖기 때문.

```
public abstract class Conversation {
    protected ArrayList<User> participants;
    protected int id;
    protected ArrayList<Message> messages;

```

```java
  public ArrayList<Message> getMessages() { ... }
  public boolean addMessage(Message m) { ... }
  public int getId() { ... }
}

public class GroupChat extends Conversation {
  public void removeParticipant(User user) { ... }
  public void addParticipant(User user) { ... }
}

public class PrivateChat extends Conversation {
  public PrivateChat(User user1, User user2) { ... }
  public User getOtherParticipant(User primary) { ... }
}

public class Message {
  private String content;
  private Date date;
  public Message(String content, Date date) { ... }
  public String getContent() { ... }
  public Date getDate() { ... }
}
```

AddRequest와 UserStatus는 많은 기능을 갖지 않는 간단한 클래스다. 이 클래스들의 주된 목적은 다른 클래스들이 사용할 데이터를 한데 묶어 놓는 것이다.

```java
public class AddRequest {
  private User fromUser;
  private User toUser;
  private Date date;
  RequestStatus status;

  public AddRequest(User from, User to, Date date) { ... }
  public RequestStatus getStatus() { ... }
  public User getFromUser() { ... }
  public User getToUser() { ... }
  public Date getDate() { ... }
}

```

```
public class UserStatus {
  private String message;
  private UserStatusType type;
  public UserStatus(UserStatusType type, String message) { ... }
  public UserStatusType getStatusType() { ... }
  public String getMessage() { ... }
}

public enum UserStatusType {
  Offline, Away, Idle, Available, Busy
}

public enum RequestStatus {
  Unread, Read, Accepted, Rejected
}
```

이 책의 웹 사이트에서 코드를 내려 받아 보면 이 메서드들이 하는 일을 보다 상세히 살펴볼 수 있다. 지면상 생략한 메서드 내부 코드를 확인할 수 있을 것이다.

가장 풀기 어려운 문제는? (또는, 가장 흥미로운 문제는?)

다음과 같은 문제를 면접관과 좀 더 토론해 보면 흥미로울 것이다.

Q1: 어떤 사용자가 온라인인지 어떻게 알 수 있는가? 정말로 확실하게 알 수 있는가?

사용자가 로그아웃 할 때 시스템에 통보하도록 하는 방법을 쓴다고 해도 확실하게는 알 수 없다. 사용자의 인터넷 연결이 갑자기 죽은 경우도 있을 수 있지 않은가. 주기적으로 사용자의 상태를 확인하는 방법(ping)을 사용하면 정확성을 높일 수 있을 것이다.

Q2: 정보 불일치 문제는 어떻게 처리해야 하는가?

어떤 정보는 메모리에 있고, 어떤 정보는 데이터베이스에 있다고 하자. 그 정보들이 적절하게 동기화되지 않아 다른 상태가 된다면? 어느 쪽이 맞다고 보아야 하는가?

Q3: 서버의 규모확장성은 어떻게 확보해야 하나?

지금까지 채팅 서버를 설계하면서 규모확장성scalability에 대해서는 그다지 신경 쓰지 않았지만, 실제 상황에서는 중요한 문제다. 데이터를 여러 서버에 분할해서 저장해야 할 필요도 생길 것인데, 그러다 보면 분산된 정보 간 불일치 문제를 더 깊이 고민해 봐야 한다.

Q4: DoSDenial of Service 공격은 어떻게 막아야 하나?

클라이언트들이 서버로 데이터를 푸시push할 수 있는 상황이다. 클라이언트들이 DoS 공격을 시도하면 어떻게 되나? 어떻게 하면 그런 공격을 막을 수 있나?

8.8 오셀로 게임 규칙은 이러하다. 각 오셀로 말은 한쪽 면은 흰색으로, 다른 쪽 면은 검정색으로 칠해져 있다. 상대편 말에 왼쪽과 오른쪽, 또는 위 아래가 포위된 말은 색상을 뒤집어 상대편 말이 된 것으로 표시한다. 여러분 차례가 오면 여러분은 적어도 하나의 상대편 말을 획득해야 한다. 더 이상 가능한 수가 없는 상태에 도달하면 게임은 종료된다. 승자는 가장 많은 말을 획득한 사람이다. 이 게임을 객체 지향적으로 설계해 보라.

135쪽

해법

예제부터 살펴보자. 다음과 같이 말을 움직인다고 해 보자.

1. 검은 말 두 개와 흰 말 두 개를 중앙에 놓아 오셀로 게임을 초기화한다. 검정 말은 왼쪽 위, 그리고 오른쪽 아래 칸에 대각선으로 놓이도록 배치하고, 남은 두 자리에 흰색 말을 둔다.
2. 새로운 검정 말을 (6행, 4열)에 놓는다. 그러면 (5행, 4열)에 놓인 흰색 말이 검정 말로 바뀐다.

3. 새로운 흰색 말을 (4행, 3열)에 놓는다. 그러면 (4행, 4열)에 놓인 검정 말이 흰색 말로 바뀐다.

이렇게 움직이고 나면 게임은 다음과 같은 상태가 된다.

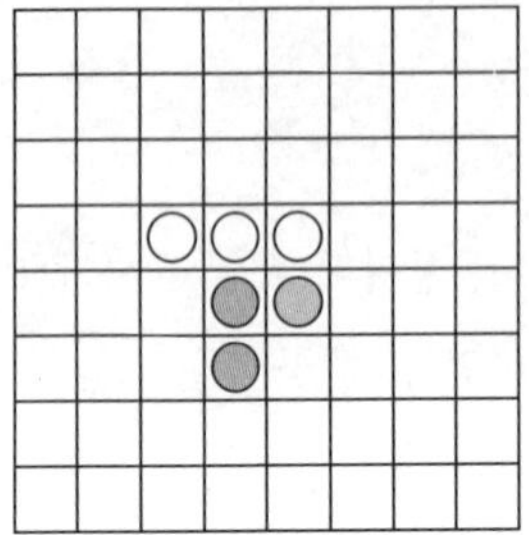

오델로 게임을 구성하는 핵심 객체는 아마도 게임, 게임판, 말(검정 또는 흰색), 그리고 게임 참여자 등이 될 것이다. 이들을 객체 지향적으로 우아하게 표현하려면 어떻게 하면 될까?

BlackPiece와 WhitePiece같은 클래스를 만들어야 하나?

처음에는 Piece라는 추상 클래스를 만든 다음에 그 클래스를 계승하여 BlackPiece나 WhitePiece 같은 클래스를 만들어야 하는 게 아닌가 하는 생각이 들 수도 있다. 하지만 좋은 생각은 아니다. 각각의 말은 자주 뒤집혀 그 색상이 수시로 변한다. 그러니 그런 클래스들을 만들면 계속 객체를 만들었다 지웠다 해야 할 텐데(사실은 같은 말임에도 불구하고) 현명한 방법은 아닐 것이다. 그냥 Piece라는 클래스를 두고, 그 안에 현재 색상을 나타내는 플래그를 두는 것이 낫다.

Board와 Game 클래스를 별도로 분리해야 하는가?

엄밀하게 말하자면 Game 객체와 Board 객체를 동시에 유지할 필요는 없다. 그러나 그 두 객체를 별도로 두게 되면 게임판(말을 배치하는 것과 관계된 코드만이 존재하는)과 게임(시간, 게임 흐름 등과 관계된 코드만 존재하는)

을 논리적으로 나눌 수 있게 된다. 단점은, 프로그램 내에 계층이 하나 더 생긴다는 것이다. Game의 메서드를 호출했는데, 그 호출이 바로 Board의 메서드 호출로 이어질 수도 있다. 여기서는 Game과 Board를 분리하는 쪽을 택했지만, 여러분은 면접관과 그 문제를 상의해 봐야 한다.

누가 점수를 관리하나?

흰색 말의 개수와 검정 말의 개수를 관리할 수단이 필요하다는 것은 분명하다. 그런데 그 정보를 누가 보관해야 하는가? Game이나 Board에 보관해야 한다는 주장이 압도적일 것이고, Piece의 static 메서드를 통해 저장해야 한다는 주장도 나올 수 있다. 여기서는 Board가 해당 정보를 관리하도록 했는데, 게임판과 논리적으로 묶어놓을 수 있기 때문이다. 점수는 Piece나 Board가 Board에 정의된 colorChanged나 colorAdded 메서드를 호출하면 갱신된다.

Game은 싱글톤 클래스가 되어야 하는가?

Game을 싱글톤 클래스로 만들면 Game 객체에 대한 참조를 이리저리 전달하지 않고서도 Game의 메서드를 아무나 호출할 수 있게 된다는 점에서 좋다.

그런데 Game을 싱글톤으로 정의하면 오직 하나의 Game 객체만 존재할 수 있게 된다. 이렇게 가정해도 좋은가? 이에 대해서는 면접관과 상의해 봐야 한다.

가능한 설계안 중 하나를 아래에 보였다.

```
public enum Direction {
  left, right, up, down
}

public enum Color {
  White, Black
}

public class Game {
  private Player[] players;
```

```
  private static Game instance;
  private Board board;
  private final int ROWS = 10;
  private final int COLUMNS = 10;

  private Game() {
    board = new Board(ROWS, COLUMNS);
    players = new Player[2];
    players[0] = new Player(Color.Black);
    players[1] = new Player(Color.White);
  }

  public static Game getInstance() {
    if (instance == null) instance = new Game();
    return instance;
  }

  public Board getBoard() {
    return board;
  }
}
```

Board 클래스는 실제 말들을 관리한다. 게임 진행에는 관여하지 않는다. 그에 관계된 사항은 Game 클래스에서 처리하도록 한다.

```
public class Board {
  private int blackCount = 0;
  private int whiteCount = 0;
  private Piece[][] board;

  public Board(int rows, int columns) {
    board = new Piece[rows][columns];
  }

  public void initialize() {
    /* 중앙에 검정 말과 흰색 말을 놓아 초기화한다. */
  }

  /* (행 row, 열 column)에 색상이 color인 말을 배치한다.
  * 작업이 잘 끝나면 true를 반환한다. */
```

```
  public boolean placeColor(int row, int column, Color color) {
    ...
  }

  /* (행 row, 열 column)부터 시작해서 d 방향으로 진행하면서
  * 말들을 뒤집어 색상을 바꾼다. */
  private int flipSection(int row, int column, Color color,
  Direction d) { ... }

  public int getScoreForColor(Color c) {
    if (c == Color.Black) return blackCount;
    else return whiteCount;
  }

  /* 색상 color를 갖는 새로운 말들을 newPieces개 만큼 더 놓아
  * 게임판을 갱신한다. 반대되는 색상에 해당하는 점수는 감소시킨다. */
    public void updateScore(Color newColor, int newPieces) { ... }
}
```

앞서 설명한 대로, 검정 말이건 흰색 말이건 상관없이 Pieces 클래스로 구현한다. 이 클래스는 현재 검정인 상태인지 흰색인 상태인지를 구별하는 Color 타입의 변수를 멤버로 갖는다.

```
public class Piece {
  private Color color;
  public Piece(Color c) { color = c; }

  public void flip() {
    if (color == Color.Black) color = Color.White;
    else color = Color.Black;
  }

  public Color getColor() { return color; }
}
```

Player에는 아주 제한된 양의 정보만 보관한다. 심지어 자기 점수조차 보관하지 않는다. 하지만 점수를 알아내기 위해 호출할 수 있는 메서드는 정의

되어 있다. Player.getScore()는 GameManager의 메서드를 호출하여 반환할 점수를 알아낸다.

```
public class Player {
  private Color color;
  public Player(Color c) { color = c; }

  public int getScore() { ... }

  public boolean playPiece(int r, int c) {
    return Game.getInstance().getBoard().placeColor(r, c, color);
  }

  public Color getColor() { return color; }
}
```

이 책의 웹사이트에 가면 자동으로 실행되는 완전한 소스 코드를 다운받을 수 있다.

대체적으로 '왜' 그렇게 했느냐가 '무엇을' 했느냐보다 더 중요하다는 것을 기억하도록 하자. 면접관은 Game을 싱글톤으로 구현했는지의 여부에는 그다지 신경 쓰지 않을 것이다. 하지만 그에 관해 생각하고 장단점에 대해 토론했는지의 여부에는 신경을 쓸 것이다.

8.9 메모리 상주형 파일 시스템in-memory file system**을 구현하기 위한 자료구조와 알고리즘에 대해 설명해 보라. 가능하다면 코드 예제를 들어 설명하도록 하라.**

136쪽

해법

많은 지원자들은 이런 문제를 받으면 바로 정신을 잃을 것이다. 파일 시스템은 너무 저수준low level으로 보이니까 말이다.

하지만 그럴 필요 없다. 파일 시스템을 구성하는 컴포넌트들에 관해 생각해보면, 다른 객체 지향 설계 문제들과 마찬가지로 공략해 나갈 수 있게 될 것이다.

파일 시스템은, 가장 단순한 형태로 생각해보면 File과 Directory 들로 구성된다. 각 Directory에는 일군의 File과 Directory 들이 있다. File과 Directory에는 공통적인 속성이 너무 많으므로, 여기서는 그런 공통 속성들을 Entry라는 상위 클래스에 구현해 두도록 할 것이다.

```
public abstract class Entry {
  protected Directory parent;
  protected long created;
  protected long lastUpdated;
  protected long lastAccessed;
  protected String name;

  public Entry(String n, Directory p) {
    name = n;
    parent = p;
    created = System.currentTimeMillis();
    lastUpdated = System.currentTimeMillis();
    lastAccessed = System.currentTimeMillis();
  }

  public boolean delete() {
    if (parent == null) return false;
    return parent.deleteEntry(this);
  }

  public abstract int size();

  public String getFullPath() {
    if (parent == null) return name;
    else return parent.getFullPath() + "/" + name;
  }

  /* Getters and setters. */
  public long getCreationTime() { return created; }
  public long getLastUpdatedTime() { return lastUpdated; }
  public long getLastAccessedTime() { return lastAccessed; }
  public void changeName(String n) { name = n; }
```

```
  public String getName() { return name; }
}

public class File extends Entry {
  private String content;
  private int size;

  public File(String n, Directory p, int sz) {
    super(n, p);
    size = sz;
  }

  public int size() { return size; }
  public String getContents() { return content; }
  public void setContents(String c) { content = c; }
}

public class Directory extends Entry {
  protected ArrayList<Entry> contents;

  public Directory(String n, Directory p) {
    super(n, p);
    contents = new ArrayList<Entry>();
  }

  public int size() {
    int size = 0;
    for (Entry e : contents) {
      size += e.size();
    }
    return size;
  }

  public int numberOfFiles() {
    int count = 0;
    for (Entry e : contents) {
      if (e instanceof Directory) {
        count++; // Directory counts as a file
        Directory d = (Directory) e;
        count += d.numberOfFiles();
      } else if (e instanceof File) {
        count++;
      }
```

```
    }
    return count;
  }

  public boolean deleteEntry(Entry entry) {
    return contents.remove(entry);
  }

  public void addEntry(Entry entry) {
    contents.add(entry);
  }

  protected ArrayList<Entry> getContents() { return contents; }
}
```

이렇게 하는 대신 Directory에 파일과 하위 디렉터리의 리스트를 둘 수도 있었을 것이다. 그렇게 하면 numberOfFiles() 메서드는 한결 간결해진다. instanceof 연산자를 사용할 필요가 없어지기 때문. 하지만 그렇게 하면 파일과 디렉터리를 날짜나 이름순으로 깔끔하게 정렬할 수가 없게 된다.

8.10 체인(chain. 즉 연결 리스트)을 사용해 충돌을 해결하는 해시 테이블을 설계하고 구현하라.

136쪽

해법

Hash〈K, V〉와 같은 해시 테이블을 구현한다고 해보자. 즉, 이 해시 테이블은 타입 K의 객체를 타입 V 객체에 대응시킨다.

우선, 다음과 같은 자료구조를 생각해 볼 수 있다.

```
public class Hash<K, V> {
  LinkedList<V>[] items;
  public void put(K key, V value) { ... }
  public V get(K key) { ... }
}
```

items는 연결 리스트의 배열이며, items[i]는 첨자 i에 대응되는 키를 갖는 모든 객체(다시 말해, i에서 충돌collision하는 모든 객체)의 연결 리스트라는 점에 유의하자.

충돌 문제를 깊이 고찰하기 전에는, 이렇게 해도 돌아갈 거라고 생각하기 쉽다.

문자열의 길이를 활용하는 간단한 해시 함수를 이용한다고 해보자.

```
public int hashCodeOfKey(K key) {
  return key.toString().length() % items.length;
}
```

이렇게 하면 jim과 bob 두 키는 실제로는 다른 키이지만 전부 배열 내의 같은 첨자에 대응된다. 따라서 어떤 키에 대응되는 실제 객체를 찾기 위해서는 연결 리스트를 검색해야 한다. 그런데 대관절 어떻게? 연결 리스트에 보관한 것이 키가 아니라 그에 대응되는 값임에 유의하자.

그러므로 우리는 키와 값을 함께 저장해야 한다.

이를 처리하는 방법 하나는 Cell이라는 또 다른 클래스를 정의하여, 해당 객체 내에 키와 값을 보관해 두는 것이다. 따라서 Cell 타입의 연결 리스트를 사용하여 구현해야 한다.

그렇게 구현한 코드를 아래에 보였다.

```
public class Hash<K, V> {
  private final int MAX_SIZE = 10;
  LinkedList<Cell<K, V>>[] items;

  public Hash() {
    items = (LinkedList<Cell<K, V>>[]) new LinkedList[MAX_SIZE];
  }

  /* 정말 멍청한 해시 함수. */
  public int hashCodeOfKey(K key) {
    return key.toString().length() % items.length;
```

```
  }

  public void put(K key, V value) {
    int x = hashCodeOfKey(key);
    if (items[x] == null) {
      items[x] = new LinkedList<Cell<K, V>>();
    }

    LinkedList<Cell<K, V>> collided = items[x];

    /* 같은 키를 갖는 항목이 있으면 대체 */
    for (Cell<K, V> c : collided) {
      if (c.equivalent(key)) {
        collided.remove(c);
        break;
      }
    }

    Cell<K, V> cell = new Cell<K, V>(key, value);
    collided.add(cell);
  }

  public V get(K key) {
    int x = hashCodeOfKey(key);
    if (items[x] == null) {
      return null;
    }
    LinkedList<Cell<K, V>> collided = items[x];
    for (Cell<K, V> c : collided) {
      if (c.equivalent(key)) {
        return c.getValue();
      }
    }

    return null;
  }
}
```

Cell 클래스는 데이터 값과 그 키의 쌍을 보관한다. 이 클래스를 사용하면 충돌로 생긴 연결 리스트를 탐색하여 같은 키 값을 갖는 객체를 찾는 것이 가능해진다.

```java
public class Cell<K, V> {
  private K key;
  private V value;
  public Cell(K k, V v) {
    key = k;
    value = v;
  }

  public boolean equivalent(Cell<K, V> c) {
    return equivalent(c.getKey());
  }

  public boolean equivalent(K k) {
    return key.equals(k);
  }

  public K getKey() { return key; }
  public V getValue() { return value; }
}
```

해시 테이블 구현 방법 중 널리 사용되는 것 한 가지는 이진 탐색 트리를 하위 자료구조로 쓰는 것이다. 항목을 찾는데 O(1) 시간이면 된다(기술적으로는 충돌이 많을 경우 O(1)을 보장 못한다). 하지만 그렇게 할 경우 항목들을 보관할 배열을 불필요할 정도로 크게 잡을 수 없게 된다.

09
재귀와 동적 프로그래밍 해법

9.1 n개의 계단을 아이가 오른다. 한 번에 1계단 오르기도 하고, 2계단이나 3계단씩 오르기도 한다. 계단을 오르는 데 몇 가지 방법이 있는지 계산하는 메서드를 구현하라.

140쪽

해법

하향식top-down 접근법을 적용할 수 있는 문제다. n번째 계단에 도달하는 방법을 생각해 보자. n-1번째 계단에서 한 계단 더 올라 n번째 계단에 도달했을 수도 있고, n-2번째 계단에서 두 계단을 뛰어 n번째 계단에 도달했을 수도 있고, n-3번째 계단에서 세 계단을 한 번에 뛰어 n번째 계단에 도달했을 수도 있다. 그러므로 마지막 계단에 오르는 방법의 가짓수는 그 전 세 계단에 도착하는 경우의 수를 전부 더한 것이다.

간단히 구현해 보면 다음과 같다.

```
public int countWays(int n) {
  if (n < 0) {
    return 0;
  } else if (n == 0) {
    return 1;
  } else {
    return countWays(n - 1) + countWays(n - 2) +
    countWays(n - 3);
  }
}
```

피보나치 수열 문제와 마찬가지로, 이 알고리즘의 수행 시간은 지수적으로 증가한다(좀 더 구체적으로 말하자면, $O(3^N)$이다). 한 번 countWays를 호출할 때마다 세 번의 추가 호출이 이루어지기 때문이다. 이를 따져보면 같은 수에 대해서 countWays가 불필요하게 중복 호출되는 경우가 있음을 발견하게 된다. 동적 프로그래밍 기법을 사용해 이 문제를 수정할 수 있다.

```
public static int countWaysDP(int n, int[] map) {
  if (n < 0) {
     return 0;
  } else if (n == 0) {
     return 1;
  } else if (map[n] > -1) {
    return map[n];
  } else {
    map[n] = countWaysDP(n - 1, map) +
             countWaysDP(n - 2, map) +
             countWaysDP(n - 3, map);
    return map[n];
  }
}
```

동적 프로그래밍 기법을 사용하느냐의 여부와는 관계없이, 가능한 경우의 수는 정수로 표현할 수 있는 범위를 금방 훌쩍 넘어선다. n=37이 되면 계산 결과는 벌써 오버플로overflow 되었을 것이다. long 타입을 사용하면 문제가 발생하는 시점을 늦출 수 있긴 하지만, 이 문제를 완벽히 해결하지는 못한다.

9.2 **X×Y 그리드의 왼쪽 상단 꼭짓점에 로봇이 놓여 있다. 이 로봇은 오른쪽 아니면 아래쪽으로만 이동할 수 있다. 로봇이 (0, 0)에서 (X, Y)로 이동하는 데 있어 가능한 경로는 모두 몇 개가 있겠는가?**

▶ **변형된 문제**

그리드상의 어떤 지점으로는 로봇 운행이 불가능하다고 해보자. 그런 그리드가 주어졌을 때, 왼쪽 상단 꼭짓점에서 우측 하단 꼭짓점으로 로봇을 이동시키는 가능한 경로 중 하나를 찾는 알고리즘을 설계하라.

140쪽

해법

X번 오른쪽으로, 그리고 Y번 아래쪽으로 진행하여 만들 수 있는 모든 경로의 수를 세야 한다. 이 경로는 X+Y개의 이동 단계로 구성된다.

경로 하나를 만들려면, X+Y번 이동하는 가운데 X번은 오른쪽으로 움직이도록 해야 한다. 그러므로, 전체 경로의 수는 X+Y 가운데 X의 항목을 뽑는 경우의 수와 같다. 이 경우의 수는 다음의 이항식 (즉, 'n에서 r개를 뽑는 조합')으로 나타낼 수 있다.

$$\binom{n}{r} = \frac{n!}{(n-r)!r!}$$

그러므로 이 문제에서 구하는 경로의 개수는 다음과 같이 표현된다.

$$\binom{X+Y}{X} = \frac{(X+Y)!}{X!\,Y!}$$

위의 이항식에 대해 모른다고 하더라도 이 문제를 어떻게 풀어야 하는지는 유도해 낼 수 있다.

각 경로를 X개의 R과 Y개의 D로 구성된 문자열이라고 하자(길이는 X+Y). X+Y개의 유일한 문자로 구성된 문자열의 경우, 우리가 만들 수 있는 모든 문자열의 개수는 (X+Y)!라는 것을 우리는 알고 있다. 하지만 이 경우 X개의 문자는 R이고 Y개는 D이다. X개의 R을 배열하는 방법은 X!개 있는데, 문제는 이 모두가 같은 문자열이라는 것. Y개의 D도 마찬가지다. 그러므로 우리는 (X+Y)!를 X!와 Y!로 나누어야 한다. 그러면 위와 똑같은 다음의 수식을 얻는다.

$$\frac{(X+Y)!}{X!\,Y!}$$

변형된 문제: 운행이 불가능한 지점을 제외한 경로 구하기

이 그리드를 그려보면, (X, Y)로 가려면 결국 (X-1, Y) 또는 (X, Y-1)로 먼저

가는 수밖에 없다는 것을 알게 된다. 그러니 (X-1, Y)나 (X, Y-1)로 가는 경로를 찾아야 한다.

이 두 점으로 가는 경로는 어떻게 구하나? (X-1, Y)나 (X, Y-1)로 가는 경로를 찾으려면 우선 그 인접 지점으로 이동해야 한다. (X-1, Y)로 가는 경로의 경우, 그 인접 지점 (X-2, Y), (X-1, Y-1)로 가는 경로를 먼저 구하면 구할 수 있다는 뜻. (X, Y-1)로 가는 경로의 경우에는 (X-1, Y-1)과 (X, Y-2)가 될 것이다. (X-1, Y-1)이 두 번 언급되었다는 것에 유의하자. 이 문제에 대해서는 나중에 다룰 것이다.

그러니 출발점에서 목적지에 이르는 경로를 찾기 위해서는 목적지부터 거꾸로 찾아 나가면 된다. 목적지로부터 시작해서, 인접 지점 각각으로 가는 경로를 찾아 나간다. 이 알고리즘을 재귀적으로 구현한 코드를 아래에 보였다.

```
public static boolean getPath(int x, int y, ArrayList path) {
  Point p = new Point(x, y);
  if (x == 0 && y == 0) {
    return true; // 경로 찾음
  }
  boolean success = false;
  if (x >= 1 && isFree(x - 1, y)) { // 왼쪽 시도
    success = getPath(x - 1, y, path); // 비어 있으므로 왼쪽으로 감
  }
  if (!success && y >= 1 && isFree(x, y - 1)) { // 위쪽 시도
    success = getPath(x, y - 1, path); // 비어 있으므로 위쪽으로 감
  }
  if (success) {
    path.add(p); // 올바른 길이므로 경로에 추가.
  }
  return success;
}
```

앞서 경로 중복 문제가 발생할 수 있음을 언급했었다. (X, Y)로 가는 모든 경로를 찾으려면 (X-1, Y)와 (X, Y-1)로 가는 모든 경로를 찾으면 된다. (X-1, Y)로 가는 모든 경로와 (X, Y-1)로 가는 모든 경로는 다시 (X-2, Y), (X-1,

Y-1), (X-1, Y-1), (X, Y-2)로 가는 경로를 찾으면 구할 수 있다. 그런데 여기서 (X-1, Y-1)은 두 번 등장한다. 쓸데 없는 탐색을 하게 된다는 뜻이다. 이미 (X-1, Y-1)을 검토했다는 사실을 기억해 두면 시간 낭비를 없앨 수 있을 것이다.

이 점에 착안하여 동적 프로그래밍 알고리즘을 적용한 결과를 아래에 보였다.

```
public static boolean getPath(int x, int y, ArrayList path,
                              Hashtable cache) {
  Point p = new Point(x, y);
  if (cache.containsKey(p)) { // 이미 방문한 셀
    return cache.get(p);
  }
  if (x == 0 && y == 0) {
    return true; // 경로 찾음
  }
  boolean success = false;
  if (x >= 1 && isFree(x - 1, y)) { // 왼쪽 시도
    success = getPath(x - 1, y, path, cache); // 비어 있으므로 왼쪽으로 감
  }
  if (!success && y >= 1 && isFree(x, y - 1)) { // 위쪽 시도
    success = getPath(x, y - 1, path, cache); // 비어 있으므로 위쪽으로 감
  }
  if (success) {
    path.add(p); // 올바른 길이므로 경로에 추가
  }
  cache.put(p, success); // 결과를 캐시에 반영
  return success;
}
```

원래 코드를 간단히 수정한 것뿐인데, 실행 속도는 충분히 빨라진다.

9.3 배열 A[0 … n-1]에서 A[i]=i인 인덱스 i를 마술 인덱스magic index라 정의하자. 정렬된 상태의 배열이 주어졌을 때, 마술 인덱스가 존재한다면 그 값을 찾는 메서드를 작성하라. 배열 안에 중복된 값은 없다.

▶ **변형된 문제**

배열에 저장되는 값에 중복이 있다면 어떻게 풀 수 있겠는가?

141쪽

해법

아마 이 문제를 보면 무식한brute-force 방법 하나가 바로 머릿속에 떠오를 것이다. 그리고 그 방법을 언급한다 해서 부끄러워할 것도 없다. 이 방법은, 배열을 순회하면서 조건에 맞는 원소를 찾아 반환하는 방법이다.

```
public static int magicSlow(int[] array) {
  for (int i = 0; i < array.length; i++) {
    if (array[i] == i) {
      return i;
    }
  }
  return -1;
}
```

그런데 배열이 정렬된 상태로 주어진다는 언급이 있으니만큼, 그 조건을 이용하면 좋을 것이다.

이 문제는 고전적인 이진 탐색 문제인 것처럼 보인다. 패턴 매칭 접근법을 사용해 알고리즘을 설계한다고 하면, 이진 탐색은 어떻게 적용하면 좋을까?

이진 탐색에서 원소 k를 찾을 때에는 우선 가운데 지점의 원소 x와 값을 비교하여 k가 x의 왼쪽에 있는지 오른쪽에 있는지 알아보는 방법을 계속 반복 적용하게 된다.

이 방법으로부터 알고리즘을 만들어 나간다고 하면, '마술 인덱스'가 어디 있는지를 가운데 지점 원소를 보고 알아낼 수 있을까? 아래의 배열 예제를 보자.

-40	-20	-1	1	2	3	5	7	9	12	13
0	1	2	3	4	5	6	7	8	9	10

가운데 원소를 보면 A[5] = 3이니까, 마술 인덱스는 그 오른쪽에 있음을 알 수 있다. A[mid] < mid이기 때문.

그런데 정말 왼쪽 부분에는 있을 수 없는 것일까? i에서 i - 1로 움직인다 해 보자. i - 1 자리에 있는 배열 원소 값은 적어도 1만큼 감소할 것이다(배열이 정렬되어 있고, 모든 원소는 서로 다른 값을 가지니까). 그러므로 가운데 원소의 값이 이미 마술 인덱스가 되기에 작다면, k만큼 왼쪽으로 진행할 경우 그 위치의 배열 원소 값은 적어도 k만큼 작아지므로, 결국 마술 인덱스가 되기에는 너무 작은 값들이 되어버린다.

이 방법을 재귀 알고리즘에 적용하면 이진 탐색과 아주 유사한 코드가 만들어진다.

```java
public static int magicFast(int[] array, int start, int end) {
  if (end < start || start < 0 || end >= array.length) {
    return -1;
  }
  int mid = (start + end) / 2;
  if (array[mid] == mid) {
    return mid;
  } else if (array[mid] > mid){
    return magicFast(array, start, mid - 1);
  } else {
    return magicFast(array, mid + 1, end);
  }
}

public static int magicFast(int[] array) {
  return magicFast(array, 0, array.length - 1);
}
```

변형된 문제: 원소들이 서로 다른 값을 갖는다는 조건이 없다면?

위의 알고리즘은 원소들이 서로 다른 값을 갖는다는 조건을 보장할 수 없으면 정상적으로 동작하지 않는다. 다음의 배열을 보자.

-10	-5	2	2	2	3	4	7	9	12	13
0	1	2	3	4	5	6	7	8	9	10

A[mid] < mid인 상태에서도, 어느 쪽에 마술 인덱스가 위치할지를 결정할 수 없다. 오른쪽에 있을 수 있다는 것은 전과 마찬가지. 하지만 왼쪽에도 있을 수 있다는 것이 문제다(사실 왼쪽에 있다).

왼쪽 어디에나 있을 수 있나? 그렇지는 않다. A[5] = 3이므로, A[4]는 마술 인덱스일 리가 없다. 마술 인덱스가 되려면 A[4] = 4여야 하는데, A[4]의 값은 A[5]보다는 같거나 작아야 한다.

사실, A[5] = 3임을 확인하고 나면 그 오른쪽 부분은 종전과 같이 재귀적으로 탐색해 나가면 된다. 그러나 왼쪽을 탐색할 때에는, 생략해도 되는 원소들은 건너뛰고 A[0]부터 A[3]까지만 재귀적 탐색이 진행되도록 해야 한다. 여기서 A[3]은 마술 인덱스일 가능성이 있는 첫 번째 원소이다.

여기서 발견할 수 있는 일반적 패턴은 midIndex와 midValue가 같은지부터 우선적으로 검사해야 한다는 것이다. 그런 다음, 같지 않을 경우 다음 규칙에 따라 midIndex 왼쪽과 오른쪽을 재귀적으로 탐색해 나간다.

- 왼쪽: start부터 Math.min(midIndex - 1, midValue)까지 탐색
- 오른쪽: Math.max(midIndex + 1, midValue)부터 end까지 탐색.

이 알고리즘을 구현한 코드를 아래에 보였다.

```
public static int magicFast(int[] array, int start, int end) {
  if (end < start || start < 0 || end >= array.length) {
    return -1;
  }
  int midIndex = (start + end) / 2;
  int midValue = array[midIndex];
  if (midValue == midIndex) {
    return midIndex;
  }
```

```

  /* 왼쪽 탐색 */
  int leftIndex = Math.min(midIndex - 1, midValue);
  int left = magicFast(array, start, leftIndex);
  if (left >= 0) {
    return left;
  }

  /* 오른쪽 탐색 */
  int rightIndex = Math.max(midIndex + 1, midValue);
  int right = magicFast(array, rightIndex, end);

  return right;
}

public static int magicFast(int[] array) {
  return magicFast(array, 0, array.length - 1);
}
```

위의 코드는 모든 원소가 전부 다른 값을 갖는 경우 첫 번째 해답과 거의 동일하게 동작한다는 점에 유의하도록 하자.

9.4 주어진 집합의 모든 부분집합을 찾는 메서드를 작성하라.

141쪽

해법

우선 시간과 공간 복잡도가 얼마나 될 것인지에 대한 적절한 예상치를 구해야 한다. 한 집합의 부분집합 개수는 얼마나 되나? 부분집합을 생성할 때, 각 원소가 그 부분집합에 속하는지의 여부를 결정해야 한다는 데 착안하면 구할 수 있다. 다시 말해, 첫 번째 원소의 경우, 둘 중 하나다. 그 집합에 속하든지, 아니면 속하지 않든지. 두 번째 원소의 경우도 마찬가지다. 따라서 $\{2*2*\cdots\}$를 2^n번 해야 하므로 2^n개의 부분집합이 존재한다는 결론을 얻을 수 있다. 따라서 시간 복잡도나 공간 복잡도 측면에서 $O(2^n)$보다 더 잘 할 수는 없다.

$\{a_1, a_2, \cdots, a_n\}$의 부분집합들은 멱집합powerset이라 부르며, $P(\{a_1, a_2, \cdots, a_n\})$ 혹은 $P(n)$과 같이 표기한다.

해법 #1: 재귀

이 문제는 '초기 사례로부터의 확장' 접근법을 적용하기 좋은 문제이다. $S = \{a_1, a_2, \cdots, a_n\}$의 모든 부분집합을 구한다고 하자. 다음의 초기 조건으로부터 시작할 수 있다.

초기 사례: n=0

이 집합의 부분집합은 공집합 {} 하나뿐이다.

사례: n=1

집합 $\{a_1\}$의 부분집합은 두 개다. {}, $\{a_1\}$

사례: n=2

집합 $\{a_1, a_2\}$의 부분집합은 다음 네 개다. {}, $\{a_1\}$, $\{a_2\}$, $\{a_1, a_2\}$

사례: n=3

여기부터 재미있어진다. n=3에 대한 답을 앞선 두 사례에 대한 답을 사용하여 만들어 보자.

n=3에 대한 답과 n=2에 대한 답의 차이는 무엇인가? 좀 더 깊이 들어가 보자.

$P(2) = \{\}, \{a_1\}, \{a_2\}, \{a_1, a_2\}$

$P(3) = \{\}, \{a_1\}, \{a_2\}, \{a_3\}, \{a_1, a_2\}, \{a_1, a_3\}, \{a_2, a_3\}, \{a_1, a_2, a_3\}$

이 두 해답 간의 차이는, P(2)에는 a_3이 존재하는 부분집합이 없다는 것이다.

$P(3) - P(2) = \{a_3\}, \{a_1, a_3\}, \{a_2, a_3\}, \{a_1, a_2, a_3\}$

P(2)를 사용하여 P(3)을 만들어 내려면 어떻게 하면 되겠는가? P(2)에 있

는 부분집합들을 복사해 넣은 다음에 a3을 추가해 넣는 것이다.

$P(2) = \{\}, \{a_1\}, \{a_2\}, \{a_1, a_2\}$

$P(2) + a_3 = \{a_3\}, \{a_1, a_3\}, \{a_2, a_3\}, \{a_1, a_2, a_3\}$

그런 다음 이 둘을 합하면 P(3)을 얻는다.

사례: n > 0

방금 살펴본 사례들을 간단히 일반화하면 P(n)를 생성하는 일반적 알고리즘을 얻는다. 즉, P(n-1)을 계산한 다음, 그 결과를 복제하고 복제된 부분집합 각각에 a_n을 추가하는 것이다.

이 알고리즘을 구현한 코드를 아래에 보였다.

```
ArrayList<ArrayList<Integer>> getSubsets(ArrayList<Integer> set,
int index) {
  ArrayList<ArrayList<Integer>> allsubsets;
  if (set.size() == index) { // 초기 사례 - 공집합 추가
    allsubsets = new ArrayList<ArrayList<Integer>>();
    allsubsets.add(new ArrayList<Integer>()); // 공집합
  } else {
    allsubsets = getSubsets(set, index + 1);
    int item = set.get(index);
    ArrayList<ArrayList<Integer>> moresubsets =
    new ArrayList<ArrayList<Integer>>();
    for (ArrayList<Integer> subset : allsubsets) {
      ArrayList<Integer> newsubset = new ArrayList<Integer>();
      newsubset.addAll(subset); //
      newsubset.add(item);
      moresubsets.add(newsubset);
    }
    allsubsets.addAll(moresubsets);
  }
  return allsubsets;
}
```

이 알고리즘의 시간 및 공간 복잡도는 $O(2^n)$으로, 우리가 할 수 있는 최선이다.

해법 #2: 조합론combinatorics

방금 살펴본 해법에 잘못된 부분은 없지만, 또 다른 접근법이 있음은 언급해야겠다.

앞서, 집합을 생성할 때 원소 각각에 대해 (1) 집합에 속하는지 (2) 아니면 속하지 않는지, 두 가지 가운데 한 가지 결정을 내리게 됨을 언급했었다. 집합에 속하는 상태를 YES 상태라고 하고 속하지 않는 상태를 NO 상태라고 한다면, 각 부분집합은 일련의 YES와 NO로 표현될 수 있다. 즉, {a1, a2, a5}는 YES, YES, NO, NO, YES, NO로 표현될 수 있다.

이렇게 하면 2^n개의 모든 가능한 부분집합을 구할 수 있다. 그런데 모든 원소에 대해서, 가능한 모든 YES/NO 순열은 어떻게 만들어낼 수 있는가? 만일 각각의 YES를 1로, 그리고 각각의 NO를 0으로 표현한다면, 각 부분집합은 이진 문자열로 표현 가능하다.

그러므로 모든 부분집합을 만들어 내는 것은 사실 모든 이진수(그러니까, 모든 정수)를 만들어 내는 문제가 되어 버린다. 따라서 1부터 2^n까지의 모든 정수의 이진 표현을 집합으로 변환하기만 하면 된다. 간단하다!

```
ArrayList<ArrayList<Integer>> getSubsets2(ArrayList<Integer> set) {
  ArrayList<ArrayList<Integer>> allsubsets =
  new ArrayList<ArrayList<Integer>>();
  int max = 1 << set.size(); /* 2^n 계산 */
  for (int k = 0; k < max; k++) {
    ArrayList<Integer> subset = convertIntToSet(k, set);
    allsubsets.add(subset);
  }
  return allsubsets;
}

ArrayList<Integer> convertIntToSet(int x, ArrayList<Integer> set) {
  ArrayList<Integer> subset = new ArrayList<Integer>();
  int index = 0;
```

```
    for (int k = x; k > 0; k >>= 1) {
      if ((k & 1) == 1) {
        subset.add(set.get(index));
      }
      index++;
    }
    return subset;
  }
```

이 해법은 앞서 살펴본 해법과 비교해 특별히 더 좋거나 나쁘지는 않다.

9.5 중복된 문자가 없는 문자열의 모든 순열permutation을 찾는 메서드를 작성하라.

141쪽

해법

많은 재귀 문제와 마찬가지로, 초기 사례로부터의 확장 접근법을 사용하면 좋을 것 같다. 문자 $a_1a_2...a_n$로 표현된 문자열 S가 있다고 하자.

초기 사례: n = 1

S = a_1으로 만들 수 있는 순열은 문자열 a_1뿐이다.

사례: n = 2

S = a_1a_2로부터 생성할 수 있는 순열은 문자열 a_1a_2와 a_2a_1이다.

사례: n = 3

여기서부터 재미있어진다. $a_1a_2a_3$의 모든 순열을 a_1a_2로부터 만든 순열에서 얻어내려면 어떻게 해야 되겠는가? 다시 말해,

a_1a_2, a_2a_1

이 주어졌을 때,

$a_1a_2a_3$, $a_1a_3a_2$, $a_2a_1a_3$, $a_2a_3a_1$, $a_3a_1a_2$, $a_3a_2a_1$

위의 순열을 어떻게 얻어 내겠냐는 것이다.

이 두 리스트의 차이는, 첫 리스트에는 a_3이 없지만 두 번째 리스트에는 있다는 것. 그렇다면 f(2)로부터 f(3)을 만들어 내려면? f(2)에 포함된 문자열 내의 모든 가능한 지점에 a_3을 삽입하면 될 것이다.

사례: n > 0

일반적인 경우에 대해서도 위의 절차를 반복하면 된다. f(n-1)을 푼 다음에, 그 결과로 만들어진 문자열의 모든 가능한 지점에 a_n을 삽입하면 될 것이다.

이를 구현한 코드를 아래에 보였다.

```
public static ArrayList<String> getPerms(String str) {
  if (str == null) {
    return null;
  }
  ArrayList<String> permutations = new ArrayList<String>();
  if (str.length() == 0) { // 초기 사례
    permutations.add("");
    return permutations;
  }

  char first = str.charAt(0); // 첫 문자를 가져옴
  String remainder = str.substring(1); // 해당 문자 제거
  ArrayList<String> words = getPerms(remainder);
  for (String word : words) {
    for (int j = 0; j <= word.length(); j++) {
      String s = insertCharAt(word, first, j);
      permutations.add(s);
    }
  }
  return permutations;
}

public static String insertCharAt(String word, char c, int i) {
  String start = word.substring(0, i);
```

```
  String end = word.substring(i);
  return start + c + end;
}
```

이 해답의 수행시간은 O(n!)이다. n!개의 순열이 존재하기 때문이다. 따라서 이보다 더 나은 방법은 없다.

9.6 n이 주어졌을 때, n-쌍의 괄호로 만들 수 있는 모든 합당한 조합(괄호가 적절히 열리고 닫힌)을 출력하는 알고리즘을 구현하라.

– 예

입력: 3

출력: ((())), (()()), (())(), ()(()), ()()()

141쪽

해법

우선 생각해 볼 수 있는 해법은 f(n-1)의 결과로 만들어 낸 괄호 쌍에 새로운 괄호 쌍을 더하는 재귀적인 접근법일 것 같다. 분명 좋은 생각이다.

n=3에 대한 해답을 살펴보자.

```
(()()) ((())) ()(()) (())() ()()()
```

이 답을 n = 2에 대한 답에서 이끌어 내려면?

```
(()) ()()
```

괄호 쌍을 문자열 시작 지점에 넣고, 모든 괄호 쌍 안에 넣으면 된다. 문자열 마지막과 같은 지점들은 이전 사례에 수렴하게 될 것이다.

따라서 다음과 같은 결과를 얻는다.

```
(()) -> (()()) /* 괄호 쌍을 첫 번째 왼쪽 괄호 뒤에 넣는다 */
      -> ((())) /* 괄호 쌍을 두 번째 왼쪽 괄호 뒤에 넣는다 */
      -> ()(()) /* 괄호 쌍을 문자열 시작 지점에 넣는다 */
()() -> (())() /* 괄호 쌍을 첫 번째 왼쪽 괄호 뒤에 넣는다 */
      -> ()(()) /* 괄호 쌍을 두 번째 왼쪽 괄호 뒤에 넣는다 */
      -> ()()() /* 괄호 쌍을 문자열 시작 지점에 넣는다 */
```

그런데 잠깐. 중복이 있다. 문자열 ()(())이 두 번 등장했다.

따라서 이 접근법을 사용하려면, 문자열을 리스트에 추가하기 전에 중복인지를 먼저 검사해야 한다.

```java
public static Set<String> generateParens(int remaining) {
  Set<String> set = new HashSet<String>();
  if (remaining == 0) {
    set.add("");
  } else {
    Set<String> prev = generateParens(remaining - 1);
      for (String str : prev) {
        for (int i = 0; i < str.length(); i++) {
          if (str.charAt(i) == '(') {
            String s = insertInside(str, i);
            /* set안에 s가 없는 경우에만 s를 넣는다. 주의할 것은
             * HashSet은 집합에 객체를 넣기 전에 자동으로 중복 검사를 하므로
             * 중복된 요소가 있는지 명시적으로 검사할 필요가 없다는 것이다. */
            set.add(s);
          }
        }
        set.add("()" + str);
    }
  }
  return set;
}

public String insertInside(String str, int leftIndex) {
  String left = str.substring(0, leftIndex + 1);
  String right = str.substring(leftIndex + 1, str.length());
  return left + "()" + right;
}
```

동작하긴 하지만, 그다지 효율적이진 않다. 중복 문자열을 처리하느라 많은 시간을 낭비하게 된다.

문자열 중복 문제는, 문자열을 처음부터 만들어 나가면 피할 수 있다. 문자열 문법이 정확히 유지되도록 하면서 왼쪽/오른쪽 괄호를 더해 나가는 것이다.

재귀 호출을 할 때, 문자열 내의 특정한 문자에 대한 첨자가 전달되도록 한다. 그 상태에서 왼쪽 괄호나 오른쪽 괄호 중에 하나를 선택해야 하는데, 언제 왼쪽 괄호를 선택하고 언제 오른쪽 괄호를 선택해야 하는가?

- 왼쪽 괄호: 왼쪽 괄호를 다 소진하지 않은 한, 항상 왼쪽 괄호는 삽입할 수 있다.
- 오른쪽 괄호: 오른쪽 괄호는 문법 오류syntax error가 발생하지 않을 때만 넣을 수 있다. 언제 문법 오류가 발생하는가? 왼쪽 괄호보다 오른쪽 괄호 개수가 많아지면 발생한다.

그러니 단순히 왼쪽 괄호의 수와 오른쪽 괄호의 수를 추적하면 된다. 왼쪽 괄호가 남아 있는 경우, 왼쪽 괄호를 삽입하고 재귀 호출을 시행한다. 남은 오른쪽 괄호의 수가 왼쪽 괄호의 수보다 많은 경우(다시 말해, 사용된 왼쪽 괄호의 수가 오른쪽 괄호 수보다 많은 경우)에는 오른쪽 괄호를 삽입하고 재귀 호출을 시행한다.

```
public void addParen(ArrayList<String> list, int leftRem,
int rightRem, char[] str, int count) {
  if (leftRem < 0 || rightRem < leftRem) return; // 잘못된 상태

  if (leftRem == 0 && rightRem == 0) { /* 남은 괄호가 없음 */
    String s = String.copyValueOf(str);
    list.add(s);
  } else {
    /* 남은 왼쪽 괄호가 있는 경우 왼쪽 괄호 추가 */
    if (leftRem > 0) {
```

```
      str[count] = '(';
      addParen(list, leftRem - 1, rightRem, str, count + 1);
    }

    /* 문법 오류가 발생하지 않는다면 오른쪽 괄호 추가 */
    if (rightRem > leftRem) {
      str[count] = ')';
      addParen(list, leftRem, rightRem - 1, str, count + 1);
    }
  }
}

public ArrayList<String> generateParens(int count) {
  char[] str = new char[count*2];
  ArrayList<String> list = new ArrayList<String>();
  addParen(list, count, count, str, 0);
  return list;
}
```

왼쪽 괄호와 오른쪽 괄호를 문자열의 모든 위치에 삽입하므로 특정한 첨자를 반복하게 되는 일은 없다. 따라서 각각의 문자열은 유일하다.

9.7 이미지 편집 프로그램에서 흔히 쓰이는 '영역 칠하기paint fill' 함수를 구현하라. 즉, 색상이 칠해진 이차원 배열로 표현되는 스크린과 그 스크린 상의 한 지점, 그리고 새로운 색상이 주어졌을 때, 주어진 지점을 포함하는 영역의 색상을 원래 색상에서 새로운 색상으로 변경하는 함수를 작성하라.

141쪽

해법

우선, 이 메서드가 어떻게 동작할 것인지 시각화 해보자. paintFill을 녹색 픽셀 위에서 호출하면(즉, 이미지 편집 프로그램에서 영역 칠하기 버튼을 클릭하면) 녹색이 아닌 픽셀을 만날 때까지 색상이 점차적으로 부어져 바깥 픽셀로 확장되어야 할 것이다. 그러려면 클릭한 픽셀을 둘러싼 픽셀에 대해서 계속 paintFill이 호출되어야 할 것이다.

이 알고리즘을 재귀적으로 구현하면 다음과 같다.

```
enum Color {
  Black, White, Red, Yellow, Green
}

boolean paintFill(Color[][] screen, int x, int y, Color ocolor,
Color ncolor) {
  if (x < 0 || x >= screen[0].length ||
  y < 0 || y >= screen.length) {
    return false;
  }
  if (screen[y][x] == ocolor) {
    screen[y][x] = ncolor;
    paintFill(screen, x - 1, y, ocolor, ncolor); // 왼쪽
    paintFill(screen, x + 1, y, ocolor, ncolor); // 오른쪽
    paintFill(screen, x, y - 1, ocolor, ncolor); // 위
    paintFill(screen, x, y + 1, ocolor, ncolor); // 아래
  }
  return true;
}

boolean paintFill(Color[][] screen, int x, int y, Color ncolor) {
  if (screen[y][x] == ncolor) return false;
  return paintFill(screen, x, y, screen[y][x], ncolor);
}
```

x와 y가 screen[y][x]와 같은 순서로 사용되고 있음에 유의하자. 그래픽과 관련된 문제를 풀 때 기억해 두어야 하는 사항이다. x는 화면의 x축을 의미하는 것이므로(왼쪽에서 오른쪽 방향) 픽셀의 '열column' 위치에 해당하는 것이지 '행row'에 대응되지 않는다. 반면 y는 픽셀의 행에 대응된다. 면접 때 뿐 아니라 실제 생활에서도 저지르기 쉬운 실수다.

이 알고리즘이 어쩐지 익숙하지 않은가? 그래야만 한다. 그래프에 대한 깊이 우선 탐색이기 때문. 각각의 픽셀 주변을 둘러싼 픽셀 쪽으로 탐색을 해 나가는 것이다.

여기서 소개한 재귀적 접근법의 약점은, 쉽게 오버플로(overflow)에 이른

다는 것이다. 픽셀마다 네 개의 바깥 픽셀로 분기하기 때문. 10 픽셀만 뻗어나가도 1,000,000개에 달하는 함수들이 콜 스택(call stack)안에 쌓이게 될 수 있다는 뜻이다.

너비 우선 탐색을 하도록 알고리즘을 수정하면 이런 문제를 피할 수 있다.

9.8 쿼터(25센트), 다임(10센트), 니켈(5센트), 페니(1센트)의 네 가지 동전이 무한히 주어진다고 했을 때, n센트를 표현하는 모든 방법의 수를 계산하는 코드를 작성하라.

141쪽

해법

재귀 문제이므로, makeChange(n)을 부분 문제들의 답을 통해 계산하는 법을 알아내 보도록 하자.

n=100이라고 해보자. 도합 100센트의 잔돈을 만드는 방법을 계산해야 한다. 이 문제와 부분 문제들은 어떤 연관성을 가지는가?

100센트의 잔돈에는 쿼터가 0개, 1개, 2개, 3개, 4개 있을 수 있다는 것은 알고 있다. 그러므로

```
makeChange(100) =
        makeChange(0개의 쿼터로 100 만듦) +
        makeChange(1개의 쿼터로 100 만듦) +
        makeChange(2개의 쿼터로 100 만듦) +
        makeChange(3개의 쿼터로 100 만듦) +
        makeChange(4개의 쿼터로 100 만듦)
```

위의 관계가 성립한다. 이 결과를 좀 더 들여다보면, 문제의 크기를 줄일 수 있는 지점이 있음을 알게 된다. 가령 makeChange(1개의 쿼터로 100 만듦)은 makeChange(0개의 쿼터로 75 만듦)과 동일하다. 쿼터 하나가 반드시 들어가야 한다는 것은 알고 있으니, 남은 75센트를 만드는 방법만 알아내면

되기 때문.

이를 makeChange(2개의 쿼터로 100 만듦), makeChange(3개의 쿼터로 100 만듦), makeChange(4개의 쿼터로 100 만듦)에도 적용하면 다음과 같은 결과를 얻는다.

makeChange(100) =
  makeChange(0개의 쿼터로 100 만듦) +
  makeChange(0개의 쿼터로 75 만듦) +
  makeChange(0개의 쿼터로 50 만듦) +
  makeChange(0개의 쿼터로 25 만듦) +
  1

makeChange(4개의 쿼터로 100 만듦)은 1이다. 네 개의 쿼터로 100센트를 만드는 방법은 하나뿐이기 때문. 문제 줄이기가 완전히 끝난fully reduced 경우다.

그럼 이제는 뭘 해야 하나? 쿼터는 다 썼으니, 다음으로 큰 단위의 동전을 가지고 비슷한 짓을 해야 한다. 다음 동전은 다임dime이다.

쿼터에 적용했던 접근법을 다임에도 그대로 쓸 수 있지만, 위의 수식 우변의 각 항에 대해 개별적으로 적용해야 한다. 그러므로 다음과 같은 결과를 얻는다.

makeChange(0개의 쿼터로 100 만듦) =
  makeChange(0개의 쿼터로 100 만듦, 0다임) +
  makeChange(0개의 쿼터로 100 만듦, 1다임) +
  makeChange(0개의 쿼터로 100 만듦, 2다임) +
  ...
  makeChange(0개의 쿼터로 100 만듦, 10다임)

makeChange(0개의 쿼터로 75 만듦) =

makeChange(0개의 쿼터로 75 만듦, 0다임) +

makeChange(0개의 쿼터로 75 만듦, 1다임) +

makeChange(0개의 쿼터로 75 만듦, 2다임) +

...

makeChange(0개의 쿼터로 75 만듦, 7다임)

makeChange(0개의 쿼터로 50 만듦) =

makeChange(0개의 쿼터로 50 만듦, 0다임) +

makeChange(0개의 쿼터로 50 만듦, 1다임) +

makeChange(0개의 쿼터로 50 만듦, 2다임) +

...

makeChange(0개의 쿼터로 50 만듦, 5다임)

makeChange(0개의 쿼터로 25 만듦) =

makeChange(0개의 쿼터로 25 만듦, 0다임) +

makeChange(0개의 쿼터로 25 만듦, 1다임) +

makeChange(0개의 쿼터로 25 만듦, 2다임)

이 각각을 다시 확장한 다음에 니켈nickel에 대해서도 똑같이 한다. 결국 트리와 같은 재귀 호출 구조가 만들어지게 되는데, 한 번의 재귀 호출에 대해 네 번 이상의 재귀 호출이 이루어지게 된다.

이 재귀 호출 알고리즘의 초기 사례는 makeChange(0쿼터로 50 만듦, 5다임)과 같이 1로 완전히 줄여진 부분 문제들이다. 5다임은 50센트와 같기 때문.

그러므로 다음과 같이 구현할 수 있다.

```
public int makeChange(int amount, int[] denoms, int index) {
  if (index >= denoms.length - 1) return 1; // 마지막 denom
  int denomAmount = denoms[index];
  int ways = 0;
  for (int i = 0; i * denomAmount <= amount; i++) {
```

```
    int amountRemaining = amount - i * denomAmount;
    ways += makeChange(amountRemaining, denoms, index + 1);
  }
  return ways;
}

public int makeChange(int n) {
  int[] denoms = {25, 10, 5, 1};
  return makeChange(n, denoms, 0);
}
```

잘 돌긴 하지만 최적이라 하긴 어렵다. 동일한 amount와 index값에 대해서 makeChange를 재귀적으로 여러번 호출하게 되기 때문이다.

이 문제는 이미 계산한 값을 저장함으로써 해결할 수 있다. (amount, index)의 각 쌍에 대해 계산된 값을 저장해두고 재사용하면 된다.

```
int makeChange(int n) {
  int[] denoms = {25, 10, 5, 1};
  int[][] map = new int[n + 1][denoms.length]; // 사전에 계산된 값 저장소
  return makeChange(n, denoms, 0, map);
}

int makeChange(int amount, int[] denoms, int index, int[][] map) {
  if (map[amount][index] > 0) { // 저장된 값 반환
    return map[amount][index];
  }
  if (index >= denoms.length - 1) return 1; // demon이 하나 남음
  int denomAmount = denoms[index];
  int ways = 0;
  for (int i = 0; i * denomAmount <= amount; i++) {
    // 다음 denom으로 진행. denomAmount짜리 동전 I개가 있다고 가정.
    int amountRemaining = amount - i * denomAmount;
    ways += makeChange(amountRemaining, denoms, index + 1, map);
  }
  map[amount][index] = ways;
  return ways;
}
```

계산이 끝난 값을 저장하기 위해 이차원 배열을 사용하였다는 것에 유의하 바란다. 간단한 해결책이지만, 이 이차원 배열 때문에 필요한 공간은 조금 늘어난다. 이차원 배열 대신 다른 자료구조를 사용하는 것도 가능하다. 해시 이블을 중첩해서 사용하는 것도 한 가지 방법이다.

9.9 8×8 체스판상에 여덟 개의 퀸queen을 놓는 모든 가능한 방법을 출력하는 알고리즘을 작성하라. 퀸들 가운데 어떤 것도 같은 행이나 열, 혹은 같은 대각선상에 놓이면 안 된다. 여기서 '대각선'은 모든 대각선을 의미하는 것으로, 체스판을 양분하는 대각선 두 개로 한정하지 않는다.

142쪽

해법

여덟 개의 퀸이 있고, 그중 어느 것도 같은 행이나 열, 혹은 같은 대각선상에 놓이면 안 된다. 따라서 각 행, 열 그리고 대각선은 단 한 번만 사용되어야 한다.

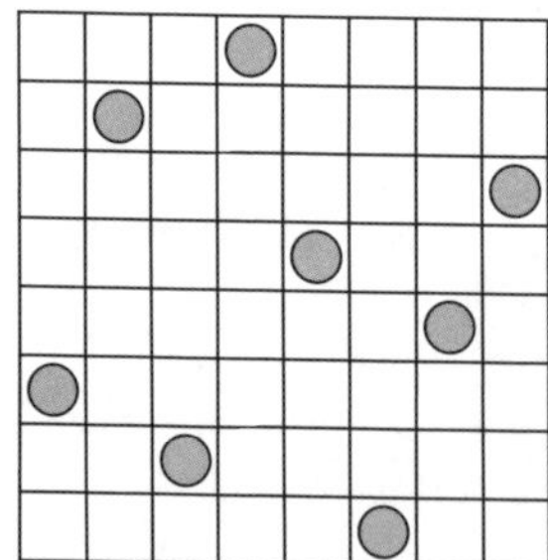

가능한 해답 중 하나.

마지막에 놓은 퀸이 8행에 놓인 퀸이라고 해보자(퀸을 놓는 순서는 아무 상관이 없으므로, 이렇게 가정해도 괜찮다). 이 퀸은 8행 어느 칸에 있나? 8가지 가능성이 있다(열 하나당 하나).

그러므로 8×8 체스판에 8개의 퀸을 놓는 방법은 다음과 같다.

8개의 퀸을 8×8 체스판에 배치하는 방법 =

하나의 퀸을 (7, 0)에 둔 상태에서 8개의 퀸을 8×8 체스판에 배치하는 방법 +
하나의 퀸을 (7, 1)에 둔 상태에서 8개의 퀸을 8×8 체스판에 배치하는 방법 +
하나의 퀸을 (7, 2)에 둔 상태에서 8개의 퀸을 8×8 체스판에 배치하는 방법 +
하나의 퀸을 (7, 3)에 둔 상태에서 8개의 퀸을 8×8 체스판에 배치하는 방법 +
하나의 퀸을 (7, 4)에 둔 상태에서 8개의 퀸을 8×8 체스판에 배치하는 방법 +
하나의 퀸을 (7, 5)에 둔 상태에서 8개의 퀸을 8×8 체스판에 배치하는 방법 +
하나의 퀸을 (7, 6)에 둔 상태에서 8개의 퀸을 8×8 체스판에 배치하는 방법 +
하나의 퀸을 (7, 7)에 둔 상태에서 8개의 퀸을 8×8 체스판에 배치하는 방법

위의 식 우변의 각 항은 같은 방법으로 계산할 수 있다.

하나의 퀸을 (7, 3)에 둔 상태에서 8개의 퀸을 8×8 체스판에 배치하는 방법 =

퀸을 (7, 3), (6, 0)에 둔 상태에서 8개의 퀸을 8×8 체스판에 배치하는 방법 +
퀸을 (7, 3), (6, 1)에 둔 상태에서 8개의 퀸을 8×8 체스판에 배치하는 방법 +
퀸을 (7, 3), (6, 2)에 둔 상태에서 8개의 퀸을 8×8 체스판에 배치하는 방법 +
퀸을 (7, 3), (6, 4)에 둔 상태에서 8개의 퀸을 8×8 체스판에 배치하는 방법 +
퀸을 (7, 3), (6, 5)에 둔 상태에서 8개의 퀸을 8×8 체스판에 배치하는 방법 +
퀸을 (7, 3), (6, 6)에 둔 상태에서 8개의 퀸을 8×8 체스판에 배치하는 방법 +
퀸을 (7, 3), (6, 7)에 둔 상태에서 8개의 퀸을 8×8 체스판에 배치하는 방법

퀸을 (7, 3) 그리고 (6, 3)에 두는 경우는 고려하지 않아도 괜찮다. 퀸을 둔 행과 열, 그리고 대각선에 중복이 있어서는 안 된다는 규칙을 깨는 것이기 때문이다.

이 알고리즘은 다음과 같이 비교적 간단하게 구현된다.

```
int GRID_SIZE = 8;

void placeQueens(int row, Integer[] columns,
```

```
ArrayList<Integer[]> results) {
  if (row == GRID_SIZE) { // 올바른 결과를 찾았음
    results.add(columns.clone());
  } else {
    for (int col = 0; col < GRID_SIZE; col++) {
      if (checkValid(columns, row, col)) {
        columns[row] = col; // 퀸 배치
        placeQueens(row + 1, columns, results);
      }
    }
  }
}

/* (row1, column1)이 퀸을 놓기 좋은 위치인지를
* 겹치는 열이나 대각선이 없는지 살펴 판단한다.
* 같은 열에 퀸이 있는지는 살펴볼 필요가 없는데,
* placeQueen은 한 번에 하나의 퀸을 배치하려 시도하기 때문.
* 해당 행이 비어 있다는 것은 이미 알고 있다. */
boolean checkValid(Integer[] columns, int row1, int column1) {
  for (int row2 = 0; row2 < row1; row2++) {
    int column2 = columns[row2];
    /* (row2, column2) 때문에 (row1, column1)을 퀸을 놓을 자리로
    * 사용할 수 없는지 살핀다. */

    /* 같은 열에 퀸이 있는지 살핀다. */
    if (column1 == column2) {
      return false;
    }

    /* 대각선을 검사한다. 행 사이 거리와
    * 열 사이 거리가 같으면,
    * 같은 대각선상에 있는 것이다. */
    int columnDistance = Math.abs(column2 - column1);

    /* row1 > row2, 따라서 abs를 적용할 필요 없음 */
    int rowDistance = row1 - row2;
    if (columnDistance == rowDistance) {
      return false;
    }
  }
  return true;
}
```

각 행에 하나의 퀸만 놓을 수 있으므로 8×8 행렬을 사용해 체스판을 표현할 필요는 없음에 유의하도록 하자. 1차원 배열 하나만 있으면 되는데, column[r] = c와 같이 하면 행 r, 열 c에 퀸을 두었다는 사실을 표현할 수 있기 때문.

9.10 너비 w_i, 높이 h_i, 깊이 d_i의 박스 n개가 있다. 상자는 회전시킬 수 없으며, 다른 상자 위에 놓이기만 할 수 있는데, 그것도 아래 놓인 상자의 너비, 높이, 깊이가 위에 놓인 상자의 너비, 높이, 깊이보다 더 커야만 가능하다. 이 상자들로 쌓을 수 있는 가장 높은 탑을 구하는 메서드를 작성하라. 탑의 높이는 탑을 구성하는 모든 상자의 높이 합이다.

142쪽

해법

이 문제를 공략하기 위해서는 서로 다른 부분 문제 사이의 관계를 파악해야 한다.

다음과 같은 상자가 있다고 하자. b_1, b_2, …, b_n 이 모든 상자로 쌓을 수 있는 가장 높은 탑은, b_1을 바닥에 두었을 때 쌓을 수 있는 가장 높은 탑, b_2를 바닥에 두었을 때 쌓을 수 있는 가장 높은 탑, … 그리고 b_n을 바닥에 두었을 때 쌓을 수 있는 가장 높은 탑 가운데 최댓값일 것이다. 다시 말해, 각각의 상자를 맨 밑에 두고 그 상태에서 쌓을 수 있는 가장 높은 탑을 구해 보면, 결국 가능한 가장 높은 탑을 구할 수 있다는 것이다.

하지만 어떤 상자를 바닥에 둔 상태에서 쌓을 수 있는 가장 높은 탑은 어떻게 구하나? 결국 방금 살펴본 방법과 같은 방식으로 구한다. 그 위에 놓을 수 있는 상자 각각에 대해서 동일한 과정을 반복하고, 계속 그 다음 위치로 진행해 나가면 된다.

물론, 상자를 놓을 때에는 '올려 놓을 수 있는 상자인지' 검사해야 한다. b_5가 b_1보다 크다면 {b_1, b_5, …}와 같이 배열할 수는 없다. b_1이 b_5 아래에 올 수 없기 때문.

이 알고리즘을 재귀적으로 구현한 결과를 아래에 보였다.

```java
public ArrayList<Box> createStackR(Box[] boxes, Box bottom) {
  int max_height = 0;
  ArrayList<Box> max_stack = null;
  for (int i = 0; i < boxes.length; i++) {
    if (boxes[i].canBeAbove(bottom)) {
      ArrayList<Box> new_stack = createStackR(boxes, boxes[i]);
      int new_height = stackHeight(new_stack);
      if (new_height > max_height) {
        max_stack = new_stack;
        max_height = new_height;
      }
    }
  }

  if (max_stack == null) {
    max_stack = new ArrayList<Box>();
  }
  if (bottom != null) {
    max_stack.add(0, bottom); // Insert in bottom of stack
  }

  return max_stack;
}
```

이 코드의 문제점은, 지극히 비효율적이라는 것이다. b_4를 바닥에 둔 상태에서 얻을 수 있는 가장 좋은 해법을 이미 찾았더라도, 계속 {b_3, b_4, … }와 같은 해답을 찾으려 시도하게 된다. 동적 프로그래밍을 사용하여 계산 결과를 캐시cache해 두면, 해답을 항상 처음부터 다시 찾으려 시도하는 일을 막을 수 있다.

```java
public ArrayList<Box> createStackDP(Box[] boxes, Box bottom,
HashMap<Box, ArrayList<Box>> stack_map) {
  if (bottom != null && stack_map.containsKey(bottom)) {
    return stack_map.get(bottom);
  }

  int max_height = 0;
  ArrayList<Box> max_stack = null;
```

```
9    for (int i = 0; i < boxes.length; i++) {
10     if (boxes[i].canBeAbove(bottom)) {
11       ArrayList<Box> new_stack =
12       createStackDP(boxes, boxes[i], stack_map);
13       int new_height = stackHeight(new_stack);
14       if (new_height > max_height) {
15         max_stack = new_stack;
16         max_height = new_height;
17       }
18     }
19   }
20
21   if (max_stack == null) max_stack = new ArrayList<Box>();
22   if (bottom != null) max_stack.add(0, bottom);
23   stack_map.put(bottom, max_stack);
24
25   return (ArrayList<Box>)max_stack.clone();
26 }
```

이런 질문을 던지는 분도 계시리라. 25번 줄을 보면 max_stack.clone()의 결과를 형 변환type casting하고 있는 것을 볼 수 있는데, max_stack은 이미 ArrayList⟨Box⟩ 타입 아닌가? 형 변환이 대체 왜 필요한가? 맞다. 하지만 그렇더라도 형 변환을 해야 한다.

clone() 메서드는 원래 Object 클래스에 정의되어 있는 것으로, 다음과 같이 선언되어 있다.

```
protected Object clone() { ... }
```

어떤 메서드를 오버라이드override할 때 인자는 바꿀 수 있지만 반환값의 타입은 변경할 수 없다. 그러므로 Foo 클래스를 정의할 때 Object를 계승하여 clone()을 오버라이드 하는 경우, 그 clone() 메서드는 Object 타입의 객체를 반환해야 한다.

그래서 (ArrayList⟨Box⟩)max_stack.clone()과 같이 하는 것이다. 스택 클래스가 clone()을 오버라이드 하고는 있지만 여전히 Object 타입의 객체를 반환한다. 그러므로 형 변환이 필요하다.

9.11 0, 1, &, |, ^으로 구성된 불린 표현식과, 원하는 계산 결과 result(역시 불린 값)가 주어졌을 때, 표현식에 괄호를 추가하여 그 값이 result가 되도록 하는 가능한 모든 방법의 개수를 출력하는 함수를 구현하라.

– 예

표현식: 1^0|0|1

원하는 계산 결과: false(0)

출력: 2가지 방법. 1^((0|0)|1) 그리고 1^(0|(0|1)).

142쪽

해법

다른 재귀적 문제와 마찬가지로, 이 문제를 푸는 핵심은 문제와 그 부분 문제 사이의 관계를 알아내는 것이다.

int f(expression, result)를 'result'를 값으로 가지는 모든 유효 표현식valid expression의 개수를 반환하는 함수라고 하자. f(1^0|0|1, true)를 계산하고 싶다(다시 말해, 1^0|0|1에 괄호를 적절히 삽입하여 그 값을 true로 만드는 모든 방법의 수를 알아내고 싶다). 괄호로 감싼 부분 표현식의 바깥쪽에는 반드시 괄호 쌍이 존재해야 한다. 따라서 다음이 성립한다.

```
f(1^0|0|1, true) = f(1 ^ (0|0|1), true) +
                   f((1^0) | (0|1), true) +
                   f((1^0|0) | 1, true)
```

즉, 각 연산자를 괄호로 감쌀 첫 연산자로 취급하면서 표현식을 순회해 나가면 된다.

그렇다면, f((1^0)|(0|1), true)와 같은 안쪽 표현식inner expression은 어떻게 계산하면 되겠는가? 해당 표현식의 값이 true가 되기 위해서는 왼쪽 절반이 true가 되거나 오른쪽 절반이 true가 되거나 해야 한다. 따라서 이 표현식은 다음과 같이 쪼개진다.

```
f((1^0) | (0|1), true) = f(1^0, true) * f(0|1, true) +
                         f(1^0, false) * f(0|1, true) +
                         f(1^0, true) * f(0|1, false)
```

각각의 불린 연산자를 이와 비슷한 방식으로 쪼개어 계산할 수 있다.

```
f(exp1 | exp2, true) = f(exp1, true) * f(exp2, true) +
                       f(exp1, true) * f(exp2, false) +
                       f(exp1, false) * f(exp2, true)
f(exp1 & exp2, true) = f(exp1, true) * f(exp2, true)
f(exp1 ^ exp2, true) = f(exp1, true) * f(exp2, false) +
                       f(exp1, false) * f(exp2, true)
```

false의 값을 갖는 경우도 이와 아주 유사하게 계산할 수 있다.

```
f(exp1 | exp2, false) = f(exp1, false) * f(exp2, false)
f(exp1 & exp2, false) = f(exp1, false) * f(exp2, false) +
                        f(exp1, true) * f(exp2, false) +
                        f(exp1, false) * f(exp2, true)
f(exp1 ^ exp2, false) = f(exp1, true) * f(exp2, true) +
                        f(exp1, false) * f(exp2, false)
```

따라서 이 알고리즘을 구현하는 것은 단순히 재귀 관계를 적용하는 문제가 된다. (지면 관계상 변수 이름을 짧게 하여, 코드가 불필요하게 길어지지 않도록 하였음에 유의하자. 줄 바꿈이 너무 많으면 보기에 혼란스러울 수 있어서다.)

```
public int f(String exp, boolean result, int s, int e) {
  if (s == e) {
    if (exp.charAt(s) == '1' && result) {
      return 1;
    } else if (exp.charAt(s) == '0' && !result) {
      return 1;
    }
```

```
    return 0;
  }
  int c = 0;
  if (result) {
    for (int i = s + 1; i <= e; i += 2) {
      char op = exp.charAt(i);
      if (op == '&') {
        c += f(exp, true, s, i - 1) * f(exp, true, i + 1, e);
      } else if (op == '|') {
        c += f(exp, true, s, i - 1) * f(exp, false, i + 1, e);
        c += f(exp, false, s, i - 1) * f(exp, true, i + 1, e);
        c += f(exp, true, s, i - 1) * f(exp, true, i + 1, e);
      } else if (op == '^') {
        c += f(exp, true, s, i - 1) * f(exp, false, i + 1, e);
        c += f(exp, false, s, i - 1) * f(exp, true, i + 1, e);
      }
    }
  } else {
    for (int i = s + 1; i <= e; i += 2) {
      char op = exp.charAt(i);
      if (op == '&') {
        c += f(exp, false, s, i - 1) * f(exp, true, i + 1, e);
        c += f(exp, true, s, i - 1) * f(exp, false, i + 1, e);
        c += f(exp, false, s, i - 1) * f(exp, false, i + 1,e);
      } else if (op == '|') {
        c += f(exp, false, s, i - 1) * f(exp, false, i + 1,e);
      } else if (op == '^') {
        c += f(exp, true, s, i - 1) * f(exp, true, i + 1, e);
        c += f(exp, false, s, i - 1) * f(exp, false, i + 1,e);
      }
    }
  }
  return c;
}
```

올바르게 동작하긴 하지만, 그다지 효율적인 방법은 아니다. 이 메서드는 f(exp)를 여러 번 반복하여 계산한다. 설사 exp가 같더라도 말이다.

이 문제를 해결하기 위해 동적 프로그래밍 기법을 도입하여 표현식 계산 결과를 캐시하였다. 캐시를 할 때는 expression과 result를 둘 다 고려하여야 함에 유의하자.

```java
public int f(String exp, boolean result, int s, int e,
HashMap<String, Integer> q) {
  String key = "" + result + s + e;
  if (q.containsKey(key)) {
    return q.get(key);
  }

  if (s == e) {
    if (exp.charAt(s) == '1' && result == true) {
      return 1;
    } else if (exp.charAt(s) == '0' && result == false) {
      return 1;
    }
    return 0;
  }
  int c = 0;
  if (result) {
    for (int i = s + 1; i <= e; i += 2) {
      char op = exp.charAt(i);
      if (op == '&') {
        c += f(exp,true,s,i-1,q) * f(exp,true,i+1,e,q);
      } else if (op == '|') {
        c += f(exp,true,s,i-1,q) * f(exp,false,i+1,e,q);
        c += f(exp,false,s,i-1,q) * f(exp,true,i+1,e,q);
        c += f(exp,true,s,i-1,q) * f(exp,true,i+1,e,q);
      } else if (op == '^') {
        c += f(exp,true,s,i-1,q) * f(exp,false,i+1,e,q);
        c += f(exp,false,s,i-1,q) * f(exp,true,i+1,e,q);
      }
    }
  } else {
    for (int i = s + 1; i <= e; i += 2) {
      char op = exp.charAt(i);
      if (op == '&') {
        c += f(exp,false,s,i-1,q) * f(exp,true,i+1,e,q);
        c += f(exp,true,s,i-1,q) * f(exp,false,i+1,e,q);
        c += f(exp,false,s,i-1,q) * f(exp,false,i+1,e,q);
      } else if (op == '|') {
        c += f(exp,false,s,i-1,q) * f(exp,false,i+1,e,q);
      } else if (op == '^') {
        c += f(exp,true,s,i-1,q) * f(exp,true,i+1,e,q);
        c += f(exp,false,s,i-1,q) * f(exp,false,i+1,e,q);
      }
```

```
    }
  }
  q.put(key, c);
  return c;
}
```

동적 프로그래밍 기법을 사용해 멋지게 최적화되긴 했지만, 최적화할 여지는 아직도 남아 있다. 만일 우리가 어떤 표현식에 괄호를 삽입하는 모든 경우의 수를 안다면, 사실 f(exp=false)는 total(exp)-f(exp=true)를 통해 계산할 수 있다.

어떤 표현식에 괄호를 넣는 방법의 가짓수는 사실 아래의 닫힌 꼴 표현식closed form expression으로 나타낼 수 있다. 여러분은 아마 잘 모르실 것인데, 카탈란의 수Catalan number라고 한다. 여기서 n은 괄호 쌍의 개수이다.

$$C_n = \frac{(2n)!}{(n+1)!n!}$$

이를 적용해 바꾼 코드를 아래에 보였다.

```
public int f(String exp, boolean result, int s, int e,
HashMap<String, Integer> q) {
  String key = "" + s + e;
  int c = 0;
  if (!q.containsKey(key)) {
    if (s == e) {
      if (exp.charAt(s) == '1') c = 1;
      else c = 0;
    }

    for (int i = s + 1; i <= e; i += 2) {
      char op = exp.charAt(i);
      if (op == '&') {
        c += f(exp,true,s,i-1,q) * f(exp,true,i+1,e,q);
      } else if (op == '|') {
        int left_ops = (i-1-s)/2; // 왼쪽 괄호들
        int right_ops = (e - i - 1) / 2; // 오른쪽 괄호들
```

```
            int total_ways = total(left_ops) * total(right_ops);
            int total_false = f(exp,false,s,i-1,q) *
            f(exp,false,i+1,e,q);
            c += total_ways - total_false;
          } else if (op == '^') {
            c += f(exp,true,s,i-1,q) * f(exp,false,i+1,e,q);
            c += f(exp,false,s,i-1,q) * f(exp,true,i+1,e,q);
          }
        }
        q.put(key, c);
      } else {
        c = q.get(key);
      }
      if (result) {
        return c;
      } else {
        int num_ops = (e - s) / 2;
        return total(num_ops) - c;
      }
    }
```

10
정렬과 탐색 해법

10.1 정렬된 배열 A와 B가 주어진다. A의 끝에는 B를 수용하기 충분한 여유 공간이 있다. B와 A를 정렬된 상태로 병합하는 메서드를 작성하라.

149쪽

해법

배열 A 끝부분에 충분한 여유 공간이 있으므로, 추가로 공간을 할당 받을 필요는 없다. A와 B의 모든 원소를 다 소진할 때까지 비교해 가면서 순서에 맞게 삽입하기만 하면 된다.

하지만 문제가 하나 있으니, 어떤 원소를 A의 앞에 삽입해야 할 경우 삽입할 공간을 만들기 위해 다른 기존 원소들을 뒤로 이동시켜야 한다는 것이다. 여유 공간이 있는 배열 후미에 삽입하도록 하면 좋을 것이다.

그렇게 구현한 코드를 아래에 보였다. A와 B의 뒷부분부터 살펴보면서 가장 큰 값을 갖는 원소를 A의 뒤로 옮긴다.

```
public void merge(int[] a, int[] b, int lastA, int lastB) {
  int indexA = lastA - 1; /* 배열 a의 마지막 원소 첨자 */
  int indexB = lastB - 1; /* 배열 b의 마지막 원소 첨자 */
  int indexMerged = lastB + lastA - 1; /* 병합된 배열의 마지막 위치 */

  /* a와 b의 마지막 원소부터 시작하여 병합한다. */
  while (indexB >= 0) {
    /* a의 마지막 원소가 b의 마지막 원소보다 크다 */
    if (indexA >= 0 && a[indexA] > b[indexB]) {
      a[indexMerged] = a[indexA]; // 복사
      indexA--;
    } else {
      a[indexMerged] = b[indexB]; // 복사
      indexB--;
```

```
    }
    indexMerged--; // 첨자 이동
  }
}
```

배열 B의 원소들이 먼저 소진된 경우, A의 남은 원소들은 복사할 필요 없다. 이미 제자리에 있기 때문이다.

10.2 철자 순서만 바꾼 문자열이 서로 인접하도록 문자열 배열을 정렬하는 메서드를 작성하라.

149쪽

해법

이 문제는 배열을 정렬하되 철자만 바꿔 만든 문자열들은 서로 인접해 있도록 만들 것을 요구한다. 이 제약조건 이외에, 단어의 순서를 명시적으로 지정한 문구는 없다는 데 유의하자.

이 문제를 푸는 방법 하나는 표준적인 정렬 알고리즘, 즉 병합 정렬이나 퀵 정렬 등을 그대로 사용하되, 비교 연산자comparator를 변경하는 것이다. 이 비교 연산자는 비교 대상으로 주어진 두 개의 문자열이 철자 순서만 바꿔 만든 문자열anagram일 경우 참을 반환하면 된다.

그런데 두 문자열이 철자 순서만 바꿔 만든 관계라는 것을 아는 가장 쉬운 방법은 무엇인가? 각 문자열의 문자 출현 빈도를 센 다음에 그 결과가 같으면 true를 반환해도 될 것이다. 아니면, 그냥 문자열을 정렬한 다음에 비교하는 방법을 사용할 수도 있다. 두 문자열이 철자 순서만 바꿔 만든 관계라면, 정렬한 이후에는 정확히 같은 문자열이 될 것이다.

비교 연산자를 구현한 코드를 아래에 보였다.

```
public class AnagramComparator implements Comparator<String> {
  public String sortChars(String s) {
    char[] content = s.toCharArray();
    Arrays.sort(content);
```

```
    return new String(content);
  }

  public int compare(String s1, String s2) {
    return sortChars(s1).compareTo(sortChars(s2));
  }
}
```

이제 일반적으로 쓰이는 compare 대신 위의 compare를 사용해 정렬하면 된다.

```
Arrays.sort(array, new AnagramComparator());
```

이 알고리즘은 O(n log n)시간에 동작한다.

일반적인 정렬 알고리즘의 경우라면 이것이 최선일 것이다. 하지만 여기서는 배열을 완전히 정렬할 필요가 없으며, 철자 순서만 바꾼 문자열이 서로 인접하도록 묶기만 하면 된다는 것에 유의하자.

그러려면 해시 테이블을 사용하여 인접 문자열을 묶으면 된다. 가령 문자열 acre는 리스트 {acre, race, care}에 대응되도록 묶을 수 있을 것이다. 이런 식으로 모든 인접 문자열을 리스트로 묶고 난 뒤에 다시 배열에 집어 넣으면 된다.

이 알고리즘을 구현한 코드를 아래에 보였다.

```
public void sort(String[] array) {
  Hashtable<String, LinkedList<String>> hash =
  new Hashtable<String, LinkedList<String>>();

  /* 철자 순서만 바꿔 만든 문자열의 그룹 생성 */
  for (String s : array) {
    String key = sortChars(s);
    if (!hash.containsKey(key)) {
      hash.put(key, new LinkedList<String>());
    }
```

```
    LinkedList<String> anagrams = hash.get(key);
    anagrams.push(s);
  }

  /* 해시 테이블을 배열로 변환 */
  int index = 0;
  for (String key : hash.keySet()) {
    LinkedList<String> list = hash.get(key);
    for (String t : list) {
      array[index] = t;
      index++;
    }
  }
}
```

이 알고리즘은 사실 버킷 정렬의 변형이다.

10.3 n개의 정수로 구성된 정렬 상태의 배열을 임의 횟수만큼 회전시켜 rotation 얻은 배열이 입력으로 주어진다고 하자. 이 배열에서 특정한 원소를 찾는 알고리즘을 고안하라. 회전시키기 이전에, 원래 배열은 오름차순으로 정렬되어 있었다고 가정한다.

– 예

입력: {15, 16, 19, 20, 25, 1, 3, 4, 5, 7, 10, 14}에서 5를 찾을 것

출력: 8 (5의 배열 내 위치 첨잣값)

149쪽

해법

이 문제에서 이진 탐색 알고리즘의 냄새를 맡을 수 있으셨는가?

고전적인 이진 탐색 알고리즘에서는 어떤 값 x가 왼쪽에 있는지 아니면 오른쪽에 있는지 판단하기 위해 x를 배열 가운데 지점에 있는 원소와 비교한다. 하지만 이 문제의 경우, 배열이 회전된 상태라 까다롭다. 가령, 다음의 두 배열을 살펴보자.

Array1: {10, 15, 20, 0, 5}

Array2: {50, 5, 20, 30, 40}

이 두 배열이 모두 20을 가운데 지점 원소로 갖지만, 찾는 값 5는 왼쪽에 있을 수도 있고 오른쪽에 있을 수도 있다. 그러므로 가운데 지점 원소의 값과 x를 비교하는 것으로는 충분치 않다.

하지만 좀 더 자세히 들여다 보면 배열의 반은 정상적인 순서(오름차순)로 되어 있음을 확인할 수 있다. 그러므로 정상 순서로 구성된 부분을 살펴보면 배열의 왼쪽 절반을 탐색해야 하는지 오른쪽 절반을 탐색해야 하는지 결정할 수 있다.

가령 Array1에서 5를 찾는다고 하자. 맨 왼쪽 원소(10)과 가운데 원소(20)을 비교해보면 10 < 20이므로 왼쪽 절반은 정상 순서다. 그런데 5는 그 범위 안에 있지 않으므로, 오른쪽을 뒤져야 한다고 판단할 수 있다.

Array2의 경우 50 > 20이므로, 오른쪽 절반은 정상 순서로 정렬되어 있다. 그런데 5는 20과 40 사이에 있지 않으므로, 왼쪽 절반을 탐색해야 한다.

그런데 {2, 2, 2, 3, 4, 2}에서처럼 가운데 원소와 맨 왼쪽 원소의 값이 같으면 어떻게 되나? 맨 오른쪽 원소의 값이 다른지를 살펴서, 다르다면 오른쪽 절반을 탐색한다. 아니라면 양쪽을 전부 탐색하는 수밖에 없다.

```
public int search(int a[], int left, int right, int x) {
  int mid = (left + right) / 2;
  if (x == a[mid]) { // 발견
    return mid;
  }
  if (right < left) {
    return -1;
  }

  /* 왼쪽 절반 아니면 오른쪽 절반은 정상적으로 정렬된 상태.
  * 어느 쪽이 정상 정렬 상태인지를 알아낸다.
  * 그리고 그 결과를 사용해서 어느 쪽에서 x를 찾아야 하는지 알아낸다. */
  if (a[left] < a[mid]) { // 왼쪽이 정상 정렬 상태.
```

```
    if (x >= a[left] && x <= a[mid]) {
      return search(a, left, mid - 1, x); // 왼쪽 탐색
    } else {
      return search(a, mid + 1, right, x); // 오른쪽 탐색
    }
  } else if (a[mid] < a[left]) { // 오른쪽이 정상 정렬 상태.
    if (x >= a[mid] && x <= a[right]) {
      return search(a, mid + 1, right, x); // 오른쪽 탐색
    } else {
      return search(a, left, mid - 1, x); // 왼쪽 탐색
    }
  } else if (a[left] == a[mid]) { // 왼쪽 절반은 전부 같은 값
    if (a[mid] != a[right]) { // 오른쪽이 다른 값이면, 그쪽 탐색
      return search(a, mid + 1, right, x); // 오른쪽 탐색
    } else { // 아니면, 양쪽을 전부 탐색해야 함
      int result = search(a, left, mid - 1, x); // 왼쪽 탐색
      if (result == -1) {
        return search(a, mid + 1, right, x); // 오른쪽 탐색
      } else {
        return result;
      }
    }
  }
  return -1;
}
```

이 문제가 개념적으로는 그다지 까다롭지 않은데도 버그 없이 구현하기는 아주 어렵다는 점에 유의하자. 버그가 생기더라도 너무 낙담하지는 말자. +1이나 -1을 실수하기도 하고, 다른 자질구레한 오류가 생기도 쉽기 때문에 테스트를 완벽하게 해야 한다.

10.4 줄당 하나의 문자열이 들어 있는 20GB짜리 파일이 있다고 하자. 이 파일을 정렬하려면 어떻게 해야 하겠는지 설명하라.

149쪽

해법

20GB라고? 그것 자체가 힌트이다. 모든 데이터를 메모리에 올려둘 수 없다는 뜻이다.

그렇다면 어떻게 해야 하나? 일부분만을 메모리에 올려야 한다.

x메가바이트 단위로 파일을 쪼개라. x는 가용한 메모리 크기다. 그리고 각 파일을 개별적으로 정렬하라. 정렬이 끝나면 파일에 저장하라.

모든 파일의 정렬이 끝나면, 하나씩 병합한다. 모든 파일의 병합이 끝나고 나면 완전히 정렬된 파일을 얻을 것이다.

이런 알고리즘을 외부 정렬external sort이라고 부른다.

10.5 빈 문자열이 섞여 있는 정렬 상태의 배열이 주어졌을 때, 특정한 문자열의 위치를 찾는 메서드를 작성하라.

– 예

입력: {“at”, “”, “”, “”, “ball”, “”, “”, “car”, “”, “”, “dad”, “”, “”} 배열에서 ball을 찾아라.

출력: 4

149쪽

해법

빈 문자열들이 없었다면 그냥 이진 탐색을 적용하면 되었을 것이다. 찾아야 할 문자열 str을 배열 중간 지점의 문자열과 비교한 다음에 그 결과에 따라 탐색을 진행하면 되었을 것이다.

그런데 빈 문자열이 뒤섞여 있으므로, 이진 탐색을 간단히 수정하여 mid 지점의 원소가 빈 문자열일 경우 mid를 가장 가까운 일반 문자열을 가리키도록 이동시킬 것이다.

아래에 보인 재귀적 코드는 쉽게 순환적 코드로 변경할 수 있다. 순환적으로 구현된 코드는 이 책의 웹사이트에서 다운받을 수 있다.

```
public int searchR(String[] strings, String str, int first,
int last) {
  if (first > last) return -1;
  /* mid를 배열 중간 위치로 설정한다. */
  int mid = (last + first) / 2;

```

```
  /* mid가 가리키는 문자열이 빈 문자열이면, 가장 가까운 일반 문자열을 찾는다. */
  if (strings[mid].isEmpty()) {
    int left = mid - 1;
    int right = mid + 1;
    while (true) {
      if (left < first && right > last) {
        return -1;
      } else if (right <= last && !strings[right].isEmpty()) {
        mid = right;
        break;
      } else if (left >= first && !strings[left].isEmpty()) {
        mid = left;
        break;
      }
      right++;
      left--;
    }
  }

  /* 문자열을 검사하고, 필요하면 재귀 호출을 시행 */
  if (str.equals(strings[mid])) { // 찾았다!
    return mid;
  } else if (strings[mid].compareTo(str) < 0) { // 오른쪽 탐색
    return searchR(strings, str, mid + 1, last);
  } else { // 왼쪽 탐색
    return searchR(strings, str, first, mid - 1);
  }
}

public int search(String[] strings, String str) {
  if (strings == null || str == null || str == "") {
    return -1;
  }
  return searchR(strings, str, 0, strings.length - 1);
}
```

배열 내 모든 원소가 해당 배열 내에서 유일한 값을 갖는 경우에 이 문제에 대한 답은 O(log n) 시간에 동작한다. 하지만 중복된 값을 갖는 원소가 많을 경우 실행 시간은 O(n)이 되는데, 배열(또는 부분 배열)의 왼쪽과 오른쪽을 탐색해야 하는 일이 빈번하게 발생하기 때문이다.

그런데 찾으려는 문자열이 빈 문자열이라면? 그 위치를 반환해야 하나 (O(n) 시간이 걸릴 것이다) 아니면 오류로 처리해야 하나?

정답이란 없는 질문이므로, 면접관과 상의해 봐야 한다. 이런 질문을 던지는 것만으로도, 여러분이 세심한 프로그래머라는 인상을 남길 수 있을 것이다.

10.6 각 행과 각 열이 오름차순으로 정렬된 상태인 M × N 행렬이 주어졌을 때, 특정한 원소를 찾는 메서드를 구현하라.

150쪽

해법

행마다 이진 탐색을 하는 방법을 생각해 볼 수도 있다. 그런 알고리즘은 O(M log N)의 실행 시간을 갖는다. M개의 행이 있고, 각 행을 탐색하는데 O(log N)시간이 걸리기 때문. 더 나은 알고리즘을 제시하기 전에 이런 방법이 있음을 면접관에게 언급하는 것도 좋은 전략이다.

새로운 알고리즘을 제시하기 전에, 간단한 예제부터 하나 살펴보자.

15	20	40	85
10	35	80	95
30	55	95	105
40	80	100	120

이 행렬에서 55를 찾는다고 하자. 어떻게 하면 찾을 수 있나?

행의 시작점이나 열의 시작점을 보면 위치를 유추할 수 있다. 열의 시작점 원소의 값이 55보다 크다면, 해당 열에는 55가 있을 리 없다. 시작점 원소의 값이 항상 최솟값이기 때문이다. 또한, 그 오른쪽 열에도 55는 있을 리 없다. 열 시작점 원소의 값은 왼쪽으로 오른쪽으로, 오름차순 정렬되어 있는 상태이기 때문. 따라서 열의 첫 번째 원소의 값이 찾는 값 x보다 크다면 그 이상 진행할 필요는 없다.

같은 논리를 각 행에도 똑같이 적용할 수 있다. 어떤 행의 시작점 원소의 값이 x보다 크면, 그 이상 탐색을 진행할 필요는 없다.

이런 논리는 행이나 열의 끝 원소에도 동일하게 적용할 수 있다. 어떤 행이나 열의 마지막 원소 값이 x보다 작다면 다음 행이나 열로 진행해야 한다. 마지막 원소는 항상 최댓값이기 때문이다.

이런 사실들을 한데 묶어 해답을 만들어 낼 수 있다. 지금까지 발견한 사실들은 다음과 같다.

- 어떤 열의 시작점 원소 값이 x보다 크다면, x는 해당 열 왼쪽에 있다.
- 어떤 열의 마지막 원소 값이 x보다 작다면, x는 해당 열 오른쪽에 있다.
- 어떤 행의 시작점 원소 값이 x보다 크다면, x는 해당 행 위에 있다.
- 어떤 행의 마지막 원소 값이 x보다 작다면, x는 해당 행 아래에 있다.

어떤 위치에도 시작해도 상관없지만, 열의 시작점 원소들의 값부터 살펴보는 것으로 시작해 보자.

가장 큰 값을 갖는 열부터 시작해서 좌측으로 진행할 필요가 있다. 즉, 첫 번째 비교대상 원소는 array[0][c-1]이라는 뜻이다. 여기서 c는 열의 개수이다. 열의 시작점 원소들을 x(여기서는 55)와 비교하면, x는 0, 1, 2열에 있을 수 있다. 따라서 array[0][2]에서 진행을 멈춘다.

array[0][2]는 전체 행렬 기준으로 보면 해당 원소가 속한 행의 마지막 원소는 아니지만, 부분 행렬 관점에서 보면 해당 행의 마지막 원소라고 볼 수 있다. 이제 같은 조건을 적용하여 행 단위의 탐색을 시작해 보자. array[0][2]는 40 (<55)이므로, 아래쪽으로 진행해야 한다.

이런 식으로 하면 다음과 같은 부분 행렬을 얻는다. (회색으로 표시된 부분이 '제거'되었다.)

15	20	40	85
10	35	80	95
30	55	95	105
40	80	100	120

이 과정을 반복하여 55를 찾는다. 앞서 제시한 사실들 가운데 1번과 4번만 사용했음에 유의하자.

이 '제거' 알고리즘을 구현한 코드를 아래에 보였다.

```
public static boolean findElement(int[][] matrix, int elem) {
  int row = 0;
  int col = matrix[0].length - 1;
  while (row < matrix.length && col >= 0) {
    if (matrix[row][col] == elem) {
      return true;
    } else if (matrix[row][col] > elem) {
      col--;
    } else {
      row++;
    }
  }
  return false;
}
```

이렇게 하는 대신, 이진 탐색과 직접적으로 닮아 있는 해법을 적용할 수도 있다. 코드는 꽤 많이 복잡해지겠지만, 앞서 제시한 사실 가운데 많은 것을 활용한다.

해법 #2: 이진 탐색

다시 간단한 사례 하나를 살펴보자.

15	20	70	85
20	35	80	95
30	55	95	105
40	80	100	120

정렬이 되어 있다는 사실을 보다 효율적으로 활용하여 원소를 찾고 싶다. 이 행렬에 고유한 순서 관계로부터 우리가 유추해 낼 수 있는 정보는 무엇인

가? 그 정보를 원소 탐색 문제에 어떻게 활용할 수 있겠는가?

우리가 아는 것은, 모든 행과 열이 정렬된 상태라는 것이다. 따라서 a[i][j]의 값은 같은 행에 속한 0부터 j-1사이에 있는 원소들보다 크고, 같은 열에 속한 0부터 i-1까지 원소들 보다 크다.

다른 식으로 표현하자면 이렇다.

a[i][0] <= a[i][1] <= ... <= a[i][j-1] <= a[i][j]
a[0][j] <= a[1][j] <= ... <= a[i-1][j] <= a[i][j]

이를 시각적으로 나타내보면 아래와 같다. 즉, 짙은 회색으로 칠해진 원소의 값은 연한 회색으로 칠해진 원소의 값보다 크다.

15	20	70	85
20	35	80	95
30	55	95	105
40	80	100	120

옅은 회색으로 칠해진 원소들 사이에도 순서가 있다. 각 값은 그 왼쪽에 있는 원소들의 값보다 크고, 그 위에 있는 원소들보다 크다. 따라서 이행성 transitivity 원칙에 의거, 짙은 회색 원소의 값은 아래의 옅은 회색 부분에 있는 원소 값들보다 크다.

15	20	70	85
20	35	80	95
30	55	95	105
40	80	100	120

따라서 주어진 행렬 위에 어떤 사각형을 그려도 오른쪽 아래에 있는 원소의 값이 항상 최댓값이 된다.

마찬가지로, 왼쪽 상단 구석에 있는 원소는 항상 최솟값이 된다. 아래의 그림에 사용된 색상은 원의 값들 사이의 대소관계를 표현한다(옅은 회색 < 짙은 회색 < 검정).

15	20	70	85
20	35	80	95
30	55	95	105
40	80	100	120

이제 원래 문제로 돌아가 보자. 85를 찾는다고 하자. 좌측 상단부터 오른쪽 하단을 잇는 대각선을 따라가 보면 35와 95를 만나게 된다. 이 정보가 85의 위치에 대해 암시하는 것은 무엇인가?

15	20	70	85
20	35	80	95
30	55	95	105
40	80	100	120

85는 검정색 영역에 있을 리 없다. 95가 해당 영역의 최솟값이기 때문이다.

85는 옅은 회색 영역에 있을 리도 없다. 이 영역의 최댓값이 35이기 때문이다.

따라서 85는 남은 흰색 영역 어딘가에 있다.

따라서 위의 행렬을 네 개의 사분면으로 재귀적으로 나누어, 왼쪽 하단 사분면과 오른쪽 상단 사분면을 재귀적으로 탐색할 것이다. 이 두 사분면도 다시 다른 사분면으로 분할하여 탐색할 것이다.

대각선에 위치하는 원소도 정렬되어 있다는 특성을 이용하면 이진 탐색 기법을 효과적으로 적용할 수 있음에 주목하기 바란다.

이 알고리즘을 구현한 코드를 아래에 보였다.

```
public Coordinate findElement(int[][] matrix, Coordinate origin,
Coordinate dest, int x) {
  if (!origin.inbounds(matrix) || !dest.inbounds(matrix)) {
```

```
      return null;
    }
    if (matrix[origin.row][origin.column] == x) {
      return origin;
    } else if (!origin.isBefore(dest)) {
      return null;
    }

    /* start를 대각선 시작 지점으로 설정하고 end는
    * 대각선의 마지막 지점으로 설정한다. 주어진 행렬이 정사각형이 아닐
    * 수도 있기 때문에, 마지막 지점은 dest와 일치하지 않을 수 있다. */
    Coordinate start = (Coordinate) origin.clone();
    int diagDist = Math.min(dest.row - origin.row,
    dest.column - origin.column);
    Coordinate end = new Coordinate(start.row + diagDist,
    start.column + diagDist);
    Coordinate p = new Coordinate(0, 0);

    /* 대각선상의 원소에 이진 탐색을 적용하여 x보다 큰
    * 첫 번째 원소를 찾는다. */
    while (start.isBefore(end)) {
      p.setToAverage(start, end);
      if (x > matrix[p.row][p.column]) {
        start.row = p.row + 1;
        start.column = p.column + 1;
      } else {
        end.row = p.row - 1;
        end.column = p.column - 1;
      }
    }

    /* 행렬을 사분면으로 분할한다. 왼쪽 하단 사분면과
    * 오른쪽 상단 사분면을 탐색한다. */
    return partitionAndSearch(matrix, origin, dest, start, x);
}

public Coordinate partitionAndSearch(int[][] matrix,
Coordinate origin, Coordinate dest, Coordinate pivot,
int elem) {
  Coordinate lowerLeftOrigin =
  new Coordinate(pivot.row, origin.column);
  Coordinate lowerLeftDest =
  new Coordinate(dest.row, pivot.column - 1);
```

```
    Coordinate upperRightOrigin =
    new Coordinate(origin.row, pivot.column);
    Coordinate upperRightDest =
    new Coordinate(pivot.row - 1, dest.column);

    Coordinate lowerLeft =
    findElement(matrix, lowerLeftOrigin, lowerLeftDest, elem);
    if (lowerLeft == null) {
      return findElement(matrix, upperRightOrigin,
      upperRightDest, elem);
    }
    return lowerLeft;
}

public static Coordinate findElement(int[][] matrix, int x) {
    Coordinate origin = new Coordinate(0, 0);
    Coordinate dest = new Coordinate(matrix.length - 1,
    matrix[0].length - 1);
    return findElement(matrix, origin, dest, x);
}

public class Coordinate implements Cloneable {
    public int row;
    public int column;
    public Coordinate(int r, int c) {
      row = r;
      column = c;
    }

    public boolean inbounds(int[][] matrix) {
      return row >= 0 && column >= 0 &&
      row < matrix.length && column < matrix[0].length;
    }

    public boolean isBefore(Coordinate p) {
      return row <= p.row && column <= p.column;
    }

    public Object clone() {
      return new Coordinate(row, column);
    }

    public void setToAverage(Coordinate min, Coordinate max) {
```

```
        row = (min.row + max.row) / 2;
        column = (min.column + max.column) / 2;
    }
}
```

이 코드를 전부 읽고 나면 이런 생각이 들지 모르겠다. "면접장에서 이 많은 코드를 어떻게 만들어?" 맞다. 불가능하다. 하지만 여러분의 점수는 어디까지나 상대적으로 매겨진다는 것을 기억하자. 그러니 여러분이 불가능하다고 느낀다면, 다른 사람들도 마찬가지이다. 이렇게 까다로운 문제를 만난다고 해서, 여러분만 불리한 것은 아니다.

어떤 코드는 별도 메서드로 분리하면 일이 조금 쉬워진다. 가령 partitionAndSearch를 별도 메서드로 분리하면 핵심 코드를 설계하기가 쉬워진다. 시간이 남을 때 partitionAndSearch를 마저 구현하면 된다.

10.7 한 서커스단이 다른 사람 어깨 위에 다른 사람이 올라서도록 하는 '인간 탑 쌓기' 순서를 고안하고 있다. 실질적이고도 미학적인 이유로, 어깨 위에 올라서는 사람은 아래 있는 사람보다 키도 작고 더 가벼워야 한다. 해당 순서에 참여하는 단원의 키와 몸무게가 주어졌을 때, 최대로 쌓을 수 있는 탑을 계산하는 메서드를 작성하라.

– 예:

입력 (키, 몸무게): (65, 100) (70, 150) (56, 90) (75, 190) (60, 95) (68, 110)

출력: 최대 탑 높이는 6이며, 다음과 같이 구성한다. (위에서 아래로)

(56, 90) (60,95) (65,100) (68,110) (70,150) (75,190)

150쪽

해법

쓸데없는 부분을 걷어 내고 나면, 이 문제는 아래와 같이 고쳐 쓸 수 있다.

순서쌍들이 있다. 이 순서쌍들을 가지고 만들 수 있는 리스트 가운데 가장 긴 리스트를 찾아라. 리스트에 포함되는 순서쌍들은 오름차순으로 정렬되어야 한다. 순서를 따질 때는 순서쌍의 첫 번째 값과 두 번째 값을 동시에 고려한다.

'단순화와 일반화' 접근법(또는 '패턴 매칭' 접근법)을 적용하면, 이 문제를 '배열 내에 존재하는 가장 긴 오름차순 부분수열longest increasing sequence'을 찾는 문제와 연관 지을 수 있다.

부분문제: 가장 긴 오름차순 부분수열

원소들을 동일한 (상대적) 순서로 유지할 필요가 없다면, 단순히 배열을 정렬해 버리면 된다. 그런데 그러면 문제가 너무 간단해지므로, 원소들 간의 상대적인 순서를 유지해야 한다고 가정하도록 하자.

원소들을 하나씩 살펴보는 재귀 알고리즘을 유도해 보자. 우선, A[0]부터 A[i]까지의 가장 긴 오름차순 부분수열을 안다고 하더라도 A[i+1]과 A[i+2]까지의 가장 긴 오름차순 부분수열을 얻을 수는 없다는 사실을 알아야 한다. 간단한 예제를 통해 이 사실을 확인할 수 있다.

Array: 13, 14, 10, 11, 12
Longest(0~0): 13
Longest(0~1): 13, 14
Longest(0~2): 13, 14
Longest(0~3): 13, 14 또는 10, 11
Longest(0~4): 10, 11, 12

Longest(0~4)나 Longest(0~3)을 이전에 구한 답들에서 유추하려고 하면 최적의 해답을 찾을 수는 없을 것이다.

하지만 다른 재귀적 접근법을 쓰면 어떨까? 0부터 i까지의 원소들에 존재하는 가장 긴 오름차순 수열을 찾는 대신, i로 끝나는 가장 긴 오름차순 수열을 찾는다면? 위의 예제에 적용해 보면, 다음과 같은 결과를 얻는다.

Array: 13, 14, 10, 11, 12
Longest(A[0]으로 끝나는): 13

Longest(A[1]으로 끝나는): 13, 14

Longest(A[2]으로 끝나는): 10

Longest(A[3]으로 끝나는): 10, 11

Longest(A[4]으로 끝나는): 10, 11, 12

A[i]로 끝나는 가장 긴 오름차순 수열은 이전에 구한 답을 참조하면 얻을 수 있다. A[i]를 덧붙여 보아 가장 긴 '유효valid' 수열이 만들어지는지 보면 된다. A[i] > list.tail의 조건이 만족되면 유효하다.

실제 문제: 순서쌍으로 구성되는 '가장 긴 오름차순 부분수열'

이제 정수 배열에서 가장 긴 오름차순 부분수열을 구하는 방법은 알았으니, 실제 문제도 꽤 쉽게 풀 수 있다. 순서쌍을 우선 키에 따라 정렬한 다음에, longestIncreasingSubsequence 알고리즘을 체중에 적용하는 것이다.

이 알고리즘을 구현한 코드를 아래에 보였다.

```
ArrayList<HtWt> getIncreasingSequence(ArrayList<HtWt> items) {
  Collections.sort(items);
  return longestIncreasingSubsequence(items);
}

void longestIncreasingSubsequence(ArrayList<HtWt> array,
ArrayList<HtWt>[] solutions, int current_index) {
  if (current_index >= array.size() || current_index < 0) return;
  HtWt current_element = array.get(current_index);

  /* current_element를 추가할 수 있는 가장 긴 부분수열을 찾는다 */
  ArrayList<HtWt> best_sequence = null;
  for (int i = 0; i < current_index; i++) {
    if (array.get(i).isBefore(current_element)) {
      best_sequence = seqWithMaxLength(best_sequence,
      solutions[i]);
    }
  }

  /* current_element 추가 */
  ArrayList<HtWt> new_solution = new ArrayList<HtWt>();
```

```
  if (best_sequence != null) {
    new_solution.addAll(best_sequence);
  }
  new_solution.add(current_element);

  /* 리스트에 추가하고 재귀 호출 시행 */
  solutions[current_index] = new_solution;
  longestIncreasingSubsequence(array, solutions, current_index+1);
}

ArrayList<HtWt> longestIncreasingSubsequence(
  ArrayList<HtWt> array) {
    ArrayList<HtWt>[] solutions = new ArrayList[array.size()];
    longestIncreasingSubsequence(array, solutions, 0);

    ArrayList<HtWt> best_sequence = null;
    for (int i = 0; i < array.size(); i++) {
      best_sequence = seqWithMaxLength(best_sequence, solutions[i]);
    }

  return best_sequence;
}

/* 더 긴 부분수열 반환 */
ArrayList<HtWt> seqWithMaxLength(ArrayList<HtWt> seq1,
ArrayList<HtWt> seq2) {
  if (seq1 == null) return seq2;
  if (seq2 == null) return seq1;
  return seq1.size() > seq2.size() ? seq1 : seq2;
}

public class HtWt implements Comparable {
  /* 선언, 기타 등등 */

  /* sort 메서드가 이용함 */
  public int compareTo( Object s ) {
    HtWt second = (HtWt) s;
    if (this.Ht != second.Ht) {
      return ((Integer)this.Ht).compareTo(second.Ht);
    } else {
      return ((Integer)this.Wt).compareTo(second.Wt);
    }
  }

```

```
    /* this가 other보다 앞에 와야 하면 true를 반환.
    * this.isBefore(other)와 other.isBefore(this)가 전부
    * false를 반환하는 경우도 있을 수 있다.
    * compareTo 메서드는 a < b이면 b > a이므로, 그와는 다르다. */
    public boolean isBefore(HtWt other) {
      if (this.Ht < other.Ht && this.Wt < other.Wt) return true;
      else return false;
    }
}
```

이 알고리즘의 실행 시간은 $O(n^2)$이다. O(n log n)짜리 알고리즘도 있지만, 훨씬 더 복잡해서 면접 시간 내에 유도해 낼 수는 없을 것이다. 설사 도움을 받는다고 해도 말이다. 연구해 보고 싶은 사람은 인터넷으로 검색해 보면 O(n log n) 알고리즘에 대한 몇 가지 설명을 발견할 수 있을 것이다.

10.8 정수 스트림을 읽는다고 하자. 주기적으로 어떤 수 x의 랭킹(x보다 같거나 작은 수의 개수)을 확인하고 싶다. 해당 연산을 지원하는 자료구조와 알고리즘을 구현하라. 수 하나를 읽을 때 마다 호출되는 메서드 track(int x)와, x보다 같거나 작은 수의 개수(x 자신은 포함하지 않는다)를 반환하는 메서드 getRankOfNumber(int x)를 구현하면 된다.

— 예

입력 스트림: 5, 1, 4, 4, 5, 9, 7, 13, 3

getRankOfNumber(1) = 0

getRankOfNumber(3) = 1

getRankOfNumber(4) = 3

150쪽

해법

모든 원소를 정렬 상태로 보관하는 배열을 두면 상대적으로 구현하기 간단할 것이다. 새로운 원소를 추가할 필요가 있을 때에는 다른 원소들을 옮겨 공간을 확보해야 한다. 하지만 getRankOfNumber는 꽤 효율적으로 구현할 수 있을 것이다. 이진 탐색으로 n을 찾아 그 첨자를 반환하면 된다.

하지만 새 원소를 삽입할 때 효율성이 떨어지므로(함수 track(int x)를 이야기하는 것) 원소 간의 상대적 순서를 유지할 수 있으면서도 새로운 원소를 삽입하기에도 효율적인 자료구조가 필요하다. 이진 탐색 트리를 사용하면 될 것이다.

원소들을 배열에 보관하는 대신, 원소를 이진 탐색 트리에 삽입한다. 그러면 track(int x)는 O(log n) 시간에 수행되도록 구현할 수 있다. n은 트리의 크기이다. (물론, 트리의 균형이 유지된다는 가정하에서 그러하다.)

어떤 수의 랭킹을 알아내려면 정순회in-order traversal를 시행하면서 카운터counter 변수를 증가시키면 된다. 목표는, 우리가 x를 찾았을 때 counter에 x보다 작은 원소의 수가 저장되도록 하는 것이다.

그런데 트리의 왼쪽으로 움직일 때에는 카운터 변수의 값은 변경할 필요가 없다. 왜인가? 오른쪽에 있는 모든 원소의 값은 x보다 크기 때문이다. 결국, 최솟값 원소(랭킹이 1이다)는 트리의 가장 왼쪽 노드다.

하지만 오른쪽으로 진행할 때에는 왼쪽에 있는 (그 값이 x보다 작은) 많은 원소들을 세지 않고 건너뛰게 된다. 그러므로 counter를 트리 왼쪽에 있는 노드 수만큼 증가시킬 필요가 있다.

그런데 왼쪽 하위 트리의 크기를 따지는 대신 (효율성이 매우 떨어지는 작업이다) 새로운 정보를 트리에 추가할 때마다 그 정보를 갱신하도록 하면 counter를 증가시키는 작업을 보다 편하게 할 수 있다.

아래의 예제 트리를 따라가보자. 아래의 그림에서 괄호 안에 있는 숫자는 해당 노드의 왼쪽 부분 트리 안에 있는 노드 개수이다 (다른 말로 하면, 그 하위 트리에 상대적인, 해당 노드의 랭킹 값이다).

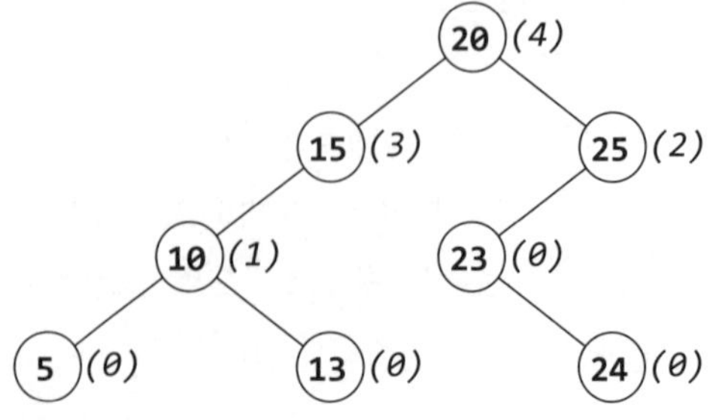

24의 랭킹을 구해보자. 24를 루트와 비교해 보면 24는 트리 오른쪽에 있다는 결론을 내리게 된다. 루트 노드 왼쪽 하위 트리에 네 개의 원소가 있으므로, 루트 노드를 포함하여 24보다 작은 원소의 개수는 5가 된다. 따라서 counter를 5로 설정한다.

그런 다음 24를 25와 비교한다. 24는 분명 해당 노드의 왼쪽에 있어야 한다. 따라서 counter는 갱신하지 않는다. 24보다 값이 작은 노드를 건너뛰는 것이 아니기 때문. 따라서 counter의 값은 여전히 5이다.

다음으로, 24를 23과 비교한다. 24는 그 오른쪽에 있어야 한다. counter의 값은 1만큼 증가시킨다 (따라서 6이 된다). 23에는 왼쪽 노드가 없기 때문이다.

24를 찾으면 counter에 보관된 값을 반환한다. 6이다.

이 알고리즘을 재귀적으로 구현하면 다음과 같은 형태이다.

```
int getRank(Node node, int x) {
  만일 x가 node.data이면
    return node.leftSize()
  만일 x가 node의 왼쪽에 있다면
    return getRank(node.left, x)
  만일 x가 node의 오른쪽에 있다면
    return node.leftSize() + 1 + getRank(node.right, x)
}
```

이 알고리즘을 구현한 코드를 아래에 보였다.

```
public class Question {
  private static RankNode root = null;

  public static void track(int number) {
    if (root == null) {
      root = new RankNode(number);
    } else {
      root.insert(number);
    }
  }

  public static int getRankOfNumber(int number) {
```

```
    return root.getRank(number);
  }

  ...
}

public class RankNode {
  public int left_size = 0;
  public RankNode left, right;
  public int data = 0;
  public RankNode(int d) {
    data = d;
  }

  public void insert(int d) {
    if (d <= data) {
      if (left != null) left.insert(d);
      else left = new RankNode(d);
      left_size++;
    } else {
      if (right != null) right.insert(d);
      else right = new RankNode(d);
    }
  }

  public int getRank(int d) {
    if (d == data) {
      return left_size;
    } else if (d < data) {
      if (left == null) return -1;
      else return left.getRank(d);
    } else {
      int right_rank = right == null ? -1 : right.getRank(d);
      if (right_rank == -1) return -1;
      else return left_size + 1 + right_rank;
    }
  }
}
```

트리 안에 d가 없는 경우를 어떻게 처리했는지 눈여겨보기 바란다. 반환값이 -1이면 getRank의 최종 실행 결과로 -1이 반환되도록 처리한다. 이런 경우를 올바르게 처리하는 것은 중요하다.

11 규모확장성과 메모리 제한 해법

11.1 서비스 하나를 구현한다고 하자. 이 서비스는 폐장 시점에 주가 정보(시작가, 종가, 최고가, 최저가)를 최대 1000개의 클라이언트에게 제공한다. 데이터는 이미 가지고 있고, 원하는 아무 형태로나 저장할 수 있다고 가정해도 좋다. 이 서비스를 어떻게 설계하면 좋겠는가? 여러분은 개발과 배포를 책임져야 하고, 지속적으로 시스템을 모니터링해야 하는 한편 사용자에게 전송되는 정보를 관리해야 한다. 생각했던 방법들에 대해 설명한 다음, 어떤 접근법을 왜 택했는지 설명하라. 어떤 기술을 사용해도 좋다. 클라이언트 프로그램에 정보를 전송하는 방법도 원하는 대로 선택할 수 있다.

157쪽

해법

문제에 기술된 대로, 정보를 클라이언트에게 어떻게 전송할 것인지에 대한 문제에 집중한다. 전송할 정보를 수집하는 부분은 모종의 스크립트에 의해 수행된다고 가정한다.

그러면 우선은 어떤 측면들에 집중해야 하는지를 생각해 보자.

- 클라이언트 측의 사용 편의성: 클라이언트가 구현하기에 쉬운 서비스가 되어야 하고, 또한 그들에게 유용해야 한다.
- 서버 측 편의성: 이 서비스는 우리가 구현하기도 편해야 한다. 불필요한 작업은 하고 싶지 않다. 구현 비용 측면뿐만 아니라, 유지보수 비용 측면에서도 그러하다.
- 미래의 요구를 수용하기 유연한 구조: "실제 상황이라면 어떻게 할 것인지" 묻는 방식으로 기술되어 있는 문제이므로, 실제 상황이라면 어떻게 할

것인지 생각해 봐야 한다. 요구사항이 변했을 때 수용할 수 없으면 곤란하므로, 지나치게 구현 측면에만 집중하면 곤란하다.

· 규모확장성과 효율성: 서비스에 과도한 부하가 가해지지 않도록, 효율성에 대해서도 신경을 써야 한다.

이런 측면들을 고려해야 한다는 사실을 기억하면서 다양한 방안들을 검토해야 한다.

방안 #1

한 가지 방법은 데이터를 간단한 텍스트 파일에 보관하고 클라이언트가 그 데이터를 FTP 서버로부터 다운받도록 하는 것이다. 파일 내용을 살펴보기 쉽고 백업하기도 편하다는 측면에서는 유지보수성이 높은 방법이지만, 데이터를 질의하려면 텍스트 파일을 파싱parsing하는 복잡한 과정이 필요하다. 또한, 새로운 데이터가 텍스트 파일에 추가되면 클라이언트 측에 구현된 기존 파싱 방법이 더 이상 동작하지 않게 될지도 모른다.

방안 #2

표준적인 SQL 데이터베이스를 사용하고, 클라이언트가 해당 데이터베이스를 직접 사용하도록 만들 수도 있다. 이 방법의 장점은 다음과 같다.

· 클라이언트에 부가 기능을 제공해야 할 필요가 있을 경우, 클라이언트가 데이터에 질의하기가 쉬워진다. 가령 "시작가가 N보다 크고 종가가 M보다 작은 모든 주식 목록을 구하라"와 같은 질의를 간단하고도 효율적으로 처리할 수 있다.
· 질의를 취소하고, 데이터를 백업하고, 보안을 유지하는 등의 기능이 표준적인 데이터베이스 기능에 포함되어 있으므로, 처음부터 다시 개발할 필요가 없다. 따라서 구현하기 쉬워진다.
· 클라이언트가 서비스를 기존 응용에 통합하기 쉬워진다. SQL을 통한 기능 통합은 소프트웨어 개발환경이 표준적으로 제공하는 기능 중 하나다.

SQL 데이터베이스를 사용하는 방법의 단점은 무엇인가?

- 개발된 결과물이 필요한 것보다 무거워heavier진다. 약간의 정보를 얻고 처리하기 위해 SQL 처리기를 꼭 붙여야 할 필요가 있을까?
- 사람이 이해하기 어려운 형태로 데이터가 저장되므로, 데이터를 조회하고 관리하는 추가적인 계층을 도입할 필요가 생긴다. 따라서 구현 비용이 증가한다.
- SQL 데이터베이스가 꽤 잘 정의된 보안 계층layer을 제공하고는 있지만, 클라이언트에게 지정된 권한 이상을 주지 않도록 조심해야 할 필요가 있다. 또한, 클라이언트가 악의적인 일을 할 리는 없다손 치더라도, 실행 비용이 높고 비효율적인 질의를 날릴 수 있다는 사실은 알고 있어야 한다. 그 비용은 고스란히 서버가 감당해야 한다.

이런 단점이 있다고 해서, SQL을 통한 데이터 이용 방안을 완전히 배제할 필요는 없다. 오히려 이런 단점들을 인지하고 있어야 한다는 뜻이다.

방안 #3

XML은 정보를 전송하기에 좋은 포맷 가운데 하나다. 우리가 전송해야 하는 데이터의 포맷은 고정되어 있고, 그 크기도 일정하다. company name(회사명), open(시작가), high(최고가), low(최저가) closing price(종가) 등의 정보를 담는다. 따라서 XML 파일은 다음과 같은 형태를 띤다.

```
<root>
  <date value="2008-10-12">
    <company name="foo">
      <open>126.23</open>
      <high>130.27</high>
      <low>122.83</low>
      <closingPrice>127.30</closingPrice>
    </company>
```

```
    <company name="bar">
      <open>52.73</open>
      <high>60.27</high>
      <low>50.29</low>
      <closingPrice>54.91</closingPrice>
    </company>
  </date>
  <date value="2008-10-11"> . . . </date>
</root>
```

이 접근법에는 다음과 같은 장점이 있다.

· 전송하기 쉽다. 사람이 살펴보기에도 쉽고, 기계가 처리하기에도 쉽다. XML이 데이터를 공유하고 전송하는 표준적 데이터 모델인 것은 그래서이다.
· 대부분의 프로그래밍 언어에는 XML을 처리하기 위한 라이브러리가 포함되어 있다. 따라서 클라이언트가 관련 기능을 구현하기도 쉽다.
· 새로운 노드를 추가하면 기존 XML 파일에 새로운 데이터를 삽입할 수 있다. 그래도 클라이언트 파서의 구현이 변경될 필요는 없다(파서를 적절히 구현했다는 가정 하에서 그렇다).
· 데이터가 XML 파일 형태로 저장되기 때문에, 기존의 백업 도구를 사용할 수 있다. 백업 도구를 새롭게 구현할 필요가 없다는 뜻.

다음과 같은 단점도 있다.

· 클라이언트에게 모든 정보를 전송한다. 설사 클라이언트가 필요로 하는 정보가 그중 일부라고 하더라도 말이다. 그런 측면에서 보면 비효율적이다.
· 데이터에 질의를 시행하려면 전체 파일을 파싱해야 한다.

데이터를 저장하기 위해 어떤 솔루션을 사용하건, 클라이언트가 웹을 통해 서비스를 사용하도록 할 수 있다(가령, SOAP). 그렇게 하면 구현해야 할 계층이 하나 더 늘어나긴 하지만 보안성을 높일 수 있고, 클라이언트가 서비스를 시스템에 통합하기도 더 쉬워진다.

하지만 클라이언트는 우리가 지정한 방식으로만 데이터를 취득할 수 있게 될 것이다. 이것은 장점이기도 하고 단점이기도 하다. SQL을 사용하는 경우에는 클라이언트는 우리가 지정한 방식 이외의 방식으로도 최고가를 조회할 수 있다.

그렇다면, 어떤 방안이 바람직하겠는가? 정답은 없다. 텍스트 파일을 사용하는 방안은 분명 나쁜 선택일 것이다. 하지만 XML과 SQL 사이에서 선택하는 문제라면, 웹 서비스가 있건 없건 간에 꽤나 갈등하게 될 것이다. 어느 쪽에 대해서도, 설득력 있는 이유를 댈 수 있을 것이다.

이런 문제의 목적은 여러분이 정답을 내는지 보는 것이 아니다(애초에 정답이 없다). 오히려, 여러분이 어떻게 시스템을 설계하고 다양한 방안들의 장단점을 평가하는지 보기 위한 것이다.

11.2 페이스북이나 링크드인LinkedIn과 같은 대규모 소셜 네트워크를 위한 자료구조는 어떻게 설계하겠는가? 두 사람 사이의 관계를 보여주는 알고리즘은 어떻게 설계하겠는가? (가령 나→밥→수잔→제이슨→당신.)

157쪽

해법

이 문제를 푸는 방법 하나는, 우선 요구사항 가운데 몇 가지를 제거하고 풀어보는 것이다.

단계 #1: 문제를 단순화하라 - 수백만의 사용자는 잊어버려라

우선, 수백만의 사용자를 처리해야 한다는 것은 잠깐 잊어버리고 간단하게 설계를 시작하자.

각 사용자를 노드node로 보고, 친구 관계인 두 사용자 간에 간선edge이 존재하도록 하면 그래프를 구성할 수 있다.

```
class Person {
  Person[] friends;
  // 기타 정보들
}
```

두 사용자 간에 연관성이 존재하는지를 알아보고 싶으면, 한 사용자로부터 시작해 너비 우선 탐색을 시행하면 된다.

깊이 우선 탐색을 사용하지 않는 이유는 무엇인가? 깊이 우선 탐색이 비효율적일 수 있기 때문이다. 두 사용자가 1촌 관계라고 해보자. 그런 경우에 깊이 우선 탐색을 하게 되면, 하위 트리에 존재하는 수백만 노드를 탐색하게 될 수 있다. 찾는 사용자가 그보다는 상대적으로 가까운 곳에 있다고 해도 말이다.

단계 #2: 수백만 사용자의 처리

LinkedIn이나 Facebook 규모의 서비스를 만들 때에는 '데이터를 한 기계에 두는 것이 불가능하다. 다시 말해 Person을 위와 같이 단순하게 설계해서는 통하지 않을 것이라는 뜻이다. 우리가 찾는 '친구'는 같은 기계에 있지 않을 수도 있다. 대신, 친구 리스트를 친구 각각의 ID로 구성되는 리스트로 만들고, 다음과 같이 탐색해야 한다.

1. 친구 'personID'의 정보가 있는 기계를 찾는다
2. #machin_index번 기계로 간다
3. 해당 기계에서, Person friend = getPersonWithID(personID)를 시행한다.

이 프로세스를 설계한 결과물을 아래에 코드 형태로 보였다. 클래스 Server를 정의하였는데, 이 클래스는 모든 기계의 리스트를 보관한다. 클래스 Machine은 하나의 기계를 표현한다. 이 두 클래스는 데이터의 효율적 탐색을 위한 해시 테이블을 가지고 있다.

```
public class Server {
  HashMap<Integer, Machine> machines =
  new HashMap<Integer, Machine>();
  HashMap<Integer, Integer> personToMachineMap =
  new HashMap<Integer, Integer>();

  public Machine getMachineWithId(int machineID) {
    return machines.get(machineID);
  }

  public int getMachineIDForUser(int personID) {
    Integer machineID=personToMachineMap.get(personID);
    return machineID == null ? -1 : machineID;
  }

  public Person getPersonWithID(int personID) {
    Integer machineID=personToMachineMap.get(personID);
    if (machineID == null) return null;

    Machine machine=getMachineWithId(machineID);
    if (machine == null) return null;

    return machine.getPersonWithID(personID);
  }
}

public class Person {
  private ArrayList<Integer> friendIDs;
  private int personID;

  public Person(int id) { this.personID=id; }

  public int getID() { return personID; }
  public void addFriend(int id) { friends.add(id); }
}

public class Machine {
  public HashMap<Integer, Person> persons =
  new HashMap<Integer, Person>();
  public int machineID;

  public Person getPersonWithID(int personID) {
```

```
        return persons.get(personID);
    }
}
```

이와 관련하여 생각해 볼만한 최적화 이슈나 연관 문제들이 있는데, 아래에 몇 가지만 나열해 보았다.

최적화: 다른 기계에 대한 탐색을 줄인다

한 기계에서 다른 기계로 옮겨가는 비용은 만만치 않다. 무작위로 계속 한 기계에서 다른 기계로 점프하는 대신, 이 '점프'들을 일괄batch 작업으로 처리하는 것을 생각해 볼 수 있다. 가령, 탐색해야 하는 친구 정보 가운데 다섯은 한 기계에 있다면, 그 모두를 한 번에 조회해야 할 것이다.

최적화: 사용자 정보를 지능적으로 나눈다

사람들은 같은 지역에 있는 사용자와 보다 많은 친구 관계를 만드는 경향이 있다. 사용자 정보를 여러 기계로 나눌 때 무작위적으로 나누는 것이 아니라 사용자가 거주하는 나라나 시, 도, 군 등의 정보를 사용하라. 그러면 사용자를 찾아 기계에서 기계 사이로 이동하는 일을 줄일 수 있을 것이다.

질문: 너비 우선 탐색을 하려면 통상적으로는 이미 방문한 노드에 표시를 해 두어야 한다. 이 문제의 경우에는 어떻게 하면 방문 노드에 표시를 해 둘 수 있나?

일반적으로 BFS를 시행할 때에는 해당 노드의 멤버 변수 visited를 사용해 방문 여부를 표시해 둔다. 하지만 여기서는 그렇게 하고 싶지 않다. 동시에 여러 개의 탐색이 진행될 수 있기 때문에, 데이터 자체를 변경하는 것은 좋은 생각이 아니다.

대신, 해시 테이블을 사용해 어떤 ID의 노드를 방문했었는지 기록해 두는 방법을 사용할 수 있다.

다른 연관 문제들:

- 실제 세계에서는 서버들이 죽는 일이 생긴다. 이런 일들이 여러분의 탐색 알고리즘에는 어떠한 영향을 미치나?
- 캐싱을 이용하려면 어떻게 하면 되겠는가?
- 그래프의 끝을 만날 때까지 (무한히) 탐색하는가? 탐색을 그만둘 시점은 어떻게 정하는가?
- 실제 세계에서는 다른 사람들보다 더 많은 친구의 친구 관계를 유지하는 사람들을 발견할 수 있다. 그런 사람들은 여러분과 다른 사람들 사이의 관계의 일부가 될 가능성도 높다. 탐색을 시작할 위치를 지정할 때 이런 사실을 활용할 수 있겠는가?

이것들은 면접관이 제기할 가능성이 있는 문제들 가운데 극소수일 뿐이다.

11.3 40억 개의 0을 포함하는 양의 정수가 들어 있는 파일이 있다. 이 파일에 없는 정수 하나를 찾는 알고리즘을 고안하라. 1GB의 메모리를 사용할 수 있다.

– 연관문제

메모리가 10MB값에 없다면? 중복된 수는 없으며, 전부 10억 개 이하라고 가정하라.

157쪽

해법

가능한 정수의 수는 2^{32}이니까 4십억 개. 1GB 메모리가 주어졌는데 여기에 보관할 수 있는 비트는 80억 개 정도다.

따라서 모든 가능한 정수를 이 80만개의 비트 각각에 대응시킬 수 있다(그렇게 하고도 좀 남는다). 방법은 다음과 같다.

1. 40억 개의 비트로 구성된 비트 벡터(BV)를 만든다. 비트 백터는 int의 배열을 사용해 불린 값을 압축적으로 보관하는 배열임을 상기하도록 하자. 각 int는 32비트이므로 32개의 불린 값을 표현할 수 있다.

2. BV를 0으로 초기화한다.
3. 파일에서 모든 수를 읽어 BV.set(num, 1)을 실행한다.
4. BF를 0번 첨자 위치부터 순서대로 읽는다.
5. 0이 아닌 값을 갖는 첫 번째 첨자를 반환한다.

이 알고리즘을 구현한 코드를 아래에 보였다.

```
long numberOfInts = ((long) Integer.MAX_VALUE) + 1;
byte[] bitfield = new byte [(int) (numberOfInts / 8)];
void findOpenNumber() throws FileNotFoundException {
  Scanner in=new Scanner(new FileReader("file.txt"));
  while (in.hasNextInt()) {
    int n=in.nextInt ();
    /* bitfield 배열의 바이트 하나를 찾아 OR 연산자를 사용하여
   *특정한 비트 하나를 1로 만든다.
   *가령, 10은 bitfield 배열의 두 번째 바이트의
   *두 번째 비트에 해당한다. */
    bitfield [n/8] |= 1 << (n % 8);
  }

  for (int i=0; i < bitfield.length; i++) {
    for (int j=0; j < 8; j++) {
      /* 각 바이트의 개별 비트 값을 읽는다.
     *0인 비트를 발견하면 거기 해당하는 값을 찾는다. */
      if ((bitfield[i]&(1 << j)) == 0) {
        System.out.println (i*8+j);
        return;
      }
    }
  }
}
```

연관문제: 메모리가 10MB 밖에 없다면?

데이터를 두 번 훑으면 없는 정수를 찾아낼 수 있다. 우선, 정수들을 지정된 크기의 블록으로 나눈다(한 블록의 크기를 어떻게 정하는지는 나중에 살펴보겠다). 일단은 정수를 1000개 단위의 블록으로 나눈다고 하자. 따라서 0번

블록에는 0부터 999까지의 정수가 들어가 있고, 블록 1에는 1000-1999까지의 정수가 들어가 있다. 이런 식으로 모든 정수를 블록 단위로 나눈다.

중복되는 수가 없으므로, 우리는 각각의 블록에 얼마나 많은 수가 있는지 안다. 따라서 해당 블록의 파일을 뒤져서 0과 999 사이에 정수가 몇 개나 있는지, 1000과 1999 사이에 정수가 몇 개나 있는지 센다. 어떤 블록에 999개의 정수밖에 없다면, 우리가 찾는 '빠진 정수'는 그 범위에 있을 것이다.

2단계에서는 특정한 범위 내의 정수 가운데 어떤 것이 빠졌는지를 찾는다. 앞서 살펴본 비트 벡터를 여기서도 사용한다. 지정된 범위 밖에 있는 수는 무시한다.

여기서 살펴볼 질문 하나는, 적절한 블록 크기는 어떻게 구하느냐 하는 것이다. 다음과 같이 몇 개 변수를 정의해 보자.

- rangeSize는 첫 번째 단계에서 만들 각 블록에 포함될 정수의 개수다.
- arraySize는 첫 번째 단계에서 만들 블록의 개수이다. 2^{31}개의 정수가 존재하므로, $arraySize = 2^{31} / rangeSize$이다.

첫 번째 단계와 두 번째 단계에서 사용될 메모리(첫 번째 단계의 경우에는 배열, 두 번째 단계의 경우에는 비트 벡터)가 주어진 메모리 한계를 넘어서지 않도록 rangeSize를 정해야 한다.

첫 단계: 배열

첫 번째 단계에서 만들 배열은 대략 10메가바이트, 그러니까 2^{23}바이트 안에 들어맞는다. 배열의 각 원소는 int 타입인데 int가 4바이트이므로, 최대 2^{21}개의 원소를 갖는 배열을 정의할 수 있다. 따라서 아래와 같은 식을 유도해 낼 수 있다.

$$arraySize = 2^{31} / rangeSize \le 2^{21}$$

$$rangeSize \ge 2^{31}/2^{31}$$

$$rangeSize \ge 2^{10}$$

두 번째 단계: 비트 벡터

메모리에는 rangeSize개의 비트를 저장하기에 충분한 공간이 있어야 한다. 주어진 메모리에는 2^{23}바이트를 보관할 수 있는데, 이를 비트 단위로 환산하면 2^{26}이다. 그러므로 다음과 같은 결론을 얻는다.

$$2^{10} \leq rangeSize \leq 2^{26}$$

그러므로 rangeSize를 고를 수 있는 범위는 꽤 넓은 편이다. 하지만 가운데에 가깝게 고르면 특정한 시간에 사용되는 메모리는 줄어든다.

이 알고리즘을 구현한 코드를 아래에 보였다.

```
int bitsize=1048576; // 2^20 bits (2^17 bytes)
int blockNum=4096; // 2^12
byte[] bitfield=new byte[bitsize/8];
int[] blocks=new int[blockNum];

void findOpenNumber() throws FileNotFoundException {
  int starting=-1;
  Scanner in=new Scanner (new FileReader ("file.txt"));
  while (in.hasNextInt()) {
    int n=in.nextInt();
    blocks[n/(bitfield.length*8)]++;
  }

  for (int i=0; i < blocks.length; i++) {
    if (blocks[i] < bitfield.length*8){
      /* 만일 value 〈 2^20이면 그 부분에서
      * 적어도 하나의 정수가 빠진 것이다. */
      starting=i*bitfield.length*8;
      break;
    }
  }

  in=new Scanner(new FileReader("file.txt"));
  while (in.hasNextInt()) {
    int n=in.nextInt();
    /* 빠진 수가 있는 블록에 있는 수이면 그 사실을
```

```
     *기록한다. */
      if (n >= starting && n < starting+bitfield.length*8) {
        bitfield [(n-starting)/8] |= 1 << ((n-starting) % 8);
      }
    }

    for (int i=0 ; i < bitfield.length; i++) {
      for (int j=0; j < 8; j++) {
        /* 각 바이트의 개별 비트를 가져온다. 0인 비트가
       *발견되면, 그에 해당하는 값을 구한다. */
        if ((bitfield[i]&(1 << j)) == 0) {
          System.out.println(i*8+j+starting);
          return;
        }
      }
    }
  }
```

만일 면접관이 주어진 메모리의 양을 더 낮추면 어떻게 되겠는가? 방금 살펴본 풀이법의 첫 단계에 사용된 접근법을 반복하여 적용하면 된다. 백만 개 단위로 구성되는 정수열 각각에 몇 개의 정수가 포함되는지 살핀다. 다음 단계에서는 천 개 단위로 구성되는 정수열 각각에 몇 개의 정수가 포함되어 있는지 본다. 그런 다음 마지막으로 비트 벡터를 적용하면 된다.

11.4 1부터 N까지의 숫자가 든 배열이 있다. N은 최대 32,000이다. 이 배열에는 중복된 숫자가 있으며, N이 얼마인지는 모른다. 메모리는 4Kbytes로 제한되어 있다. 배열에 있는 모든 중복 원소를 출력하려면 어떻게 해야 하겠는가?

158쪽

해법

4킬로바이트의 메모리가 있으니 $8*4*2^{10}$비트의 주소 공간을 사용할 수 있다. $32*2^{10}$비트는 32000보다 크다. 따라서 32000비트로 구성된 비트 벡터를 생성하고, 그 각 비트가 하나의 정수를 나타내도록 만들 수 있다.

이제 배열을 순회하면서, 배열 원소 v에 상응하는 비트 벡터의 v번째 비트를 1로 만든다. 그러다가 중복된 원소를 만나면 출력한다.

```
public static void checkDuplicates(int[] array) {
  BitSet bs=new BitSet(32000);
  for (int i=0; i < array.length; i++) {
    int num=array[i];
    int num0=num-1; // bitset은 0에서 시작하고, 수는 1부터 시작한다
    if (bs.get(num0)) {
      System.out.println(num);
    } else {
      bs.set(num0);
    }
  }
}

class BitSet {
  int[] bitset;

  public BitSet(int size) {
    bitset=new int[size >> 5]; // 32로 나눈다.
  }

  boolean get(int pos) {
    int wordNumber=(pos >> 5); // 32로 나눈다.
    int bitNumber=(pos&0x1F); // mod 32
    return (bitset[wordNumber]&(1 << bitNumber)) != 0;
  }

  void set(int pos) {
    int wordNumber=(pos >> 5); // 32로 나눈다.
    int bitNumber=(pos&0x1F); // mod 32
    bitset[wordNumber] |= 1 << bitNumber;
  }
}
```

특별히 어려울 것 없는 문제이지만, 깔끔하게 구현하는 것이 중요하다. 큰 비트 벡터를 보관할 비트 벡터 클래스를 따로 정의한 것은 그래서이다. 면접관이 허락했다면 Java의 내장 클래스 BitSet을 이용할 수도 있었을 것이다.

11.5 웹에 있는 데이터를 긁어오는 크롤러crawler를 설계할 때, 무한 루프infinite loop에 빠지는 걸 방지하려면 어떻게 해야 하겠는가?

158쪽

해법

먼저, 무한루프가 어떻게 발생하는지부터 살펴봐야 한다. 단순하게 생각해 보면, 웹을 링크에 의해 만들어지는 그래프로 볼 경우, 사이클cycle이 존재하게 되면 무한루프가 발생하게 될 것이다.

따라서 무한루프를 막으려면, 사이클을 탐지하기만 하면 된다. 그리고 그 한 가지 방법은 해시 테이블을 두어 이미 방문한 페이지 v의 hash[v] 값을 true로 보관해 두는 것이다.

이 해법은 웹을 너비 우선 탐색한다는 것을 의미한다. 새로운 페이지를 방문할 때마다, 해당 페이지에 포함된 모든 링크를 큐에 넣는다. 이미 방문한 페이지는 큐에 넣는 대신 무시한다.

좋은 방법이다. 그런데 페이지 v를 '방문한다'는 것은 무엇을 의미하는가? 그 내용에 따라 방문 여부를 확인하여야 하나, 아니면 단순히 URL을 기준으로 판단하나?

URL을 기준으로 삼는다면, URL에 포함된 인자가 달라지면 완전히 다른 페이지로 가게 될 수도 있음에 유의하여야 한다. 가령 www.careercup. com/page?id=microsoft-interview-questions는 www.careercup.com/page?id=google-interview-questions과는 다른 페이지를 가리킨다. 하지만 웹 응용 프로그래밍이 인식하고 처리하지 않는 인자라면 몇 개를 URL 뒤에 갖다 붙이더라도 실제로 접근되는 페이지는 달라지지 않음도 사실이다. www.careercup.com?foobar=hello는 www.careercup.com과 같은 페이지이다.

그러니 이런 생각이 드실 수도 있겠다. "그렇다면, 페이지의 내용을 기준 삼는 것이 좋겠네." 얼핏 듣기에는 그럴싸하게 들린다. 하지만 이런 방법은 통할 리 없다. 어떤 페이지에 무작위적으로 생성된 내용이 포함된다 해보자. 그렇다면 그 페이지는 언제나 다른 페이지인가? 그렇게 보면 안 될 것이다.

결국, 이 페이지가 저 페이지와 '다른' 페이지인지 판단하는 완벽한 방법은 없는 셈이다. 그래서 이 문제가 까다롭다.

이 문제를 해결하는 한 가지 방법은 페이지 간의 유사성을 평가할 방법을 고안하는 것이다. 만일 페이지의 내용과 URL을 토대로 어떤 페이지가 다른 페이지들과 충분히 비슷하다면 그 페이지에 연결된 페이지를 탐색하는 우선 순위를 낮춘다. 각 페이지에 대해서, 콘텐츠 일부와 URL을 토대로 모종의 시그너처signature를 생성해 두면 될 것이다.

이 방법이 어떻게 동작하는지 살펴보자.

크롤러가 탐색해야 하는 항목들을 데이터베이스에 저장해 둔다. 각 단계에서, 탐색할 가장 높은 우선순위의 페이지를 고른 다음 다음을 시행한다.

· 페이지를 열어 해당 페이지의 특정한 섹션과 URL을 토대로 시그너처를 생성한다.
· 데이터베이스 질의를 통해 해당 시그너처를 갖는 페이지가 최근에 탐색된 적이 있는지 살핀다.
· 만일 해당 시그너처를 갖는 페이지가 최근에 탐색된 적이 있으면 해당 페이지를 데이터베이스에 낮은 우선순위로 추가한다.
· 그렇지 않다면 페이지를 탐색하고, 그 페이지에 연결된 링크를 데이터베이스에 추가한다.

위와 같이 구현하게 되면 웹을 탐색하는 행위는 결코 '끝나지' 않겠지만 무한루프에 빠지는 것은 막을 수 있다. 웹을 탐색하는 작업이 '끝나도록' 하고 싶다면(탐색 대상 '웹'이 인트라넷과 같은 제한된 범위의 웹이라면 분명히 끝날 것이다) 탐색되기 위해 만족해야 하는 최소 우선순위를 설정해 두면 될 것이다.

이것은 그저 하나의 간단한 해결책이며, 다른 좋은 해결책이 얼마든지 있을 수 있다. 이런 문제를 푸는 과정은 면접관과 대화하는 과정과 비슷하여 어디로든 진행될 수 있다. 사실, 이 문제를 토론하다 보면 바로 다음에 살펴볼 문제에 도달하게 될 수 있다.

11.6 100억 개의 URL이 있다. 중복된 문서를 찾으려면 어떻게 해야 하겠는가? '중복'은 '같은 URL'이라는 뜻이다.

158쪽

해법

100억 개의 URL을 처리하려면 얼마나 많은 공간이 필요한가? 각각의 URL이 평균적으로 100개의 문자로 구성된다고 하자. 각 문자는 4바이트라고 하자. 그렇다면 100억 개의 URL은 4테라바이트 정도의 메모리를 필요로 한다. 그만큼의 자료를 메모리에 보관할 수는 없다.

하지만 일단은 기적적으로 그 모든 데이터를 메모리에 보관할 수 있다고 상상해 보자. 처음에는 단순한 해법을 고안하는 것이 도움이 되기 때문이다. 그런 상황에서는 이미 살펴본 URL에 대해 true를 반환하는 해시 테이블을 사용하여 문제를 해결할 수도 있다(아니면 리스트를 정렬한 다음에 중복된 값이 있는지를 살펴볼 수도 있다. 그런데 그렇게 하면 시간은 더 들고 별다른 장점도 없다).

이제 이 간단한 해결책을 놓고, 4TB의 데이터를 메모리에 전부 둘 수는 없는 상황에서는 무슨 일이 발생하는지 살펴보자. 데이터 일부를 디스크에 저장하거나, 데이터를 여러 기계에 분할하는 해결책을 생각해 볼 수 있을 것이다.

해법 #1: 디스크 저장

모든 데이터를 한 기계에 저장한다면 문서 목록을 두 번 처리해야 한다. 첫 단계에서는 URL을 1GB짜리 무더기 4000개로 분할한다. 각 URL u를 〈x〉.txt 파일에 저장하는 것이 한 가지 간단한 방법이다. x는 hash(u) % 400과 같이 하여 결정하면 된다. 다시 말해, URL을 그 해시 값(% 무더기 개수)에 따라 분할하는 것이다. 따라서 같은 해시 값을 갖는 URL은 같은 파일이 저장된다.

두 번째 단계에서는 앞서 살펴본 해법과 본질적으로 같은 방법을 사용하여 처리하면 된다. 즉, 각 파일을 메모리에 올려 URL의 해시 테이블을 생성한 다음에 중복이 존재하는지 찾는 것이다.

해법 #2: 데이터를 여러 기계에 분할

또 다른 방법 하나는 본질적으로는 앞에서 살펴본 것과 동일하나 여러 기계를 사용한다는 차이가 있다. URL을 ⟨x⟩.txt라는 파일에 저장하는 대신 기계 #x에 전송하는 것이다.

여러 기계를 사용하는 것에는 장단점이 있다.

주된 장점은 계산 절차를 병렬화할 수 있다는 것이다. 즉, 4000개의 무더기를 전부 동시에 처리할 수 있게 된다는 것. 데이터가 많은 경우, 이쪽이 결과를 더 빨리 구할 수 있게 된다.

단점은 4000개의 기계가 완벽하게 동작해야 한다는 점이다. 실제로는 비현실적인 가정이다(데이터가 많아질수록, 그리고 기계가 많아질수록 더 그러하다). 따라서 기계에 장애가 생길 경우 어떻게 할 것인지를 고려해야 한다. 또한, 참여하는 기계가 많아지므로 시스템이 더욱 복잡해진다.

하지만 지금 살펴본 두 가지 해법 모두 좋은 방법이다. 면접관과 두 가지 방법 전부를 토론해 봐야 한다.

11.7 단순화된 검색 엔진을 탑재한 웹 서버를 상상해 보자. 검색 질의search query에 답하기 위한 100개의 기계가 있다. 이 각각은 processSearch(string query)를 통해 또 다른 서버 클러스터에게 검색 결과를 요구한다. 주어진 질의를 처리할 기계는 무작위로 설정되기 때문에, 같은 질의를 항상 같은 기계가 처리하리라는 보장은 없다. processSearch는 처리 비용이 굉장히 비싼 메서드다. 가장 최근에 주어진 질의의 처리 결과를 캐싱caching하는 방법을 설계하라. 데이터가 변경되었을 때 캐시를 어떻게 갱신할 것인지 반드시 설명하라.

158쪽

해법

이 시스템을 설계하기 전에, 문제가 무슨 뜻인지 이해해야 한다. 이런 문제의 경우 그 세부사항 상당수는 모호하다. 여기서는 문제를 풀기 위해 몇 가지 가정을 하겠지만, 여러분은 이런 세부사항을 반드시 깊이 있게 면접관과 토론해야 한다.

가정

이 문제를 풀기 위해 다음과 같은 가정을 하도록 하겠다. 여러분은 시스템 설계 방침이나 접근법에 따라 다른 가정을 하게 될 수도 있다. 어떤 접근법이 다른 접근법보다 더 좋은 일은 있겠지만, 하나의 '정답'은 없다는 것에 유의하도록 하자.

- 필요할 때 processSearch를 호출하는 것 이외에도, 모든 질의 처리는 최초로 호출된 기계에서 이루어진다.
- 캐시하고자 하는 질의의 수는 수백만 개 단위다.
- 기계-간 호출은 상대적으로 빨리 처리된다.
- 주어진 질의를 처리한 결과로, URL이 정렬된 리스트 하나가 만들어진다. 이 리스트에는 최대 50자의 제목과, 최대 200자의 요약문summary이 붙는다.
- 가장 인기 있는 질의의 경우, 그 인기도가 너무 높아서 항상 캐시에 보관되어 있는 상태이다.

다시 말하지만 이런 가정들만 유효한 것은 아니다. 적당한 것들을 골라 묶었을 뿐이다.

시스템 요구사항

캐시를 설계할 때에는 다음의 두 가지 주요 기능이 제공되도록 해야 한다.

- 주어진 키를 사용한 빠른 탐색
- 새로운 데이터와 교체할 수 있도록, 오래된 데이터를 버리는 기능

또한, 질의 결과가 변경될 경우 캐시를 변경하거나 지울 수도 있어야 한다.

어떤 질의는 아주 빈번해서 거의 영구적으로 캐시에 남아 있을 수도 있기 때문에, 그런 항목은 오래되어 자연적으로 소멸될 때까지 기다리면 안 된다.

단계 #1: 단일 시스템에 대한 캐시 설계

이 문제를 푸는 좋은 방법은 우선 한 대의 기계만을 가정하고 설계하는 것이다. 그런 상황에서 낡은 데이터를 쉽게 제거하는 동시에 주어진 키에 대응되는 값을 효율적으로 찾도록 하는 자료구조는 어떻게 만들면 되겠는가?

- 연결 리스트는 낡은 데이터를 쉽게 제거할 수 있도록 한다. 새 데이터는 앞으로 옮기면 된다. 리스트가 지정된 크기를 넘어가면 연결 리스트 끝에 있는 항목을 제거하도록 구현할 수 있을 것이다.
- 해시 테이블을 사용하면 데이터의 효율적인 탐색이 가능하지만 낡은 데이터를 쉽게 제거할 수는 없을 것이다.

이 두 가지 방법의 장점을 취하려면 어떻게 하면 되겠는가? 두 자료구조를 합치면 될 것이다. 지금부터 그 방법을 살펴보자.

방금 살펴본 대로, 데이터를 참조할 때마다 그 데이터에 대한 노드를 맨 앞으로 옮기는 연결 리스트를 만든다. 그렇게 하면 연결 리스트 마지막에 있는 원소는 항상 가장 오래된 원소가 된다.

또한, 어떤 질의를 연결 리스트 내의 해당 노드로 대응시키는 해시 케이블을 둔다. 이렇게 하면 캐시된 결과를 효율적으로 반환할 수 있을 뿐 아니라, 그 노드를 리스트 앞으로 옮겨 '방금 참조된 데이터'임을 표시하는 것도 효율적으로 처리할 수 있다.

이해를 돕기 위해, 이 캐시의 개략적인 코드를 아래에 보였다. 이 책의 웹사이트에 가면 완전한 코드를 다운받을 수 있다. 이보다 더 큰 시스템의 설계를 하라거나, 그 완전한 코드를 내놓으라는 요구를 받는 일은 거의 없다.

```
public class Cache {
  public static int MAX_SIZE=10;
  public Node head, tail;
  public HashMap<String, Node> map;
  public int size=0;

  public Cache() {
    map=new HashMap<String, Node>();
  }

  /* 노드를 연결 리스트 앞으로 옮긴다 */
  public void moveToFront(Node node) { ... }
  public void moveToFront(String query) { ... }

  /* 노드를 연결 리스트에서 제거한다 */
  public void removeFromLinkedList(Node node) { ... }

  /* 캐시에서 결과를 가져오고, 연결 리스트를 갱신한다 */
  public String[] getResults(String query) {
    if (!map.containsKey(query)) return null;

    Node node=map.get(query);
    moveToFront(node); // 인기도 갱신
    return node.results;
  }

  /* 결과를 연결 리스트와 해시에 반영한다 */
  public void insertResults(String query, String[] results) {
    if (map.containsKey(query)) { // 값 갱신
      Node node=map.get(query);
      node.results=results;
      moveToFront(node); // 인기도 갱신
      return;
    }

    Node node=new Node(query, results);
    moveToFront(node);
    map.put(query, node);

    if (size > MAX_SIZE) {
      map.remove(tail.query);
      removeFromLinkedList(tail);
    }
```

```
    }
}
```

단계 #2: 여러 기계로 확장

한 기계를 가정하고 설계를 해 보았으니, 질의를 다른 많은 기계에 보낼 수 있는 상황에서 어떻게 설계하면 좋을지 살펴봐야 한다. 특정한 질의가 항상 같은 기계로 전송된다고 가정할 수 없는 상황임을 상기하기 바란다.

가장 먼저 결정해야 하는 것은 캐시를 기계 간에 어떻게 공유시킬 것인가 하는 것이다. 다음과 같은 방법들이 있다.

방법 #1: 각 기계에 별도 캐시를 둔다.

이 방법은 각 기계에 별도 캐시를 두는 것이다. 따라서 만일 'foo'라는 질의를 짧은 시간 내에 기계 #1에 두 번 보내게 되면, 두 번째 보냈을 때에는 그 처리 결과가 캐시로부터 얻어질 것이다. 하지만 'foo'를 기계 #1에 보냈다가 기계 #2로 보내게 되면 기계 #2는 해당 질의를 새로 접수된 질의로 처리하게 된다.

이 방법은 상대적으로 빠르다는 장점을 갖는데, 기계 간 통신이 필요 없기 때문이다. 하지만 불행하게도 이런 캐시 방법은 같은 질의가 여러 번 반복되는 상황을 개선하기 위해 사용하기에는 다소 비효율적이다.

방법 #2: 각 기계에 캐시 복사본을 둔다.

방금 살핀 방법의 대척점에 있는 방법은, 각 기계에 전체 캐시의 완전한 복사본을 유지하는 것이다. 새로운 항목이 캐시에 추가되면 그 항목은 모든 기계로 보내진다. 따라서 연결 리스트와 해시 테이블을 비롯한 모든 자료구조가 모든 기계에 중복된다.

따라서 빈번하게 사용되는 질의와 실행 결과는 거의 항상 캐시 내에 존재한다. 캐시는 어느 기계에서도 동일하기 때문이다. 하지만 이 방법의 단점은 캐시를 갱신하려면 데이터를 N개의 서로 다른 기계로 전송하여야 한다는 것이다. N은 응답 가능한 기계 클러스터의 수이다. 또한, 각 항목을 저장하는 데 N배의 저장 공간이 요구되므로, 캐시에 저장 가능한 항목의 수가 줄어든다.

방법 #3: 각 기계에 캐시의 일부를 저장한다.

또 다른 방법은 캐시를 분할하여 각 기계에 그 일부만을 보관하는 것이다. 가령 기계 #i가 어떤 질의의 결과를 알고자 하는 경우, 해당 기계 #i는 어떤 기계에 그 값이 보관되어 있는지 알아낸 다음(가령 기계 #j라고 하자) 그 기계 #j에게 캐시를 살펴볼 것을 요구해야 한다.

그런데 해시 테이블의 어느 부분이 어떤 기계에 보관되어 있는지 기계 #i는 어떻게 알아내나?

질의를 hash(query) % N의 공식에 따라 배정하는 것이 한 가지 방법이다. 그렇게 하면 기계 #i는 같은 공식을 적용하여 어떤 질의의 수행 결과가 어느 기계에 보관되어 있는지를 알아낼 수 있다.

따라서 새로운 질의가 기계 #i에 접수되면 이 기계는 방금 살펴본 공식을 적용하여 j의 값을 알아낸 다음에 기계 #j를 호출한다. 기계 #j는 캐시를 뒤져 값을 반환하든지, 아니면 processSearch(query)를 실행하여 결과를 얻을 것이다. 그리고 캐시를 갱신한 다음에 그 결과를 #i에 반환할 것이다.

이렇게 하는 대신, 캐시 안에 질의가 없을 경우 기계 #j가 단순히 null을 반환하도록 시스템을 설계할 수도 있다. 그렇게 하려면 기계 #i는 processSearch를 호출한 다음에 그 결과를 기계 #j에 보내 저장해야 한다. 그런데 이렇게 하면 기계 간 호출이 늘어나는 등, 장점이 별로 없다.

단계 #3: 내용이 변경되면 결과 갱신

캐시가 충분히 클 경우 어떤 질의는 너무 빈번해서 항상 캐시에 남는다고 했던 것을 상기하자. 따라서 주기적으로, 아니면 어떤 질의 결과가 변경되었을 때 캐시에 보관된 결과를 갱신할 방법이 필요하다.

이 질문에 답하기 위해서는 언제 질의 결과가 바뀌는지(면접관과 상의해봐야 한다) 살펴보는 것이다. 질의 결과가 바뀌는 순간은 주로 다음과 같다.

1. URL이 가리키는 페이지 내용이 바뀔 때(아니면 해당 URL이 가리키는 페이지가 삭제되었을 때)
2. 페이지의 랭킹ranking이 바뀌어서 결과의 순서가 변경될 때
3. 특정한 질의에 관계된 새로운 페이지가 등장할 때

상황 #1과 #2를 처리하기 위해서는 캐시된 질의가 어떤 URL에 대한 것인지를 알려줄 별도의 해시 테이블이 필요하다. 이 처리 과정은 다른 캐시들과는 다른 기계에서, 다른 캐시들과는 독립적으로 실행될 수 있다. 하지만 이렇게 하려면 저장 공간이 많이 필요하다.

대신, 데이터를 즉각적으로 갱신할 필요가 없다면 (아마도 그럴 것인데) 각 기계에 저장된 캐시를 주기적으로 탐색하여 갱신된 URL에 대해서는 캐시된 결과를 비우도록 할 수도 있다.

상황 #3은 처리하기가 더 까다롭다. 한 단어짜리 질의라면 새로운 URL이 가리키는 페이지의 내용을 파싱한 다음에, 해당 질의에 관계된 한 단어짜리 질의들을 캐시에서 버림으로써 갱신이 가능하다. 하지만 이렇게 처리할 수 있는 것은 한 단어짜리 질의뿐이다.

상황 #3을 처리하는 좋은 방법은 (결국에는 그렇게 하게 될 것이다) 캐시에 저장된 데이터가 시간이 지나면 자동적으로 버려지게 만드는 것이다. 다시 말해, 얼마나 인기 있는 캐시 항목인가의 여부에 관계없이, 어떤 질의도 캐시 안에 x분 이상 머무를 수 없도록 만드는 것이다.

그렇게 하면 모든 데이터는 주기적으로 갱신될 것이다.

단계 #4: 개선

어떤 가정을 하느냐, 그리고 어떤 상황에 대해 최적화 하려 하느냐에 따라, 위의 설계를 여러 가지 방법으로 개선하고 뒤틀 수 있다.

생각해 볼 수 있는 한 가지 최적화 방법은, 어떤 질의는 아주 빈번하다는 사실을 이용하는 것이다. 가령, (극단적인 예로) 어떤 문자열이 모든 질의 가운데 1%에 등장한다고 하자. 기계 #i가 매번 해당 질의를 기계 #j에게 전달하

도록 하는 대신 딱 한 번만 전달하고, 그 결과를 #i의 캐시에도 저장해 두도록 할 수 있을 것이다.

아니면 시스템을 재설계하여 질의를 무작위적으로 선택된 기계에 전송하는 대신, 질의의 해시 값(그리고 캐시의 위치)에 따라 선택한 기계에 전송하도록 하는 방법도 있을 것이다. 하지만 이런 방법도 장단점이 있기 때문에 잘 비교해서 따져 봐야 한다.

또 다른 최적화 방안은 '자동적으로 캐시에서 내보내는' 방법을 이용하는 것이다. 앞서 설명하기로는 이 방법은 어떤 데이터를 X분이 지난 뒤에는 캐시에서 내보내는 방법이었다. 하지만 어떤 데이터(가령 뉴스 같은 것)는 다른 데이터(가령 주가 추이)보다 한결 빈번히 갱신되어야 한다. 따라서 주제나 URL에 기반하여 '얼마나 자주 캐시에서 내보낼지' 결정하는 방법을 구현하여 사용할 수도 있다. URL에 기반한 방법의 경우에는 각 URL이 과거에 얼마나 자주 갱신되었는지를 살펴 캐시에서 내보낼 주기를 결정할 수 있다. 질의를 캐시에 보관하는 기간은, 각 URL을 보관하는 기간의 최솟값이 될 것이다.

이것은 가능한 개선방안 가운데 일부일 뿐이다. 이런 문제를 받았을 때는 '유일한 정답은 없다'는 사실을 기억하기 바란다. 이런 문제가 요구하는 것은 여러분이 면접관과 토론하여 설계 기준을 잡을 능력이 있고, 문제를 일반적이고도 조직적인 방식으로 풀어나갈 수 있는 능력이 있는지 보는 것이다.

12

테스팅 해법

12.1 다음 코드의 오류를 찾아라.

```
unsigned int i;
for (i = 100; i >= 0; --i)
printf("%d\n", i);
```

169쪽

해법

이 코드에는 두 가지 오류가 있다.

우선, unsigned int는 그 정의상 항상 0보다 같거나 크다는 점에 유의하자. 따라서 for 문에 사용된 조건은 항상 참이다. 그러니, 무한루프가 발생한다.

100부터 1까지의 모든 수를 출력하는 코드를 작성하려면 for 문의 조건을 i > 0으로 바꾸어야 한다. 0을 출력하고자 한다면, for 문이 끝난 다음에 printf를 한 번 더 사용해야 한다.

```
unsigned int i;
for (i = 100; i > 0; --i)
printf("%d\n", i);
```

한 가지 더 수정할 부분은 %d이다. %u로 바꾸어야 한다. unsigned int를 출력하는 것이기 때문.

```
unsigned int i;
for (i = 100; i > 0; --i)
printf("%u\n", i);
```

이제 이 코드는 정상적으로 100부터 1까지의 모든 수를 내림차순으로 출력할 것이다.

12.2 실행하면 죽는 프로그램의 소스코드가 주어졌다. 디버거에서 열 번 실행해 본 결과, 같은 지점에서 죽는 일은 없었다. 이 프로그램은 단일 쓰레드thread 프로그램이고, C의 표준 라이브러리만 사용한다. 프로그램에 어떤 오류가 있으면 이런 식으로 죽게 되겠는가? 그 각각을 어떻게 테스트해 볼 수 있겠는가?

169쪽

해법

이 문제를 어떻게 푸느냐는 어떤 프로그램을 디버깅하고 있느냐에 크게 좌우된다. 하지만 프로그램이 무작위적으로 죽는 데는 몇 가지 일반적 원인이 있는데, 다음과 같다.

1. 랜덤 변수random variable: 프로그램 안에서 난수random number를 사용하거나, 프로그램을 실행할 때마다 똑같은 경로로 수행되지 않는 컴포넌트를 사용하고 있을 수 있다. 사용자 입력이나 프로그램에서 생성한 상수, 혹은 실행한 시각 등이 이에 해당한다.
2. 초기화하지 않은 변수: 프로그램 안에서 변수의 값을 초기화하지 않을 경우 어떤 프로그래밍 언어는 임의의 값을 해당 변수에 할당해 버린다. 그러다 보면 실행할 때마다 프로그램이 살짝 다른 경로로 수행될 수 있다.
3. 메모리 누수memory leak: 프로그램의 메모리가 부족한 경우일 수 있다. 다른 원인은 완전히 무작위적인데, 프로그램이 죽는 시점에 몇 개나 되는 프로세스가 돌고 있느냐에 좌우되기 때문이다. 힙 오버플로heap overflow나 데이터 손상corruption of data 등도 메모리 누수 범주에 포함된다.
4. 외부 의존성: 프로그램이 다른 응용프로그램이나 기계, 자원에 의존하고 있을 수 있다. 의존 관계가 많다면, 프로그램은 언제든 죽을 수 있다.

문제를 추적하려면 프로그램에 대한 정보를 가능한 많이 알아야 한다. 누가 실행하나? 그들이 해당 프로그램을 가지고 하는 일은 무엇인가? 그 프로그램은 어떤 종류의 프로그램인가?

또한, 프로그램이 정확히 같은 지점에서 죽지 않는다고 하더라도, 항상 같은 컴포넌트나 시나리오를 실행할 때 죽는 경우가 있을 수 있다. 가령 프로그램을 실행하고 가만히 두면 절대로 죽지 않는다고 하자. 그런데 파일을 로드하고 나면 좀 있다가 죽는다고 하자. 그렇다면, 버그는 파일 I/O와 같은 저수준 컴포넌트에 숨어있는 것일 수 있다.

이럴 때는 '제외elimination' 기법을 사용하면 좋다. 시스템에 깔린 다른 모든 프로그램을 닫는다. 한편에서는 사용 중인 자원을 추적하면 좋다. 프로그램에 비활성화 할 수 있는 부분이 있다면, 그렇게 하라. 그런 다음 여러 다른 기계에서 실행해 보면서 같은 문제가 발생하는지 본다. 더 많은 부분을 제외해 보면 (혹은 바꾸어 보면) 문제를 추적하기도 더 쉬워진다.

또한, 특정한 상황의 발생 여부를 검사해주는 도구를 활용할 수도 있다. 가령, 위의 2번 문제에 대해 조사하고자 한다면, 초기화되지 않은 변수가 있는지 검사하는 실행 시간runtime 도구를 활용할 수 있다.

이런 문제들은 여러분 스스로 접근법을 브레인스토밍brainstorming할 능력이 있는지 알아보기 위한 것이다. 아무 제안이나 생각나는 대로 던지면서 이곳저곳 찔러보기만 하는지, 아니면 논리적이고도 구조적인 형태로 문제를 살펴보는지. 후자가 바람직하다.

12.3 체스 게임에 사용되는 메서드 Boolean canMoveTo(int x, int y)가 있다. 이 메서드는 Piece 클래스의 일부로, 장기 말이 (x, y) 지점으로 이동할 수 있는지의 여부를 반환한다. 이 메서드를 어떻게 테스트할 것인지 설명하라.

169쪽

해법

이 문제를 풀 때에는 두 가지 주요 테스팅 기법을 활용하여야 한다. 프로그램이 잘못된 입력을 받아도 비정상 종료되지 않음을 확인하기 위한 '극단적 경우에 대한 검증extreme case validation'과, '일반적 경우에 대한 테스팅general case testing'을 시행하여야 한다. 우선 첫 번째 기법부터 적용해 보자.

테스팅 #1: 극단적 경우에 대한 검증

잘못된 혹은 특이한 입력이 주어져도 프로그램은 우아하게 처리해야 한다. 따라서 다음과 같은 조건들이 충족되는지 확인해야 한다.

- x나 y의 값으로 음수가 주어진 경우를 테스트
- x가 체스판 폭보다 큰 값으로 주어진 경우를 테스트
- y가 체스판 높이보다 큰 값으로 주어진 경우를 테스트
- 체스판이 꽉 찬 경우를 테스트
- 완전히 또는 거의 비어 있는 체스판에 대해서도 테스트
- 검정색 말보다 흰색 말이 훨씬 많은 경우를 테스트
- 검정색 말이 흰색 말보다 훨씬 많은 경우를 테스트

위의 오류 조건 각각에 대해서, 면접관에게 물어서 false를 반환하는지 아니면 예외를 던지는지 확인한다. 그리고 그에 맞게 테스트해야 한다.

테스팅 #2: 일반적 테스팅

일반적 테스팅은 훨씬 포괄적이다. 이상적이기로는 말을 놓을 수 있는 가능한 모든 방법을 두고 테스트해 보는 것이 좋지만, 그렇게 하면 테스트해야 할 것이 너무 많다. 대신, 적절한 범위의 표본들에 대해서 테스트를 시행한다.

체스에서는 여섯 종류의 말이 사용된다. 그러므로 이들 각각을 모든 다른 말과 가능한 모든 방향에 대해 테스트해 볼 수 있다. 대략 다음과 같은 코드를 사용하면 된다.

```
각각의 말 a에 대해
  다른 종류의 말 b(6종류 + 빈 공간)에 대해
    각각의 방향 d에 대해
      a가 놓인 체스판을 생성
      b를 방향 d에 놓음
      말을 이동시키고 반환값을 검사
```

이 문제를 풀 때의 핵심은 모든 가능한 시나리오를 전부 테스트할 수는 없음을 인식하는 것이다. 대신, 핵심적 영역에만 집중한다.

12.4 테스트 도구를 사용하지 않고 웹 페이지에 부하 테스트load test를 실행하려면 어떻게 해야 하겠는가?

169쪽

해법

부하 테스트를 시행하면 어떤 웹 프로그램이 최대로 감당할 수 있는 용량이 얼마인지 알아낼 수 있고, 그 성능을 저해하는 병목 구간이 어디인지 알아낼 수 있다. 마찬가지로, 부하 테스트를 통해 어떤 프로그램이 부하 변동에 어떻게 반응하는지 살펴볼 수 있다.

부하 테스트를 하려면 성능이 중요한 시나리오를 식별해야 하고, 성능 목표치를 충족했는지 알아보는 데 사용되는 지표들을 식별해 내야 한다. 주로 사용되는 성능 지표들로는 다음과 같은 것들이 있다.

- 응답 시간response time
- 처리량throughput
- 자원 사용율resource utilization
- 시스템이 감내할 수 있는 최대 부하maximum load

그런 다음 부하를 가할 수 있는 테스트를 설계하여 이들 지표들의 대한 성능 수치를 얻는다.

형식화된 테스트 도구가 없는 경우에는 기본적으로는 스스로 만들어 내야 한다. 가령 동시 사용자에 관계된 부하는 수천 명의 가상 사용자를 만들어 내어 시뮬레이션 할 수 있다. 수천 개 쓰레드를 갖는 다중 쓰레드 프로그램을 만들어, 쓰레드 각각이 페이지를 로드하는 실제 사용자를 시뮬레이션하게 만들면 된다. 그리고 그 각 가상 사용자가 프로그램적으로 응답 시간이나 I/O 속도 등을 측정하도록 한다.

그런 다음에는 테스트 동안 수집된 데이터를 분석하여 수용 가능한 기준 수치accepted value와 비교하면 된다.

12.5 펜을 테스트 한다면, 어떻게 하겠는가?

169쪽

해법

이 문제는 제약조건을 이해하고 문제에 구조적으로 접근하는지 보기 위한 문제이다.

제약조건을 이해하려면 우선 여러분은 문제를 육하원칙(누가, 무엇을, 어디서, 언제, 어떻게, 왜)에 따라 이해하기 위한 많은 질문을 던져야 한다. 좋은 테스터는 작업을 시작하기 전에 '내가 지금 테스트하는 것이 무엇인지'부터 정확하게 이해하고 시작한다는 점을 기억하자.

이 문제를 푸는데 사용된 기법을 설명하기 위해, 면접관과 다음과 같은 가상의 대화를 주고받았다 가정하겠다.

면접관: 펜을 테스트 한다면 어떻게 하시겠습니까?

응시자: 테스트 할 펜에 대해 몇 가지 알아보죠. 누가 사용하는 펜입니까?

면접관: 대부분 아이들입니다.

응시자: 재미있네요. 아이들은 펜으로 무엇을 합니까? 글씨를 쓰나요, 그림을 그리나요, 아니면 다른 일들을 하게 되나요?

면접관: 그림을 그립니다.

응시자: 아, 좋습니다. 어디다 그리나요? 종이입니까 옷입니까, 아니면 벽입니까?

면접관: 옷에 그립니다.

응시자: 좋습니다. 펜의 끝은 어떤 재질로 되어 있습니까? 펠트felt입니까? 아니면 볼펜 종류입니까? 그린 그림은 지워질 수 있어야 합니까, 아니면 지워지지 않아야 합니까?

면접관: 지울 수 있어야 합니다.

많은 질문이 오고 간 끝에, 여러분은 다음의 결론에 도달했다.

응시자: 좋습니다. 제가 이해하기로는, 이 펜은 5살에서 10살의 어린 아이들이 사용하는 펜이로군요. 펜의 촉은 펠트 재질이고, 적색, 녹색, 청색, 검정색의 펜을 사용할 수 있습니다. 그림을 그린 옷감을 세척하면 그림은 지워집니다. 맞습니까?

이제 응시자는 처음에 이해했던 것과는 확연히 다른 문제를 풀어야 한다. 드문 상황이 아니다. 사실 많은 면접관은 명확해 보이는 질문을 의도적으로 던진다(펜이란 것이 무엇인지는 모든 사람이 알고 있지 않은가!). 여러분이 보이는 것 이면에 숨은 의도를 발견할 자질이 있는지 보기 위해서다. 그들은 사용자도 마찬가지일 것이라 믿는다. 물론 사용자는 우연히 그렇게 행동하긴 하지만 말이다.

이제 테스트 대상에 대해 이해했으니, 공략법을 고안할 차례이다. 핵심은 '구조structure'다.

객체나 문제의 구성요소들로 무엇이 있는지 살펴보고, 거기서부터 출발하라. 이 문제에서 고려해야 할 구성요소들로는 다음과 같은 것들이 있다.

- 사실 검사fact check: 펜 촉이 펠트 재질인지 확인하고, 지정된 색의 잉크가 들어 있는지 확인한다.
- 의도된 사용법intended use: 이 펜이 옷감 위에 잘 써지는가?
- 의도된 사용법intended use: 옷에 그린 그림이 (설사 그린 지 한참 지났다고 해도) 잘 지워지는가? 뜨거운 물, 미지근한 물, 찬 물에 지워지는가?
- 안전성safety: 펜이 아이들에게 무해한 물질로 만들어져 있는가?
- 의도하지 않은 사용unintended use: 아이들이 이 펜을 다른 용도로 사용하지 않는가? 다른 재질 위에 펜을 사용할 수 있으므로, 그런 상황에서 펜이 정상적으로 동작하는지 확인해야 한다. 펜을 밟을 수도 있고, 던질 수도 있다. 이런 상황을 정상적으로 감내하는지도 확인해야 한다.

어떤 테스트 문제를 받더라도, 정상적인 사용례와 비정상적인 사용 시나리오를 함께 테스트해야 한다. 사람들은 제품을 의외의 방법으로 사용하기도 한다.

12.6 분산 은행 업무 시스템을 구성하는 ATM을 테스트한다면, 어떻게 하겠는가?

169쪽

해법

이 문제를 풀 때 첫 번째로 해야 하는 일은 가정을 분명히 하는 것이다. 다음과 같은 질문을 던지라.

- ATM의 사용자는 누구인가? '아무나'일 수도 있고, '시각 장애인'일 수도 있다.
- 무슨 용도로 사용하는가? '인출'일 수도 있고, '이체', 혹은 '조회'일 수도 있다.
- 테스트에 사용할 수 있는 도구로는 어떤 것이 있나? 코드를 살펴볼 수 있나? 아니면 ATM 기계만 통째로 주어지나?

기억하라. 훌륭한 테스터는 자신이 무엇을 테스트하는지 이해하고 있다.

시스템의 형상을 이해하고 나면, 문제를 테스트 가능한 컴포넌트로 나누어야 한다. 다음과 같은 컴포넌트들이 있을 수 있다.

- 로그인
- 인출
- 입금
- 조회
- 이체

수동 테스트와 자동화된 테스트를 혼합하여 테스트하게 될 것이다.

수동 테스트로 위에 언급한 컴포넌트들을 단계적으로 테스트할 때, 오류와 관계된 모든 경우를 검사하도록 주의하라(잔액 부족, 신규 계좌, 존재하지 않는 계좌 등등).

자동화된 테스트는 좀 더 까다롭다. 앞서 살핀 모든 표준적 시나리오들을 자동화해야 하고, 경쟁 상태race condition와 같은 아주 특별한 문제들도 발생하지 않는지 살펴야 한다. 이상적이기로는 가장 계좌들로 구성된 폐쇄 시스템closed system을 구성하여, 서로 다른 지역에서 누군가가 자금을 빠른 속도로 인출하고 입금하더라도 비정상적으로 많은 돈이 인출되거나 자금이 사라지는 일이 벌어지지는 않는지 확인해야 한다.

그리고 무엇보다도, 보안security과 안정성reliability을 최우선 순위로 테스트해야 한다. 고객의 계좌는 항상 안전해야 하며, 그 대차는 정확하게 유지되어야 한다. 에러 때문에 자금 손실을 겪는 고객이 있어서는 안된다. 훌륭한 테스터는 시스템에 관계된 이러한 우선순위들을 이해하고 있어야만 한다.

지식기반 문제

13 C와 C++ 해법

14 Java 해법

15 데이터베이스 해법

16 쓰레드와 락 해법

13
C와 C++ 해법

13.1 C++을 사용하여 입력 파일의 마지막 K줄을 출력하는 메서드를 작성하라.

180쪽

해법

생각할 수 있는 무식한 방법 하나는 파일의 행 수(N)를 센 다음에 N-K부터 N행까지를 출력하는 것이다. 하지만 이렇게 하려면 파일을 두 번 읽어야 하므로, 불필요한 비용이 발생한다. 한 번만 읽고도 마지막 K행을 출력할 방법이 필요하다.

마지막 K개 행을 보관할 배열을 두는 방법을 대안으로 사용할 수 있다. 처음에는 0부터 K까지의 행들이 이 배열에 보관될 것이다. 그런 다음에는 1부터 K+1까지, 그 다음에는 2부터 K+2까지의 행들이 보관되도록 한다. 새로운 행을 읽을 때마다, 가장 오래된 행을 배열에서 제거한다.

여러분께서는 아마 물으시리라. 그러려면 배열 내의 원소를 매번 이동시켜야 하는데, 비효율적 아닌가? 올바르게만 하면 그렇지 않다. 배열을 매번 옮기는 대신, 환형 배열circular array을 사용하면 된다.

환형 배열을 두고, 항상 가장 오래된 배열 원소를 새로 읽은 행으로 바꿔치기 한다. 가장 오래된 배열 원소는 별도 배열로 추적한다. 그리고 새로운 항목이 추가될 때마다 그 값을 갱신한다.

아래에 환형 배열의 예를 보였다.

```
단계 #1 (초기):    array = {a, b, c, d, e, f}. p = 0
단계 #2 (g 삽입): array = {g, b, c, d, e, f}. p = 1
단계 #3 (h 삽입): array = {g, h, c, d, e, f}. p = 2
단계 #4 (i 삽입): array = {g, h, i, d, e, f}. p = 3
```

이 알고리즘을 구현한 코드를 아래에 보였다.

```
void printLast10Lines(char* fileName) {
  const int K = 10;
  ifstream file (fileName);
  string L[K];
  int size = 0;

  /* 환형 배열에 파일을 한 줄씩 읽어들인다 */
  while (file.good()) {
    getline(file, L[size % K]);
    size++;
  }

  /* 환형 배열의 시작점과 크기 계산 */
  int start = size > K ? (size % K) : 0;
  int count = min(K, size);

  /* 읽은 순서대로 원소들의 값 출력 */
  for (int i = 0; i < count; i++) {
    cout << L[(start + i) % K] << endl;
  }
}
```

전체 파일을 읽을 것이지만, 메모리에는 그중 열 개의 행만 보관될 것이다.

13.2 해시 테이블과 STL map을 비교하고 장단점을 논하라. 해시 테이블은 어떻게 구현되는가? 입력되는 값의 수가 적다면, 해시 테이블 대신 어떤 자료구조를 활용할 수 있겠는가?

180쪽

해법

해시 테이블의 경우 값은 키에 대해 해시 함수를 호출하여 저장한다. 값은 정렬된 순서로 보관되지 않는다. 또한, 해시 테이블은 값을 저장하는 첨자를 찾기 위해 키를 사용한다. 삽입 및 탐색 연산은 거의 O(1) 시간에 수행된다(충돌이 적다는 가정하에). 해시 테이블의 경우, 잠재적으로 충돌이 발생할 수 있다는 사실을 고려하여 구현되어야 한다. 보통은 충돌되는 값들을 서로 연결하여 이 문제를 해결하는데, 특정한 첨자에 대응되는 키에 상응하는 모든 값을 연결 리스트로 묶어 관리해야 한다는 것을 의미한다.

STL map은 키와 값 쌍을 키에 의해 만들어지는 이진 탐색 트리에 보관한다. 충돌을 처리할 필요가 없고, 트리의 균형이 유지되므로 삽입 및 탐색 시간은 O(log N)이 보장된다.

해시 테이블은 어떻게 구현하나?

해시 테이블은 보통 연결 리스트 배열로 구현한다. 키와 값의 쌍을 저장하려면 키에 해시 함수를 적용하여 특정한 배열 첨자로 대응시킨 다음에 해당 위치에 있는 연결 리스트에 값을 삽입한다.

배열 내 특정 첨자에 해당되는 연결 리스트에 보관되는 값들이 동일한 키를 갖지 않음에 유의하자. 같은 것은 hashFunction(key) 값이다. 따라서 특정 키 값을 가지고 그에 상응하는 값을 추출하기 위해서는 각각의 노드에 값뿐만 아니라 키도 저장하여야 한다.

요약하면, 해시 케이블은 연결 리스트의 배열이며, 연결 리스트의 각 노드에는 키와 값이 저장된다. 또한, 설계 시에 다음을 유의하여야 한다.

1. 키들이 잘 분배되도록 좋은 해시 함수를 사용해야 한다. 키 값이 잘 분배되지 않으면 충돌이 많이 생길 것이고 특정한 원소를 찾는 성능이 떨어지게 된다.
2. 아무리 우수한 해시 함수를 쓰더라도 충돌을 피할 수는 없기 때문에, 충돌을 처리하는 방법을 구현해야 한다. 연결 리스트를 통해 충돌된 키의 값들을 연결하는 것이 한 방법인데, 다른 방법도 있다.
3. 용량에 따라 해시 테이블의 크기를 동적으로 늘리고 줄일 수 있어야 한다. 가령, 테이블 크기와 저장된 원소 수의 비율이 특정한 임계치threshold를 초과하면 해시 테이블 크기를 늘려야 할 수 있다. 그러려면 새로운 해시 테이블을 생성해 이전 테이블에서 새 테이블로 원소들을 옮겨야 할 수 있다.

그에 필요한 비용이 크기 때문에, 그런 일이 너무 자주 발생하지 않도록 신경 써야 한다.

입력되는 항목의 수가 적다면 해시 테이블 대신 무엇을 대신 사용할 수 있겠는가?

STL map이나 이진 트리를 사용할 수 있다. O(log N) 시간이 걸리겠지만, 입력되는 데이터의 수가 적으므로 성능 저하는 무시할 만하다.

13.3 C++의 가상 함수 동작 원리는?

180쪽

해법

가상 함수는 vtable, 혹은 가상 테이블virtual table에 의존한다. 어떤 클래스의 함수가 virtual로 선언되면, 해당 클래스의 가상 함수 주소를 보관하는 vtable이 만들어진다. 컴파일러는 또한 해당 클래스의 vtable을 가리키는 vptr이라는 숨김 변수hidden variable를 해당 클래스에 추가한다. 하위 클래스가 상위 클래스의 가상 함수를 오버라이드override하지 않으면 하위 클래스의 vtable은 상위 클래스의 가상 함수 주소를 보관한다. 이 vtable을 사용하여 가상 함수가 호출될 때 어느 주소에 있는 함수가 호출되어야 하는지를 결정하게 된다. C++의 동적 바인딩dynamic binding은 이 가상 테이블 메커니즘을 사용하여 실행된다.

따라서 하위 클래스 객체에 대한 포인터를 상위 클래스 객체에 대한 포인터에 할당하면, vptr 변수는 하위 클래스의 vtable을 가리키게 된다. 이렇게 배정했으므로 최하위 클래스의 가상 함수가 호출되는 것이다.

아래의 코드를 보자.

```
class Shape {
  public:
  int edge_length;
  virtual int circumference () {
    cout << "Circumference of Base Class\n";
    return 0;
```

```
  }
};
class Triangle: public Shape {
  dest.ptr = (char *)malloc(strlen(src.ptr) + 1);
  strcpy(dest.ptr, src.ptr);
    cout<< "Circumference of Triangle Class\n";
    return 3 * edge_length;
  }
};
void main() {
  Shape * x = new Shape();
  x->circumference(); // Shape의 circumference() 호출
  Shape *y = new Triangle();
  y->circumference(); // Triangle의 circumference() 호출
}
```

위의 예제에서 circumference는 Shape 클래스의 가상 함수다. 따라서 모든 하위 클래스(Triangle 등)에서도 circumference는 가상 함수가 된다. C++의 비-가상 함수에 대한 호출은 컴파일 시간에 정적 바인딩을 통해 처리되지만, 가상 함수에 대한 호출은 동적 바인딩을 통해 처리된다.

13.4 깊은 복사deep copy와 얕은 복사shallow copy는 어떤 차이가 있는가? 이 각각을 어떻게 사용할 것인지 설명하라.

180쪽

해법

얕은 카피는 한 객체의 모든 멤버 변수의 값만 다른 객체로 복사한다. 깊은 복사를 시행하면 그뿐 아니라 포인터 변수가 가리키는 모든 객체에도 깊은 복사를 시행하게 된다.

아래에 그 예제를 보였다.

```
struct Test {
  char * ptr;
};

```

```
void shallow_copy(Test & src, Test & dest) {
  dest.ptr = src.ptr;
}

void deep_copy(Test & src, Test & dest) {
  dest.ptr = malloc(strlen(src.ptr) + 1);
  strcpy(dest.ptr, src.ptr);
}
```

shallow_copy를 사용할 경우 프로그램 실행 시간에 객체 생성과 삭제에 관계된 많은 프로그래밍 오류가 발생할 수 있다. 따라서 얕은 복사는 프로그래머 자신이 무엇을 하려고 하는지 잘 이해하고 있다는 가정하에서 아주 주의 깊게 사용해야 한다. 대부분의 경우, 얕은 복사는 복잡한 자료구조에 관한 정보를 실제 데이터를 복제하는 일 없이 전달하고자 할 때 사용한다. 얕은 복사로 만들어진 객체를 삭제할 때에는 조심해야 한다.

실제로는 얕은 복사는 거의 사용하지 않는다. 대부분의 경우에는 깊은 복사를 사용해야 하며, 복사되는 자료구조의 크기가 작을 때에는 더더욱 그러하다.

13.5 C에서 volatile이라는 키워드는 어떤 중요성을 갖는가?

180쪽

해법

volatile 키워드는 컴파일러에게 해당 변수 값이 외부 코드에 의해 바뀔 수 있음을 알린다. 해당 변수를 선언한 코드 내부적으로 변경하지 않아도 바뀔 수 있다는 것이다. 해당 변수의 값은 운영체제에 의해, 하드웨어에 의해, 아니면 다른 쓰레드에 의해 변경될 수 있다. 그 값이 예상치 않은 순간에 변경될 수 있으므로, 컴파일러는 항상 메모리에서 해당 변수의 값을 다시 읽는다.

volatile 정수 변수는 다음과 같이 선언한다.

```
int volatile x;
volatile int x;
```

volatile 정수 변수에 대한 포인터는 다음과 같이 선언한다.

```
volatile int * x;
int volatile * x;
```

volatile 변수가 아닌 변수를 가리키는 volatile 포인터를 선언하는 일은 별로 없지만, 어쨌든 다음과 같이 하면 된다.

```
int * volatile x;
```

volatile 메모리에 대한 volatile 포인터를 선언하고 싶으면 다음과 같이 하면 된다.

```
int volatile * volatile x;
```

volatile 변수는 최적화되지 않는데, 그래서 유용할 수도 있다. 아래의 함수를 보자.

```
int opt = 1;
void Fn(void) {
  start:
  if (opt == 1) goto start;
  else break;
}
```

척 보면 이 코드는 무한루프에 빠질 것 같다. 컴파일러는 이 코드를 다음과 같이 최적화 할 것이다.

```
void Fn(void) {
  start:
  int opt = 1;
```

```
  if (true)
  goto start;
}
```

무한루프다. 하지만 외부에서 opt의 값을 0으로 변경한다면 무한루프는 풀릴 것이다.

컴파일러가 이런 최적화를 하는 것을 방지하기 위해, 시스템의 다른 부분이 특정한 변수의 값을 변경할 수 있음을 알리는 것이 가능한데, 이때 volatile을 사용한다. 아래의 코드를 보자.

```
volatile int opt = 1;
void Fn(void) {
  start:
  if (opt == 1) goto start;
  else break;
}
```

volatile 변수는 공유 전역 변수의 값을 아무 쓰레드나 바꿀 수 있도록 허용하는 다중 쓰레드 프로그램을 작성할 때도 유용하다. 이런 변수에는 최적화가 적용되면 안 될 것이다.

13.6 상위 클래스의 소멸자를 virtual로 선언해야 하는 이유는?

180쪽

해법

가상 메서드라는 것이 왜 필요한 것인지부터 따져보자. 다음과 같은 코드를 예로 들어 살펴보자.

```
class Foo {
  public:
  void f();
};

```

```
class Bar : public Foo {
  public:
  void f();
}

Foo * p = new Bar();
p->f();
```

p->f()와 같이 호출하면 Foo::f()가 호출된다. p가 Foo에 대한 포인터이며, f()가 virtual로 선언되어 있지 않기 때문이다.

p->f()가 Bar::f()를 호출하도록 하기 위해서는 f()를 가상 함수로 선언해야 한다.

이제 소멸자 문제로 되돌아가보자. 소멸자는 메모리와 자원을 반환하기 위해 쓰인다. Foo의 소멸자가 가상 소멸자로 선언되어 있지 않으면 Foo의 소멸자가 호출될 것이다. p가 Bar 객체를 가리킨다고 하더라도 말이다.

소멸자를 가상 메서드로 선언해야 하는 것은 그래서이다. 포인터가 가리키는 객체의 실제 소멸자가 호출되도록 보장하고 싶은 것이다.

13.7 Node 자료구조에 대한 포인터를 인자로 받아 해당 포인터가 가리키는 객체를 완전히 복제한 객체를 반환하는 메서드를 작성하라. Node 객체 안에는 다른 Node 객체를 가리키는 포인터가 두 개 있다.

181쪽

해법

지금부터 보일 알고리즘은 원래 자료구조의 노드 주소를 새로운 자료구조의 어떤 노드에 대응시켰는지를 보관한다. 이 대응 관계를 통해 자료구조에 깊이 우선 탐색을 진행하는 동안 이전에 복사를 마친 노드를 식별해 낼 수 있다. 탐색을 진행하다 보면 방문한 노드를 표시해 두어야 하는 일이 발생하는데, 표시해 두는 방법은 여러 가지가 있으며 꼭 노드에 그 사실을 저장해 둘 필요는 없다.

따라서 다음과 같은 간단한 재귀적 알고리즘을 얻는다.

```
typedef map<Node*, Node*> NodeMap;

Node * copy_recursive(Node * cur, NodeMap & nodeMap) {
  if(cur == NULL) {
    return NULL;
  }

  NodeMap::iterator i = nodeMap.find(cur);
  if (i != nodeMap.end()) {
    // 방문했던 노드. 따라서 보관된 복사본 반환
    return i->second;
  }

  Node * node = new Node;
  nodeMap[cur] = node; // 링크를 탐색해 나가기 전에 현재 노드에 대한 대응관계 보관
  node->ptr1 = copy_recursive(cur->ptr1, nodeMap);
  node->ptr2 = copy_recursive(cur->ptr2, nodeMap);
  return node;
}

Node * copy_structure(Node * root) {
  NodeMap nodeMap; // 비어 있는 상태의 map이 필요
  return copy_recursive(root, nodeMap);
}
```

13.8 스마트 포인터smart pointer 클래스를 작성하라. 스마트 포인터는 보통 템플릿으로 구현되는 자료형인데, 포인터가 하는 일을 흉내내면서 쓰레기 수집garbage colletion과 같은 일을 더 처리한다. 즉, 스마트 포인터는 SmartPointer⟨T*⟩ 타입의 객체에 대한 참조 횟수를 자동적으로 세어, T 타입 객체에 대한 참조 개수가 0에 도달하면 해당 객체를 반환한다.

181쪽

해법

스마트 포인터는 일반 포인터와 같지만 자동적으로 메모리를 관리할 수 있는 기능을 통해 안전성을 제공한다. 끊긴 포인터dangling pointer, 메모리 누수, 할당 오류 등의 문제를 피할 수 있도록 한다. 스마트 포인터는 주어진 객체에 대한 모든 참조에 대해, 하나의 참조 카운터counter를 유지하여야 한다.

얼핏 보기에는 대단히 어려워 보이는 문제 가운데 하나다. C++ 전문가가 아니라면 더더욱 그렇게 느낄 것이다. 이 문제를 푸는 좋은 방법 하나는 문제를 두 단계로 나누는 것이다. (1) 가상 코드를 사용해 얼개를 잡고 (2) 상세 코드를 구현해 나가는 두 단계로 진행하는 것이다.

새로운 참조를 추가하면 참조 카운터 변수를 증가시키고, 참조를 제거하면 감소시키는 방법이 필요하다. 가상 코드로 표현하면 다음과 같다.

```
template <class T> class SmartPointer {
   /* 스마트 포인터 클래스는 객체와 참조 카운터 변수에 대한
   * 포인터 두 개를 필요로 한다. 실제 변수를 두는 대신
   * 반드시 포인터를 사용해야 하는데, 스마트 포인터를 쓰는 목적이
   * 하나의 객체에 대한 여러 스마트 포인터를
   * 추적하는 것이기 때문이다. */
   T * obj;
   unsigned * ref_count;
}
```

생성자와 소멸자가 필요하다는 것을 알고 있으므로, 우선 그것부터 추가하자.

```
SmartPointer(T * object) {
   /* 멤버 변수 obj의 값을 설정하고, 참조 카운터를
   * 1로 설정한다. */
}

SmartPointer(SmartPointer<T>& sptr) {
   /* 이 생성자는 기존 객체를 가리키는 새로운 스마트 포인터를 생성한다.
   * 우선, obj와 ref_count를 stpr의  obj와 ref_count와 같게 설정한다.
   *그런 다음에는, obj에 대한 새로운 참조를 만든 것이므로
   * ref_count를 1 증가시킨다. */
}

~SmartPointer() {
   /* 객체에 대한 참조를 제거한다. 따라서
   * ref_count를 감소시킨다. ref_count가 0이 되면 ref_count가
   * 가리키는 메모리와 obj가 가리키는 메모리를 반환한다. */
}
```

그런데 참조를 만드는 방법은 하나 더 있다. 하나의 스마트 포인터를 다른 스마트 포인터와 같게 설정하는 것이다. = 연산자를 오버로딩하여 구현하는 방법도 있을 것이지만 지금은 아래와 같이 스케치해 두도록 한다.

```
SmartPointer<T> & operator=(SmartPointer<T> & sptr) {
  if (this == &sptr) return *this;
  /* 이미 어떤 객체에 배정되어 있는 경우, 그에 대한 참조 감소. */
  if (*ref_count > 0) {
    remove();
  }
  ref = sptr.ref;
  ref_count = sptr.ref_count;
  ++(*ref_count);
  return *this;
}
```

이런 접근법을 취하면 복잡한 C++ 코드를 채워 넣지 않고서도 꽤 많은 것을 해낼 수 있다. 이 코드를 완성하려면 세부사항들을 메우기만 하면 된다.

```
template <class T> class SmartPointer {
  public:
  SmartPointer(T * ptr) {
    ref = ptr;
    ref_count = (unsigned*)malloc(sizeof(unsigned));
    *ref_count = 1;
  }

  SmartPointer(SmartPointer<T> & sptr) {
    ref = sptr.ref;
    ref_count = sptr.ref_count;
    ++(*ref_count);
  }

  /* = 연산자를 오버로딩하여 하나의 스마트 포인터를 다른 스마트 포인터와
  * 같게 설정하는 경우 종전 참조 카운터 값은 감소시키고
  * 새롭게 설정하는 객체에 대한 참조 카운터 값은
  * 증가시킨다. */
```

```
  SmartPointer<T> & operator=(SmartPointer<T> & sptr) {
    if (this == &sptr) return *this;
    /* 이미 어떤 객체에 배정되어 있다면, 그에 대한 참조 감소 */
    if (*ref_count > 0) {
      remove();
    }
    ref = sptr.ref;
    ref_count = sptr.ref_count;
    ++(*ref_count);
    return *this;
  }

  ~SmartPointer() {
    remove(); // 객체에 대한 참조를 1만큼 감소시킨다
  }

  T getValue() {
    return *ref;
  }

  protected:
  void remove() {
    --(*ref_count);
    if (*ref_count == 0) {
      delete ref;
      free(ref_count);
      ref = NULL;
      ref_count = NULL;
    }
  }

  T * ref;
  unsigned * ref_count;
};
```

이 코드는 꽤나 복잡하여, 면접관도 실제 면접장에서 여러분이 이 코드를 완벽하게 작성하리라고는 기대하지 않을 것이다.

13.9 반환되는 메모리의 주소가 2의 특정 멱수power of two로 나누어지도록 메모리를 할당하고 반환하는 malloc과 free 함수를 구현하라.

– 예

aligned_malloc(1000, 128)은 1000 바이트 크기의 메모리를 반환하는데, 이 메모리의 주소는 128의 배수다.

aligned_free()는 aligned_malloc이 할당한 메모리를 반환한다.

181쪽

해법

보통 malloc을 사용할 때에는 메모리가 힙 내 어디에 할당될지는 제어할 수 없다. 힙 내의 임의 주소에서 시작하는 메모리 블록 하나에 대한 포인터를 얻을 수 있을 뿐이다.

따라서 주어진 값으로 나눌 수 있는 메모리 주소를 반환할 수 있도록 충분한 크기의 메모리를 요구하여 이 제약조건을 극복해야 한다.

우리가 100바이트 크기의 메모리를 요청하며, 이 메모리의 시작 주소가 16으로 나누어지는 값이 되도록 하려 한다고 하자. 그렇게 되도록 하려면 얼마나 많은 추가 메모리를 할당해야 하겠는가? 추가로 15바이트가 필요하다. 이 15바이트와 100바이트를 연속되도록 할당하면 100바이트의 여유 공간과 16으로 나누어지는 메모리 시작 주소를 얻을 수 있다.

다음과 같이 하면 될 것 이다.

```
1  void* aligned_malloc(size_t required_bytes, size_t alignment) {
2    int offset = alignment - 1;
3    void* p = (void*) malloc(required_bytes + offset);
4    void* q = (void*) (((size_t)(p) + offset) & ~(alignment - 1));
5    return q;
6  }
```

네 번째 줄은 좀 까다로워서 설명이 필요하다. alignment가 16이라고 하자. 첫 16바이트 가운데 어딘가의 주소는 16으로 나누어지는 값일 것이다. (p+16)&11..10000과 같이 하면 q는 16으로 나누어지는 주소 값을 갖게 된다. 즉, 주소 값의 마지막 네 비트를 0000과 AND 하면 16으로 나누어지는 주소 값을 얻게 된다는 것.

이 해법은 '거의' 완벽한데, 문제가 하나 있다. 할당 받은 메모리는 대관절 어떻게 반환하나?

추가로 15바이트를 할당하였으므로, 그 15 바이트도 함께 반환해야 한다.

이 추가 메모리에 전체 메모리 블록의 시작 주소를 저장해 두면 그 문제를 해결할 수 있다. q를 통해 반환하는 메모리 블록 시작 위치 바로 앞에 저장할 것이다. 물론, 그러려면 이 포인터를 저장할 공간을 확보하기 위해, 필요한 것보다 더 많은 메모리를 할당해야 할 수도 있다.

구체적으로 말해서, alignment 위치에 맞는 시작 주소를 갖는 메모리를 할당하려면 alignment-1+sizeof(void*) 만큼의 추가 메모리가 필요하다.

이 접근법대로 구현한 코드를 아래에 보였다.

```
void* aligned_malloc(size_t required_bytes, size_t alignment) {
  void* p1; // 원래 블록
  void** p2; // alignment 위치로 맞춘 블록
  int offset = alignment - 1 + sizeof(void*);
  if ((p1 = (void*)malloc(required_bytes + offset)) == NULL) {
    return NULL;
  }
  p2 = (void**)(((size_t)(p1) + offset) & ~(alignment - 1));
  p2[-1] = p1;
  return p2;
}

void aligned_free(void *p2) {
  /* 일관성 유지를 위해 aligned_malloc과 같은 이름 삽입*/.
  void* p1 = ((void**)p2)[-1];
  free(p1);
}
```

aligned_free가 어떻게 동작하는지 살펴보자. aligned_free 메서드는 p2를 인자로 전달받는데, 이 p2는 aligned_malloc이 반환한 바로 그 값이다. p1의 값은 p2 바로 앞에 저장되어 있다.

p2를 void**, 즉 void*의 배열로 간주하면, -1을 첨자로 사용하여 p1의 값을 구할 수 있다. 따라서 그렇게 해서 구한 p1을 반환하면, 전체 메모리 블록을

반환하게 된다.

13.10 my2DAlloc이라는 함수를 C로 작성하라. 이 함수는 2차원 배열을 할당한다. malloc 호출 횟수는 최소화하고, 반환된 메모리를 arr[i][j]와 같은 형식으로 사용할 수 있도록 하라.

181쪽

해법

아시겠지만 이차원 배열은 결국 배열의 배열이다. 배열에 포인터를 사용하므로, 이차원 배열을 생성하려면 포인터의 포인터가 필요하다.

기본 아이디어는 포인터의 일차원 배열을 만드는 것이다. 그리고 그 포인터 각각에 새로운 일차원 배열을 생성하여 할당하는 것이다. 이렇게 하면 배열 첨자를 통해 접근 가능한 이차원 배열을 얻는다.

이를 구현한 코드를 아래에 보였다.

```
int** my2DAlloc(int rows, int cols) {
  int** rowptr;
  int i;
  rowptr = (int**) malloc(rows * sizeof(int*));
  for (i = 0; i < rows; i++) {
    rowptr[i] = (int*) malloc(cols * sizeof(int));
  }
  return rowptr;
}
```

위의 코드에서 rowptr의 각 첨자에 새로운 일차원 배열을 할당하고 있음을 눈여겨보기 바란다. 할당이 끝난 메모리는 다음과 같은 형태로 구성된다.

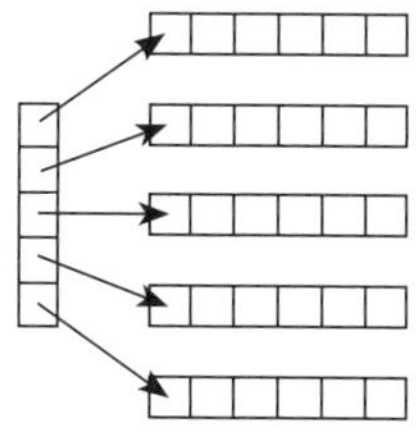

이 메모리를 반환하려면 그냥 rowptr에 free를 호출해서는 안 된다. 첫 배열에 연결된 다른 배열도 반환해 주어야 하기 때문이다.

```
void my2DDealloc(int** rowptr, int rows) {
  for (i = 0; i < rows; i++) {
    free(rowptr[i]);
  }
  free(rowptr);
}
```

메모리를 여러 블록으로 나누어 할당하는 대신(행별로 한 블록을 할당하고, 그 각 행의 위치를 보관하는 블록 하나를 추가로 할당) 이를 연속된 메모리상에 배열하는 방법을 사용할 수도 있다. 개념적으로 보면, 다섯 개 행과 여섯 개 열로 구성된 이차원 배열은 다음과 같이 구성할 수 있다.

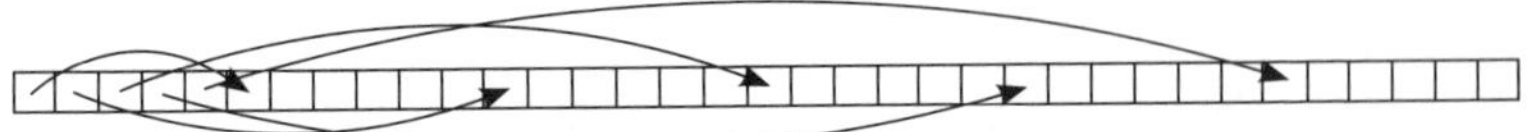

이차원 배열을 이런 식으로 표현해 놓고 보면 얼핏 이상하게 보이기도 하겠지만, 기본적으로 아까 살펴본 다이어그램과 차이가 없다는 데 유의하기 바란다. 유일한 차이점이라면 메모리가 하나의 연속된 블록으로 구성되어 있다는 것이다. 따라서 처음 다섯 원소는 같은 블록 내의 어딘가를 가리키게 된다.

이를 구현한 결과를 아래에 보였다.

```
int** my2DAlloc(int rows, int cols) {
  int i;
  int header = rows * sizeof(int*);
  int data = rows * cols * sizeof(int);
  int** rowptr = (int**)malloc(header + data);
  if (rowptr == NULL) {
    return NULL;
  }
```

```
9
10      int* buf = (int*) (rowptr + rows);
11      for (i = 0; i < rows; i++) {
12        rowptr[i] = buf + i * cols;
13      }
14    return rowptr;
15  }
```

위의 코드에서 11행부터 13행까지는 주의 깊게 보기 바란다. 5×6 이차원 배열이라면, array[0]은 array[5]를 가리키고, array[1]은 array[11]을 가리킨다.

따라서 array[1][3]을 호출하면 컴퓨터는 array[1]을 뒤지는데, 사실 array[1]은 메모리 내의 다른 위치, 즉 5개 원소로 구성된 또 다른 배열을 가리키는 포인터다. 따라서 해당 배열의 3번째 원소(0부터 시작해서)를 취하면 된다.

이차원 배열을 이렇게 malloc을 한 번만 사용해서 구성하게 되면, 메모리를 반환할 때도 free를 단 한 번만 호출하여 반환할 수 있으므로 좋다.

14
Java 해법

14.1 생성자를 private로 선언하면 계승 관점에서 어떤 영향을 주게 되나?

188쪽

해법

생성자를 private로 선언하면 클래스 외부에서는 해당 클래스의 객체를 생성할 수 없게 된다. 따라서 객체를 생성하려면 해당 클래스는 객체를 생성해 반환하는 static public 메서드를 제공해야 한다. 팩토리 메서드 패턴factory method pattern을 참조하라.

14.2 Java의 finally 블록은 try-catch-finally의 try 블록 안에 return 문을 넣어도 실행되나?

188쪽

해법

실행된다. finally 블록은 try 블록이 종료되는 순간 실행된다. try 블록에서 벗어나려고 해도(return 문을 사용하거나, continue 혹은 break 문을 실행하거나, 예외를 던진다거나 하여) 실행될 것이다.

다음과 같은 경우에는 finally 블록이 실행되지 않는다는 점에 유의하자.

- try/catch 블록 수행 중에 가상 머신virtual machine이 종료됨
- try/catch를 수행하고 있던 쓰레드가 죽어버림killed

14.3 final, finally, finalize의 차이는?

188쪽

해법

비슷한 키워드임에도 용도는 아주 다르다. 아주 일반적인 용어로 설명하자면, final은 변수나 메서드 또는 클래스가 '변경 불가능'하도록 만든다. finally 키워드는 try/catch 블록이 종료될 때 항상 실행될 코드 블록을 정의하기 위해 사용된다. finalize() 메서드는 Java의 쓰레기 수집기garbage collector가 더 이상의 참조가 존재하지 않는 객체를 메모리에서 삭제하겠다 결정하는 순간 호출된다.

이 키워드와 메서드에 대한 상세한 설명을 아래에 실었다.

final

final은 사용되는 문맥에 따라 그 의미가 다르다.

- 변수에 적용하면: 해당 변수의 값은 변경이 불가능하다.
- 변수의 참조에 적용하면: 참조 변수가 힙 내의 다른 객체를 가리키도록 변경할 수 없다.
- 메서드에 적용하면: 해당 메서드를 오버라이드 할 수 없다.
- 클래스에 적용하면: 해당 클래스의 하위 클래스를 정의할 수 없다.

finally

finally는 try 블록 또는 catch 블록 뒤에 둘 수 있는 선택적인 블록을 정의할 때 사용한다. finally 블록 내에 둔 코드는 항상 실행된다(try 블록 실행 중에 가상 머신이 종료되는 경우는 제외한다). finally 블록은 뒷마무리 코드를 작성하는 데 사용된다.

finalize()

finalize() 메서드는 쓰레기 수집기가 더 이상의 참조가 존재하지 않는 객체를 발견한 순간 호출하는 메서드다. 파일을 닫는 등, 자원 반환 작업을 하는데 보통 사용된다.

14.4 C++ 템플릿과 Java 제네릭generic의 차이를 설명하라.

188쪽

해법

많은 프로그래머들은 템플릿과 제네릭을 동등한 개념으로 본다. List〈String〉과 같이 코드를 작성할 수 있다는 이유에서다. 하지만 그 두 언어가 이를 처리하는 과정은 아주 많이 다르다.

Java의 제네릭은 타입 제거type erasure라는 개념에 근거한다. 이 기법은 소스 코드를 Java 가상 머신JVM이 인식하는 바이트 코드로 변환할 때 인자로 주어진 타입을 제거하는 기술이다.

가령, 여러분이 다음과 같은 코드를 작성했다 해보자.

```
Vector<String> vector = new Vector<String>();
vector.add(new String("hello"));
String str = vector.get(0);
```

컴파일러는 이 코드를 다음과 같이 변환한다.

```
Vector vector = new Vector();
vector.add(new String("hello"));
String str = (String) vector.get(0);
```

따라서 Java 제네릭이 있다고 해서 크게 달라지는 것은 없다. 뭔가를 좀 더 예쁘게 작성할 수 있게 되었을 뿐이다. 그래서 Java 제네릭을 때로 '문법적 양념syntactic sugar'라고 부르는 것이다.

C++의 경우에는 상황이 좀 다르다. C++에서 템플릿은 좀 더 우아한 형태의 매크로다. 컴파일러는 인자로 주어진 각각의 타입에 대해 별도의 템플릿 코드를 생성한다. MyClass〈Foo〉가 MyClass〈Bar〉와 static 변수를 공유하지 않는 것을 보면 알 수 있다. MyClass〈Foo〉로 만든 두 객체는 static 변수를 공유한다.

이에 대한 예를 아래에 보였다.

```
/*** MyClass.h ***/
template<class T> class MyClass {
  public:
  static int val;
  MyClass(int v) { val = v; }
};

/*** MyClass.cpp ***/
template<typename T>
int MyClass<T>::bar;

template class MyClass<Foo>;
template class MyClass<Bar>;

/*** main.cpp ***/
MyClass<Foo> * foo1 = new MyClass<Foo>(10);
MyClass<Foo> * foo2 = new MyClass<Foo>(15);
MyClass<Bar> * bar1 = new MyClass<Bar>(20);
MyClass<Bar> * bar2 = new MyClass<Bar>(35);

int f1 = foo1->val; // 15
int f2 = foo2->val; // 15
int b1 = bar1->val; // 35
int b2 = bar2->val; // 35
```

Java에서 static 변수는 MyClass로 만든 모든 객체가 공유한다. 제네릭 인자로 어떤 타입을 주었는지에 관계없이 말이다.

이러한 구조적 차이 때문에 Java 제네릭과 C++ 템플릿에는 다른 점이 많다. 그중 일부를 아래에 보였다.

- C++ 템플릿에는 int와 같은 기본 타입을 인자로 넘길 수 있다. Java 제네릭에서는 불가능하다. Integer를 대신 사용해야 한다.
- Java의 경우, 제네릭 타입 인자를 특정한 타입이 되도록 제한할 수 있다. 가령 CardDeck을 제네릭 클래스로 정의할 때, 그 인자로는 CardGame의 하

위 클래스만 사용되도록 제한하는 것이 가능하다.

- C++ 템플릿은 인자로 주어진 타입으로부터 객체를 만들어 낼 수 있다. Java에서는 불가능하다.
- Java에서 제네릭 타입 인자는 static 메서드나 변수를 선언하는 데 사용될 수 없다. MyClass〈Foo〉나 MyClass〈Bar〉가 공히 이 메서드와 변수를 공유할 것이기 때문이다. C++에서는 이 두 클래스는 다른 클래스이므로 템플릿 타입 인자를 static 메서드나 변수를 선언하는 데 사용할 수 있다.
- Java에서 MyClass로 만든 모든 객체는 제네릭 타입 인자가 무엇이냐에 관계없이 전부 동등한 타입이다. 실행 시간에 타입 인자 정보는 삭제된다. C++에서는 다른 템플릿 타입 인자를 사용해 만든 객체는 서로 다른 타입의 객체이다.

Java 제네릭과 C++ 템플릿은 비슷해 보이지만 아주 다르기도 하다는 것을 기억하자.

14.5 Java의 객체 리플렉션reflection에 대해 설명하고, 유용한 이유를 밝혀라.

188쪽

해법

객체 리플렉션은 Java 클래스와 객체에 대한 정보를 프로그램 내에서 동적으로 알아낼 수 있도록 하는 기능이다. 리플렉션을 이용하면 다음과 같은 작업을 할 수 있다.

- 클래스 내부에서, 실행 시간에, 메서드와 필드에 대한 정보를 얻을 수 있다.
- 어떤 클래스로부터 객체를 생성할 수 있다.
- 객체 필드의 유효 범위가 어떻게 선언되어 있느냐에 관계없이access modifier, 그 필드에 대한 참조를 얻어내어 값을 가져오거나 설정할 수 있다.

아래에 그 예를 보였다.

```
/* 인자 */
Object[] doubleArgs = new Object[] { 4.2, 3.9 };

/* 클래스를 가져온다 */
Class rectangleDefinition = Class.forName("MyProj.Rectangle");

/* Rectangle rectangle = new Rectangle(4.2, 3.9);을 실행하는 것과 같다. */
Class[] doubleArgsClass = new Class[] {double.class, double.class};
Constructor doubleArgsConstructor =
rectangleDefinition.getConstructor(doubleArgsClass);
Rectangle rectangle =
(Rectangle) doubleArgsConstructor.newInstance(doubleArgs);

/* Double area = rectangle.area(); 을 실행하는 것과 같다. */
Method m = rectangleDefinition.getDeclaredMethod("area");
Double area = (Double) m.invoke(rectangle);
```

위의 코드는 아래 코드와 같은 일을 한다.

```
Rectangle rectangle = new Rectangle(4.2, 3.9);
Double area = rectangle.area();
```

객체 리플랙션은 왜 유용한가?

물론, 위의 예제는 그다지 쓸모 있어 보이지 않는다. 하지만 어떤 경우에는 굉장히 유용하게 쓰인다.

객체 리플랙션이 유용한 주된 이유를 꼽자면 다음과 같다.

1. 프로그램이 어떻게 동작하고 있는지에 대한 정보를 실행 시간에 관측하고 조정할 수 있도록 해준다.
2. 메서드나 생성자, 필드를 직접 접근할 수 있기 때문에 프로그램을 디버깅하거나 테스트 할 때 유용하다.
3. 호출할 메서드를 미리 알고 있지 않더라도 그 이름을 사용하여 호출할 수 있다. 가령, 사용자가 클래스 이름과 생성자에 전달할 인자와 메서드 이름

을 주면 그 정보를 사용해 객체를 생성하고 메서드를 호출할 수 있다. 리플렉션 없이 그런 절차를 구현하려면 if 문을 복잡하게 엮어 사용해야 할 것이다. 물론 그렇게 해서 문제를 해결할 수 있는 경우에만.

14.6 배열과 유사하면서도 효율적으로 회전될 수 있는 CircularArray 클래스를 구현하라. 이 클래스는 제네릭 타입을 사용해야 하며, 표준적인 for (Obj o: circularArray) 문법을 사용하여 순환문을 작성할 수 있도록 구현되어야 한다.

188쪽

해법

이 문제는 사실 두 부분으로 구성된다. 우선 CircularArray 클래스를 구현해야 한다. 그리고 순환문을 작성할 수 있도록 하는 부분을 구현해야 한다. 이 두 부분을 개별적으로 해결해 보도록 하겠다.

CircularArray 클래스 구현

CircularArray 클래스를 구현하는 한 가지 방법은 rotate(int shiftRight)를 호출할 때마다 원소가 실제로 이동하도록 만드는 것이다. 물론 그렇게 하면 비효율적이다.

대신, 환형 배열의 논리적 시작점을 가리키는 멤버 변수 head를 두도록 하자. 배열 원소를 이동시키는 대신, head를 shiftRight만큼 증가시키면 된다.

이 방법을 사용해 구현한 코드를 아래에 보였다.

```
public class CircularArray<T> {
  private T[] items;
  private int head = 0;

  public CircularArray(int size) {
    items = (T[]) new Object[size];
  }

```

```
  private int convert(int index) {
    if (index < 0) {
      index += items.length;
    }
    return (head + index) % items.length;
  }

  public void rotate(int shiftRight) {
    head = convert(shiftRight);
  }

  public T get(int i) {
    if (i < 0 || i >= items.length) {
      throw new java.lang.IndexOutOfBoundsException("...");
    }
  return items[convert(i)];
  }

  public void set(int i, T item) {
    items[convert(i)] = item;
  }
}
```

이 코드에는 실수를 저지르기 쉬운 부분이 많은데, 다음과 같다.

- 제네릭 타입의 배열을 생성할 수 없다. 대신, 배열을 형변환cast하거나 item을 List〈T〉 타입으로 정의해야 한다. 코드를 간단하게 만들기 위해 여기서는 전자의 방식을 따랐다.
- % 연산자는 (음수 % 양수)와 같이 하면 음수를 반환한다. 즉, -8 % 3은 -2이다. 수학자들이 modulus 연산을 정의하는 방식과는 다르다. 따라서 계산 결과에 items.length를 더해서 올바른 양수 값이 되도록 보정해야 한다.
- 주어진 첨자값을 올바르게 회전하여 배열 특정 위치에 대응시켜야 한다. 따라서 그 변환 작업을 하는 코드를 convert라는 별도 메서드로 분리하여 다른 메서드가 사용할 수 있도록 했다. 심지어는 rotate도 convert를 이용한다. 재사용 가능한 코드를 작성하는 좋은 방법이다.

이제 CircularArray의 기본적 코드를 얻었으니, 반복자iterator를 구현하는 부분에 집중해 보자.

반복자 인터페이스의 구현

지금 우리가 푸는 문제의 두 번째 부분은 다음이 가능하도록 CircularArray를 구현하는 것이다.

```java
CircularArray<String> array = ...
for (String s : array) { ... }
```

그러려면 Iterator 인터페이스를 구현해야 한다.
Iterator 인터페이스를 구현하려면 다음 작업들을 해야 한다.

- CircularArray〈T〉가 Iterable〈T〉를 구현implement하도록 한다. 그러려면 CircularArray〈T〉에 iterator() 메서드를 추가해야 할 것이다.
- Iterator〈T〉를 구현하는 CircularArrayIterator〈T〉 클래스를 생성한다. CircularArrayIterator 클래스에는 hasNext(), next(), remove() 메서드를 만들어야 한다.

이 작업을 끝내면, 아까 본 for 문은 '마술적으로' 돌아가기 시작할 것이다.
이 코드를 아래에 보였다. 앞서 본 코드와 중복되는 부분은 뺐다.

```java
public class CircularArray<T> implements Iterable<T> {
  ...
  public Iterator<T> iterator() {
    return new CircularArrayIterator<T>(this);
  }

  private class CircularArrayIterator<TI> implements Iterator<TI>{
    /* 배열의 실제 시작점이 아닌,
     * 환형 배열의 시작점으로부터의 offset. */
```

```
    private int _current = -1;
    private TI[] _items;

    public CircularArrayIterator(CircularArray<TI> array){
    _items = array.items;
  }

  @Override
  public boolean hasNext() {
    return _current < items.length - 1;
  }

  @Override
  public TI next() {
    _current++;
    TI item = (TI) _items[convert(_current)];
    return item;
  }

  @Override
    public void remove() {
      throw new UnsupportedOperationException("...");
    }
  }
}
```

For 문은 맨 처음으로 실행될 때 hasNext()를 호출하고 next()를 호출할 것이다. 해당 메서드가 정확한 값을 반환하도록 주의하라.

면접장에서 이런 문제를 받으면 어떤 메서드와 인터페이스가 호출되는 것인지 기억나지 않는 경우가 많다. 그런 일이 생기면 문제를 가능한 한 잘 살펴보기 바란다. 어떤 종류의 메서드가 필요할 것인지 추론할 수 있으면, 그것만으로도 상당한 경쟁력을 갖추고 있음을 보여줄 수 있을 것이다.

15
데이터베이스 해법

질문 1부터 3까지는 다음의 데이터베이스 스키마를 사용한다고 가정한다.

Apartments		Buildings		Tenants	
AptID	int	BuildingID	int	TenantID	int
UnitNumber	varchar	ComplexID	int	TenantName	varchar
BuildingID	int	BuildingName	varchar		
		Address	varchar		

Complexes		AptTenants		Requests	
ComplexID	int	TenantID	int	RequestID	int
ComplexName	varchar	AptID	int	Status	varchar
				AptID	int
				Description	varchar

한 집Apartment에 거주자Tenant는 여럿일 수 있고, 각 거주자는 하나 이상의 집을 소유할 수 있다. 한 집은 한 건물Building에 속하고, 각 건물은 어떤 단지Complex에 속한다.

15.1 집을 하나 이상 대여한 모든 거주자 목록을 구하라.

196쪽

해법

이 문제를 풀려면 HAVING 절과 GROUP BY 절을 사용하여야 하고, Tenants에 대해 INNER JOIN을 시행하여야 한다.

```
SELECT TenantName
FROM Tenants
INNER JOIN
```

```
  (SELECT TenantID
  FROM AptTenants
  GROUP BY TenantID
  HAVING count(*) > 1) C
ON Tenants.TenantID = C.TenantID
```

면접 때나 실제 상황에서 GROUP BY를 사용할 때에는 SELECT 절에는 집합 함수aggregate function나 GROUP BY 절에 사용한 열만 두도록 하라.

15.2 모든 건물 목록과, status가 Open인 모든 Requests 레코드를 구하라.

196쪽

해법

Requests와 Apartments 테이블을 단순히 JOIN하여 빌딩 ID 목록과 Open 상태의 Request 레코드 수를 구하면 된다. 이 리스트를 구한 다음에 Buildings 테이블과 다시 조인하면 끝.

```
SELECT BuildingName, ISNULL(Count, 0) as 'Count'
  FROM Buildings
  LEFT JOIN
  (SELECT Apartments.BuildingID, count(*) as 'Count'
  FROM Requests INNER JOIN Apartments
  ON Requests.AptID = Apartments.AptID
  WHERE Requests.Status = 'Open'
  GROUP BY Apartments.BuildingID) ReqCounts
ON ReqCounts.BuildingID = Buildings.BuildingID
```

이처럼 질의문을 중첩하여 사용하는 경우에는 테스트를 꼼꼼히 해야 한다. 설사 종이와 펜으로 코딩하고 있더라도 말이다. 안쪽 질의문을 먼저 테스트하고 바깥쪽 질의문을 테스트하면 쉬워질 것이다.

15.3 11번 건물은 현재 대규모 리모델링 공사 중이다. 이 건물에 있는 모든 집에 대한 요청Requests 상태를 Open에서 Close로 변경하라.

196쪽

해법

SELECT 질의문과 마찬가지로 UPDATE 질의문도 WHERE 절을 가질 수 있다. 이 문제를 풀려면 건물 #11에 속한 모든 집apartment의 ID를 구하고 그 집 각각에 대해 상태를 변경해야 한다.

```
UPDATE Requests
SET Status = 'Closed'
WHERE AptID IN
  (SELECT AptID
  FROM Apartments
  WHERE BuildingID = 11)
```

15.4 JOIN의 종류를 열거하라. 각각이 어떻게 다르고, 어떤 상황에는 어떤 JOIN이 어울리는지 설명하라.

196쪽

해법

JOIN은 두 테이블을 결합한 결과를 얻는 데 사용된다. JOIN을 실행하려면 두 테이블에서 대응되는 레코드들을 찾는데 쓰일 필드가 하나 이상 있어야 한다. JOIN은 어떤 레코드가 결과 테이블에 포함될지에 따라서 여러 가지 부류로 나뉜다.

예를 들어 설명해 보자. 두 테이블이 있는데, 한 테이블에는 일반적인 음료수 정보가 보관되고, 다른 테이블에는 칼로리가 0인 음료수의 정보가 보관된다. 두 테이블 모두 2열짜리 테이블로서, 음료수 이름과 제품 코드product code를 저장한다. 제품 코드 필드를 사용해서 JOIN을 수행할 것이다.

일반적 음료수 테이블:

Name	Code
Budweiser	BUDWEISER
Coca-Cola	COCACOLA
Pepsi	PEPSI

칼로리 0 음료수 테이블:

Name	Code
Diet Coca-Cola	COCACOLA
Fresca	FRESCA
Diet Pepsi	PEPSI
Pepsi Light	PEPSI
Purified water	Water

이 두 테이블을 JOIN하는 방법은 여러 가지가 있는데, 다음과 같다.

- 내부 조인INNER JOIN: 조건에 부합하는 데이터만 결과 집합에 포함된다. 따라서 위 예제의 경우 COCACOLA 코드를 갖는 레코드 하나와 PEPSI 코드를 갖는 두 개의 레코드가 결과에 포함된다.
- 외부 조인OUTER JOIN: 외부 조인 결과 집합에는 내부 조인의 모든 결과가 포함되고, 추가로 조건에 부합하지 않는 레코드도 일부 포함된다. 외부 조인에는 다음과 같은 종류가 있다.
  - 좌측 외부 조인LEFT OUTER JOIN. 간단히 좌측 조인LEFT JOIN이라고도 한다. 이 조인의 결과 집합에는 왼쪽 테이블의 모든 레코드가 포함된다. 오른쪽 테이블에서 대응되는 레코드를 찾지 못한 경우, 그 필드들의 값은 NULL로 채워진다. 가령 위의 예제에서 좌측 외부 조인을 시행하면 결과로 네 개 레코드를 얻는다. 내부 조인으로 얻는 결과 이외에도 BUDWISER가 결과 집합에 포함될 것인데, 왼쪽 테이블에 있기 때문이다.
  - 우측 외부 조인RIGHT OUTER JOIN. 간단히 우측 조인RIGHT JOIN이라고도 한다. 이 조인은 좌측 조인의 반대이다. 즉, 결과 집합에 오른쪽 테이블의 모든 레코드가 포함된다. 왼쪽 테이블에서 대응되는 레코드를 찾지 못한 경우 그 필드의 값은 NULL로 채워진다. A와 B라는 두 테이블이 있을 때 A LEFT JOIN B의 결과는 B RIGHT JOIN A와 동등하다는 것에 유의

하자. 위 예제의 경우, 우측 조인을 실행하면 다섯 개의 레코드가 결과 집합을 구성한다. INNER JOIN 결과에, 추가로 FRESCA와 WATER 레코드가 더 포함된다.

- 완전 외부 조인FULL OUTER JOIN. 이 조인은 좌측 조인과 우측 조인의 결과를 결합한 것이다. 대응되는 레코드가 있건 없건 간에, 두 테이블의 모든 레코드가 결과 집합에 포함된다. 대응되는 레코드를 찾지 못한 경우 결과 집합 내의 해당 필드는 NULL 값을 갖는다. 위의 예제의 경우, 완전 외부 조인을 시행하면 결과 집합에는 여섯 개의 레코드가 포함될 것이다.

15.5 비정규화란 무엇인가? 그 장단점을 설명하라.

197쪽

해법

비정규화는 하나 이상의 테이블에 데이터를 중복해 배치하는 최적화 기법이다. 관계형 데이터베이스를 사용하는 경우, 비정규화를 통해 조인 연산을 수행하는 데 드는 비용을 줄일 수 있다.

통상적인 정규화 데이터베이스의 경우, 데이터의 중복을 최소화 하는 것을 목적으로 삼는다. 같은 데이터는 데이터베이스 내에 한 벌만 존재하도록 애쓴다.

일례로, Courses와 Teachers라는 테이블을 포함하는 정규화된 데이터베이스를 생각해 보자. Courses 테이블에는 특정한 강좌를 강의하는 교사의 ID를 나타내는 teacherID를 둘 수는 있어도, teacherName이라는 필드를 두지는 않을 것이다. 따라서 강좌 정보와 교사 이름을 함께 뽑고 싶은 경우에는 두 테이블을 조인해야 한다.

어떤 면에서 보면, 멋진 방법이다. 교사가 자신의 이름을 바꿀 경우, 한 곳의 데이터만 갱신하면 된다.

이 방법의 단점은, 테이블이 아주 클 경우 조인을 하느라 불필요할 정도로 많은 시간을 낭비하게 된다는 것이다.

비정규화는 다른 타협안을 내놓음으로써 그런 단점을 해소하고자 한다.

어느 정도의 데이터 중복이나 그로 인해 발생하는 데이터 갱신 비용은 눈감아주고, 대신 조인 횟수를 줄여 한층 효율적인 질의를 할 수 있도록 하겠다는 것이다.

비정규화의 단점	비정규화의 장점
데이터 갱신이나 삽입 비용이 높다.	조인 비용이 줄어들기 때문에 데이터 조회가 한결 빠르다.
데이터 갱신 또는 삽입 코드를 작성하기가 어려워진다.	데이터 조회 질의문이 간단해진다(따라서 버그 발생 가능성도 줄어든다). 살펴볼 테이블이 줄어들기 때문.
데이터 간의 일관성이 깨어질 수 있다. 어느 쪽 데이터가 올바른 값인가?	
데이터를 중복하여 저장하므로 더 많은 저장 공간이 필요하다.	

규모확장성을 요구하는 시스템의 경우(대규모 IT 업체의 경우 보통 규모확장성을 아주 중요하게 생각한다) 거의 항상 정규화된 데이터베이스와 비정규화된 데이터베이스를 섞어 사용하게 된다.

15.6 회사, 사람, 그리고 직원 레코드를 저장하는 데이터베이스의 ER Entity-Relationship 다이어그램을 그려라.

197쪽

해법

회사Companies를 위해 일하는 사람People을 직원Professionals이라 지칭하도록 한다. 따라서 Peoples와 Professionals 사이에는 IS-A("is a") 관계가 존재한다(다른 말로는 Professionals를 People로부터 유도해 냈다고 하기도 한다).

모든 직원은 People로부터 계승한 속성들 이외에도, 학위나 업무 경험과 같은 부가 정보를 갖는다.

한 명의 직원은 한 번에 한 회사에서만 근무할 수 있다. 하지만 한 회사는 많은 직원을 고용할 수 있다. 따라서 Professionals와 Companies 사이에는 다-대-일many-to-one 관계가 존재한다. 이 'Works For' 관계에도 근무 시작

일이나 급료와 같은 정보를 저장할 수 있다. 이런 속성들은 Professionals와 Companies 사이의 관계가 필요한 경우에만 정의된다.

모든 사람은 하나 이상의 전화번호를 갖는다. Phone이 여러 개의 값을 가질 수 있는 속성으로 정의된 것은 그래서이다.

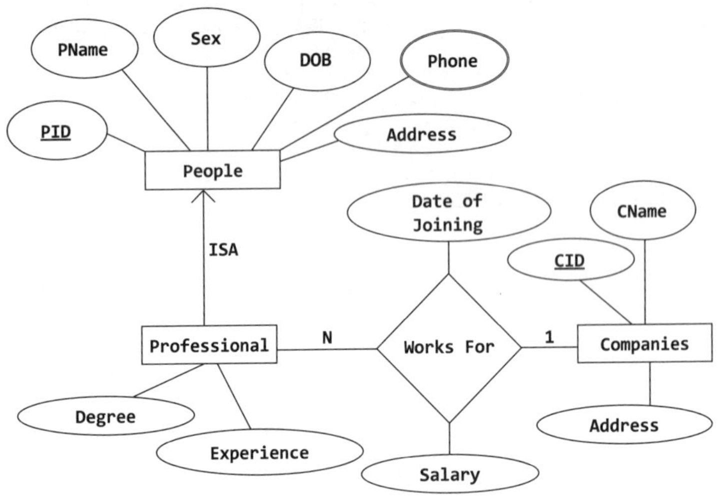

15.7 학생들의 성적을 저장하는 간단한 데이터베이스를 설계하고, 성적이 우수한 학생(상위 10%) 목록을 반환하는 질의문을 만들라. 학생 목록은 평균 성적에 따라 내림차순 정렬되어야 한다.

197쪽

해법

아주 간단하게 만든다고 해도 세 개의 객체가 필요하다. Students, Courses 그리고 CourseEnrollment. Students에는 적어도 학생 이름과 ID 정보가 있어야 하고, 아마 다른 신상 정보도 있을 것이다. Courses에는 강좌 이름과 ID가 있어야 하고, 강좌 명세나 담당 교수 등의 정보가 포함될 것이다. CourseEnrollment는 Students 테이블과 Courses 테이블을 묶는 용도로 사용되며, 성적 정보를 저장하기 위한 필드가 있다.

Students	
StudentID	int
StudentName	varchar(100)
Address	varchar(500)

Courses	
CourseID	int
CourseName	varchar(100)
ProfessorID	int

CourseEnrollment	
CourseID	int
StudentID	int
Grade	float
Term	int

교수 정보나 급여 관련 정보 등의 다른 데이터를 첨가한다면 이 데이터베이스는 아마 더 복잡해 질 것이다.

Microsoft SQL Server의 TOP ... PERCENT 함수를 이용하여 아래와 같은 질의문을 만들면 해결될 것 같아 보인다. (하지만 이 질의문은 틀렸다.)

```
/* 잘못된 코드 */
SELECT TOP 10 PERCENT AVG(CourseEnrollment.Grade) AS GPA,
 CourseEnrollment.StudentID
FROM CourseEnrollment
GROUP BY CourseEnrollment.StudentID
ORDER BY AVG(CourseEnrollment.Grade)
```

이 질의는 GPA대로 정렬했을 때 최상위 10%의 행만을 뚝 잘라서 반환한다는 문제를 가지고 있다. 100명의 학생 가운데 상위 15명의 학생이 전부 GPA 4.0을 학점으로 받았다고 해 보자. 위의 질의문으로는 그 15명의 학생 가운데 10명만 얻을 수 있다. 바람직한 결과가 아니다. 동점자는 목록에 포함시켜야 한다. 설사 최종적으로 얻은 학생의 수가 10%가 넘더라도, 그렇게 해야 한다.

이 문제를 해결하기 위해서는 위와 비슷한 질의문을 작성하면 되지만, 우선 GPA 컷 오프(cut off), 그러니까 최종 명단에 들어가기 위해 받아야 할 학점의 최소치를 먼저 구해야 한다.

```
DECLARE @GPACutOff float;
SET @GPACutOff = (SELECT min(GPA) as 'GPAMin'
  FROM (
    SELECT TOP 10 PERCENT AVG(CourseEnrollment.Grade) AS 1   GPA
    FROM CourseEnrollment
    GROUP BY CourseEnrollment.StudentID
    ORDER BY GPA desc)
  Grades);
```

이렇게 @GPACutOff를 정의하고 나면, 해당 학점 이상을 받은 학생들을 골라내는 건 꽤 간단하다.

```
SELECT StudentName, GPA
FROM (
  SELECT AVG(CourseEnrollment.Grade) AS GPA,
              CourseEnrollment.StudentID
  FROM CourseEnrollment
  GROUP BY CourseEnrollment.StudentID
  HAVING AVG(CourseEnrollment.Grade) >= @GPACutOff) Honors
INNER JOIN Students ON Honors.StudentID = Student.StudentID
```

질의문을 만들면서 어떤 묵시적 가정을 했다면, 주의하라. 위의 데이터베이스에서 찾을 수 있는, 문제의 소지가 있는 가정은 무엇인가? 그중 하나는 한 강의의 담당 교수는 오직 한 명이어야 한다는 것이다. 어떤 학교에서는 한 강의의 담당 교수를 여러 명 두기도 한다.

하지만 필요하다면 결국은 이런 저런 가정을 해야 한다. 아니면 미쳐버릴 테니까. 중요한 것은 '어떤 가정을 했느냐' 하는 것보다 '어떤 가정을 했는지 아는 것'이다. 잘못된 가정이라고 해도, 그런 가정을 했다는 사실을 인지하고 있다면 나중에라도 고칠 방도를 찾을 수 있다. (실제 상황에서건, 아니면 면접장에서건.)

또한, 유연성과 복잡성 사이에서 적절한 타협점을 찾아야 한다는 것을 기억하라. 강좌 담당 교수를 여러 명 둘 수 있도록 하면 데이터베이스의 유연성은 증가하지만, 또한 복잡성도 증가한다. 가능한 모든 상황에 유연하게 대처할 수 있는 데이터베이스를 만들려 하다 보면, 감당할 수 없이 복잡한 테이블과 씨름하게 된다.

적절한 수준의 유연성을 담보하는 설계를 하고, 설계 도중에 했던 가정이나 제약조건들은 적어두라. 이것은 단순히 데이터베이스를 설계할 때만 지켜야 하는 원칙이 아니라, 객체 지향 설계를 하거나 프로그래밍을 할 때도 지켜야 하는 원칙이다.

16
쓰레드와 락 해법

16.1 쓰레드와 프로세스의 차이는?

207쪽

해법

프로세스와 쓰레드는 서로 관계가 있으나 기본적으로는 다르다.

프로세스는 실행되고 있는 프로그램 개체이다. 프로세스는 CPU 시간이나 메모리 등이 시스템 자원이 할당되는 독립적인 개체이다. 각 프로세스는 별도의 주소 공간에서 실행되며, 한 프로세스는 다른 프로세스의 변수나 자료구조에 접근할 수 없다. 어떤 프로세스는 다른 프로세스의 자원을 접근하려면 프로세스 간 통신inter-process communication, IPC을 사용하여야 한다. 프로세스 간 통신 방법으로는 파이프나 파일, 소켓 등이 있다.

쓰레드는 프로세스 안에 존재하며 프로세스의 자원(힙 공간 등)을 공유한다. 같은 프로세스 안에 있는 쓰레드들은 같은 힙 공간을 사용하게 된다. 이는 다중 프로세스 환경과는 다른데, 프로세스는 다른 프로세스의 메모리를 직접 접근할 수 없다. 각각의 쓰레드는 별도의 레지스터와 스택을 갖지만, 힙 메모리는 서로 읽고 쓸 수 있다.

쓰레드는 프로세스의 특정한 수행 경로다. 한 쓰레드가 프로세스 자원을 변경하면, 다른 이웃 쓰레드sibling thread도 그 변경 결과를 즉시 볼 수 있다.

16.2 문맥 전환content switch에 소요되는 시간을 측정하려면?

207쪽

해법

까다로운 질문이지만 한 가지 가능한 방법부터 알아보자.

문맥 전환은 두 프로세스를 전환하는 데 드는 시간이다(즉, 대기 중인 프로세스를 실행 상태로 전환하고, 실행 중인 프로세스를 대기 상태나 종료 상태로 전환하는 데 드는 시간이다). 멀티태스킹을 할 때 이런 일이 발생한다. 운영체제는 대기 중인 프로세스의 상태 정보를 메모리에 올리고, 현재 실행 중인 프로세스의 상태 정보는 저장하여야 한다.

이 문제를 풀려면 상태를 전환할 두 프로세스의 마지막, 그리고 첫 명령어의 타임스탬프를 기록해야 한다. 문맥 전환에 걸리는 시간인 그 두 프로세스의 타임스탬프 간 시간차이다.

쉬운 예를 하나 들어 살펴보자. P_1과 P_2의 두 프로세스가 있다고 하자.

P_1은 실행 중이고 P_2는 실행 대기 중인 상태이다. 그리고 운영체제는 이 두 프로세스의 상태를 바꾸려고 한다. 상태 전환이 P1의 N번째 명령어를 수행할 때 발생했다고 하자. tx,k가 프로세스 x의 k번째 명령어가 실행되는 시간의 백만분의 1초microsecond, 마이크로초 단위 타임스탬프라고 하자. 그렇다면 문맥 전환을 실행하는 데 드는 시간은 $t_{2,1} - t_{1,n}$ 마이크로초이다.

여기서 까다로운 부분은, 문맥 전환이 발생하는 시점을 어떻게 아느냐다. 물론, 프로세스가 실행하는 모든 명령어에 대해서 타임스탬프를 기록할 수도 없다.

또 다른 문제는 문맥 전환이 운영체제의 스케줄링 알고리즘에 의해 실행되며, 많은 커널 수준 쓰레드들도 함께 문맥 전환에 가담한다는 사실이다. CPU를 차지하려는 다른 프로세스가 있을 수도 있고, 커널이 인터럽트를 처리하고 있을 수도 있다. 이와 같은 부가적으로 발생하는 문맥 전환에 대해서 사용자는 아무런 제어도 할 수 없다. 가령 $t_{1,n}$ 시점에 커널이 인터럽트를 처리하기로 결정한다면, 문맥 전환 시간은 과장되어버린다.

이런 장애물들을 극복하기 위해서는 P_1이 실행된 다음에 스케줄러가 P_2를 다음에 실행할 프로세스로 선택하도록 해야 한다. 파이프와 같은 데이터 전송 경로를 P_1과 P_2 사이에 설정하고 그 두 프로세스가 데이터 토큰을 주고받는 게임을 하도록 하면 그렇게 할 수 있을 것이다.

다시 말해, 처음에는 P_1이 송신자가 되도록 하고 P_2가 수신자가 되도록 한다. 초기에 P_2는 데이터 토큰이 오기를 기다리면서 대기 상태로 기다리는 중이다. P_1이 실행되면 토큰은 데이터 채널을 통해 P_2로 전송되며, P_1은 그에 대한 응답을 바로 읽으려 시도한다. 하지만 P_2가 아직 실행되지 않았으므로 P_1이 읽을 토큰은 만들어지지 않은 상태이다. 따라서 프로세스 P_1은 블록block되고, CPU를 양보한다.

그 결과 문맥 전환이 발생하고 스케줄러는 실행할 다른 프로세스를 선택해야 한다. P_2가 실행 준비가 완료된 상태이므로, 다음에 실행할 좋은 후보감이다. P_2가 실행되면 P_1과 P_2의 역할은 바뀐다. 이제 P_2가 송신자 역할을 하고 P_1은 블록 상태의 수신자가 된다. P_2가 토큰을 P_1에게 보내면 게임은 끝난다.

요약하자면, 한 판의 게임이 다음과 같은 절차로 실행되도록 하면 된다.

1. P_2는 P_1이 보내는 토큰을 기다리며 블록된다.
2. P_1이 시작 시간을 기록한다.
3. P_1이 토큰을 P_2에게 보낸다.
4. P_1이 P_2가 보내는 응답 토큰을 읽으려 한다. 그 순간 문맥 전환이 발생한다.
5. P_2가 스케줄링되고 토큰을 수신한다.
6. P_2가 응답 토큰을 P_1에게 보낸다.
7. P_2가 P_1이 보내는 응답 토큰을 읽으려 한다. 그 순간 다시 문맥 전환이 발생한다.
8. P1이 스케줄링되어 토큰을 받는다.
9. P1이 종료 시간을 기록한다.

이 과정의 핵심은 데이터 토큰을 보내는 과정이 문맥 전환을 유발한다는 것이다. T_d와 T_r이 각각 데이터 토큰을 보내고 받는 시간이라고 하자. T_c는 문맥 전환을 하는 데 드는 시간이다. 2단계에서, P_1은 토큰을 보내는 시점의 타임스탬프를 기록한다. 9단계에서는 응답을 받은 타임스탬프를 기록한다. 이 두 사건 사이에 소요된 시간 T는 다음과 같이 표현할 수 있다.

$$T = 2 * (T_d + T_c + T_r)$$

이 공식은 다음과 같은 사건들 때문에 도출된 것이다. 즉, P_1이 토큰을 보내고 (3), CPU 문맥 전환이 발생하고 (4), P_2가 토큰을 받는다 (5). 그때 P_2가 응답 토큰을 보내고 (6), CPU 문맥 전환이 발생하며 (7), 최종적으로 P_1이 응답 토큰을 수신한다 (8).

P_1은 쉽게 T를 계산할 수 있다. 이 시간이 사건 #3과 #8 사이의 시간이기 때문이다. 따라서 T_c를 구하기 위해서는 $T_d + T_r$의 값을 알아내야 한다.

그 값을 알아내려면, P1이 자기 자신에게 토큰을 보내고 받는 시간을 재 보면 된다. P_1이 토큰을 보내고 받을 때 블록되지 않을 것이므로 그 사이에 문맥 전환은 발생하지 않는다.

이 게임을 여러 번 시행하여 시간을 측정한다. 사건 #2와 #9 사이에 커널 인터럽트가 발생하거나 다른 커널 쓰레드가 끼어들거나 할 수 있기 때문에, 그런 일들로 유발되는 영향을 제거하기 위해서이다. 측정된 값 가운데 최솟값을 최종적인 해답으로 한다.

하지만 이것은 그저 근사치일 뿐이다. 어떤 시스템에서 실험했느냐에 따라 달라질 수 있다. 가령 우리는 데이터 토큰이 전송되고 나면 스케줄러가 P_2를 다음에 실행할 프로세스로 선택할 것이라는 가정을 했다. 하지만 스케줄러의 구현 방식에 따라서는 그렇지 않을 수도 있기 때문에, 보장은 할 수 없다.

하지만 그렇더라도 괜찮다. 중요한 것은 여러분의 해답이 완벽하지 않을 수 있다는 사실을 인식하는 것이다.

16.3 유명한 철학자의 만찬 문제dining philosophers problem**를 떠올려 보자. 철학자들이 원형 테이블에 앉아 있는데, 젓가락 한 짝이 철학자들 사이에 놓여 있다. 음식을 먹으려면 젓가락 두 짝이 전부 필요한데, 이 철학자들은 오른쪽 젓가락을 집기 전에 왼쪽 젓가락을 먼저 집는다. 모든 철학자가 왼쪽에 있는 젓가락을 동시에 집으려고 하면, 교착상태에 빠질 수 있다. 쓰레드와 락을 사용하여, 교착상태에 빠지지 않도록 철학자들의 만찬 문제를 시뮬레이션 하는 프로그램을 작성해 보라.**

207쪽

해법

우선, 교착상태에 대해서는 고려하지 않고 이 만찬 문제를 간단히 시뮬레이션 해보자. Thread를 계승하여 Philosopher 클래스를 만들고, Chopstick 클래스는 젓가락을 집으면 lock.lock()을, 그리고 내려놓으면 lock.unlock()을 호출하도록 해보자.

```
public class Chopstick {
  private Lock lock;

  public Chopstick() {
    lock = new ReentrantLock();
  }

  public void pickUp() {
    void lock.lock();
  }

  public void putDown() {
    lock.unlock();
  }
}

public class Philosopher extends Thread {
  private int bites = 10;
  private Chopstick left;
  private Chopstick right;

  public Philosopher(Chopstick left, Chopstick right) {
    this.left = left;
    this.right = right;
  }

  public void eat() {
    pickUp();
    chew();
    putDown();
  }

  public void pickUp() {
```

```
    left.pickUp();
    right.pickUp();
  }

  public void chew() { }

  public void putDown() {
    left.putDown();
    right.putDown();
  }

  public void run() {
    for (int i = 0; i < bites; i++) {
      eat();
    }
  }
}
```

위의 코드를 실행하고 모든 철학자가 왼쪽 젓가락을 집은 다음에 오른쪽 젓가락을 기다리도록 하면 교착상태가 발생한다.

교착상태가 발생하지 않도록 하려면, 오른쪽 젓가락을 집을 수 없을 경우 왼쪽 젓가락을 내려놓도록 해야 한다.

```
public class Chopstick {
  /* 전과 동 */

  public boolean pickUp() {
    return lock.tryLock();
  }
}

public class Philosopher extends Thread {
  /* 전과 동 */

  public void eat() {
    if (pickUp()) {
      chew();
      putDown();
    }
```

```
  }

  public boolean pickUp() {
    /* 집으려 시도 */
    if (!left.pickUp()) {
      return false;
    }
    if (!right.pickUp()) {
      left.putDown();
      return false;
    }
    return true;
  }
}
```

오른쪽 젓가락을 집을 수 없을 때에는 왼쪽 젓가락도 내려놓도록 해야 한다. 그리고 들고 있지 않은 젓가락에 대해서는 putDown()을 호출하지 않도록 주의해야 한다.

16.4 교착상태에 빠지지 않는 경우에만 락을 주는 클래스를 설계해 보라.

207쪽

해법

교착상태를 방지하기 위에 널리 사용되는 방법이 몇 가지 있다. 이 중 한 가지 방법은 프로세스로 하여금 어떤 락을 필요로 할 것인지 사전에 선언하도록 하게 하는 것이다. 그런 다음에 그 락이 요구되면 교착상태에 빠지는지 확인한다. 그렇다면 락 요구는 실패하도록 한다.

이 제약사항을 염두에 두고, 교착상태 탐지 방법을 알아보자. 아래에 제시한 순서대로 락이 요청된다고 하자.

A = {1, 2, 3, 4}

B = {1, 3, 5}

C = {7, 5, 9, 2}

다음과 같은 시나리오에서는 교착상태가 발생할 수 있다.

A가 2에 락을 걸고, 3을 기다린다.
B가 3에 락을 걸고, 5를 기다린다.
C가 5에 락을 걸고, 2를 기다린다.

그래프로 표현하자면 2는 3에 연결되어 있고, 3은 5에 연결되어 있으며, 5는 2에 연결된 상황이다. 교착상태를 그래프로 표현하면 사이클cycle이 된다. 어떤 프로세스가 w에 대한 락을 획득한 다음에 v에 대한 락을 요구하는 경우를 그래프로 표현하면, 노드 w와 v 사이에 간선이 존재하는 것으로 표현할 수 있는데, 이를 (w, v)와 같이 표기하도록 하겠다. 앞서 살펴본 시나리오의 경우 그래프에 포함되는 간선은 다음과 같다: (1, 2), (2, 3), (3, 4), (1, 3), (3, 5), (7, 5), (5, 9), (9, 2). 간선의 소유자가 누구냐는 중요하지 않다.

우리가 구현할 클래스는 declare라는 메서드를 가져야 한다. 어떤 순서로 자원을 요청할 것인지 알리기 위해 사용하는 메서드다. 이 메서드는 선언되는 순서대로 그래프에 (v, w) 쌍을 추가한다. 그런 다음 사이클이 발생하는지 본다. 선언 결과로 사이클이 발생하면 이전 상태로 돌아가 추가했던 간선들을 제거하고 종료한다.

마지막으로 한 가지 더 생각해 봐야 할 것이 있다. 사이클은 어떻게 탐지하나? 그래프의 연결된 부분들connected component[1]에 깊이 우선 탐색을 시행하면 발견할 수 있다. 모든 연결 부분을 찾아 내기 위한 복잡한 알고리즘이 존재하나, 이 문제의 경우에는 그 정도로 복잡한 알고리즘까지 동원할 필요는 없다.

사이클이 발생한다면, 새로 추가한 간선들 가운데 하나 탓이다. 따라서 깊이 우선 탐색이 새로 추가한 간선들을 언젠가 발견하기만 한다면, 사이클을 완전히 찾아보았다고 할 수 있다.

1 (옮긴이) 그래프에서 최대로 연결된 일부분. 어떤 그래프는 모든 정점이 연결된 상태가 아닐 수 있는데, 이때 최대로 연결된 부분 그래프를 연결 부분(connected component)이라 부른다.

이 특수한 종류의 사이클 탐색 알고리즘의 가상 코드를 아래에 보였다.

```
boolean checkForCycle(locks[] locks) {
  touchedNodes = hash table(lock -> boolean)
  locks에 있는 모든 lock에 대해 false 값이 대응되도록 touchedNodes를 초기화한다.
  for each (lock x in process.locks) {
    if (touchedNodes[x] == false) {
      if (hasCycle(x, touchedNodes)) {
        return true;
      }
    }
  }
  return false;
}

boolean hasCycle(node x, touchedNodes) {
  touchedNodes[r] = true;
  if (x.state == VISITING) {
    return true;
  } else if (x.state == FRESH) {
    ... (아래의 완전한 코드 참조)
  }
}
```

위의 코드에서 깊이 우선 탐색을 여러 번 시행하더라도 touchedNodes는 단 한 번만 초기화된다는 사실을 눈여겨보기 바란다. touchedNodes에 보관된 모든 값이 false가 될 때까지 반복한다.

상세한 부분까지 완성한 코드를 아래에 보였다. 코드를 단순화하기 위해 모든 락과 프로세스(소유자)는 순차적으로 배열된다고 가정했다.

```
public class LockFactory {
  private static LockFactory instance;

  private int numberOfLocks = 5; /* 기본값 */
  private LockNode[] locks;

```

```
  /* 프로세스 (또는 소유자)가 어떤 순서로 락을 획득할 것이라 선언했는지
   * 보관한다 */
  private Hashtable<Integer, LinkedList<LockNode>> lockOrder;

  private LockFactory(int count) { ... }
  public static LockFactory getInstance() { return instance; }

  public static synchronized LockFactory initialize(int count) {
    if (instance == null) instance = new LockFactory(count);
    return instance;
  }

  public boolean hasCycle(
        Hashtable<Integer, Boolean> touchedNodes,
        int[] resourcesInOrder) {
    /* 사이클이 생기는지 검사 */
    for (int resource : resourcesInOrder) {
      if (touchedNodes.get(resource) == false) {
        LockNode n = locks[resource];
        if (n.hasCycle(touchedNodes)) {
          return true;
        }
      }
    }
    return false;
  }

  /* 교착상태를 방지하기 위해, 프로세스가 사전에
   * 어떤 순서로 락을 요청할지 선언하도록 한다.
   * 선언한 순서가 락을 발생시키지 않는지(유향 그래프에서의 사이클)
   * 검사한다. */
  public boolean declare(int ownerId, int[] resourcesInOrder) {
    Hashtable<Integer, Boolean> touchedNodes =
    new Hashtable<Integer, Boolean>();

    /* 노드를 그래프에 추가 '
    int index = 1;
    touchedNodes.put(resourcesInOrder[0], false);
    for (index = 1; index < resourcesInOrder.length; index++) {
      LockNode prev = locks[resourcesInOrder[index - 1]];
      LockNode curr = locks[resourcesInOrder[index]];
      prev.joinTo(curr);
```

```
      touchedNodes.put(resourcesInOrder[index], false);
    }

    /* 사이클이 생겼다면 이 자원 리스트를 삭제하고
     * false를 반환 */
    if (hasCycle(touchedNodes, resourcesInOrder)) {
      for (int j = 1; j < resourcesInOrder.length; j++) {
        LockNode p = locks[resourcesInOrder[j - 1]];
        LockNode c = locks[resourcesInOrder[j]];
        p.remove(c);
      }
      return false;
    }

    /* 사이클이 탐지되지 않았다. 선언한 순서를 저장하여
     * 나중에 프로세스가 선언한 순서대로 락을 요청하는지
     * 확인할 수 있도록 한다. */
    LinkedList<LockNode> list = new LinkedList<LockNode>();
    for (int i = 0; i < resourcesInOrder.length; i++) {
      LockNode resource = locks[resourcesInOrder[i]];
      list.add(resource);
    }
    lockOrder.put(ownerId, list);

    return true;
  }

  /* 프로세스가 선언한 순서대로 락을 요구하는지
   * 먼저 확인하고 락을 획득한다. */
  public Lock getLock(int ownerId, int resourceID) {
    LinkedList<LockNode> list = lockOrder.get(ownerId);
    if (list == null) return null;

    LockNode head = list.getFirst();
    if (head.getId() == resourceID) {
      list.removeFirst();
      return head.getLock();
    }
    return null;
  }
}
```

```
public class LockNode {
  public enum VisitState { FRESH, VISITING, VISITED };

  private ArrayList<LockNode> children;
  private int lockId;
  private Lock lock;
  private int maxLocks;

  public LockNode(int id, int max) { ... }

  /* 사이클을 만들지 않는지 확인하고
   * this를 node에 연결한다. */
  public void joinTo(LockNode node) { children.add(node); }
  public void remove(LockNode node) { children.remove(node); }

  /* 깊이 우선 탐색을 하여 사이클을 찾는다. */
  public boolean hasCycle(
  Hashtable<Integer, Boolean> touchedNodes) {
    VisitState[] visited = new VisitState[maxLocks];
    for (int i = 0; i < maxLocks; i++) {
      visited[i] = VisitState.FRESH;
    }
  return hasCycle(visited, touchedNodes);
  }

  private boolean hasCycle(VisitState[] visited,
  Hashtable<Integer, Boolean> touchedNodes) {
    if (touchedNodes.containsKey(lockId)) {
      touchedNodes.put(lockId, true);
    }

    if (visited[lockId] == VisitState.VISITING) {
      /* 방문중인 노드에 되돌아 왔다. 따라서
       * 사이클이 발생한 것이다. */
      return true;
    } else if (visited[lockId] == VisitState.FRESH) {
      visited[lockId] = VisitState.VISITING;
      for (LockNode n : children) {
        if (n.hasCycle(visited, touchedNodes)) {
          return true;
        }
      }
```

```
      visited[lockId] = VisitState.VISITED;
    }
    return false;
  }

  public Lock getLock() {
    if (lock == null) lock = new ReentrantLock();
    return lock;
  }

  public int getId() { return lockId; }
}
```

언제나 강조했듯이, 면접할 때 이렇게 길고 복잡한 코드를 작성해야 할 일은 없다. 가상 코드를 작성하고 그 메서드 가운데 한두 개 정도만 작성하는 것으로 충분하다.

16.5 다음과 같은 코드가 있다고 하자.

```
public class Foo {
  public Foo() { ... }
  public void first() { ... }
  public void second() { ... }
  public void third() { ... }
}
```

이 클래스로 만든 객체 하나를 서로 다른 세 쓰레드에 전달한다. ThreadA는 first를 호출할 것이고, threadB는 second를 호출할 것이며, threadC는 third를 호출할 것이다. first가 second보다 먼저 호출되고, second가 third보다 먼저 호출되도록 보장하는 메커니즘을 설계하라.

207쪽

해법

second()를 실행하기 전에 first() 실행이 끝났는지 확인한다. third()를 호출하기 전에는 second() 실행이 끝났는지 확인한다. 쓰레드 안전성thread safety에 대해 각별히 유의해야 하는데, 단순히 boolean 타입의 플래그 변수를 두는 것으로는 쓰레드 안전성을 확보할 수 없다.

lock을 써서 아래와 같은 코드를 만든다면 어떨까?

```
public class FooBad {
  public int pauseTime = 1000;
  public ReentrantLock lock1, lock2, lock3;

  public FooBad() {
    try {
      lock1 = new ReentrantLock();
      lock2 = new ReentrantLock();
      lock3 = new ReentrantLock();

      lock1.lock();
      lock2.lock();
      lock3.lock();
    } catch (...) { ... }
  }

  public void first() {
    try {
      ...
      lock1.unlock(); // first() 수행이 끝났음을 표시
    } catch (...) { ... }
  }

  public void second() {
    try {
      lock1.lock(); // first() 수행이 끝날 때까지 대기
      lock1.unlock();
      ...

      lock2.unlock(); // second() 수행이 끝났음을 표시
    } catch (...) { ... }
  }

  public void third() {
    try {
      lock2.lock(); // second() 수행이 끝날 때까지 대기
      lock2.unlock();
```

```
      ...
    } catch (...) { ... }
  }
}
```

그런데 이 코드는 락 소유권lock ownership 문제 때문에 정상적으로 동작하지 않는다. 락을 수행한 쓰레드(FooBar 생성자 안에서)와 다른 쓰레드가 해당 락을 unlock 하려 시도하고 있다. 그렇게 하려고 하면 예외exception가 발생한다. Java에서 락은 락을 건 쓰레드가 소유한다.

세마포어semaphores를 사용하면 이 문제를 해결할 수 있다. 아래의 코드를 보자. 논리적으로 동일한 코드다.

```
public class Foo {
  public Semaphore sem1, sem2, sem3;

  public Foo() {
    try {
      sem1 = new Semaphore(1);
      sem2 = new Semaphore(1);
      sem3 = new Semaphore(1);

      sem1.acquire();
      sem2.acquire();
      sem3.acquire();
    } catch (...) { ... }
  }

  public void first() {
    try {
      ...
      sem1.release();
    } catch (...) { ... }
  }

  public void second() {
    try {
      sem1.acquire();
```

```
      sem1.release();
      ...
      sem2.release();
    } catch (...) { ... }
  }

  public void third() {
    try {
      sem2.acquire();
      sem2.release();
      ...
    } catch (...) { ... }
  }
}
```

16.6 동기화된 메서드 A와 일반 메서드 C를 제공하는 클래스가 있다. 같은 프로그램 안에서 실행되는 두 개 쓰레드가 A를 동시에 실행할 수 있는가? A와 C는 동시에 실행할 수 있는가?

208쪽

해법

메서드에 synchronized 키워드를 적용하면 두 쓰레드가 동일한 객체의 메서드를 동시에 실행하지 못하도록 할 수 있다.

따라서 첫 부분에 대한 답은 '상황에 따라 다르다'이다. 두 쓰레드가 같은 객체를 갖고 작업을 하고 있다면 답은 NO이다. 메서드 A를 동시에 실행할 수는 없다. 하지만 다른 객체라면 YES이다. 동시에 실행할 수 있다.

개념적으로 보면 락 문제와 같다. synchronized 키워드가 적용된 메서드를 호출하면, 동일한 객체에 정의된 모든 synchronized 메서드에 락이 걸리는 것과 같다. 따라서 해당 객체의 synchronized 메서드를 실행하려는 다른 쓰레드는 블록block된다.

그렇다면, 2번 쓰레드가 synchronized로 선언되지 않은 메서드 B를 실행하는 동안, 1번 쓰레드는 synchronized로 선언된 메서드 A를 실행할 수 있나? 그렇다. B가 synchronized로 선언되지 않았으므로, 1번 쓰레드가 A를 실행하지 못하도록 블록시킬 수단이 없는 것이다. 1번 쓰레드와 2번 쓰레드가 사용하는 객체가 다른 객체라면, 더더욱 그렇다.

여기서 기억해 두어야할 가장 핵심적인 개념은, 객체 별로 실행 가능한 synchronized 메서드는 하나뿐이라는 것이다. 다른 쓰레드는 해당 객체의 비-synchronized 메서드는 실행할 수 있지만, synchronized 메서드를 호출할 경우에는 블록된다. 언제까지? 다른 쓰레드의 sychronized 메서드 실행이 끝날 때 까지. 물론 객체가 다르다면 어떤 메서드건 자유로이 실행할 수 있다.

추가 연습문제

17
중간 난이도 해법

17.1 수 하나를 이동 없이 바꾸는 함수를 작성하라(즉, 임시 변수는 사용할 수 없다).

210쪽

해법

이 문제는 고전적인 면접 문제다. a_0가 a의 원래 값이고, b_0가 b의 원래 값이라 하자. diff는 $a_0 - b_0$이라고 하자.

a > b일 경우 이 관계를 시각적으로 표현해 보면 다음과 같다.

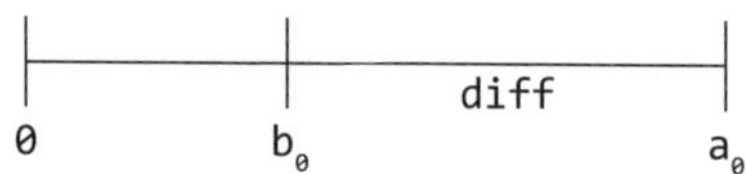

우선, a를 diff로 설정한다. 그런 다음 b와 diff를 더하여 b에 저장한다. 이 값은 a_0이므로, $b = a_0$, 그리고 a = diff인 상태가 된다. 남은 일은 a를 a_0 - diff, 즉 b - a로 설정하는 일이다. 그러면 $a = b_0$가 된다.

이 알고리즘을 구현한 코드를 아래에 보였다.

```
public static void swap(int a, int b) {
   // 예: a = 9, b = 4
   a = a - b; // a = 9 - 4 = 5
   b = a + b; // b = 5 + 4 = 9
   a = b - a; // a = 9 - 5

   System.out.println("a: " + a);
   System.out.println("b: " + b);
}
```

이와 유사한 해법을 비트 조작bit manipulation을 통해서도 구현할 수 있다. 이 해법의 좋은 점은, 정수 이외의 자료형에 대해서도 동작한다는 것.

```java
public static void swap_opt(int a, int b) {
  //예: a = 101 (이진수), b = 110
  a = a^b; // a = 101^110 = 011
  b = a^b; // b = 011^110 = 101
  a = a^b; // a = 011^101 = 110

  System.out.println("a: " + a);
  System.out.println("b: " + b);
}
```

이 코드는 XOR 연산자를 사용해 작성되었다. 이 해법이 왜 통하는지를 살펴보려면 두 비트 p와 q만 보면 된다. 그 두 비트의 원래 값을 각각 p_0과 q_0라고 하겠다.

만일 이 두 비트의 값을 올바르게 바꿀 수 있다면, 전체 비트도 올바르게 바꿀 수 있다. 그 절차를 행 단위로 살펴보자.

```
1  p = p0^q0  /* p0 = q0이면 0, p0 != q0이면 1*/
2  q = p^q0  /* p0와 같다 */
3  p = p^q  /* q0와 같다 */
```

첫 번째 행에서 p_0^q_0와 같이 하면 p의 값은 $p_0 = q_0$일 경우 0, 그리고 $p_0 \neq q_0$일 경우 1이 된다.

두 번째 행에서는 q=p^q_0를 시행한다. p의 값으로는 0이 올 수도 있고, 1이 올 수도 있다. p와 q의 값을 서로 바꾸는 것이 목적이므로, 결국 이 연산의 결과는 q=p_0이 되어야 한다.

- p=0인 경우: $p_0 = q_0$라는 뜻이므로, p^q_0는 p_0을 반환해도 되고 q_0을 반환해도 된다. 어떤 값을 0과 XOR하면 원래 값이 항상 반환되는 것은 알고 있으므로, 결국 이 연산의 결과로는 q_0(그러니까, p_0)이 정확하게 반환된다.

· p=1인 경우: p_0 != q_0이므로, q_0가 0일 경우에는 1이, 그리고 p_0가 1일 경우에는 0이 반환되어야 한다. 1과 XOR하게 되면 당연히 그렇게 된다.

세 번째 행에서는 p=p^q를 시행한다. p의 값으로 가능한 두 가지 경우를 각각 살펴보자. 목표는 q_0가 반환되도록 하는 것이다. q가 p_0과 같으므로, 실제로는 p^p_0을 하는 것과 같다.

· p=0인 경우: p_0=q_0이므로, p_0나 q_0 중 하나가 반환되면 된다. 어느 쪽이든 상관없다. 0^p_0을 하면 p_0가 반환되는데, 이 값은 q_0와 같다.
· p=1인 경우: 1^p_0을 하게 되는 것이므로, p_0의 값은 뒤집히게 된다. p_0 != q_0이므로, 바로 이것이 우리가 원하는 결과이다.

이제 p는 q_0이 되었고, q는 p_0이 되었다. 따라서 각 비트의 값이 정확히 교환되므로, 두 정수 전체가 정확히 교환되리라는 것을 알 수 있다.

17.2 틱-택-토tic-tac-toe 게임의 승자를 알아내는 알고리즘을 설계하라.

210쪽

해법

처음에 이 문제는 아주 간단해 보일 것이다. 틱-택-토 게임판을 본 적이 있나? 어려워 봐야 얼마나 어렵겠나? 하지만 이 문제는 생각보다 까다롭고, 완벽한 정답도 없다. 여러분 취향에 따라 최적 해법도 크게 달라진다.

설계할 때 중요하게 따져봐야 할 몇 가지는 다음과 같다.

1. hasWon이 한 번만 호출되나, 아니면 여러 번 호출되나? (가령, 틱-택-토 웹사이트의 일부분이라면 여러 번 호출될 것.) 여러 번 호출되는 것이 사실이라면, hasWon의 수행 속도를 최적화하기 위해 전처리pre-processing를 한다 해도 괜찮을 것이다.
2. 틱-택-토 게임은 보통 3×3 크기의 게임판에서 한다. N×N 크기의 게임판에 대한 해법까지 구해야 하는가?

3. 코드의 길이 vs. 수행 시간 vs. 코드 가독성 사이에는 어떤 우선순위가 있는가? 가장 효율적인 코드가 가장 좋은 코드는 아님을 기억하자. 코드를 이해하고 유지보수할 수 있도록 하는 것도 중요하다.

해법 #1: hashWon이 여러 번 호출된다면

틱-택-토 게임을 하는 모든 경우의 수를 따져보면 39, 그러니까 20,000개 정도뿐이다. 그러니 틱-택-토 게임판을 표현하는데 정수 하나면 된다. 이 정수의 각 자리는 어떤 말이 놓였는지를 나타낸다. 0은 비어있는 것이고 1은 파란색 말, 2는 빨간색 말이 놓였음을 나타낸다. 모든 가능한 보드판과 그 게임 결과는 미리 해시 테이블에 저장해 둔다. 그렇게 하면 hasWon은 다음과 같이 간단히 구현될 수 있다.

```
public int hasWon(int board) {
  return winnerHashtable[board];
}
```

문자 배열로 표현되는 게임판 하나를 정수 값으로 변환하기 위해서는 3진법을 사용한다. 각 게임판 상태는 다음의 다항식으로 표현된다: $3^0 v_0 + 3^1 v_1 + 3^2 v_2 + ... + 3^8 v_8$. 여기서 v_i는 해당 위치가 비어 있을 때 0이고, 파란색 말이 놓여 있을 때 1, 빨간색 말이 놓여 있을 때 2이다.

```
public static int convertBoardToInt(char[][] board) {
  int factor = 1;
  int sum = 0;
  for (int i = 0; i < board.length; i++) {
    for (int j = 0; j < board[i].length; j++) {
      int v = 0;
      if (board[i][j] == 'x') {
        v = 1;
      } else if (board[i][j] == 'o') {
        v = 2;
      }
```

```
            sum += v * factor;
            factor *= 3;
        }
    }
    return sum;
}
```

이렇게 하면 단순히 해시 테이블을 질의하면 게임 결과를 알아낼 수 있다.

물론, 승자를 찾아야 할 필요가 생길 때마다 게임판을 이런 식으로 변환했더라면 다른 방법보다 빨라지지 않았을 것이다. 하지만 애초에 모든 게임과 그 결과를 이런 식으로 저장해 두면, 아주 효율적으로 결과를 찾아낼 수 있다.

해법 #2: 3 × 3 게임판만 고려한 설계

3×3 게임판만 고려해 구현한다면 코드를 상대적으로 짧고 간단하게 만들 수 있다. 복잡한 코드를 작성하지 않고, 잘 조직된 가독성 높은 코드를 만드는 것 정도가 가장 어려운 부분이다.

```
Piece hasWon1(Piece[][] board) {
  for (int i = 0; i < board.length; i++) {
    /* 행 검사 */
    if (board[i][0] != Piece.Empty &&
    board[i][0] == board[i][1] &&
    board[i][0] == board[i][2]) {
      return board[i][0];
    }

    /* 열 검사 */
    if (board[0][i] != Piece.Empty &&
    board[0][i] == board[1][i] &&
    board[0][i] == board[2][i]) {
      return board[0][i];
    }
  }

  /* 대각선 검사 */
  if (board[0][0] != Piece.Empty &&
```

```
  board[0][0] == board[1][1] &&
  board[0][0] == board[2][2]) {
    return board[0][0];
  }

  /* 역 대각선 검사 */
  if (board[2][0] != Piece.Empty &&
  board[2][0] == board[1][1] &&
  board[2][0] == board[0][2]) {
    return board[2][0];
  }
  return Piece.Empty;
}
```

해법 #3: N×N 게임판을 고려한 설계

아래의 해법은 3×3에 대한 해법을 단순히 확장한 것이다. 이 책의 웹사이트에 가면 이를 달리 구현한 소스코드도 다운받을 수 있으나, 여기서는 그 가운데 하나만 보였다.

```
Piece hasWon3(Piece[][] board) {
  int N = board.length;
  int row = 0;
  int col = 0;

  /* 행 검사 */
  for (row = 0; row < N; row++) {
    if (board[row][0] != Piece.Empty) {
      for (col = 1; col < N; col++) {
        if (board[row][col] != board[row][col-1]) break;
      }
      if (col == N) return board[row][0];
    }
  }

  /* 열 검사 */
  for (col = 0; col < N; col++) {
    if (board[0][col] != Piece.Empty) {
      for (row = 1; row < N; row++) {
        if (board[row][col] != board[row-1][col]) break;
```

```
      }
      if (row == N) return board[0][col];
    }
  }

  /* 대각선 검사(왼쪽 상단에서 오른쪽 하단 방향) */
  if (board[0][0] != Piece.Empty) {
    for (row = 1; row < N; row++) {
      if (board[row][row] != board[row-1][row-1]) break;
    }
    if (row == N) return board[0][0];
  }

  /* 대각선 검사(왼쪽 하단에서 오른쪽 상단 방향) */
  if (board[N-1][0] != Piece.Empty) {
    for (row = 1; row < N; row++) {
      if (board[N-row-1][row] != board[N-row][row-1]) break;
    }
    if (row == N) return board[N-1][0];
  }

  return Piece.Empty;
}
```

어떻게 풀건 간에 알고리즘 자체에 그다지 도전적인 부분은 없다. 코드를 깔끔하고도 유지보수성 높게 작성하는 것 정도가 까다로운 부분이며, 면접관이 보려 하는 것도 바로 그런 부분이다.

17.3 n!의 계산 결과로 구해진 값의 마지막에 붙은 연속된 0의 개수를 계산하는 알고리즘을 작성하라.

210쪽

해법

가장 단순한 해법은 계승factorial의 계산 결과를 구한 다음에 10으로 나누면서 0의 개수를 세는 것이다. 이 방법의 단점은, 계승을 계산하다 보면 int로 표현할 수 있는 값의 한계를 순식간에 지나게 된다는 것이다. 그런 문제가 발생하지 않도록 하기 위해, 이 문제는 수학적으로 접근하여 풀어보도록 하겠다.

19!를 계산해야 한다고 하자.

19! = 1 * 2 * 3 * 4 * 5 * 6 * 7 * 8 * 9 * 10 * 11 * 12 * 13 * 14 * 15 * 16 * 17 * 18 * 19

계산 결과 꽁무니에 붙는 0은 10의 배수라는 뜻이다. 10의 배수는 5의 배수인 동시에 2의 배수이다.

그러므로, 19!의 경우 다음과 같은 항들이 꽁무니에 붙는 0을 만들어 낸다.

19! = 2 * ... * 5 * ... * 10 * ... * 15 * 16 * ...

그러니 0의 개수를 세려면 5와 2가 얼마나 포함되어 있는지를 세면 된다. 그런데 5보다는 2의 배수 개수가 훨씬 많을 것이므로, 5의 배수 개수만 세면 충분할 것이다.

한 가지 유의해야 할 것은, 15에는 5가 하나이므로 꽁무니 0을 하나만 만들어 낼 것이지만, 25에는 두 개 들어있으므로 두 개의 꽁무니 0을 만들어 낼 것이라는 점이다.

이 방법을 사용해 코드를 만드는 데는 두 가지 방법이 있다.

첫 번째 방법은 2부터 n까지 모든 수를 살펴보면서 5의 몇 거듭제곱이 포함되어 있는지 세는 것이다.

```
/* 5의 몇 거듭제곱 수가 들어 있나?
* 5 -> 1,
* 25-> 2, etc.
*/
public int factorsOf5(int i) {
  int count = 0;
  while (i % 5 == 0) {
    count++;
    i /= 5;
  }
  return count;
}
```

```
public int countFactZeros(int num) {
  int count = 0;
  for (int i = 2; i <= num; i++) {
    count += factorsOf5(i);
  }
  return count;
}
```

나쁘지 않은 해답이나, 한 수에 포함된 5의 개수가 몇 개인지를 직접 세면 더 효율적으로 만들 수 있다. 다시 말해, 처음에는 1과 n 사이에 5의 배수가 몇 개 있는지 세고, 그 다음에는 25의 배수가 몇 개 있는지 세고, 그 다음에는 125의 배수가 몇 개 있는지 세어보는 작업을 반복하는 것이다.

n에 m이 얼마나 들어있는지 알려면, n을 m으로 나누어 보면 된다.

```
public int countFactZeros(int num) {
  int count = 0;
  if (num < 0) {
    return -1;
  }
  for (int i = 5; num / i > 0; i *= 5) {
    count += num / i;
  }
  return count;
}
```

수수께끼같아 보이는 문제이지만, 위에 보인 것처럼 논리적으로 공략이 가능하다. 0을 만들어 내는 것이 정확히 무엇인지 생각해 보면 해답을 찾을 수 있다. 사전에 그 규칙을 명확히 해 두어야 정확히 구현할 수 있다.

17.4 주어진 두 수의 최댓값을 찾는 메서드를 작성하라. if-else나 비교 연산자는 사용할 수 없다.

210쪽

해법

max를 구현하는 흔한 방법은 a-b의 결과 값 부호를 살피는 것이다. 그런데 지금은 비교 연산자를 사용할 수 없으므로, 대신 곱셈을 사용해 구현하도록 하겠다.

a-b >= 0이면 k는 1이라고 하자. 그 이외의 경우에는 0이다. q의 값은 k와는 정반대라고 하자.

다음과 같은 코드를 생각해 볼 수 있다.

```
/* 1은 0으로, 0은 1로 뒤집는다. */
public static int flip(int bit) {
  return 1^bit;
}

/* a가 양수면 1을, 음수면 0을 반환한다. */
public static int sign(int a) {
  return flip((a >> 31) & 0x1);
}

public static int getMaxNaive(int a, int b) {
  int k = sign(a - b);
  int q = flip(k);
  return a * k + b * q;
}
```

이 코드는 거의 정답이 될 뻔한 코드이다. 불행히도 a-b의 계산 결과에 오버플로가 생기면 이 알고리즘은 정상적으로 동작하지 않는다. 가령 a는 INT_MAX-2이고 b는 -15라 하자. a-b는 INT_MAX보다 크므로 오버플로가 발생하여 계산 결과는 음수가 된다.

같은 접근법을 사용하여 이 문제에 대한 해결책을 구현할 수 있다. 목표는 a > b일 때 k가 1이 되도록 하는 것이다. 좀 더 복잡한 논리를 적용하면 이 조건이 만족되도록 할 수 있다.

a-b가 오버플로되는 시점은 언제인가? a가 양수이고 b가 음수일 때, 또는 a가 음수이고 b가 양수일 때 그런 일이 벌어진다. 오버플로가 발생하는지 따

지는 것은 어려운 일일 수 있지만, a와 b의 부호가 다른지는 간단히 검사할 수 있다. a와 b의 부호가 다를 경우 k의 값은 sign(a)의 값과 같아야 한다는 것에 유의하자.

다음과 같은 논리를 적용할 수 있다.

```
if (a와 b의 부호가 다르면)
  // a > 0이면 b < 0이고 k = 1.
  // a < 0이면 b > 0이고 k = 0
  // 따라서 어떤 경우에도 k = sign(a)
  let k = sign(a)
else
  let k = sign(a - b) // 오버플로는 불가능
```

이 로직을 구현한 코드를 아래에 보였다. If 문 대신 곱셈을 사용하였다.

```
public static int getMax(int a, int b) {
  int c = a - b;

  int sa = sign(a); // if a >= 0, then 1 else 0
  int sb = sign(b); // if b >= 0, then 1 else 0
  int sc = sign(c); // a - b에 오버플로가 발생하느냐의 여부에 따라 다름

  /* 목표: a > b이면 1이고 a < b이면 0인 값 k를 정의하는 것.
  * (만일 a = b이면, k의 값은 상관없음) */

  // a와 b의 부호가 다르면 k = sign(a)
  int use_sign_of_a = sa ^ sb;

  // a와 b가 같은 부호이면 k = sign(a - b)
  int use_sign_of_c = flip(sa ^ sb);

  int k = use_sign_of_a * sa + use_sign_of_c * sc;
  int q = flip(k); // k와 정반대 부호

  return a * k + b * q;
}
```

가독성을 높이기 위해 코드를 여러 다른 메서드와 변수들로 나누었다. 가장 압축적이고 효율적인 방법은 아니지만, 뭘 하고 있는지 명확히 표현할 수 있다.

17.5 마스터 마인드 게임The Game of Master Mind의 규칙은 다음과 같다.

컴퓨터가 네 개의 슬롯slot을 갖고 있는데, 각 슬롯에는 빨강색(R), 노란색(Y), 녹색(G), 파란색(B) 공이 들어 있다. RGGB는 슬롯 #1에 빨강, 슬롯 #2와 #3에 녹색, 슬롯 #4에 파란색 공이 들어있다는 뜻이다.

여러분, 그러니까 사용자는 이 순서를 추측해야 한다. 가령 여러분이 YRGB라고 추측했다고 해보자.

어떤 슬롯에 어떤 색의 공이 들어있는지 맞추게 되면 'hit'이다. 추측한 색의 공이 답에 포함되어 있긴 한데 다른 슬롯에 있다면 'pseudo-hit'이다. hit이 발생한 슬롯은 pseudo-hit으로 치지 않는다.

가령 답이 RGBY이고 여러분이 GGRR이라 추측했다면, 한 번의 hit과 한 번의 pseudo-hit이 발생한다.

답과 사용자의 추측이 인자로 주어졌을 때, hit과 pseudo-hit의 개수를 반환하는 메서드를 작성하라.

210쪽

해법

문제 자체는 단순한데 사소한 실수를 저지를 가능성이 아주 높다. 작성한 코드를 많은 테스트 케이스들을 사용해 철저히 검토해 봐야 한다.

우선 solution 안에 어떤 글자가 나타나는 빈도를 보관하는 배열을 만든다. 슬롯이 'hit'된 경우는 제외한다. 그런 다음에 guess를 순회하면서 pseudo-hit 횟수를 센다.

이 알고리즘을 구현한 코드를 아래에 보였다.

```
public class Result {
  public int hits = 0;
  public int pseudoHits = 0;
```

```

  public String toString() {
    return "(" + hits + ", " + pseudoHits + ")";
  }
}

public int code(char c) {
  switch (c) {
    case 'B':
    return 0;
    case 'G':
    return 1;
    case 'R':
    return 2;
    case 'Y':
    return 3;
    default:
    return -1;
  }
}

public static int MAX_COLORS = 4;

public Result estimate(String guess, String solution) {
  if (guess.length() != solution.length()) return null;

  Result res = new Result();
  int[] frequencies = new int[MAX_COLORS];

  /* 등장 빈도를 보관하는 테이블을 만든다 */
  for (int i = 0; i < guess.length(); i++) {
    if (guess.charAt(i) == solution.charAt(i)) {
      res.hits++;
    } else {
      /* hit이 발생하지 않은 경우에만 빈도 테이블(pseudo-hit
      * 검사에 사용됨)을 증가시킨다. hit이 발생했다는 것은 해당 슬롯이
      * 이미 사용되었다는 의미. */
      int code = code(solution.charAt(i));
      frequencies[code]++;
    }
  }

  /* pseudo-hit 계산 */
```

```
  for (int i = 0; i < guess.length(); i++) {
    int code = code(guess.charAt(i));
    if (code >= 0 && frequencies[code] > 0 &&
        guess.charAt(i) != solution.charAt(i)) {
      res.pseudoHits++;
      frequencies[code]--;
    }
  }
  return res;
}
```

알고리즘이 쉬울수록 깔끔하고 정확한 코드를 작성하는 것이 중요하다. 위의 경우 code(char c)를 별도 메서드로 분리하고, 결과를 그냥 출력하는 대신 Result 클래스를 만들어, 거기 보관되도록 하였다.

17.6 정수 배열이 주어졌을 때, m부터 n까지의 원소를 정렬하기만 하면 배열 전체가 정렬되어버리는 m과 n을 찾아라. n-m이 최소화되도록 하라(다시 말해, 그런 순열 중 가장 짧은 것을 찾아야 한다).

– 예

입력: 1, 2, 4, 7, 10, 11, 7, 12, 6, 7, 16, 18, 19

출력: (3, 9)

211쪽

해법

시작하기 전에, 풀이가 어떤 형태가 되어야 하는지부터 이해해보도록 하자. 두 개의 첨자를 찾아야 하는데, 이 두 첨자는 배열의 가운데 부분을 가리키며, 이 부분을 제외한 앞부분과 뒷부분은 이미 정렬된 상태이다.

이제 예제를 통해 이 문제를 어떻게 풀어야 할지 살펴보자.

1, 2, 4, 7, 10, 11, 7, 12, 6, 7, 16, 18, 19

우선 생각할 수 있는 것은, 앞과 뒤에서 각각 가장 긴 오름차순 부분수열을 찾는 것이다.

왼쪽: 1, 2, 4, 7, 10, 11
가운데: 7, 12
중간: 6, 7, 16, 18, 19

이 부분수열들은 만들어내기 쉽다. 왼쪽과 오른쪽 끝에서 시작해서 안쪽으로 파고들어가기만 하면 된다. 정렬 순서에 맞지 않는 원소를 발견하는 순간, 오름차순/내림차순 부분수열이 완성된다.

하지만 이 문제를 제대로 풀기 위해서는 가운데 부분의 배열을 정렬했을 때 배열의 모든 원소가 정렬된 상태로 바뀌어야 한다. 그러려면 다음의 조건이 만족되어야 한다.

```
/* 배열 왼쪽의 모든 원소가 가운데 부분 원소들 값보다 작음 */
min(middle) > end(left)
/* 가운데 부분의 모든 원소 값이 오른쪽 부분의 원소들 값보다 작음*/
max(middle) < start(right)
```

즉, 다른 말로 하자면, 모든 원소에 대해

```
left < middle < right
```

그런데 위에서 예로 든 부분수열들의 경우, 이 조건은 만족되지 않는다. 그러므로 우리가 해야 할 일은 왼쪽과 오른쪽 부분수열들을 위의 조건이 만족될 때까지 줄이는 것이다.

middle의 최솟값과 최댓값을 각각 min과 max에 저장하자.

그런 다음 왼쪽 부분수열의 마지막(5번째 원소인 11) 원소부터 시작하여 왼쪽으로 이동하면서 array[i] < min인 i를 찾는다. middle이 i+1부터 시작하도록 하고 왼쪽 부분수열이 i에서 끝나도록 하면 middle을 정렬했을 때 원하는 결과를 얻는다.

그런 다음 오른쪽 부분수열에 대해서도 비슷한 절차를 수행한다. max=12인 상태다. 오른쪽 부분수열의 시작점(값 6)부터 오른쪽으로 진행하면서 부분수열을 줄여나간다. max를 6, 7, 16과 차례로 비교해 나간다. 16을 만나게 되면 그 지점부터 뒤에 있는 원소는 12보다 작을 수 없다는 것을 알고 있으므로, 16 앞까지를 middle로 삼으면 middle을 정렬했을 때 전체 배열이 정렬 상태가 된다.

이 알고리즘을 구현한 코드를 아래에 보였다.

```
int findEndOfLeftSubsequence(int[] array) {
  for (int i = 1; i < array.length; i++) {
    if (array[i] < array[i - 1]) return i - 1;
  }
  return array.length - 1;
}

int findStartOfRightSubsequence(int[] array) {
  for (int i = array.length - 2; i >= 0; i--) {
    if (array[i] > array[i + 1]) return i + 1;
  }
  return 0;
}

int shrinkLeft(int[] array, int min_index, int start) {
  int comp = array[min_index];
  for (int i = start - 1; i >= 0; i--) {
    if (array[i] <= comp) return i + 1;
  }
  return 0;
}

int shrinkRight(int[] array, int max_index, int start) {
  int comp = array[max_index];
  for (int i = start; i < array.length; i++) {
    if (array[i] >= comp) return i - 1;
```

```
  }
  return array.length - 1;
}

void findUnsortedSequence(int[] array) {
  /* 왼쪽 부분수열을 찾는다 */
  int end_left = findEndOfLeftSubsequence(array);

  /* 오른쪽 부분수열을 찾는다 */
  int start_right = findStartOfRightSubsequence(array);

  /* 가운데 부분수열의 최소 및 최대 원소를 찾는다. */
  int min_index = end_left + 1;
  if (min_index >= array.length) {
    return; // 이미 정렬됨
  }
  int max_index = start_right - 1;
  for (int i = end_left; i <= start_right; i++) {
    if (array[i] < array[min_index]) min_index = i;
    if (array[i] > array[max_index]) max_index = i;
  }

  /* 왼쪽 부분수열을 array[min_index]보다 작은 원소만 포함하도록 줄인다 */
  int left_index = shrinkLeft(array, min_index, end_left);

  /* 오른쪽 부분수열을 array[max_index]보다 큰 원소만 포함하도록 줄인다 */
  int right_index = shrinkRight(array, max_index, start_right);

  System.out.println(left_index + " " + right_index);
}
```

메서드를 어떻게 분리하였는지 잘 살펴보기 바란다. 모든 코드를 한 메서드에 우겨넣을 수도 있겠지만, 그러면 이해하기도 어렵고 유지보수나 테스트하기 어려운 코드가 만들어진다. 면접장에서 코딩할 때에는 이런 점에 우선순위를 두어야 한다.

17.7 주어진 정수를 영어로 변환하여 출력하라. (One Thousand나 Two Hundred Thirty Four와 같이 출력하면 된다.)

211쪽

해법

특별히 도전적인 부분은 없는 문제다. 멍청해 보이기까지 할 정도. 이 문제를 푸는 데 유의할 점은 문제에 대한 해법을 고안할 때 얼마나 조직적으로 접근해 나가느냐 하는 것이다. 테스트 케이스들도 잘 만들어 두어야 한다.

19,323,984와 같은 수를 변환할 때에는 쉼표로 구분되는 세 자리씩 끊어서 변환하고, 그 사이에 적절히 "thousands"나 "millions"를 넣어주면 된다. 다시 말해,

```
convert(19,323,984) = convert(19) + " million " +
                      convert(323) + " thousand " +
                      convert(984)
```

이 알고리즘을 구현한 코드를 아래에 보였다.

```
public String[] digits = {"One", "Two", "Three", "Four", "Five",
"Six", "Seven", "Eight", "Nine"};
public String[] teens = {"Eleven", "Twelve", "Thirteen",
"Fourteen", "Fifteen", "Sixteen", "Seventeen", "Eighteen",
"Nineteen"};
public static String[] tens = {"Ten", "Twenty", "Thirty", "Forty",
"Fifty", "Sixty", "Seventy", "Eighty", "Ninety"};
public static String[] bigs = {"", "Thousand", "Million"};

public static String numToString(int number) {
  if (number == 0) {
    return "Zero";
  } else if (number < 0) {
    return "Negative " + numToString(-1 * number);
  }

  int count = 0;
  String str = "";

  while (number > 0) {
    if (number % 1000 != 0) {
      str = numToString100(number % 1000) + bigs[count] +
      " " + str;
    }
```

```
    number /= 1000;
    count++;
  }

  return str;
}

public static String numToString100(int number) {
  String str = "";

  /* 백의 자리 변환 */
  if (number >= 100) {
    str += digits[number / 100 - 1] + " Hundred ";
    number %= 100;
  }

  /* 십의 자리 변환 */
  if (number >= 11 && number <= 19) {
    return str + teens[number - 11] + " ";
  } else if (number == 10 || number >= 20) {
    str += tens[number / 10 - 1] + " ";
    number %= 10;
  }

  /* 일의 자리 변환 */
  if (number >= 1 && number <= 9) {
    str += digits[number - 1] + " ";
  }

  return str;
}
```

이런 문제를 풀 때에는 특별한 경우들이 올바르게 처리되도록 주의해야 한다. 이번 문제의 경우도 그런 부분이 많다.

17.8 정수 배열이 주어진다(이 배열에는 양수 음수 모두 허용된다). 가장 큰 합을 갖는 연속 수열을 찾고 그 합을 반환하라.

– 예

입력: 2, -8, 3, -2, 4, -10

출력: 5 ({3, -2, 4}의 합이다)

211쪽

해법

도전적이기는 하지만 아주 흔한 문제다. 아래의 예를 통해 살펴보자.

2 3 -8 -1 2 4 -2 3

입력으로 주어지는 배열에는 양수와 음수들이 등장한다. 그런데 이 가운데 음수가 연속된 부분만 사용하거나, 아니면 양수가 연속된 부분만 사용하여 답을 만드는 것은 말이 되지 않는다. 음수로 구성된 부분만 사용하는 것은, 아예 사용하지 않는 것보다 못하니 말이 되지 않는다. 양수로 구성된 부분만 사용하여 답을 만드는 것도 이치에 닿지 않는데, 다른 모든 수까지 전부 답하면 해당 부분의 합보다 클 수도 있기 때문이다.

알고리즘을 고안하기 위해, 입력으로 주어지는 배열이 음수와 양수가 교대로 등장하는 배열이라고 해 보겠다. 각각의 수는 양수로만 구성된 부분수열의 합이거나 음수로만 구성된 부분수열의 합이다. 앞서 살펴본 예제 배열을 이러한 배열로 변환해 보면 다음과 같은 결과를 얻는다.

5 -9 6 -2 3

여기에서 훌륭한 알고리즘을 바로 얻어낼 수는 없지만, 이렇게 변환해 두면 우리가 어떤 배열을 대상으로 작업하고 있는 것인지 더 잘 이해할 수 있다.

이제 위의 배열을 대상으로 알고리즘을 만들어 보자. 결과로 만들어 낼 부분수열이 {5, 9}가 된다면 어떨까? 이 부분수열의 합은 -4이다. -8이나 -1 가운데 하나를 빼거나, 차라리 {5}로만 하는 편이 더 낫다.

그렇다면 부분수열에 음수를 포함시켜도 좋은 경우는 언제일까? 해당 음수보다 큰 합을 갖는 두 양의 부분수열을 결합해야 할 때만 포함시킬 수 있다.

이 접근법을 배열의 첫 원소부터 시작하여 단계적으로 적용해 보자.

5는 우리가 지금까지 본 가장 큰 합이다. 따라서 maxSum을 5로 설정하고, sum도 5로 설정한다. 그 다음에 만나는 수는 -9이다. 그 수를 sum에 더하면 음수를 얻는다. 따라서 부분수열을 5부터 -9까지 연장시키는 것은 의미가 없다(합이 -4인 부분수열이 된다). 따라서 sum 값을 초기화해 버린다.

그런 다음에 만나게 되는 수는 6이다. 이 수는 5보다 크다. 그러므로 maxSum과 sum을 6으로 갱신한다.

그 다음에 만나게 되는 수는 -2이다. 이 수를 6에 더하면 4가 된다. 4라는 값을 다른 양수와 결합하면 더 큰 합을 얻을 수 있으므로, {6, -2}는 정답 후보 부분수열이 된다. 따라서 sum은 갱신하되, maxSum은 갱신하지 않는다.

마지막으로 만나게 되는 수는 3이다. 3을 sum(4)에 더하면 7을 얻는다. 그러므로 maxSum을 갱신한다. 따라서 가장 큰 합을 갖는 부분수열은 {6, -2, 3}이다.

이 알고리즘은 음수와 양수가 교대로 등장하는 배열이 아닌, 다른 일반 배열에도 마찬가지로 적용할 수 있다. 이 알고리즘을 사용해 구현한 코드를 아래에 보였다.

```
public static int getMaxSum(int[] a) {
  int maxsum = 0;
  int sum = 0;
  for (int i = 0; i < a.length; i++) {
    sum += a[i];
    if (maxsum < sum) {
      maxsum = sum;
    } else if (sum < 0) {
      sum = 0;
    }
  }
  return maxsum;
}
```

배열이 전부 음수면 어떻게 동작해야 하나? {-3, -10, -5}와 같은 배열이 있다고 하자. 최대 합은 다음 세 가지 중 어떤 것도 될 수 있다.

1. -3 (답으로 계산된 부분수열이 비어 있을 수 없다고 가정했다면)
2. 0 (부분수열의 길이는 0)
3. MINUMUM_INT (오류에 해당하는 경우)

이 책에서는 2번을 택했다 (maxSum = 0). 하지만 정답은 없다. 따라서 면접관과 토론해보기 좋은 문제다. 여러분이 얼마나 세부사항에 신경 쓰는지를 보여줄 수 있다.

17.9 어떤 책에서 주어진 단어의 출현 빈도를 계산하는 메서드를 설계하라.

211쪽

해법

면접관에서 물어야 할 첫 번째 질문은 이 메서드를 한 번만 호출하느냐, 아니면 여러 번 호출하게 될 것이냐 하는 점이다. 그러니까 'dog'이 얼마나 등장하는지 한 번 묻고 끝내는 것인가, 아니면 'dog'이 얼마나 자주 나오는지 알아본 다음에는 'cat', 그리고 'mouse'의 출현 빈도도 알아 보게 될 것인가?

해법 #1: 1회성 질의

이 해법을 택할 경우 책 전체를 단어 단위로 읽어 나가면서 단어의 출현 빈도를 센다. O(n) 시간이 걸릴 것인데, 이보다 더 잘 할 수는 없다. 책에 등장하는 모든 단어를 살펴봐야 하기 때문.

해법 #2: 반복적 질의

질의를 반복적으로 날리게 된다면, 시간과 메모리를 좀 투자해서 책을 전처리pre-processing하더라도 상관없을 것이다. 즉, 책을 전처리해서 어떤 단어를 그 출현 빈도에 대응시키는 해시 테이블을 미리 만들어 둔다. 이렇게 전처리해 두면 어떤 단어의 출현 빈도를 O(1) 시간 안에 알아낼 수 있다. 아래에 그 코드를 보였다.

```java
Hashtable<String, Integer> setupDictionary(String[] book) {
  Hashtable<String, Integer> table =
  new Hashtable<String, Integer>();
  for (String word : book) {
    word = word.toLowerCase();
    if (word.trim() != "") {
      if (!table.containsKey(word)) {
        table.put(word, 0);
      }
      table.put(word, table.get(word) + 1);
    }
  }
  return table;
}

int getFrequency(Hashtable<String, Integer> table, String word) {
  if (table == null || word == null) return -1;
  word = word.toLowerCase();
  if (table.containsKey(word)) {
    return table.get(word);
  }
  return 0;
}
```

이런 문제는 사실 상대적으로 쉬운 문제이다. 그러므로 면접관은 여러분이 얼마나 주의 깊은지를 꼼꼼히 살필 것이다. 오류를 검사하는 것을 잊지는 않으셨는가?

17.10 XML에는 너무 많은 단어와 글자들이 사용되고 있어서, 각각의 태그tag를 지정된 정수 값으로 대응시키는 인코딩encoding 방법을 사용해서 그 크기를 줄이고 싶다. 그 문법은 다음과 같다.

요소 (Element) → 태그 속성 END 자식 END

속성 (Attribute) → 태그 값

END → 0

Tag → 지정된 정수값

Value → 문자열 END

가령, 아래의 XML은 family→1, person→2, firstName→3, lastName→4, state→5로 대응시킨다고 가정할 때, 보다 압축된 형태의 문자열로 변환될 수 있다.

```
<family lastName="McDowell" state="CA">
<person firstName="Gayle">Some Message</person>
</family>
```

즉, 다음의 문자열로 변환될 수 있다.

```
1 4 McDowell 5 CA 0 2 3 Gayle 0 Some Message 0 0
```

XML 요소가 주어졌을 때, 해당 요소를 인코딩한 문자열을 출력하는 메서드를 작성하라.

211쪽

해법

인자로 주어지는 요소는 Element 타입일 것이므로, 아주 간단한 코드로 처리할 수 있다. 트리를 처리할 때와 유사한 접근법을 통해 구현할 것이다.

즉, XML 구조를 구성하는 각 부분에 대해 반복적으로 encode()를 호출한다. encode()는 어떤 XML 코드에 대해 호출되었느냐에 따라서 조금씩 다르게 동작해야 한다.

```java
public static void encode(Element root, StringBuffer sb) {
  encode(root.getNameCode(), sb);
  for (Attribute a : root.attributes) {
    encode(a, sb);
  }
  encode("0", sb);
  if (root.value != null && root.value != "") {
    encode(root.value, sb);
  } else {
    for (Element e : root.children) {
      encode(e, sb);
    }
  }
  encode("0", sb);
}
```

```
17 public static void encode(String v, StringBuffer sb) {
18   sb.append(v);
19   sb.append(" ");
20 }
21
22 public static void encode(Attribute attr, StringBuffer sb) {
23   encode(attr.getTagCode(), sb);
24   encode(attr.value, sb);
25 }
26
27 public static String encodeToString(Element root) {
28   StringBuffer sb = new StringBuffer();
29   encode(root, sb);
30   return sb.toString();
31 }
```

17번째 줄을 보면 문자열에 대한 아주 간단한 encode 메서드가 정의되어 있음을 볼 수 있다. 불필요해 보이기도 한다. 이 메서드가 하는 일이라고는 문자열을 삽입하고 그 뒤에 공백을 넣는 것뿐이기 때문이다. 하지만 이런 메서드를 두면 모든 원소의 앞뒤에 공백을 삽입할 수 있으므로 마무리가 깔끔해진다. 그렇지 않을 경우에는 공백을 삽입하는 것을 잊어버려서 잘못된 인코딩 결과를 만들어 내기 쉬워진다.

17.11 rand5()를 이용하여 rand7()을 작성하라. rand5()는 0부터 4까지의 난수를 생성하는 메서드고, rand7()은 0부터 6까지의 난수를 발생시키는 메서드다.

212쪽

해법

이 함수를 제대로 구현하려면 0부터 6까지의 수가 1/7 확률로 반환되도록 해야 한다.

첫 번째 시도 (호출 횟수는 고정됨)

첫 시도로, 0부터 9 사이의 모든 수를 생성한 다음에 그 결과를 7로 나눈 나머지를 구하는 식으로 구현해 보도록 하겠다. 코드는 다음과 같은 형태일 것이다.

```
int rand7() {
  int v = rand5() + rand5();
  return v % 7;
}
```

불행히도, 위의 코드는 모든 값을 같은 확률로 내놓지 않는다. rand5() 호출 결과가 rand7() 반환값에 어떻게 대응되는지를 살펴보면 알 수 있다.

1st call	2nd call	result
0	0	0
0	1	1
0	2	2
0	3	3
0	4	4
1	0	1
1	1	2
1	2	3
1	3	4
1	4	5
2	0	2
2	1	3
2	2	4
2	3	5
2	4	6
3	0	3
3	1	4
3	2	5
3	3	6
3	4	0
4	0	4
4	1	5
4	2	6
4	3	0
4	4	1

각 행은 1/25 확률로 나타난다. rand5()를 두 번 호출하는데, 각 호출이 1/5 확률로 결과를 만들어 내기 때문이다. 각각의 수가 나타나는 횟수를 따져 보면, rand7() 함수가 0은 3/25 확률로, 4는 1/5 확률로 반환하는 것을 볼 수 있다. 따라서 결과는 1/7의 확률을 따르지 않는다.

이제 이 함수를 변경하여 if 문을 추가하고, 계수constant multiplier 값을 변경하거나, rand5()를 호출하는 부분을 새롭게 추가하고자 한다 해보자. 위와 유사한 테이블을 작성할 수 있을 것인데, 해당 테이블의 각 행이 나타날 수 있는 확률은 1/5k이다. 여기서 k는 해당 행에 기록된 값을 만들기 위해 rand5()를 호출한 횟수다. k의 값은 행마다 달라질 수 있다.

rand7()의 결과가 어떤 특정한 값(가령, 6)이 될 확률은, 각 행이 6이 될 확률을 더한 값이다. 다시 말해서, 다음과 같다.

$$P(\text{rand7}() = 6) = 1/5^i + 1/5^j + \ldots + 1/5^m$$

우리 함수가 정확하게 동작하기 위해서는 이 확률이 1/7이 되어야 한다.

하지만 그것은 불가능하다. 5와 7이 서로 소relatively prime이기 때문에, 아무리 새로운 항을 추가한다고 해도 1/7이 될 수는 없다.

그럼 이 문제를 푸는 것은 불가능한가? 꼭 그렇지는 않다. 엄밀하게 이야기해서 이 결과가 이야기하는 것은, rand5()를 어떻게 조합해서 rand7() 값을 만들어 내더라도, 그 결과가 고른 분포를 갖지 않는다는 것이다.

while 문을 사용하고, 값을 반환하기까지 루프를 얼마나 돌아야 하는지 미리 알 수는 없다는 것을 깨달으면, 이 문제는 풀 수 있다.

두 번째 시도(호출 횟수 미정)

while 문을 사용할 수 있게 되면 일은 훨씬 쉬워진다. 출현 확률이 같은 일련의 수들을 생성해 내기만 하면 된다(그리고 생성되는 범위 내의 수들이 적어도 7개는 되어야 한다). 그렇게 할 수 있다면, 직전 7배수보다 큰 수들은 버리고 그 나머지를 7로 mod 하면 된다. 그렇게 하면 0부터 6까지의 수를 전부 같은 확률로 만들어 낼 수 있다.

아래의 코드에서는 0부터 24까지의 난수를 5*rand5()+rand5()로 만들어 낸다. 그런 다음 21과 24까지의 수는 버린다. 그 수들을 포함시키면 0부터 3까지의 수가 다른 수보다 더 많이 만들어지기 때문이다. 그런 다음에, 7로 mod 하며 0부터 6까지의 수를 같은 확률로 구한다.

수를 버리는 접근법을 택했기 때문에 rand5()가 몇 번 호출될지는 알 수 없다는 데 유의하자. 그래서 '호출 횟수 미정'이라고 했던 것이다nondeterministic number of calls.

```
public static int rand7() {
  while (true) {
    int num = 5 * rand5() + rand5();
    if (num < 21) {
      return num % 7;
    }
  }
}
```

5*rand5()+rand5()와 같이 하면 0부터 24까지의 수를 같은 확률로 구한다.

그런데 2*rand5()+rand5()라고 하면 안 되나? 안 된다. 만들어지는 값이 같은 확률로 분포되지 않기 때문이다. 예를 들어, 6을 만들어 내는 방법은 2가지(6=2*1+4, 그리고 6=2*2+2)인데 반해, 0을 만들어 내는 방법은 하나뿐이다(0=2*0+0). 따라서 각각의 수가 만들어질 확률이 균등하게 분포되지 않는다.

2*rand5()를 사용하면서도 확률적으로 균등하게 분포하는 수들을 만들어 내는 방법도 있는데, 훨씬 더 복잡하다. 아래의 코드를 보자.

```
public int rand7() {
  while (true) {
    int r1 = 2 * rand5(); /* 0~8까지의 값을 균등히 만듦 */
    int r2 = rand5(); /* 0이나 1을 만들기 위해 사용 */
    if (r2 != 4) { /* 쓸데없는 짝수 하나 제거 */
      int rand1 = r2 % 2; /* 0또는 1을 만듦 */
      int num = r1 + rand1; /* 0~9까지의 수가 만들어짐 */
      if (num < 7) {
        return num;
      }
    }
  }
}
```

사실 사용할 수 있는 범위는 무한히 많다. 중요한 것은, 그 범위를 충분히 넓게 잡고, 모든 값이 같은 확률로 나오도록 하는 것이다.

17.12 합한 값이 지정된 정수가 되는, 배열 내의 모든 정수 쌍을 찾는 알고리즘을 설계하라.

212쪽

해법

두 가지 방법으로 풀 수 있다. 어느 쪽을 선택하느냐 하는 것은 시간 효율성, 공간 효율성, 코드 복잡도 가운데 어떤 것을 최우선으로 고려할 것이냐에 따라 달라진다.

간단한 해법

간단하고도 (시간) 효율성이 높은 해법은, 해시 맵map을 사용해 정수-정수 대응 관계를 보관하는 것이다. 이 알고리즘은 배열을 순회하면서 동작한다. 각 배열 원소 x에 대해, sum-x의 대응 관계가 해시 테이블에 있는지 찾는다. 있으면 print(x, sum-x)를 시행한다. x를 해시 테이블에 넣고, 다음 배열 원소로 진행한다.

다른 해법

정의부터 다시 살펴보자. 합이 z인 숫자의 쌍을 찾으려고 할 때, x의 보수complement는 z - x이다(다시 말해, x에 더해 합을 z로 만드는 숫자는 z - x이다). 가령, 합이 12인 정수의 쌍을 찾는 경우, -5의 보수는 17이다.

이제 다음과 같이 정렬된 배열이 있다고 하자. {-2 -1 0 3 5 6 7 9 13 14}. first가 배열의 시작 부분을 가리키도록 하고, last는 배열의 끝을 가리키도록 한다. first의 보수를 찾으려면 last를 반대방향으로 계속 움직여 봐야 한다. first + last < sum인 경우 first의 보수는 배열 내에 존재하지 않는 것이므로 first를 앞으로 전진시킨다. 이를 반복하다가 first가 last보다 커지면 중단한다.

이렇게 하면 first의 모든 보수를 찾을 수 있는 까닭은 무엇인가? 배열이 정렬되어 있고, 점진적으로 더 작은 수를 탐색해 나가기 때문이다. first와 last의 합이 sum보다 작아지면, last를 더 작은 수 쪽으로 이동시켜 봐야 보수는 찾을 수 없다.

이렇게 하면 last의 모든 보수를 찾을 수 있는 까닭은 무엇인가? 모든 정수 쌍이 first와 last로 구성되기 때문이다. first의 모든 보수를 찾았으므로, 결국 last의 모든 보수를 찾은 것이나 마찬가지.

```
void printPairSums(int[] array, int sum) {
  Arrays.sort(array);
  int first = 0;
  int last = array.length - 1;
  while (first < last) {
    int s = array[first] + array[last];
    if (s == sum) {
      System.out.println(array[first] + " " + array[last]);
      first++;
      last--;
    } else {
      if (s < sum) first++;
      else last--;
    }
  }
}
```

17.13 BiNode라는 간단한 유사-노드 자료구조가 있다. 이 자료구조 안에는 다른 두 노드에 대한 포인터가 보관된다.

```
public class BiNode {
  public BiNode node1, node2;
  public int data;
}
```

이 자료구조는 이진 트리를 표현하는 데 사용될 수도 있고(node1을 왼쪽 노드, node2를 오른쪽 노드를 가리키게 만들면 됨) 양방향 연결 리스트를 만드는 데 사용할 수도 있다(node1은 이전 노드, node2는 다음 노드를 가리키게 만들면 됨). BiNode를 사용해 구현된 이진 탐색 트리를 양방향 연결 리스트로 변환하는 메서드를 작성하라. 값의 순서는 보존되어야 하며 모든 변환은 원래 자료구조를 사용해 이루어져야 한다.

212쪽

해법

일견 까다로워 보이는 이 문제는 재귀를 사용하면 꽤 우아하게 풀 수 있다. 이 문제를 풀기 위해서는 재귀에 대해서 잘 알고 있어야 한다.

다음과 같은 간단한 이진 탐색 트리를 생각해 보자.

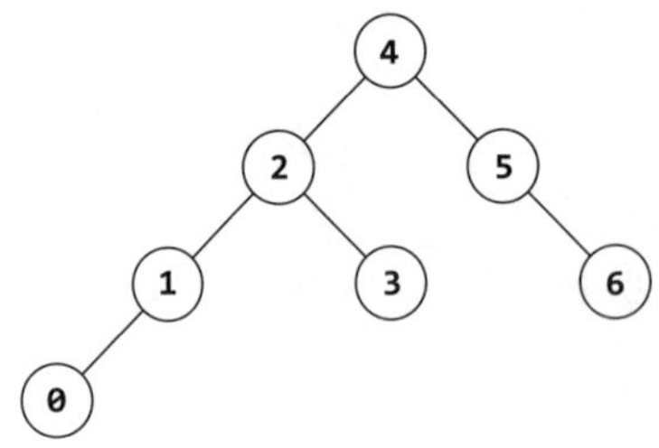

convert 메서드는 이 이진 탐색 트리를 다음과 같은 양방향 연결 리스트로 변환해야 한다.

```
0 <-> 1 <-> 2 <-> 3 <-> 4 <-> 5 <-> 6
```

이 문제를 루트 노드(4)부터 시작해서 재귀적으로 접근해 보자.

이 트리의 왼쪽과 오른쪽 절반이 연결 리스트의 일부분이 됨은 알고 있다(다시 말해, 부분 트리는 연결 리스트상의 연속된 노드로 나타난다). 따라서 왼쪽 트리와 오른쪽 트리를 재귀적으로 연결 리스트로 변환하고 그 변환된 결과를 연결하면, 최종적으로 만들어 내야 하는 연결 리스트를 구성할 수 있지 않을까?

그렇다! 각각의 연결 리스트를 합하기만 하면 된다.

이를 가상 코드로 표현하면 다음과 같다.

```
BiNode convert(BiNode node) {
  BiNode left = convert(node.left);
  BiNode right = convert(node.right);
  mergeLists(left, node, right);
  return left; // front of left
}
```

그런데 이 가상 코드를 실제로 상세한 부분까지 구현해 내기 위해서는 각 연결 리스트의 머리와 꼬리를 알아낼 필요가 있다. 그 방법에는 여러 가지가 있다.

해법 #1: 추가 자료구조 도입

우선 생각할 수 있는 상대적으로 쉬운 방법은 NodePair라는 새로운 자료구조를 만들어 연결 리스트의 머리와 꼬리를 보관하도록 하는 것이다. convert 메서드는 NodePair 타입의 무언가를 반환해야 한다.

이 해법대로 구현한 코드를 아래에 보였다.

```
private class NodePair {
  BiNode head;
  BiNode tail;

  public NodePair(BiNode head, BiNode tail) {
    this.head = head;
    this.tail = tail;
  }
}

public NodePair convert(BiNode root) {
  if (root == null) {
  return null;
}

NodePair part1 = convert(root.node1);
NodePair part2 = convert(root.node2);

if (part1 != null) {
  concat(part1.tail, root);
}

if (part2 != null) {
  concat(root, part2.head);
}

return new NodePair(part1 == null ? root : part1.head,
```

```
    part2 == null ? root : part2.tail);
}

public static void concat(BiNode x, BiNode y) {
  x.node2 = y;
  y.node1 = x;
}
```

위의 코드는 트리에 포함된 BiNode를 그대로 이용한다. 변환을 위해 새로운 BiNode를 생성하지 않는다는 뜻. NodePair는 추가 데이터를 반환하기 위해서만 사용하였다. 이렇게 하는 대신 두 개의 원소만을 갖는 BiNode 배열을 반환할 수도 있었겠지만, 그렇게 하면 코드가 좀 지저분해 보일 것이다(우리는 깔끔한 코드를 좋아한다. 면접 시에는 더 그렇다).

하지만 이렇게 추가 자료구조를 정의하지 않고서도 문제를 풀 수 있다면 더 좋을 것이다. 그리고 정말 그렇게 할 수 있다.

해법 #2: 꼬리 알아내기

NodePair를 사용해서 연결 리스트의 머리와 꼬리를 반환하는 대신, 머리만 반환하고 그 머리를 사용해 꼬리를 찾아낼 수 있다.

```
public static BiNode convert(BiNode root) {
  if (root == null) {
    return null;
  }

  BiNode part1 = convert(root.node1);
  BiNode part2 = convert(root.node2);

  if (part1 != null) {
    concat(getTail(part1), root);
  }

  if (part2 != null) {
    concat(root, part2);
  }
```

```
  return part1 == null ? root : part1;
}

public static BiNode getTail(BiNode node) {
  if (node == null) return null;
  while (node.node2 != null) {
    node = node.node2;
  }
  return node;
}
```

getTail을 호출하는 부분을 제외하고는 첫 번째 해법과 거의 동일한 코드다. 하지만 그다지 효율적이지는 않다. getTail 메서드는 깊이 d에 위치한 말단leaf 노드들을 d번 '건드린다'(말단 노드 위에 있는 노드 하나당 한 번씩). 따라서 실행 시간은 $O(N^2)$이 된다. N은 트리에 포함된 노드 개수이다.

해법 #3: 환형 연결 리스트

우리의 최종적인 해법은 두 번째 해법으로부터 유도해 낼 수 있다.

이 접근법은 연결 리스트의 머리와 꼬리를 BiNode를 사용해 반환한다. 각 리스트를 환형 연결 리스트의 머리로 반환하는 것이다. 꼬리를 얻어내려면 head.node1을 호출하기만 하면 된다.

```
public static BiNode convertToCircular(BiNode root) {
  if (root == null) {
    return null;
  }

  BiNode part1 = convertToCircular(root.node1);
  BiNode part3 = convertToCircular(root.node2);

  if (part1 == null && part3 == null) {
    root.node1 = root;
    root.node2 = root;
    return root;
```

```
  }
  BiNode tail3 = (part3 == null) ? null : part3.node1;

  /* 왼쪽을 루트에 연결 */
  if (part1 == null) {
    concat(part3.node1, root);
  } else {
    concat(part1.node1, root);
  }

  /* 오른쪽을 루트에 연결 */
  if (part3 == null) {
    concat(root, part1);
  } else {
    concat(root, part3);
  }

  /* 오른쪽을 왼쪽에 연결 */
  if (part1 != null && part3 != null) {
    concat(tail3, part1);
  }

  return part1 == null ? root : part1;
}

/* 리스트를 환형 연결 리스트로 변환하고
* 반환하기 전에 선형 연결 리스트로 다시 변환 */
public static BiNode convert(BiNode root) {
  BiNode head = convertToCircular(root);
  head.node1.node2 = null;
  head.node1 = null;
 return head;
}
```

핵심 코드를 convertToCircular로 이동시켰다. convert 메서드는 이 메서드를 호출하여 환형 연결 리스트의 머리를 가져온 다음에, 꼬리와의 연결을 끊어서 선형 연결 리스트로 바꾼다.

이 접근법의 수행시간은 O(N)이다. 각 노드를 평균적으로 한 번만(좀 더 정확하게 이야기하자면, O(1)번만) 건드리기 때문이다.

17.14 아 이런! 긴 문서 하나를 편집하다가 실수로 찾기/바꾸기를 해 버렸다. 공백과 구두점이 사라졌고, 대문자는 전부 소문자로 바뀌어버렸다. 그러니까 "I reset the computer. It still didn't boot!"가 "iresetthecom--puteritstilldidn'tboot"로 바뀐 것이다. 단어를 적절히 구분해 낼 수 있다면 구두점과 대문자는 복원해 낼 수 있을 것이다. 대부분의 단어들이야 사전에 있으니 가능하겠지만, 이름과 같은 단어들은 사전에 없다는 것이 문제이다.

사전이 주어졌을 때(단어 리스트), 단어들을 원래대로 분리하는 최적의 알고리즘을 설계하라. '최적'이라 함은, 인식할 수 없는 문자열의 수를 최소화한다는 뜻이다.

가령, 문자열 "jesslookedjustliketimherbrother"의 최적 처리 결과는 "JESS looked just like TIM her brother"이다. 이 결과에는 인식할 수 없는 문자가 일곱 개 포함되어 있는데, 인식할 수 없었다는 사실을 명확하게 하기 위해 대문자로 표시하였다.

213쪽

해법

어떤 면접관은 거두절미하고 딱 필요한 사항들만 제시한다. 어떤 면접관은 이 문제처럼 불필요한 문맥이 뒤섞인 문제를 내놓는다. 그런 경우에는 그런 경우에는 문제가 정말로 무엇에 관한 것인지 따져보는 것이 중요하다.

사실 이 문제는 문자열을 단어 단위로 분리해 내되, 가능한 한 인식 못하는 문자들이 최소화되도록 하라는 문제다.

문자열의 의미를 이해하는 것이 목적이 아니다. 따라서 'Thisisawesome'의 처리 결과는 'this is awesome'이 될 수도 있고, 'this is a we some'이 될 수도 있다.

핵심은 이 문제를 부분문제로 나누어 생각하는 것이다. 그 한 방법은 문자열 전반에 재귀를 적용하는 것이다. 문자열의 각 지점에서, 최적의 파싱을 하기 위해 다음 두 가지 중 나은 쪽을 선택한다.

1. 해당 문자 다음에 공백을 삽입함
2. 해당 문자 다음에 공백을 삽입하지 않음

문자열 'thit'를 예로 들어 설명하겠다. 설명을 돕기 위해, 다음과 같은 표기법을 사용할 것이다.

· 사전에 없는 단어는 대문자로 표시
· 유효한 단어는 밑줄 표시
· 공백 없이 붙인 문자들은 **굵은** 폰트로 표시

굵은 폰트로 표시된 글자들은 아직 처리중인 문자열 내에 있다. 그러므로 유효한 문자열인지 아닌지 (사전에 있는지 없는지) 결정을 내리지 못한 상태다.

```
p(thit)
  = min(T + p(hit), p(thit)) --> 인식불가능문자 1개
    T + p(hit) = min(T + H + p(it), T + p(hit)) --> 1개
      T + H + p(it) = min(T + H + i + p(t), T + H + p(it)) --> 2개
        T + H + i + p(t) = T + H + i + T = 3 invalid
        T + H + p(it) = T + H + it = 2 invalid
      T + p(hit) = min(T + hi + p(t), T + p(hit)) --> 1개
        T + hi + p(t) = T + hi + T = 2 invalid
        T + p(hit) = T + hit = 1 invalid
    p(thit) = min(TH + p(it), p(thit)) --> 2개
      TH + p(it) = min(TH + i + p(t), TH + p(it)) --> 2개
        TH + i + p(t) = TH + i + T = 3 invalid
        TH + p(it) = TH + it = 2 invalid
      p(thit) = min(THI + p(t), p(thit)) --> 4개
        THI + p(t) = THI + T = 4 invalid
        p(thit) = THIT = 4 invalid
```

각 레벨이 두 부분으로 나뉜다는 점을 유의하여 보기 바란다. 첫 번째 부분은 글자 사이에 공백을 넣는 부분이고, 두 번째 부분은 공백을 넣지 않고 붙

이는 부분이다.

가령, 처음으로 p(thit)을 호출하면 지금 처음으로 처리해야 하는 문자는 t이다. 여기서 두 개의 서로 다른 재귀적 결정을 내린다. 첫 결정은 (3행) 다음에 공백을 넣고 hit을 파싱하는 최적의 방법을 찾겠다는 결정이다. 두 번째 결정은 (10행) t와 h 사이에 공백을 두지 않고 파싱하는 최적의 방법을 찾겠다는 결정이다. 이를 반복하다 보면, 문자열을 파싱하는 모든 방법을 시도해 볼 수 있게 된다.

이 해법을 구현한 코드를 아래에 보였다. 간단하게 만들기 위해, 인식불가능 문자의 개수만 반환하도록 했다.

```
1   public int parseSimple(int wordStart, int wordEnd) {
2     if (wordEnd >= sentence.length()) {
3       return wordEnd - wordStart;
4     }
5
6     String word = sentence.substring(wordStart, wordEnd + 1);
7
8     /* 현재 단어 분리 */
9     int bestExact = parseSimple(wordEnd + 1, wordEnd + 1);
10    if (!dictionary.contains(word)) {
11      bestExact += word.length();
12    }
13
14    /* 현재 단어 확장 */
15    int bestExtend = parseSimple(wordStart, wordEnd + 1);
16
17    /* 최적의 방법을 찾는다 */
18    return Math.min(bestExact, bestExtend);
19  }
```

이 코드에는 최적화할 수 있는 중요 지점이 두 군데 있다.

- 어떤 부분에는 동일한 재귀 호출이 여러 번 이루어진다. 가령 앞서 살펴본 thit 예제의 경우, it에 대한 파싱이 여러 번 수행된다. 따라서 첫 번째로 수

행된 파싱 결과를 캐시해 두고 나중에 재사용하는, 동적 프로그래밍 기법을 사용할 수 있다.

- 어떤 경우에는 특정한 파싱 결과로 유효하지 않은 문자열이 만들어질 것이라는 사실을 예측할 수 있다. 일례로 xten을 파싱하는 경우, xt로 시작하는 단어는 없다. 하지만 위의 해법은 이 문자열을 xt+p(en), xte+p(n), xten으로 파싱하려 시도한다. 그렇게 할 때마다, '그런 단어는 사전에 없습니다'라는 결과만 확인할 뿐이다. 이렇게 하는 대신에, 그냥 x 다음에 공백을 집어 넣고 남은 부분만 최선을 다해 파싱하면 된다. 그런데 xt로 시작하는 단어가 없다는 사실을 빨리 알아내려면 대관절 어떻게 하면 되나? 트라이trie를 사용하면 된다.

이 두 가지를 고려해 최적화한 코드를 아래에 보였다.

```
public int parseOptimized(int wordStart, int wordEnd,
Hashtable<Integer, Integer> cache) {
  if (wordEnd >= sentence.length()) {
    return wordEnd - wordStart;
  }
  if (cache.containsKey(wordStart)) {
    return cache.get(wordStart);
  }

  String currentWord = sentence.substring(wordStart, wordEnd + 1);

  /* 앞부분이 사전에 있는지 본다(false이면 partial match 시행) */
  boolean validPartial = dictionary.contains(currentWord, false);

  /* 현재 단어 분할 */
  int bestExact = parseOptimized(wordEnd + 1, wordEnd + 1, cache);

  /* 전체 문자열이 사전에 없다면 유효하지 않은 문자 개수를 증가시킴 */
  if (!validPartial || !dictionary.contains(currentWord, true)) {
    bestExact += currentWord.length();
  }

  /* extend current word */
```

```java
    int bestExtend = Integer.MAX_VALUE;
    if (validPartial) {
      bestExtend = parseOptimized(wordStart, wordEnd + 1, cache);
    }

    /* 최적의 결과를 탐색 */
    int min = Math.min(bestExact, bestExtend);
    cache.put(wordStart, min); // Cache result
    return min;
}
```

결과를 캐시해 두기 위해 해시 테이블을 사용하고 있다. 이 해시 테이블의 키는 단어 시작점의 첨자index이다. 다시 말해, 문자열의 나머지 부분을 파싱하는 최적의 방법을 캐싱해 두는 것이다.

이 코드가 완전히 파싱이 끝난 결과로 만들어진 문자열을 반환하도록 수정할 수도 있다. 하지만 그러려면 다소 어리석어 보일 수도 있는 방법들을 동원해야 한다. 여기서는 Result라는 클래스를 새로 정의하여, 파싱이 불가능한 문자의 개수 및 파싱 결과로 만들어진 문자열을 함께 반환할 수 있도록 하겠다. C++로 구현한 경우에는 참조에 의해 값을 전달하는 방법을 대신 사용할 수도 있다.

```java
public class Result {
  public int invalid = Integer.MAX_VALUE;
  public String parsed = "";
  public Result(int inv, String p) {
    invalid = inv;
    parsed = p;
  }

  public Result clone() {
    return new Result(this.invalid, this.parsed);
  }

  public static Result min(Result r1, Result r2) {
    if (r1 == null) {
      return r2;
```

```java
    } else if (r2 == null) {
      return r1;
    }
    return r2.invalid < r1.invalid ? r2 : r1;
  }
}

public Result parse(int wordStart, int wordEnd,
Hashtable<Integer, Result> cache) {
  if (wordEnd >= sentence.length()) {
    return new Result(wordEnd - wordStart,
    sentence.substring(wordStart).toUpperCase());
  }
  if (cache.containsKey(wordStart)) {
    return cache.get(wordStart).clone();
  }
  String currentWord = sentence.substring(wordStart, wordEnd + 1);
  boolean validPartial = dictionary.contains(currentWord, false);
  boolean validExact = validPartial &&
  dictionary.contains(currentWord, true);

  /* 현재 단어 분할 */
  Result bestExact = parse(wordEnd + 1, wordEnd + 1, cache);
  if (validExact) {
    bestExact.parsed = currentWord + " " + bestExact.parsed;
  } else {
    bestExact.invalid += currentWord.length();
    bestExact.parsed = currentWord.toUpperCase() + " " +
    bestExact.parsed;
  }

  /* 현재 단어 확장 */
  Result bestExtend = null;
  if (validPartial) {
    bestExtend = parse(wordStart, wordEnd + 1, cache);
  }

  /* 최적의 파싱 결과 탐색 */
  Result best = Result.min(bestExact, bestExtend);
  cache.put(wordStart, best.clone());
  return best;
}
```

동적 프로그래밍 기법을 적용해야 하는 문제에서는 객체 캐시 방법을 신중하게 결정해야 한다. 캐싱하는 값이 기본 자료형이 아닌 객체라면 그 객체를 복제cloning 하는 것이 바람직하다. 위의 30행부터 55행까지가 관련된 코드가 들어 있다. 복제를 하지 않으면 다음에 parse를 호출했을 때 캐시에 보관된 값이 의도와는 달리 변경되는 일이 생긴다.

18
고난이도 해법

18.1 두 수를 더하는 함수를 작성하라. +를 비롯한 수학 연산자는 사용할 수 없다.

214쪽

해법

이런 문제를 받으면 첫 번째로 '비트 조작을 해야 할 것이다'라는 직감이 들어야 한다. 왜인가? + 연산자를 사용할 수 없을 때 달리 할 수 있는 일이 무엇인가? 게다가 컴퓨터는 '비트 조작'을 통해 그런 작업을 수행하지 않는가!

그 다음으로는 정말로, 정말로 덧셈이 어떻게 이루어지는지를 이해해야 하겠구나 하는 생각이 들어야 한다. 덧셈 문제를 재검토해 보면서 뭔가 새로운 것(어떤 새로운 패턴)을 배울 수 있는지 알아보고, 그 새로운 사실을 코드에 반영할 수 있을지 알아보자.

자. 그러면 덧셈 문제를 재검토해보자. 10진수를 대상으로 할 것이다. 그 편이 이해하기 쉬울 것이다.

759 + 674를 계산할 때 우리는 보통 digit[0]을 서로 더하고, 올림 수를 계산한 다음에, digit[1]을 서로 더하고, 또 올림 수를 계산하는 과정을 반복한다. 이진수를 더할 때에도 같은 과정을 거친다. 각 자릿수를 더하고, 필요하다면 1만큼을 다음 자리로 옮긴다.

이 작업을 좀 더 쉽게 만들 수는 없을까? 가능하다! 덧셈 부분과 올림수 생성 부분을 분리하기로 했다 상상해 보자. 다시 말해, 다음과 같이 하겠다는 것이다.

1. 759 + 674를 수행하되 올림수는 잊는다. 그러면 323을 얻는다.
2. 759 + 674를 계산하되 올림수만 계산한다. 그러면 1110을 얻는다.

3. 이 두 계산 결과를 더한다(1과 2단계의 수행 결과를 재귀적으로 반복 적용한다). 따라서 1110 + 323 = 1433의 계산 결과를 얻는다.

그렇다면 이진수에 대해서는 어떻게 하면 되겠는가?

1. 두 이진수를 올림수 계산 절차 없이 더하는 과정은 본질적으로 XOR 연산이다. 즉, 덧셈 결과 비트의 값은 덧셈의 피연산 비트가 똑같이 0이거나 1인 경우에만 0이다.
2. 두 이진수를 더하되 올림수만 계산한다면, 계산 결과의 i번째 비트의 값은 피가수 a와 b의 i - 1번째 비트의 값이 전부 1일 경우에만 1이다. 다시 말해, AND 계산 결과를 왼쪽으로 1비트 시프트한 것이다.
3. 위의 과정을 더 이상의 올림수가 없을 때까지 반복한다.

이 알고리즘을 구현한 결과를 아래에 보였다.

```
public static int add(int a, int b) {
  if (b == 0) return a;
  int sum = a ^ b; // 올림 계산 없이 더함
  int carry = (a & b) << 1; // 올림수만 계산
  return add(sum, carry); // 재귀 호출
}
```

덧셈이나 뺄셈과 같은 핵심적 연산들을 직접 구현해보라 주문하는 문제는 상대적으로 흔하게 출제된다. 이런 문제를 풀 때 핵심은 이런 연산들이 보통 어떻게 구현되는지를 파헤쳐, 문제에서 제시하는 제약조건을 준수하면서 다시 구현할 방법이 없는지 알아내는 것이다.

18.2 카드 한 벌을 뒤섞는 메서드를 작성하라. 완벽히 뒤섞어야 한다. 이때 '완벽하다'는 말의 의미는, 카드 한 벌을 뒤섞는 방법이 52!가지가 있는데 이 각각의 확률이 전부 같아야 한다는 것이다. '완벽한' 난수 생성기

random number generator가 주어진다고 가정하라.

214쪽

해법

이 문제는 아주 유명한 면접용 문제로, 아주 잘 알려진 알고리즘을 사용한다. 이 알고리즘을 이미 알고 있는 행운아가 아니라면 계속 읽어 나가기를 바란다.

우선 n개의 원소를 가진 배열을 하나 상상해 보자. 아래와 같다고 해 보자.

```
[1] [2] [3] [4] [5]
```

초기 사례로부터의 확장 접근법을 사용하면 이런 질문을 던져볼 수 있다. n - 1개 원소에 대해 올바르게 동작하는 shuffle(...) 메서드가 있다면, 이 메서드를 사용해 n 개의 요소를 shuffle할 수 있을까?

물론이다. 사실, 꽤 쉽게 풀 수 있다. 먼저, 첫 n - 1개의 요소들을 shuffle한다. 그런 다음, n - 1개 요소가운데 하나를 무작위로 선택하여 n 번째 요소와 바꾼다. 그게 끝이다!

재귀적으로 구현한 코드를 아래에 보였다.

```
/* lower부터 higher까지 수 가운데 하나를 무작위로 반환한다. */
int rand(int lower, int higher) {
  return lower + (int)(Math.random() * (higher - lower + 1));
}

int[] shuffleArrayRecursively(int[] cards, int i) {
  if (i == 0) return cards;

  shuffleArrayRecursively(cards, i - 1); // 앞 부분을 shuffle한다.
  int k = rand(0, i); // 바꿀 요소의 첨자 하나를 무작위로 고른다.

  /* k번째 요소와 i번째 요소를 바꾼다. */
  int temp = cards[k];
  cards[k] = cards[i];
```

```
    cards[i] = temp;

    /* shuffle이 끝난 배열을 반환한다. */
    return cards;
}
```

이 알고리즘을 순환문을 사용한 알고리즘으로 변경하려면 어떻게 하면 될까? 생각해보자. 배열을 훑어나가면서 각 원소 array[i]를 0부터 i번째 요소 가운데 무작위로 선택한 것과 바꾸면 될 것 같다.

이 알고리즘은 순환문으로 구현하기 아주 깔끔하다. 아래의 코드를 보자.

```
void shuffleArrayInteratively(int[] cards) {
  for (int i = 0; i < cards.length; i++) {
    int k = rand(0, i);
    int temp = cards[k];
    cards[k] = cards[i];
    cards[i] = temp;
  }
}
```

이 문제의 해답으로 가장 흔히 보게 되는 것이 바로 이 코드다.

18.3 길이가 n인 배열에서 m개의 원소를 무작위로 추출하는 메서드를 작성하라. 각 원소가 선택될 확률은 동일해야 한다.

214쪽

해법

앞서 봤던 비슷한 문제에서처럼 (문제 18.2), 이 문제는 초기 사례로부터의 확장 접근법을 적용할 수 있다.

크기가 n - 1인 배열에서 m개의 원소들을 무작위로 추출하는 알고리즘이 있다고 하자. 이 알고리즘을 사용하면 크기가 n인 배열에서 무작위로 m개의 원소들을 추출하는 알고리즘을 만들 수 있을까?

우선 처음 n ? 1개의 요소에서 무작위로 m개의 요소를 추출한다. 그 다음에 할 일은 array[n]을 해당 집합에 포함시킬지 결정하는 것이다 (포함시켜야 한다면 부분집합 안에 있는 수 가운데 하나는 제거해야 할 것이다). 이를 실현하는 쉬운 방법 하나는 0부터 n까지의 수 가운데서 한 수 k를 무작위로 추출하여 k 〈 m이면 array[n]을 subset[k]에 넣는 것이다. 그렇게 하면 array[n]을 집합에 넣는 것이나 임의 원소를 제거할 확률이 공평해진다 (문제 크기에 비례하는 확률로 따졌을 때).

이를 재귀적으로 구현하면 대략 아래의 가상코드와 같은 형태를 띠게 된다.

```
int[] pickMRecursively(int[] original, int m, int i) {
    if (i + 1 == m) { // 초기 사례
        /* 원래 배열에서 첫 m개의 원소를 반환 */
    } else if (i + m > m) {
        int[] subset = pickMRecursively(original, m, i - 1);
        int k = 0 // 0부터 i 까지의 수 가운데 무작위로 선택된 수 하나
        if (k < m) {
            subset[k] = original[i];
        }
        return subset;
    }
    return null;
}
```

이 알고리즘은 순환적으로 구현하면 더 깔끔해진다. 우선 배열 subset을 original의 첫 m개 요소로 초기화한다. 그런 다음 original의 나머지 부분을 순회하면서 (m번째 원소부터 시작) k를 무작위로 선택한 다음 k 〈 m이 만족되면 original[i]를 subset[k]에 넣는 것이다.

```
int[] pickMIteratively(int[] original, int m) {
    int[] subset = new int[m];

    /* subset 배열을 original 배열의 앞부분으로 채움 */
    for (int i = 0; i < m ; i++) {
        subset[i] = original[i];
```

```
    }

    /* original 배열의 나머지 부분을 순회 */
    for (int i = m; i < original.length; i++) {
        int k = rand(0, i); // 0과 i까지의 수 가운데서 무작위로 선택된 수
        if (k < m) {
            subset[k] = original[i];
        }
    }

    return subset;
}
```

두 해법 모두, 놀랄 일도 아니지만, 배열을 뒤섞는(shuffle) 알고리즘과 아주 유사하다.

18.4 0부터 n까지의 수를 나열했을 때 2가 몇 번이나 등장했는지 세는 메서드를 작성하라.

– 예:

입력: 25

출력: 9 (2, 12, 20, 21, 22, 23, 24 그리고 25. 22에는 2가 2번 등장한 것으로 친다.)

214쪽

해법

쉽게 떠올릴 수 있는 무식한 방법brute-force부터 살펴보자. 면접관은 여러분이 문제를 어떻게 공략하는지 보길 원한다. 그러니 무식한 방법도 출발점으로서는 훌륭하다.

```
/* 0과 n까지 수들에서 '2'가 자릿수로 몇 번이나 등장하는지 반환 */
int numberOf2sInRange(int n) {
  int count = 0;
  for (int i = 2; i <= n; i++) { // 2부터 시작해도 OK
    count += numberOf2s(i);
  }
  return count;
```

```
}

/* 주어진 수에서 2가 자릿수로 몇 번이나 등장하나? */
int numberOf2s(int n) {
  int count = 0;
  while (n > 0) {
    if (n % 10 == 2) {
      count++;
    }
    n = n / 10;
  }
  return count;
}
```

이 코드에서 유일하게 흥미로운 부분은 numberOf2s를 별도 메서드로 분리하여 좀 더 깔끔한 코드를 만들려 했다는 것 정도다. 이렇게 하면 코드를 깔끔하게 만들 능력이 있음을 보일 수 있다.

개선된 해법

'어떤 범위 안에 드는 수' 관점에서 문제를 보는 대신, '수를 구성하는 각 자릿수' 관점에서 문제를 따져보자. 0을 포함하는 양의 정수의 수열은 다음과 같은 모습을 하고 있다.

```
  0   1   2   3   4   5   6   7   8   9
 10  11  12  13  14  15  16  17  18  19
 20  21  22  23  24  25  26  27  28  29
...
110 111 112 113 114 115 116 117 118 119
```

1의 자릿수가 2가 될 확률은 '대충' 1/10이다. 사실, 어떤 자릿수가 2가 될 확률은 '대강' 1/10이다.

'대충' 또는 '대강'이라 말한 것은, 경계 조건boundary condition 때문이다. 가령 1~100까지의 수를 대상으로 했을 때에는 십의 자릿수가 2가 될 확률은 정확히 1/10이다. 하지만 1~37까지의 수를 대상으로 했을 때에는 10의 자릿수가 2일 확률은 1/10보다 크다.

그 확률이 정확히 얼마가 될지는 자릿수 < 2, 자릿수 = 2, 자릿수 > 2의 세 가지 경우로 나누어 따져보면 정확하게 알 수 있다.

자릿수 < 2 인 경우

x = 61523이고 d = 3인 경우를 생각해보자. x[d] = 1이다(다시 말해, x의 d번째 자릿수는 1이다). 따라서 세 번째 자릿수가 2인 수는 2000 - 2999, 12000 - 12999, 22000 - 22999, 32000 - 32999, 42000 - 42999, 그리고 52000 - 52999까지이다. 62000 - 62999까지는 가지 못했으므로 제외한다. 그러므로 세 번째 자릿수에는 전부 6000개의 '2'가 있다. 1부터 60000까지의 수의 세 번째 digit에 오는 2의 개수를 센 수와 같은 결과다.

따라서 그냥 x에서 가장 가까운 10^{d+1}로 내림 한 다음에 그 값을 10으로 나누어 반환하면 d번째 자릿수에 2가 몇 개나 오는지 구할 수 있다.

```
if x[d] < 2: count2sInRangeAtDigit(x, d) =
let y = 가장 가까운 10^(d+1)로 내림해버림
return y / 10
```

자릿수 > 2 인 경우

이제, x의 d번째 자릿수가 2보다 큰 경우를 따져보자(x[d] > 2). 앞서 살펴본 것과 거의 같은 논리를 적용해 보면, 0 - 63525 범위에 있는 수들의 세 번째 자릿수에 2가 등장하는 횟수는, 0 - 70000 범위에 있는 수들의 세 번째 자릿수에 2가 등장하는 횟수와 같다. 그러니 내림하는 대신 올림하면 된다.

```
if x[d] > 2: count2sInRangeAtDigit(x, d) =
let y = 가장 가까운 10^(d+1)로 올림해버림
return y / 10
```

자릿수 = 2인 경우

이 마지막 경우가 가장 까다로운데, 그래도 앞서 살펴봤던 논리를 그대로 따른다. x=62523이고 d=3이라고 하자. 앞서 살펴본 대로, 세 번째 자릿수가 2인 수로는 2000 - 2999, 12000 - 12999, ..., 52000 - 52999 등이 있다. 그런데 62000부터 62523까지는? 쉽다. 524개이다(62000, 62001, ..., 62523).

```
if x[d] > 2: count2sInRangeAtDigit(x, d) =
let y = 가장 가까운 10^(d+1)로 내림해버림
let z = x[d]의 오른쪽에 오는 값 (즉, x % 10^d)
return y / 10 + z + 1
```

여기까지 살펴보았다면 남은 일은 주어진 수의 각 자릿수를 알아내 위의 논리를 적용하는 것이다. 코드는 간단하다.

```
public static int count2sInRangeAtDigit(int number, int d) {
  int powerOf10 = (int) Math.pow(10, d);
  int nextPowerOf10 = powerOf10 * 10;
  int right = number % powerOf10;

  int roundDown = number - number % nextPowerOf10;
  int roundUp = roundDown + nextPowerOf10;

  int digit = (number / powerOf10) % 10;
  if (digit < 2) {
    return roundDown / 10;
  } else if (digit == 2) {
    return roundDown / 10 + right + 1;
  } else {
    return roundUp / 10;
  }
}

public static int count2sInRange(int number) {
  int count = 0;
  int len = String.valueOf(number).length();
  for (int digit = 0; digit < len; digit++) {
    count += count2sInRangeAtDigit(number, digit);
```

```
  }
  return count;
}
```

이 문제는 아주 신중한 테스트를 요구한다. 테스트 케이스들을 만들고, 그에 따라 테스트하도록 하라.

18.5 단어들이 적혀 있는 아주 큰 텍스트 파일이 있다. 단어 두 개가 입력으로 주어졌을 때, 해당 파일 안에서 그 두 단어 사이의 최단거리(단어 수를 기준으로 측정한)를 구하는 코드를 작성하라. 같은 파일에 대해 단어 간 최단거리를 구하는 연산을 여러 번 반복하게 된다고 했을 때 (단어 쌍은 서로 다른 것을 사용한다) 어떤 최적화 기법을 사용할 수 있겠는가?

214쪽

해법

word1과 word2가 텍스트 파일에 어떤 순서로 등장하는지는 상관하지 않는다 가정하겠다. 사실 이런 질문은 여러분이 스스로 면접관에게 던져봐야 하는 질문이다. 등장 순서가 중요하다면, 아래의 코드를 조금 손보면 된다.

이 문제를 푸는 데 있어서 파일은 한 번만 순회할 수 있다. 파일을 순회하는 동안 word1과 word2를 마지막으로 발견한 위치를 각각 lastPosWord1과 lastPosWord2에 저장한다. word1를 만나면 lastPosWord2와 비교하여, 필요하다면 min을 갱신하고 lastPosWord1을 업데이트한다. word2에 대해서도 마찬가지로 한다. 파일 순회가 끝나면 두 단어 간 최소 거리가 구해진다.

이 알고리즘을 구현한 코드를 아래에 보였다.

```
public int shortest(String[] words, String word1, String word2) {
  int min = Integer.MAX_VALUE;
  int lastPosWord1 = -1;
  int lastPosWord2 = -1;
  for (int i = 0; i < words.length; i++) {
    String currentWord = words[i];
    if (currentWord.equals(word1)) {
```

```
      lastPosWord1 = i;
      // word1과 word2의 순서가 중요하다면 아래의 세 줄은 주석 처리할 것
      int distance = lastPosWord1 - lastPosWord2;
      if (lastPosWord2 >= 0 && min > distance) {
        min = distance;
      }
    } else if (currentWord.equals(word2)) {
      lastPosWord2 = i;
      int distance = lastPosWord2 - lastPosWord1;
      if (lastPosWord1 >= 0 && min > distance) {
        min = distance;
      }
    }
  }
  return min;
}
```

다른 단어 쌍에 대해서도 이 작업을 반복할 필요가 있다면, 각 단어와 그 위치를 기록하는 해시 테이블을 미리 만들어 두고 해도 되겠다. 즉, 단어 A가 등장하는 위치의 리스트를 해시 테이블을 사용하여 구하고(listA) 단어 B가 등장하는 위치의 리스트 역시 같은 방법으로 구한 다음에 (listB), listA와 listB에 저장된 값들 사이의 최소 거리를 구하는 것이다.

listA에 저장된 값들과 listB에 저장된 값들 사이의 최소 거리를 구하는 방법은 여러 가지가 있다. 다음과 같은 리스트가 주어졌다고 해보자.

listA: {1, 2, 9, 15, 25}
listB: {4, 10, 19}

이 두 리스트를 합하여 정렬된 리스트 하나로 만들되, 모든 수에 '어느 리스트에서 나온 수인지'를 나타내는 표식을 붙인다. 새로운 클래스를 하나 만들어 data와 listNumber의 두 멤버 변수를 두고, data에는 실제 수를, 그리고 listNumber에는 리스트 번호를 붙이는 식으로 처리할 수도 있겠다.

list: {1a, 2a, 4b, 9a, 10b, 15a, 19b, 25a}

이제 위의 리스트를 쭉 훑어 나가기만 하면 최소 거리를 구할 수 있다. 인접한 두 수의 리스트 번호가 다를 경우, 그 두 사이의 거리가 얼마인지 계속 따져 나가면 되는 것이다. 위의 리스트의 경우, 답은 1이다 (9a와 10b 사이의 거리). 파일을 인덱싱하는 작업이 끝나고 나면 이 알고리즘은 O(p + k) 시간에 동작한다. 여기서 p와 k는 각 단어의 출현 횟수이다.

18.6 10억 개의 수 가운데에서 100만 개의 가장 작은 수들을 추출하는 알고리즘을 설명하라. 메모리에 10억 개의 수들을 다 수용할 수 있다고 가정하라.

215쪽

해법

이 문제를 푸는 방법은 여러 가지가 있다. 그중 세 가지를 살펴보려 한다. 정렬을 사용하는 방법, 최대 힙max heap을 사용하는 방법, 그리고 선택 랭킹selection rank을 사용하는 방법이다.

해법 #1: 정렬

원소들을 오름차순으로 정렬한 다음에서 앞에서부터 백만 개의 수를 골라낸다. 시간 복잡도는 O(n log n)이다.

해법 #2: 최대 힙

최대 힙을 사용해 푸는 방법도 있다. 우선 첫 백만 개 수로 최대 힙(가장 큰 수가 꼭대기에 오는)을 만든다.

그런 다음 수 목록을 순회하면서 각각의 요소를 이렇게 처리한다. 최대 힙의 루트(root)보다 작은 값이면 힙에 넣고 가장 큰 값 요소(루트)를 힙에서 제거한다.

모든 수를 순회하고 나면 힙에는 가장 작은 백만 개 수만 남는다. 이 알고리즘의 시간 복잡도는 O(n log m)이다. 여기서 m은 우리가 마지막에 찾으려고 하는 수의 개수이다(이 문제의 경우에는 100만).

해법 #3: 선택 랭킹 알고리즘(원래 주어진 배열을 변경해도 되는 경우)

선택 랭킹 알고리즘은 컴퓨터 과학 분야에서 잘 알려진 알고리즘이다. 이 알고리즘은 배열에 포함된 원소 가운데 i번째로 작은 원소를 선형 시간linear time 안에 찾을 수 있도록 한다.

원소들이 유일하다면, i번째로 작은 원소를 찾는 시간은 O(n)이다. 기본 알고리즘은 다음과 같다.

1. 배열 내 한 원소를 무작위로 선택하여 이 원소를 '축'으로 삼는다. 이 축을 중심으로 원소들을 분할한다. 왼쪽에 오는 원소의 수를 기록한다.
2. 왼쪽에 정확히 i개의 원소가 있다면, 왼쪽에 있는 가장 큰 원소를 반환한다.
3. 왼쪽 배열의 크기가 i보다 크다면, 왼쪽 배열에 대해서 이 알고리즘을 반복한다.
4. 왼쪽 배열이 i보다 작다면, 오른쪽 배열에 알고리즘을 반복하되 i - leftSize의 랭킹을 갖는 원소를 찾는다.

이 알고리즘을 구현한 코드를 아래에 보였다.

```
public int partition(int[] array, int left, int right, int pivot) {
  while (true) {
    while (left <= right && array[left] <= pivot) {
      left++;
    }

    while (left <= right && array[right] > pivot) {
      right--;
    }

```

```java
    if (left > right) {
      return left - 1;
    }
    swap(array, left, right);
  }
}

public int rank(int[] array, int left, int right, int rank) {
  int pivot = array[randomIntInRange(left, right)];

  /* 배열을 분할하고 왼쪽 배열의 끝 원소 반환 */
  int leftEnd = partition(array, left, right, pivot);

  int leftSize = leftEnd - left + 1;
  if (leftSize == rank + 1) {
    return max(array, left, leftEnd);
  } else if (rank < leftSize) {
    return rank(array, left, leftEnd, rank);
  } else {
    return rank(array, leftEnd + 1, right, rank - leftSize);
  }
}
```

i번째로 작은 원소를 찾았다면, 그 값보다 작은 모든 원소는 그 왼쪽에 있다 (배열을 그렇게 나눴기 때문이다). 그러니 앞쪽 i개 배열을 반환하면 된다.

배열에 저장되는 원소의 값이 유일하지 않다면(그렇지 않을 가능성이 높지만) 이 알고리즘을 조금 변경하면 된다. 하지만 실행 시간이 O(n)으로 보장되지는 않는다.

물론 배열 원소의 값이 유일하건 그렇지 않건 간에 O(n) 시간 안에 i번째로 작은 원소를 찾을 수 있는 알고리즘도 있다. 하지만 그런 알고리즘은 너무 복잡해서 면접에 출제하기는 곤란하다. 관심이 있다면 CLRS[1]의 Introduction to Algorithms라는 책을 참고하기 바란다.

1 (옮긴이) 다트머스 대학교 교수 토머스 H. 코르먼(Thomas H. Cormen), 매사추세츠 공과대학교 교수 찰스 E. 레이서슨(Charles E. Leiserson)과 로널드 L. 라이베스트(Ronald L. Rivest), 컬럼비아 대학교 교수 클리포드 스타인(Clifford Stein) 네 명이 같이 지은 책으로, 저자들 이름의 머리 글자를 따서 부르는 이름이다.

18.7 주어진 단어 리스트에서, 다른 단어들을 조합하여 만들 수 있는 가장 긴 단어를 찾는 프로그램을 작성하라.

– 예:

입력: cat, banana, dog, nana, walk, walker, dogwalker

출력: dogwalker

215쪽

해법

복잡해 보이는 문제니 단순화 해보자. 배열 내의 다른 '두' 단어만 조합하여 만들 수 있는 가장 긴 단어를 배열 안에서 찾는다면?

가장 긴 단어부터 가장 짧은 단어 순으로 배열을 순회해 나가면 풀 수 있다. 각 단어를 가능한 모든 방법으로 나누고, 그 왼쪽과 오른쪽 단어가 배열 안에 있는지 검사해 보면 된다.

이 방법을 가상 코드로 기술해 보면 다음과 같다.

```
String getLongestWord(String[] list) {
  String[] array = list.SortByLength();
  /* 탐색을 간편하게 하기 위한 map 객체 생성 */
  HashMap<String, Boolean> map = new HashMap<String, Boolean>;

  for (String str : array) {
    map.put(str, true);
  }

  for (String s : array) {
    // 모든 가능한 방법으로 나눈다
    for (int i = 1; i < s.length(); i++) {
      String left = s.substring(0, i);
      String right = s.substring(i);
      // 그 두 부분이 배열 안에 있는지 살핀다
      if (map[left] == true && map[right] == true) {
        return s;
      }
    }
  }
  return str;
}
```

두 단어만 연결하여 만든 단어를 찾는 경우에는 잘 동작하는 알고리즘이다. 그런데 연결할 단어 개수에 제약이 없다면?

비슷한 방법을 적용하되, 하나만 바꾸면 된다. 오른쪽 부분이 배열 안에 있는지 보는 대신, 오른쪽 문자열을 배열 내 다른 원소들로 만들어 낼 방법이 없는지 보는 것이다.

이 알고리즘을 구현한 코드는 다음과 같다.

```
String printLongestWord(String arr[]) {
  HashMap<String, Boolean> map = new HashMap<String, Boolean>();
  for (String str : arr) {
    map.put(str, true);
  }
  Arrays.sort(arr, new LengthComparator()); // 길이에 따라 정렬
  for (String s : arr) {
    if (canBuildWord(s, true, map)) {
      System.out.println(s);
      return s;
    }
  }
  return "";
}

boolean canBuildWord(String str, boolean isOriginalWord,
HashMap<String, Boolean> map) {
  if (map.containsKey(str) && !isOriginalWord) {
    return map.get(str);
  }
  for (int i = 1; i < str.length(); i++) {
    String left = str.substring(0, i);
    String right = str.substring(i);
    if (map.containsKey(left) && map.get(left) == true &&
    canBuildWord(right, false, map)) {
      return true;
    }
  }
  map.put(str, false);
  return false;
}
```

최적화한 부분이 한군데 있다. 동적 프로그래밍 기법을 사용하여 재귀 호출 결과를 캐싱해 둔 것이다. 그렇기 때문에 testingtester와 같은 문자열을 만들 방법이 있는지는 한 번만 계산해 보면 된다.

불린 플래그 isOrignalWord는 이 최적화 방안의 방점에 해당한다. 메서드 canBuildWord는 원래 단어와 그 모든 부분 문자열에 대해서 호출되는데, 이 메서드가 처음으로 하는 일은 이전의 계산 결과가 캐시에 있는지 보는 것이다. 하지만 원래 단어들에 대해서 canBuildWord를 호출하는 경우, 문제가 있다. map은 그 모두에 대해 true로 초기화되어 있을 것이기 때문. 하지만 true를 반환해서는 안 된다(자기 자신만 포함하는 단어를 찾는 것이 아니기 때문). 따라서 원래 단어들에 대해서는 isOriginalWord 플래그를 사용해 해시 테이블에 보관된 결과를 무시하도록 한다.

18.8 문자열 s와 s보다 짧은 길이를 갖는 문자열의 배열인 T가 주어졌을 때, T에 있는 각 문자열을 s에서 찾는 메서드를 작성하라.

215쪽

해법

우선, s에 대한 접미사 트리suffix tree를 만든다. 가령, 주어진 단어가 bibs라면 다음과 같은 트리를 만든다.

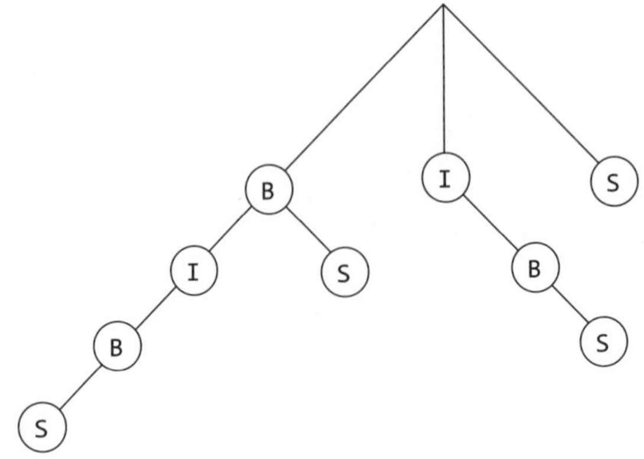

이제 여러분이 할 일은 T의 모든 문자열에 대해서 이 접미사 트리를 검색하는 것이다. 'B'는 두 군데 등장한다.

```
public class SuffixTree {
  SuffixTreeNode root = new SuffixTreeNode();
  public SuffixTree(String s) {
    for (int i = 0; i < s.length(); i++) {
      String suffix = s.substring(i);
      root.insertString(suffix, i);
    }
  }

  public ArrayList<Integer> search(String s) {
    return root.search(s);
  }
}

public class SuffixTreeNode {
  HashMap<Character, SuffixTreeNode> children = new
  HashMap<Character, SuffixTreeNode>();
  char value;
  ArrayList<Integer> indexes = new ArrayList<Integer>();
  public SuffixTreeNode() { }

  public void insertString(String s, int index) {
    indexes.add(index);
    if (s != null && s.length() > 0) {
      value = s.charAt(0);
      SuffixTreeNode child = null;
      if (children.containsKey(value)) {
        child = children.get(value);
      } else {
        child = new SuffixTreeNode();
        children.put(value, child);
      }
      String remainder = s.substring(1);
      child.insertString(remainder, index);
    }
  }

  public ArrayList<Integer> search(String s) {
```

```java
    if (s == null || s.length() == 0) {
      return indexes;
    } else {
      char first = s.charAt(0);
      if (children.containsKey(first)) {
        String remainder = s.substring(1);
        return children.get(first).search(remainder);
      }
    }
    return null;
  }
}
```

18.9 무작위로 생성된 수들이 메서드에 인자로 주어진다. 새로운 수가 접수되었을 때, 그 수까지를 고려하여 중간값median을 찾고 유지하는 프로그램을 작성하라.

215쪽

해법

한 가지 해법은 두 개의 우선순위 힙priority heap을 사용하는 것이다. 중간값보다 작은 값들은 최대 힙max heap에 두고, 중간값보다 큰 값들은 최소 힙min heap에 두는 것이다. 그렇게 하면 원소들은 대략 절반 가량으로 나누어질 것이다. 중간 값에 해당하는 두 원소는 두 힙의 꼭대기에 위치하게 되는데, 그 특성을 사용하면 중간값을 찾는 것은 손쉽다.

그런데 '대략 절반'이라는 것은 무슨 의미인가? '대략'이라는 것은, 주어진 수의 개수가 홀수일 경우 한쪽 힙의 크기가 다른 힙보다 1만큼 커지게 될 것이라는 뜻이다. 다음에 유의하자.

- maxHeap.size() > minHeap.size()이면 maxHeap().top()이 중간값이다.
- maxHeap.size() == minHeap.size()이면 maxHeap().top()과 minHeap.top()의 평균이 중간값이다.

힙 간의 균형을 맞추는 방법을 동원하면, maxHeap의 크기가 항상 min

Heap보다 같거나 크도록 만들 수 있다.

이 알고리즘은 다음과 같이 동작한다. 새로운 수가 접수되면, 현재 저장된 중간값보다 크면 maxHeap에 넣고, 그렇지 않으면 minHeap에 넣는다. 두 힙의 크기는 같을 수도 있고, 아니면 maxHeap의 크기가 1만큼 클 수도 있다. 이 제약조건이 위배되는 경우에는 한 힙에서 다른 힙으로 원소를 이동시키면 된다. 중간값은 언제나 상수 시간 안에 찾을 수 있다. 힙의 꼭대기 원소(들)만 보면 되기 때문. 힙을 갱신하는 데는 O(log n) 만큼의 시간이 소요된다.

```
private Comparator<Integer> maxHeapComparator;
private Comparator<Integer> minHeapComparator;
private PriorityQueue<Integer> maxHeap, minHeap;

public void addNewNumber(int randomNumber) {
  /* Note: addNewNumber는 다음 조건을 유지한다.
  * maxHeap.size() >= minHeap.size() */
  if (maxHeap.size() == minHeap.size()) {
    if ((minHeap.peek() != null) &&
    randomNumber > minHeap.peek()) {
      maxHeap.offer(minHeap.poll());
      minHeap.offer(randomNumber);
    } else {
      maxHeap.offer(randomNumber);
    }
  } else {
    if(randomNumber < maxHeap.peek()) {
      minHeap.offer(maxHeap.poll());
      maxHeap.offer(randomNumber);
    }
    else {
      minHeap.offer(randomNumber);
    }
  }
}

public static double getMedian() {
  /* maxHeap의 크기는 항상 minHeap보다 같거나 크다. 따라서
  * maxHeap이 비어 있다면, minHeap도 비어있다. */
  if (maxHeap.isEmpty()) {
```

```
      return 0;
    }
    if (maxHeap.size() == minHeap.size()) {
      return ((double)minHeap.peek()+(double)maxHeap.peek()) / 2;
    } else {
      /* maxHeap과 minHeap의 크기가 다를 경우, 항상
      * maxHeap의 크기가 1만큼 더 크다. maxHeap의
      * 맨 꼭대기 원소를 반환한다.*/
      return maxHeap.peek();
    }
  }
```

18.10 사전에 등장하고 길이가 같은 두 단어가 주어졌을 때, 한 번에 글자 하나만 바꾸어 한 단어를 다른 단어로 변환하는 메서드를 작성하라. 변환 과정에서 만들어지는 각각의 단어도 사전에 있는 단어여야 한다.

– 예:

입력: DAMP, LIKE

출력: DAMP→LAMP→LIMP→LIME→LIKE

215쪽

해법

어려워 보이는 문제지만, 실제로는 너비 우선 탐색을 변형한 문제다. '그래프'상의 각 단어는 한 글자만 바꿔 얻을 수 있는 다른 단어들에 연결되어 있다. 재미있는 부분은 구현이다. 정말로 그래프를 만들어야 하나?

그럴 수도 있겠지만, 더 쉬운 방법이 있다. '백트랙backtrack 지도'를 도입하는 것이다. 이 백트랙 지도에 B[w] = v라고 기록했다는 것은, v를 바꿔 w를 얻었다는 뜻이다. 마지막 단어에 도달하면 이 백트랙 지도를 사용해 어떤 경로로 마지막 단어에 도달했는지 복원해 낼 수 있다. 아래의 코드를 보자.

```
LinkedList<String> transform(String startWord, String stopWord,
Set<String> dictionary) {
  startWord = startWord.toUpperCase();
  stopWord = stopWord.toUpperCase();
  Queue<String> actionQueue = new LinkedList<String>();
```

```java
  Set<String> visitedSet = new HashSet<String>();
  Map<String, String> backtrackMap =
  new TreeMap<String, String>();

  actionQueue.add(startWord);
  visitedSet.add(startWord);

  while (!actionQueue.isEmpty()) {
    String w = actionQueue.poll();
    /* w의 한 글자만 바꿔 얻을 수 있는 모든 가능한 단어에 대해서 */
    for (String v : getOneEditWords(w)) {
      if (v.equals(stopWord)) {
        // 최종 결과에 도달! 이제 백트랙 시행.
        LinkedList<String> list = new LinkedList<String>();
        // Append v to list
        list.add(v);
        while (w != null) {
          list.add(0, w);
          w = backtrackMap.get(w);
        }
        return list;
      }
      /* v가 사전에 있는 단어라면 */
      if (dictionary.contains(v)) {
        if (!visitedSet.contains(v)) {
          actionQueue.add(v);
          visitedSet.add(v); // 방문한 것으로 표시
          backtrackMap.put(v, w);
        }
      }
    }
  }
  return null;
}

Set<String> getOneEditWords(String word) {
  Set<String> words = new TreeSet<String>();
  for (int i = 0; i < word.length(); i++) {
    char[] wordArray = word.toCharArray();
    // 그 글자를 다른 무엇으로 바꾼다
    for (char c = 'A'; c <= 'Z'; c++) {
      if (c != word.charAt(i)) {
        wordArray[i] = c;
```

```
            words.add(new String(wordArray));
          }
        }
      }
      return words;
    }
```

n이 startWord의 길이이고, 같은 길이를 갖는 모든 단어의 개수를 m이라고 했을 때(사전 기준) 이 알고리즘의 실행 시간은 O(nm)이다. while 문이 최대 m개의 유일한 단어들을 큐에서 뽑아낼 것이기 때문이다. for 문의 복잡도는 O(n)인데, 각 글자를 제한된 횟수만큼 바꿔 보면서 진행하기 때문이다.

18.11 정방형의 행렬이 있다. 이 행렬의 각 셀(픽셀)은 검정색이거나 흰색이다. 네 가장자리가 전부 검정 픽셀인 최대 부분 정방행렬을 찾는 알고리즘을 설계하라.

215쪽

해법

다른 많은 문제와 마찬가지로, 쉬운 해법도 있고 어려운 해법도 있다. 둘 다 한번 살펴보자.

쉬운 해법: $O(N^4)$

최대 부분 정방행렬의 크기는 N이다(주어진 정방형의 행렬 크기가 N×N일 때). 크기가 N×N인 부분 행렬은 하나뿐이다. 검사해서 조건에 맞으면 반환하면 된다.

N×N 크기의 최대 부분 정방행렬을 찾을 수 없었으므로, (N-1)×(N-1)에 대해 시도한다. 이 크기를 갖는 모든 정방행렬을 검사해 보고, 조건에 맞는 최초 행렬을 반환한다. N-2, N-3 등에 대해서도 같은 작업을 반복한다. 점점 더 작은 정방 행렬을 검사해 보는 것이므로, 그 과정에서 발견하는 최초 정방행렬이 최대 부분 정방행렬이다.

코드는 다음과 같다.

```
Subsquare findSquare(int[][] matrix) {
  for (int i = matrix.length; i >= 1; i--) {
    Subsquare square = findSquareWithSize(matrix, i);
    if (square != null) return square;
  }
  return null;
}

Subsquare findSquareWithSize(int[][] matrix, int squareSize) {
  /* 길이가 N인 가장자리에는 (N - squareSize + 1)개의
  * squareSize x squareSize 정방행렬이 올 수 있다. */
  int count = matrix.length - squareSize + 1;

  /* 한 면의 길이가 squareSize인 모든 정방행렬 순회 */
  for (int row = 0; row < count; row++) {
    for (int col = 0; col < count; col++) {
      if (isSquare(matrix, row, col, squareSize)) {
        return new Subsquare(row, col, squareSize);
      }
    }
  }
  return null;
}

boolean isSquare(int[][] matrix, int row, int col, int size) {
  // 위쪽과 아래쪽 경계선 검사
  for (int j = 0; j < size; j++){
    if (matrix[row][col+j] == 1) {
      return false;
    }
    if (matrix[row+size-1][col+j] == 1){
      return false;
    }
  }

  // 왼쪽과 오른쪽 경계선 검사
  for (int i = 1; i < size - 1; i++){
    if (matrix[row+i][col] == 1){
      return false;
    }
    if (matrix[row+i][col+size-1] == 1){
      return false;
    }
```

```
    }
    return true;
}
```

전처리 기법을 활용한 해법: $O(N^3)$

앞서 살펴본 '간단한' 해법이 느린 이유는, 답이 될만한 정방행렬을 검사할 때마다 O(N) 만큼의 일을 해야 하기 때문이다. 전처리를 해 두면, isSquare의 수행 시간을 O(1)로 낮출 수 있다. 따라서 전체 알고리즘의 수행시간은 $O(N^3)$으로 줄어든다.

isSquare가 하는 일을 분석해 보면, 특정한 셀들 아래 혹은 오른쪽에 있는 squareSize 만큼의 원소들이 0인가를 알아내는 것임을 알 수 있다. 이 데이터를 순환적 알고리즘을 사용하여 간단히 미리 계산해 둘 수 있다.

주어진 행렬을 오른쪽에서 왼쪽으로, 아래에서 위로 순회한다. 그리고 그 각각의 원소에 대해 다음을 시행한다.

```
if A[r][c] == white then A[r][c].zerosRight = A[r][c].zerosBelow = 0
else A[r][c].zerosRight = A[r][c + 1].zerosRight + 1
     A[r][c].zerosBelow = A[r + 1][c].zerosBelow + 1
```

아래는 주어진 배열과, 그 배열을 전처리한 결과다.

주어진 배열

0,0	1,3	0,0
2,2	1,2	0,0
2,1	1,1	0,0

전처리 결과

W	B	W
B	B	W
B	B	W

이제 isSquare 메서드는 O(N)개의 원소를 순회하는 대신 zerosRight와 zerosBelow를 활용해 정방 행렬의 모서리만 검사하면 된다.

이 알고리즘을 구현한 코드를 아래에 보였다. findSquare와 findSquareWithSize가 하는 일은 같다. findSquare는 processSquare를 호출하여 주어진 배열을 findSquareWithSize가 처리할 수 있는 자료구조로 변환하는 일을 할 뿐이다.

```
public class SquareCell {
  public int zerosRight = 0;
  public int zerosBelow = 0;
  /* 값을 설정하고 얻어내는 메서드들의 선언 */
}

Subsquare findSquare(int[][] matrix) {
  SquareCell[][] processed = processSquare(matrix);
  for (int i = matrix.length; i >= 1; i--) {
    Subsquare square = findSquareWithSize(processed, i);
    if (square != null) return square;
  }
  return null;
}

Subsquare findSquareWithSize(SquareCell[][] processed,
int squareSize) {
  /* 첫 번째 알고리즘과 동일 */
}


boolean isSquare(SquareCell[][] matrix, int row, int col,
int size) {
  SquareCell topLeft = matrix[row][col];
  SquareCell topRight = matrix[row][col + size - 1];
  SquareCell bottomLeft = matrix[row + size - 1][col];
  if (topLeft.zerosRight < size) { // 위 가장자리 검사
    return false;
  }
  if (topLeft.zerosBelow < size) { // 왼쪽 가장자리 검사
    return false;
  }
  if (topRight.zerosBelow < size) { // 오른쪽 가장자리 검사
    return false;
  }
```

```
  if (bottomLeft.zerosRight < size) { // 아래쪽 가장자리 검사
    return false;
  }
  return true;
}

SquareCell[][] processSquare(int[][] matrix) {
  SquareCell[][] processed =
  new SquareCell[matrix.length][matrix.length];

  for (int r = matrix.length - 1; r >= 0; r--) {
    for (int c = matrix.length - 1; c >= 0; c--) {
      int rightZeros = 0;
      int belowZeros = 0;
      // 검정색인 경우에만 처리
      if (matrix[r][c] == 0) {
        rightZeros++;
        belowZeros++;
        // 다음 열이 같은 행에 있는 경우
        if (c + 1 < matrix.length) {
          SquareCell previous = processed[r][c + 1];
          rightZeros += previous.zerosRight;
        }
        if (r + 1 < matrix.length) {
          SquareCell previous = processed[r + 1][c];
          belowZeros += previous.zerosBelow;
        }
      }
      processed[r][c] = new SquareCell(rightZeros, belowZeros);
    }
  }
  return processed;
}
```

18.12 정수와 음수를 담은 N×N 행렬이 입력으로 주어졌을 때, 그 모든 원소의 합이 최대가 되는 부분 행렬을 찾는 코드를 작성하라.

216쪽

해법

이 문제를 푸는 방법은 많이 있다. 무식한 해법부터 알아보고, 그 다음에 그

해법을 최적화 해 보도록 하겠다.

무식한 해법: $O(N^6)$

'최댓값'을 찾는 많은 문제들과 마찬가지로, 이 문제에도 무식한 해법이 있다. 모든 가능한 부분행렬을 전부 순회하면서 합을 계산한 다음에 최댓값을 찾는 것이다.

모든 가능한 부분행렬을 (중복 없이) 순회하려면, 행의 모든 정렬된 순서쌍을 순회한 다음, 열의 모든 정렬된 순서쌍을 순회하면 된다.

이 해법의 실행시간은 $O(N^6)$이다. 부분 행렬을 전부 순회하는데 $O(N^4)$의 시간이 필요하고, 그 각각의 영역을 계산하는 데 $O(N^2)$의 시간이 소요된다.

동적 프로그래밍 기법을 사용한 해법: $O(N^4)$

앞서 살펴본 해법은 부분행렬의 합을 계산하는 과정 때문에 $O(N^2)$ 만큼 느려졌다. 이 시간을 줄일 수 있을까? 그렇다! 이 시간을 $O(1)$까지 줄일 수 있다.

다음과 같은 직사각형이 있다고 하자.

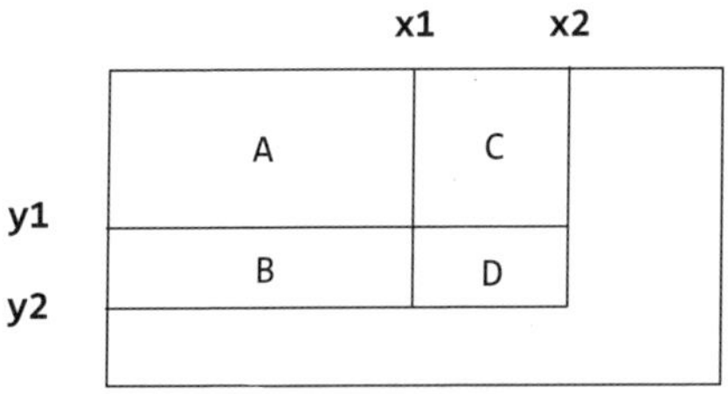

x1 x2
y1
y2
A C
B D

그리고 다음과 같은 값들을 알고 있다고 하자.

```
ValD = area(point(0, 0) -> point(x2, y2))
ValC = area(point(0, 0) -> point(x2, y1))
ValB = area(point(0, 0) -> point(x1, y2))
ValA = area(point(0, 0) -> point(x1, y1))
```

각각의 Val*은 (0,0)부터 시작하며, 지정된 점을 오른쪽 하단 모서리로 갖는 부분 직사각형의 영역을 나타낸다.

위의 값을 안다고 했을 때, 다음과 같은 사실도 역시 알 수 있다.

```
area(D) = ValD - area(A union C) - area(A union B) + area(A).
```

이를 달리 쓰면 다음과 같다.

```
area(D) = ValD - ValB - ValC + ValA
```

행렬 내의 모든 점에 대해 유사한 논리를 적용하여 이 값들을 구할 수 있다.

```
Val(x, y) = Val(x - 1, y) + Val(x, y - 1) - Val(x - 1, y - 1) + M[x][y]
```

이 값을 전부 미리 계산해 두면 최대 합을 갖는 부분행렬을 효율적으로 찾을 수 있다.

이 알고리즘을 구현한 코드를 아래에 보였다.

```
int getMaxMatrix(int[][] original) {
  int maxArea = Integer.MIN_VALUE; // 중요! Max < 0일 수도 있다
  int rowCount = original.length;
  int columnCount = original[0].length;
  int[][] matrix = precomputeMatrix(original);
  for (int row1 = 0; row1 < rowCount; row1++) {
    for (int row2 = row1; row2 < rowCount; row2++) {
      for (int col1 = 0; col1 < columnCount; col1++) {
        for (int col2 = col1; col2 < columnCount; col2++) {
          maxArea = Math.max(maxArea, computeSum(matrix,
                                      row1, row2, col1, col2));
        }
      }
    }
  }
  return maxArea;
```

```
}

int[][] precomputeMatrix(int[][] matrix) {
  int[][] sumMatrix = new int[matrix.length][matrix[0].length];
  for (int i = 0; i < matrix.length; i++) {
    for (int j = 0; j < matrix.length; j++) {
      if (i == 0 && j == 0) { // 첫 번째 원소
        sumMatrix[i][j] = matrix[i][j];
      } else if (j == 0) { // 첫 번째 열 원소
        sumMatrix[i][j] = sumMatrix[i - 1][j] + matrix[i][j];
      } else if (i == 0) { // 첫 번째 행 원소
        sumMatrix[i][j] = sumMatrix[i][j - 1] + matrix[i][j];
      } else {
        sumMatrix[i][j] = sumMatrix[i - 1][j] +
        sumMatrix[i][j - 1] - sumMatrix[i - 1][j - 1] +
        matrix[i][j];
      }
    }
  }
  return sumMatrix;
}

int computeSum(int[][] sumMatrix, int i1, int i2, int j1, int j2) {
  if (i1 == 0 && j1 == 0) { // 행 #0, 열 #0에서 시작
    return sumMatrix[i2][j2];
  } else if (i1 == 0) { // 행 #0에서 시작
    return sumMatrix[i2][j2] - sumMatrix[i2][j1 - 1];
  } else if (j1 == 0) { // 열 #0에서 시작
    return sumMatrix[i2][j2] - sumMatrix[i1 - 1][j2];
  } else {
    return sumMatrix[i2][j2] - sumMatrix[i2][j1 - 1]
    - sumMatrix[i1 - 1][j2] + sumMatrix[i1 - 1][j1 - 1];
  }
}
```

최적화된 해법: $O(N^3)$

믿지 못하실지도 모르겠지만, 이보다 더 최적화된 해법도 있다. R개의 행과 C개의 열이 있는 행렬이라면, $O(R^2C)$ 시간 만에 답을 구할 수 있다.

최대 부분배열 문제에 대한 해법을 떠올려보자. 주어진 정수 배열에서 가장 큰 합을 갖는 부분배열을 찾는 것이 문제였다. 이때 최대 합을 갖는 부분배

열을 O(N)시간 만에 찾을 수 있었다. 이 해법을 이번 문제에도 응용해 보자.

모든 부분행렬은 연속된 행과 연속된 배열로 표현할 수 있다. 각각의 연속된 행을 순회할 수 있다면 그 각각에 대해서 최대 합을 주는 열 집합을 찾으면 될 것이다. 다시 말해서, 다음과 같이 할 수 있다.

```
maxSum = 0
foreach rowStart in rows
  foreach rowEnd in rows
    /* rowStart와 rowEnd를 행렬의 위 그리고
     * 아래쪽 가장자리라고 했을 때,
     * 최대 합을 갖는 colStart와 colEnd를 찾는다.
     * colStart와 colEnd는 찾는 부분배열의 왼쪽 그리고 오른쪽 가장자리다. */
    maxSum = max(runningMaxSum, maxSum)
return maxSum
```

이제 문제는 '최선의' colStart와 colEnd를 어떻게 찾느냐다. 여기서부터가 정말로 재미있는 부분이다.

다음과 같은 부분배열을 생각해보자.

rowStart

9	-8	1	3	-2
-3	7	6	-2	4
6	-4	-4	8	-7
12	**-5**	**3**	**9**	**-5**

rowEnd

rowStart부터 rowEnd까지에 이르는 행들로 만들 수 있는 모든 부분배열 가운데 최대 합을 갖는 부분배열의 colStart와 colEnd를 찾아야 한다. 그러려면 각 열의 합을 구해서 앞서 설명했던 maximumSubArray를 적용해야 한다.

앞서 살펴본 예제의 경우 최대 합을 갖는 부분배열은 첫 번째부터 네 번째까지의 열로 구성되는 배열이었다. 따라서 최대 합을 갖는 부분행렬은

(rowsStart, 첫 번째 열)부터 (rowEnd, 네 번째 열)까지가 된다.

따라서 다음과 같은 가상 코드를 얻는다.

```
1  maxSum = 0
2  foreach rowStart in rows
3    foreach rowEnd in rows
4      foreach col in columns
5        partialSum[col] = matrix[rowStart, col] 부터
6                          matrix[rowEnd, col]까지 행렬의 합
7      runningMaxSum = maxSubArray(partialSum)
8    maxSum = max(runningMaxSum, maxSum)
9  return maxSum
```

5번째 행과 6번째 행에서 합을 계산하는 데는 R*C 만큼의 시간이 걸린다(rowStart부터 rowEnd까지 순회하기 때문이다). 따라서 수행 시간은 $O(R^3C)$이다. 아직 끝나지 않았다.

5번째 행과 6번째 행에서 우리는 기본적으로 a[0] … a[i]까지의 합을 항상 계산했다. 설사 이전에 바깥쪽 for 문을 수행하면서 a[0]…a[i-1]의 합을 계산했더라도 말이다. 이 중복 작업 비용을 제거해보자.

```
maxSum = 0
foreach rowStart in rows
  clear array partialSum
  foreach rowEnd in rows
    foreach col in columns
      partialSum[col] += matrix[rowEnd, col]
    runningMaxSum = maxSubArray(partialSum)
  maxSum = max(runningMaxSum, maxSum)
return maxSum
```

최종 코드는 다음과 같다.

```
public void clearArray(int[] array) {
  for (int i = 0; i < array.length; i++) {
```

```
      array[i] = 0;
    }
  }

  public static int maxSubMatrix(int[][] matrix) {
    int rowCount = matrix.length;
    int colCount = matrix[0].length;

    int[] partialSum = new int[colCount];
    int maxSum = 0; // 최대 합은 빈 행렬

    for (int rowStart = 0; rowStart < rowCount; rowStart++) {
      clearArray(partialSum);

      for (int rowEnd = rowStart; rowEnd < rowCount; rowEnd++) {
        for (int i = 0; i < colCount; i++) {
          partialSum[i] += matrix[rowEnd][i];
        }

        int tempMaxSum = maxSubArray(partialSum, colCount);

        /* 좌표를 추적하고 싶다면, 여기에
         * 해당 코드 추가. */
        maxSum = Math.max(maxSum, tempMaxSum);
      }
    }
    return maxSum;
  }

  public static int maxSubArray(int array[], int N) {
    int maxSum = 0;
    int runningSum = 0;

    for (int i = 0; i < N; i++) {
      runningSum += array[i];
      maxSum = Math.max(maxSum, runningSum);

      /* runningSum < 0이면 계속하는 것이 의미가 없다.
       * 고로 reset. */
      if (runningSum < 0) {
        runningSum = 0;
      }
    }
```

```
    return maxSum;
}
```

이 문제는 극도로 복잡한 문제다. 면접관의 많은 도움 없이 이 전부를 완성하라는 주문을 받을 일은 없을 것이다.

18.13 백만 개의 단어 목록이 주어졌을 때, 각 단어의 글자들을 사용하여 만들 수 있는 최대 크기 직사각형을 구하는 알고리즘을 설계하라. 이 정사각형의 각 행은 하나의 단어여야 하고 (왼쪽에서 오른쪽 방향) 모든 열 또한 하나의 단어여야 한다(위에서 아래쪽 방향). 리스트에서 단어를 선정할 때 연속된 단어를 선정할 필요는 없다. 모든 행의 길이는 서로 같아야 하고, 모든 열의 길이도 서로 같아야 한다.

216쪽

해법

사전과 관계된 많은 문제들은 모종의 전처리pre-processing을 통해 해결할 수 있다. 어디에 전처리를 적용해야 할까?

단어로 사각형을 만들어야 한다면, 모든 행의 길이는 전부 같아야 할 것이고, 모든 열의 길이도 서로 같아야 할 것이다. 따라서 사전의 단어를 길이에 따라 서로 다른 그룹으로 나눈다. 이 그룹을 D라고 하고, D[i]에는 길이가 i인 단어들이 보관되도록 하자.

또한 우리는 가장 큰 직사각형을 찾아야 한다. 만들 수 있는 가장 큰 직사각형의 크기는 얼마인가? length(가장 긴 단어)^{2}일 것이다.

```
int maxRectangle = longestWord * longestWord;
  for z = maxRectangle to 1 {
    for i*j = z인 모든 순서쌍 (i, j) {
    /* 직사각형을 만들어 봄. 성공하면 return. */
  }
}
```

가장 큰 직사각형부터 가장 작은 직사각형까지를 순회하는 과정에서 발견하게 되는 첫 번째 유효 직사각형이 가장 큰 직사각형이다.

이제 가장 어려운 부분을 해결할 순서다. makeRectangle(int l, int h)가 바로 그것. 이 메서드는 단어들로 길이가 l이고 높이가 h인 직사각형을 만들려 시도한다.

그 방법 하나는 h개 단어의 모든 (정렬된) 집합을 순회하면서 그 열이 유효한 단어가 되는지를 보는 것이다. 동작하기는 하겠지만, 효율적이지는 않은 방법이다.

우리가 6×5 직사각형을 만들려 한다고 하자. 그리고 그 시작부분이 다음과 같다고 하자.

```
there
queen
pizza
.....
```

이 시점에서 우리는 첫 열이 tqp로 시작한다는 것을 알 수 있다. 이 문자열로 시작하는 단어는 사전에 없다. 종국에는 유효한 직사각형을 만들어 내지 못할 것으로, 이 상태에서 계속하는 것은 의미가 없다.

이 점을 깨달으면 한결 최적화된 해법을 구할 수 있다. 우선 어떤 문자열이 사전 내 단어의 접두어prefix인지를 쉽게 판별할 수 있도록 하는 트라이trie를 만든다. 그런 다음 직사각형을 만들 때 각 행마다 그 열들이 전부 유효한 접두어를 갖고 있는지 검사한다. 그렇지 않다면 직사각형을 완성하려 계속 시도하는 대신 즉시 중단한다.

이 알고리즘을 구현한 코드를 아래에 보였다. 길고도 복잡한 코드이므로, 단계별로 살펴보도록 하겠다.

우선, 전처리 과정을 통해 단어들을 길이에 따라 서로 다른 그룹으로 나눈다. 그리고 각 그룹당 하나의 트라이를 만든다. 트라이를 채우는 것은 실제로 필요할 때까지 미룬다.

```
WordGroup[] groupList = WordGroup.createWordGroups(list);
int maxWordLength = groupList.length;
Trie trieList[] = new Trie[maxWordLength];
```

maxRectangle 메서드는 우리 코드의 핵심적 부분이다. 가능한 가장 큰 영역부터 시작해서(그 크기는 maxWordLength^{2}이다) 그 크기만큼의 직사각형을 만들려 시도한다. 실패하면 크기를 하나만큼 줄여서 다시 시도한다. 최초로 구하게 되는 성공적인 직사각형이 가장 큰 직사각형이다.

```
Rectangle maxRectangle() {
  int maxSize = maxWordLength * maxWordLength;
  for (int z = maxSize; z > 0; z--) { // 가장 큰 크기의 직사각형부터 시작
    for (int i = 1; i <= maxWordLength; i ++ ) {
      if (z % i == 0) {
        int j = z / i;
        if (j <= maxWordLength) {
          /* 너비가 i이고 높이가 j인 직사각형 생성.
          * 이 때 i * j = z. */
          Rectangle rectangle = makeRectangle(i, j);
          if (rectangle != null) {
            return rectangle;
          }
        }
      }
    }
  }
  return null;
}
```

makeRectangle 메서드는 maxRectangle이 호출하는 메서드로, 지정된 너비와 높이의 직사각형을 만들려 시도한다.

```
Rectangle makeRectangle(int length, int height) {
  if (groupList[length-1] == null ||
  groupList[height-1] == null) {
    return null;
```

```
  }

  /* 없는 경우, 지정된 length에 해당하는 단어들로 트라이 생성 */
  if (trieList[height - 1] == null) {
    LinkedList<String> words = groupList[height - 1].getWords();
    trieList[height - 1] = new Trie(words);
  }

  return makePartialRectangle(length, height,
  new Rectangle(length));
}
```

makePartialRectangle 메서드가 실제 작업이 이루어지는 곳이다. 만들어져야 할 직사각형의 최종 너비와 높이, 그리고 부분적으로 만들어진 직사각형이 인자로 주어진다. 주어진 직사각형의 높이가 이미 최종적으로 구해야 할 직사각형의 높이와 같다면 각 열이 유효하고 완전한 단어들인지 확인한 다음에 리턴한다.

그렇지 않을 경우에는 각 열이 유효한 접두어들인지 확인한다. 그렇지 않다면 이 부분 직사각형으로 유효한 직사각형을 구성할 방법이 없으므로 즉시 중단한다.

하지만 다른 문제가 없고 모든 열이 유효한 접두어들인 경우에는 필요한 너비에 맞는 길이를 갖는 모든 단어를 탐색하면서 그 각각을 현재 직사각형에 덧붙이고, '새로운 단어를 덧붙인 현재 직사각형'을 인자로 넘겨 makePartialRectangle을 재귀적으로 호출한다.

```
Rectangle makePartialRectangle(int l, int h, Rectangle rectangle) {
  if (rectangle.height == h) { // 직사각형을 완성하였는지 검사
    if (rectangle.isComplete(l, h, groupList[h - 1])) {
      return rectangle;
    } else {
      return null;
    }
  }

```

```
  /* 각 열을 트라이와 비교하여 잠정적으로 유효한 부분 사각형을 만든 것인지 검사 */
  if (!rectangle.isPartialOK(l, trieList[h - 1])) {
    return null;
  }

  /* 원하는 길이를 갖는 모든 단어를 검사.
  * 각 단어를 하나씩 현재 직사각형에 덧붙여 보면서
  * 재귀적으로 직사각형을 완성하려 시도한다. */
  for (int i = 0; i < groupList[l-1].length(); i++) {
    /* 현재 직사각형 + 새 단어로 새로운 직사각형을 생성 */
    Rectangle orgPlus =
    rectangle.append(groupList[l-1].getWord(i));

    /* 이 새로운 부분 직사각형을 사용한 답을 만들려 시도한다. */
    Rectangle rect = makePartialRectangle(l, h, orgPlus);
    if (rect != null) {
      return rect;
    }
  }
  return null;
}
```

Rectangle 클래스는 부분적으로 또는 완전히 완성된 단어 직사각형을 표현하는 클래스다. isPartialOk 메서드는 직사각형이 유효한 직사각형인지 검사하는(다시 말해, 모든 열이 유효한 접두어인지 확인하는) 메서드다. isComplete 메서드도 비슷한 역할을 하는데, 다만 각 열이 완전한 단어들인지를 검사한다.

```
public class Rectangle {
  public int height, length;
  public char [][] matrix;

  /*빈 직사각형을 만든다. 너비는 고정이지만 높이는
  * 단어를 추가해 나감에 따라 변한다. */
  public Rectangle(int l) {
    height = 0;
    length = l;
  }
```

```

/* 명시한 너비와 높이를 갖는 문자열 직사각형을 만든다.
* 이 직사각형은 인자로 주어진 배열에 저장된다.
* 인자로 주어진 너비와 높이 값은
* 역시 인자로 주어진 배열의 너비 및 높이와
* 일치한다고 가정한다. */
public Rectangle(int length, int height, char[][] letters) {
  this.height = letters.length;
  this.length = letters[0].length;
  matrix = letters;
}

public char getLetter (int i, int j) { return matrix[i][j]; }
public String getColumn(int i) { ... }

/* 모든 열이 유효한지 검사한다. 모든 행은 이미 유효한데,
* 사전에서 바로 꺼내 추가한 단어들이기 때문. */
public boolean isComplete(int l, int h, WordGroup groupList) {
  if (height == h) {
    /* 각 열이 사전 내 단어인지 검사. */
    for (int i = 0; i < l; i++) {
      String col = getColumn(i);
      if (!groupList.containsWord(col)) {
        return false;
      }
    }
    return true;
  }
  return false;
}

public boolean isPartialOK(int l, Trie trie) {
  if (height == 0) return true;
  for (int i = 0; i < l; i++ ) {
    String col = getColumn(i);
    if (!trie.contains(col)) {
      return false;
    }
  }
  return true;
}

/* 현재 직사각형의 행과 새로운 문자열 s로 만든
```

```
   * 새 직사각형을 반환. */
  public Rectangle append(String s) { ... }
}
```

WordGroup 클래스는 지정된 길이를 갖는 모든 단어를 보관하는 간단한 클래스다. 검색이 쉽도록 하기 위해 단어들을 ArrayList 뿐 아니라 해시 테이블에도 저장한다.

WordGroup 리스트는 static 메서드 createWordGroups를 통해 만들어진다.

```
public class WordGroup {
  private Hashtable<String, Boolean> lookup =
  new Hashtable<String, Boolean>();
  private ArrayList<String> group = new ArrayList<String>();

  public boolean containsWord(String s) {
    return lookup.containsKey(s);
  }

  public void addWord (String s) {
    group.add(s);
    lookup.put(s, true);
  }

  public int length() { return group.size(); }
  public String getWord(int i) { return group.get(i); }
  public ArrayList<String> getWords() { return group; }

  public static WordGroup[] createWordGroups(String[] list) {
    WordGroup[] groupList;
    int maxWordLength = 0;
    /* 가장 긴 단어의 길이를 찾는다 */
    for (int i = 0; i < list.length; i++) {
      if (list[i].length() > maxWordLength) {
        maxWordLength = list[i].length();
      }
    }

    /* 같은 길이를 갖는 단어들로 사전 내 단어들의 그룹 생성.
    * groupList[i]에는 i+1 길이의 단어들이
```

```
    * 보관됨. */
    groupList = new WordGroup[maxWordLength];
    for (int i = 0; i < list.length; i++) {
      /* wordLength 대신 wordLength -1 사용.
       * 첨자 값으로 쓸 것이고, 길이가 0인 단어는 없다. */
      int wordLength = list[i].length() - 1;
      if (groupList[wordLength] == null) {
        groupList[wordLength] = new WordGroup();
      }
      groupList[wordLength].addWord(list[i]);
    }
    return groupList;
  }
}
```

Trie와 TrieNode를 포함하는 완전한 코드는 이 책의 웹 사이트에서 다운받을 수 있다. 이 정도로 복잡한 문제의 경우 보통은 가상 코드로 풀면 충분할 것이다. 주어진 짧은 시간 내에 코드 전부를 작성하는 것은 거의 불가능하다.

감사의 글

인생의 모든 것은 팀워크로 만들어진다. 이 책도 예외는 아니다. 이 책을 내기까지 많은 분이 감히 갚기 어려운 많은 도움을 주셨다. 지면을 빌어, 그들에 대한 진실한 감사의 뜻이나마 표현하고자 한다.

우선, 모든 것을 물심양면으로 지원해주는 남편 존에게 감사 인사를 전한다. 더 나은 책을 만들도록 많은 자극을 주었다. 문자 그대로, 그가 없었더라면 이 책은 없었을 것이다.

그 다음으로 우리 어머니에게 감사 인사를 전한다. 코드를 작성하는 것이 중요함을, 그리고 다른 어떤 것보다도 글쓰기가 중요함을 가르쳐 주셨다. 그녀는 진정 뛰어난 엔지니어요, 사업가요, 그리고 무엇보다 어머니였다.

세 번째로, 격려를 아끼지 않은 모든 친구들에게 감사한다. 특히 Carleton English에게 감사하고 싶다. 도움의 손길을 내밀어 주었고, 내 말에는 항상 귀를 기울여 주었다. 언제나 같은 자리에서 한결같이 나를 바라봐 주었다.

그리고 마지막으로, 다양한 조언과 제안을 보내준 모든 독자 여러분께 감사 인사를 전한다. 특히 Vinit Shah와 Pranay Varda에게, 이 책에 실린 연습문제들을 정성껏 리뷰 해준데 대해 감사의 뜻을 표하고 싶다. 필요한 것보다 더 많은 노력을 베풀어 주었다. 두 분과 함께 일하는 동료와 관리자들은 분명 운이 좋은 사람일 것이다.

다시 한번, 모두에게 감사 드린다.

찾아보기

숫자/기호

ㄱ

ㅂ

ㅅ

ㅇ

ㅈ

ㅍ

ㅎ

A

C

E

F

G

H

I

J

L

M

N

O

P

R

S

T

U

V

W

X